国家自然科学基金资助项目（项目号：51078158）
湖北省人文社科基金资助项目（项目号：2014200）

聚落文化与空间遗产研究文丛
李晓峰 主编

明清时期汉水中游治所城市的空间形态研究

Research on the Spatial Form of the Seat City in the Middle Reaches of the Han River in Ming and Qing Dynasties

徐俊辉 著

中国建筑工业出版社

图书在版编目（CIP）数据

明清时期汉水中游治所城市的空间形态研究 / 徐俊辉著. — 北京：中国建筑工业出版社，2018.9

（聚落文化与空间遗产研究文丛 / 李晓峰主编）

ISBN 978-7-112-22106-6

Ⅰ. ①明… Ⅱ. ①徐… Ⅲ. ①汉水 — 中游 — 流域 — 城市空间 — 研究 — 明清时代 Ⅳ. ① TU984.263

中国版本图书馆 CIP 数据核字（2018）第 077496 号

汉水中游流域以其独立的河道地理与社会文化特征，承载了这些城市的发展，并使城市之间存在着紧密的关联性。以流域的视角探讨明清时期汉水中游的城市空间形态，对于现代城市发展的文化传承、历史城区的保护与更新等课题的深入研究，都具有重要的现实意义。本书针对明清时期汉水中游府、州、县治所城市，主要从城市空间形态的大、中、小三个尺度视角下进行分析：城镇体系的发展及其群组空间形态；治所城市空间形态的分类研究（按行政等级分）；治所城市空间形态要素的特征以及空间形态的影响因素研究；两个典型复式治“城”的空间形态研究；3 个典型功能性街区的空间形态研究等。

全书可供广大城乡规划师、城乡规划理论与历史工作者、高等院校城乡规划专业师生等学习参考。

责任编辑：吴宇江　孙书妍
版式设计：京点制版
责任校对：王　瑞

聚落文化与空间遗产研究文丛
李晓峰　主编
明清时期汉水中游治所城市的空间形态研究
徐俊辉　著

*

中国建筑工业出版社出版、发行（北京海淀三里河路9号）
各地新华书店、建筑书店经销
北京点击世代文化传媒有限公司制版
北京建筑工业印刷厂印刷

*

开本：787 × 1092毫米　1/16　印张：20½　字数：426千字
2018 年 8 月第一版　2018 年 8 月第一次印刷
定价：89.00 元

ISBN 978-7-112-22106-6
（31948）

编写委员会

序

或久无害，稍筑室宅，遂成聚落。

——《汉书》·沟洫志

据汉语字义：聚，会聚也；落，人所聚居之处，落，居也。如此，“聚落”是一个复合词，谓聚居也。《辞源》云：聚落，犹云村落。

早期（约当旧石器时代）的人类居止无外乎穴居、巢寝，由于种植业——农业的产生，方出洞、下地，筑室而居。由于人们的群体意识，乐于群居——聚居，聚居者的增多，便形成了聚落。聚落的规模自有大小不一。

聚落，既属人类的一种居止形态。由于地域的不同，种族、民俗、民情的差异，聚落既有其内涵的基因，又有其特色，并从而形成了聚落文化。

随着人类生活、生产方式的发展、演变，剩余产品及有无相通的交换，贫富、阶级的出现，治道的必然，部落的争斗，以至于国家的建立，城与市的结合形成了城市，但聚落依然存在。

聚落，既属于人类一种古老而又传统的居住形态，它的内涵和文化又随着人类文明的进程不断演化。

对于聚落的研究，在学术阈，既属于建筑史、城市史、文化史，又属于人类学、社会学范畴。人居环境的优化是人类的永恒追求，研究聚落的重要意义不言而喻。

当前，中国的“新农村建设”和“新型城镇化”之进展正处于一片热潮中，面对两“新”，中国的传统村镇——聚落竟被日以数十计的速度予以铲除，也就是说，中国建筑文化——实即中华文化最广泛而又重要的载体面临湮没。

华中科技大学建筑与城市规划学院李晓峰教授有见及此，率领其博士科研团队，围绕其主持的三项国家自然科学基金和一项博士点基金项目，确立了“聚落文化与空间遗产研究”这一主题，经过了12年的艰辛努力（含广泛的田野实测、调研），始毕其功，凝铸成了这一“文丛”。

该“文丛”研究广涉不同的领域、不同的历史时段，贯通城乡，分列十二专题，系列完备，在中国聚落研究阈中，是一项创新型的系统工程，开辟了新的研究开地，不但具有高度的学术价值，且具现实意义。凡建筑学、城市学人，岂可错过。有关官员，亦宜通读为快，以推动我国传统聚落遗产保护工作的开展，不亦幸乎。以为序。

2018年4月21日

总 序

聚落研究在中国建筑界越来越受到广泛关注，这是令人欣喜的。回想多年以前，当华中科技大学建筑与城市规划学院开设博士课程《聚落研究》的时候，还有朋友不甚理解，甚至质疑是否有必要开设这样一门课程。事实上，中国建筑学界关注聚落研究也是近 30 余年才开展起来的。随着学术界对聚落系统认知加深，越来越多的建筑、规划及景观研究者从聚落研究的丰硕成果中获得重要启示。今天大概没人再怀疑聚落研究的意义了。

聚落是人居环境系统的一部分。广义理解，小到几户人家的村湾、庄寨，大到城镇、都市，均属聚落的不同形态。而我们惯常理解的聚落则是指县邑以下规模的住居的集聚，包括村庄、乡集与小城镇等。聚落因地理条件、人文背景及社会经济环境的不同而呈现出千差万别的形式特征。我们可以从不同的维度认知聚落。从地理环境维度，可以认知与不同地理环境相适应的多种聚落类型，如山地聚落、平原聚落、高原窑居、滨水聚落等等；从社会环境的维度，可以认知血缘型聚落、业缘型聚落、地缘型聚落、宗教型聚落以及军防型聚落等等。从空间的维度，我们可以探讨聚落的空间分布、聚落空间结构以及聚落内部的多样化空间场所与要素的特性。从时间的维度，还可以探讨聚落的历史变迁及其动因，可以关注传统聚落自古迄今的衍化过程，以及各历史时期呈现的不同的聚居文化品质。传统聚落具有数十年、数百年，甚至更长的历史，至今仍然是当地居民生活的家园，因此聚落实体与空间也成为人文及历史信息的沉淀集聚与物质载体。因而我们还可以从文化遗产的视角研究聚落。

我们这个研究团队关注聚落与乡土建筑研究已历经 20 余年。就本人来说，早在 20 世纪 80 年代留校任教初期，就对中国传统村落怀有极大兴趣。之后，从攻读硕士、博士学位的选题到所从事的教学研究方向，乡土建筑与聚落文化一直是我研究工作的主轴。2001 年，我作为带队教师前往桂北三江、龙胜地区，开始对当地民居建筑进行专业测绘，由此对乡村聚落研究的认识得以加强。此后的每个暑期，我都会与学生一起在乡间待上一二十天，亲手触摸、测量、记录那些弥足珍贵的传统聚落与乡土建筑。大江南北多个地区的县市村镇都留下了我们的汗水和足迹。这些基础测绘调查工作为此后系统进行聚落研究提供了丰富的样本。

2003至2012年这十年间，这项工作已初见成果。随着调研资料的积累，我们发现关于乡土建筑和聚落的研究方法越来越重要，但国内建筑界尚无关于聚落研究理论与方法的系统性成果发表。这让我下决心在这方面做一些工作。欣慰的是，终于在2005年，我的《乡土建筑：跨学科研究理论与方法》一书作为全国高校建筑学与城市规划专业教材出版了。这大约是国内第一本引介乡土建筑及传统聚落研究理论的著述。与此同时，我们的研究团队陆续获得湖北省建设厅、湖北省文物局等政府机构和文化单位的支持，先后完成了湖北民居营建技艺抢救性研究（2005—2007）和峡江地区地面建筑（聚落与民居）现状、历史与保护研究（2008—2010）等重要课题，还完成了相关传统村落保护与规划项目20余项，出版了《湖北建筑集粹——湖北传统民居》（2006）、《两湖民居》（2009）和《峡江民居》（2012）等著作。

在历史演变进程中，聚落形态变迁与聚落文化变迁及社会发展有着密不可分的关联。对聚落变迁现象及其动因以及作为历史信息载体的空间遗产的考察，一直是研究团队各项学术工作展开的主要路径。在研究团队的不懈努力下，我们先后获得了国家自然科学基金三项面上基金项目的支持（“汉江流域文化线路上的聚落形态变迁及其社会动力机制研究”，批准号51078158；“明清江西—湖广—四川多元文化线路上的传统戏场及其衍化、传承与保护研究”，批准号51378230；“多元文化传播视野下的皖—赣—湘—鄂地区民间书院衍化、传承与保护研究”，批准号51678257）和一项高等学校博士学科点专项科研基金（“中部地区兼具地域性与时代性的村居环境营建模式及相关技术策略研究”，批准号20120142110009）。这意味着探讨传统聚落实体与空间同历史与人文要素相关联的系列研究，在价值和意义两方面得到了同行专家的认可与肯定。从各项基金项目特点看来，尽管研究的主题和目标各有侧重，但共同点也是很明显的：其一，系列课题多强调“文化线路”上的聚落文化关联研究，这是我们一直把持的一个重要线索和思路；其二，无论关注聚落，还是其中的戏场、书院等特殊的公共建筑类型，均可以多维空间遗产的视域进行探索；其三，聚落变迁与民间建筑文化传承与保护始终是我们关注和研究的重点。

在这一系列基金项目的支持下，我们研究的核心力量——多位博士、硕士组合团队，从研究方向、培养计划到项目实施与写作，都紧密围绕聚落文化与空间遗产的主题展开。自2012年至今，已有10位成员先后完成了他们的博士学位论文，从不同视角和维度拓展了这项研究的深度与广度。

张乾博士在长期田野调查与实地观测的基础上所进行的鄂东南传统聚落空间特征与气候适应性关联研究，是研究团队首篇较为系统的学术成果。以定性与定量相结合的研究使得聚落空间适应性探索有了新的突破，也是对聚落研究理论与方法体系的发展与完善。这种动态关联的研究思路，在研究团队之后的系列成果中都得到了较好的延续。

徐俊辉博士以明清时期汉水中游府、州、县治所城市聚落为研究对象，从城市空间形态的大、中、小三个尺度，对城镇体系的发展及其群组空间形态、治所城市空间形态分类及其要素特征和影响因素、两个典型复式治“城”的空间形态以及三个典型功能性街区的空间形态进行研究，展现了汉水中游流域承载城市发展，并使城市之间发生紧密关联的独特河道地理与社会文化特征。

周彝馨博士以西江流域高要地区移民村镇为研究对象，以“同构现象”为切入点，揭示并解读了西江流域聚落与自然和社会文化环境之间的“同构”关系及其深层原因，其提出针对聚落空间形态的适应性研究，拓展了多从节能技术方向探讨建筑适应性的传统研究思路，从时空维度解读了聚落的防灾形态与“最优生存方式”，通过对自然灾害与人为灾害两方面的应对策略为当代聚落的形态更新提供理论依据，从新视角对乡土聚落进行了适应性发展策略研究。

方盈博士以汉水下游江汉平原内河湖交错的地理自然环境特征为思考起点，综合本地区自明代始在社会经济历史发展中出现的“垸”这一关键要素，总结了以河湖环境中的堤垸格局为基本地理格局的聚落形态特征，从人地关系的角度考察了环境对聚落形态生成所产生的一系列影响，并揭示了水患影响下乡村聚落住居形态中建造传统和文化的缺失状态。

陈刚博士以社会形态变迁的视角探讨了近代以来汉口的市镇空间与住居形态的转变，对近代以来汉口城市社会形态背景下的住居展开了系列研究，通过对住居“历史场景”的还原，推论住居类型的产生原因，力证有关多维度社会历时形态下不同住居模式的社会适应性的观点，揭示社会发展与住居形态变迁的互动关联。

以上5位同为针对聚落空间与社会文化关联特征进行的整体性探讨，对当代地域特征显著地区的城乡自然与人文环境互动发展具有重要的现实指导意义。

围绕空间形态与社会文化关联性研究思路，亦有数位成员以个别建筑类型为题展开了系统研究。**邬胜兰**博士探讨了明清“湖广—四川”移民线路上的祠庙戏场从“酬神”到“娱人”的过程中祭祀与演剧空间形态的衍化，将研究对象从“戏台”转变为“戏场”，对与之关联的民俗活动和地方戏剧等传统文化进行关联研究，注重物质和非物质文化遗产的双向关联，为建筑和文化的双重保护提供思路。**陈楠**博士以湘赣地区传统戏场为研究对象，讨论空间形态与其中产生的社会关系、活动内容和行为模式的对应关系；从戏曲表演的角度研究戏台形态特征与地方剧种表演形式的对应性关系，并结合戏曲人类学的观点，对戏场中的“神-人”的“看”与“被看”关系做了深层次的探讨。这两项研究格外关注建筑空间的使用者“人”，不仅诠释了传统休闲文娱建筑研究的多维内涵，也有利于完善聚落文化与空间遗产的保护体系，提高保护层次。两位博士从多元文化线路的理念出发进行的传统戏场研究，突破了单一的研究区域，传统戏场这一传统公共空间遗产与戏曲这一传统文化艺术形式之间的关联性探讨，也使针对不同地域同一建筑空间类型形态特征的比对内容变得立体而丰富。此外，**罗兴姬**博士以传播学的视角，从会馆建筑的普遍性建筑特征和江西会馆地域性特点双向角度切入，对明清江西会馆的建筑原型、类型和建筑形制进行了全面考察，以新的研究视角拓展了对江西地域文化的认识。

除了在传统的建筑学领域展开研究之外，还有两位成员从跨学科背景出发探讨聚落，为全面而动态理解聚落文化和空间遗产提供了新思路。**谢超**博士从社区营造的视角出发，以当代中国的乡村建设为题，归纳出不同时期乡村建设的重点以及期间所出现的各类乡村建设模式的特征，以长江中下游聚落营建的重点案例调查为据，在提炼共时性乡村建设模式类型的基本特征与关键要素的基础上，进行了模式的量化评价和比较分析，尝试建构适宜营建的模式和策略，突破了以往乡村聚落营建的建筑学研究中注重“建”而忽视“营”的局限。**陈茹**博士以长江中游传统聚落及其中的乡村公共建筑为研究对象，通过运用“语境-文本”的研究理念和方法建立聚落研究对象之间的逻辑关系，尝试揭示聚落中存在由浅及深、内外关联、互动互生的基本运行规律，并提出应从一个更为宏观、综合的系统视角解读传统聚落的本质特征。

“聚落文化与空间遗产研究文丛”首批著述出版，既是对既往研究的一次检视，也是未来研究的一个新起点。目前，我们的聚落研究工作仍在继续，并且有所拓展。可以预期，在不久的将来，还将有关于传统书院建筑系列研究成果以及由此拓展的中国教育建筑史、近代校园空间遗产的研究成果呈现。这一系列有关聚落公共建筑和空间问题的探索是聚落文化研究的重要切片，也是空间遗产研究的重要组成部分。

从事聚落研究的这20多年间，我个人的研究兴趣已悄然成长为整个研究团队的专研方向，作为指导教师，着实感到欣慰！这十本著作呈现了围绕聚落空间和文化展开的、具有多元面向的历史现实，其中不乏对人类聚居环境变迁与发展问题的深入思考。这些探索不仅揭示了传统聚落之于当代空间营建的启示，汇聚了有关建成环境的民间智慧，而且以一个个生动的案例，解析了客观环境与聚落主体乃至更宏大的社会文化环境间的错综复杂的关系维度。

特别需要提出的是，“聚落文化与空间遗产研究文丛”系列成果能够完成，得益于华中科技大学文化遗产研究中心多位教授及相关老师多年来对我们研究团队的支持与帮助。一方面，前述相关研究的先期出版物，多是本人与相关老师们合作研究的成果，为这一文丛的研究和撰写奠定了良好的基础；另一方面，研究团队的每一位博士在读期间，无论是选题、调研，还是论文修改，直至答辩，都得到诸位老师们的提点指教。作为指导教师和文丛的主编，在此谨表衷心谢忱！同时也对湖北省文物局、湖北省古建筑保护中心的领导与专家一直以来给予的大力支持表达我们的真诚谢意！希望这套文丛的出版，能够展现内涵丰富的聚落研究体系的冰山一角，成为系统探讨聚落文化与空间遗产诸多课题的良好开端。期待日后有更多研究者藉此有所裨益，在聚落研究这一经久不衰的课题方向上取得更丰硕、更卓越的成果。

李晓峰

2018年春于喻园

前 言

汉水中游地区在历史上是中原文化与军事的要冲地带，而明清时期也是汉水中游城市发展的关键历史时期，城市社会与经济发展的深度和广度都超过了前代。城市空间形态则是反映城市这一发展过程的重要外在表现，明清时期汉水中游城市的空间形态也是该地区近现代城市发展的重要基础。

汉水中游流域以其独立的河道地理与社会文化特征，承载了这些城市的发展，并使城市之间存在着紧密的关联性。以流域的视角探讨明清时期汉水中游的城市空间形态，对于现代城市发展的文化传承、历史城区的保护与更新等课题的深入研究，都具有重要的现实意义。本书针对明清时期汉水中游府、州、县治所城市，主要从城市空间形态的大、中、小三个尺度视角进行以下几个方面的分析研究：城镇体系的发展及其群组空间形态，治所城市空间形态的分类研究（按行政等级分），治所城市空间形态要素的特征，以及空间形态的影响因素研究，两个典型复式治城城墙内的空间形态研究，3 个典型功能性街区的空间形态研究等。主要内容如下：

第 1 章为绪论。阐述本书创作的缘起、研究的意义与目的，研究的内容与方法、研究的思路框架、本书可能的创新与特色，并对汉水中游明清时期的治所城市、城市空间形态等相关概念进行辨析与界定，在梳理汉水流域聚落形态研究的总体思路下，界定本书研究对象为明清时期汉水中游的府州县治所城市。

第 2 章主要分析明清时期汉水中游治所城市发展的背景。包括汉水中游地区的自然地理与气候特征，着重论述了汉水中游河道的变迁以及堤防设施；明清时期汉水中游城市的交通区位条件；明清时期汉水中游城市社会文化与经济发展的背景与基础，该地区的农业手工业基础及商业行会制度等。

第 3 章为大尺度视角下，明清时期汉水中游城镇体系的发展及其群组空间形态特征。重点是分析并厘清明清时期汉水中游城镇体系的发展阶段，以及群组空间特征；明清汉水中游城市县域内、县际之间的城镇群组空间形态。以襄阳府政域内城镇体系为例，探讨城镇体系的空间形态格局，最终总结其发展的动力机制。

第 4 章为中尺度视角下，对于明清时期汉水中游 11 个府州县治所城市空间形态的分类研究。这一章主要是整理了散见于大量方志文献和古籍中的材料，结合航拍地图等城市地形资料，以及遗存建筑的现场探勘与采访等手段，使用形态推演的方法，辨析并探讨明清时期汉水中游 11 个府州县治所城市的整体与内部空间形态。

第 5 章为明清时期汉水中游治所城市空间形态要素的特征研究。在上一章整体空间形态分类研究的基础上，对于这 11 个府州县城市的边界城廓形态、街巷结构与形态、主要功能区划与形态、标志性节点形态，进行横向的比较与归纳分析，同时总结治所城市形态特征的主要影响因素。

第 6 章为明清时期汉水中游两个典型复式治所城市的空间形态研究。着重对汉水中游的襄阳府城—樊城镇城和光化县城—老河口镇城这两个复式城市空间形态的形成与演变过程，以及对清末两个治城与镇城城墙内的空间形态进行比较研究。由于近代历史发展的特殊性，明清与当代的联系是间接的。为与当代衔接，本章在探讨这两个城市的空间形态演变时，时间是从明代初年至 20 世纪 80 年代，其中对于演变阶段的论述仍是以明清时期为主。

第 7 章为明清时期汉水中游治所城市典型功能性街区的空间形态研究。在治所城市中选取对城市格局影响较大、保存较好的街区或建筑功能群组进行形态特征分析，主要包括府城中的襄阳王府建筑群、治城中的南阳府衙建筑群、城下街区的谷城老街等。分析其与城市的空间关系、建筑的空间形态特征，以及改造的现状等。

明清时期的治所城市是我国近现代城市空间拓展与发展的基础，本书通过对明清时期汉水中游治所城市空间形态分类型、分层级的探讨，得以进一步挖掘其背后所蕴含的文化内涵，如社会组织结构、行政管理体系、生活文化习俗等。此外，书中总结的关于明清时期治所城市空间形态的推演方法，即建立在基础资料数据库的基础上，结合历史地理地图和城市空间遗存的定位系统，对明清治所城市的空间形态进行推演，也将有助于我们获得更为完整的城市空间信息。当然，这项工作对于数字古城博物馆的构建、城市生活虚拟体验等一系列文化创意活动也有着重要意义。

目 录

第1章

绪　论

1.1 研究背景

本书研究内容来源于国家自然科学基金项目“汉江流域文化线路上的聚落形态变迁及其社会动力机制研究”。该基金项目主要以“文化线路”视角及其相关理念和研究方法，选择汉水流域范围内的传统聚落为研究对象，对该地区聚落形态及其变迁历程、类型与分布状况、演进机制，以及聚落应对流域环境变迁的生态适应性等进行深入调查和分析，以期清晰总结勾勒出横贯鄂—豫—陕—川的汉水流域沿线聚落变迁及其相应的经济、社会、文化动力机制（图 1-1）。

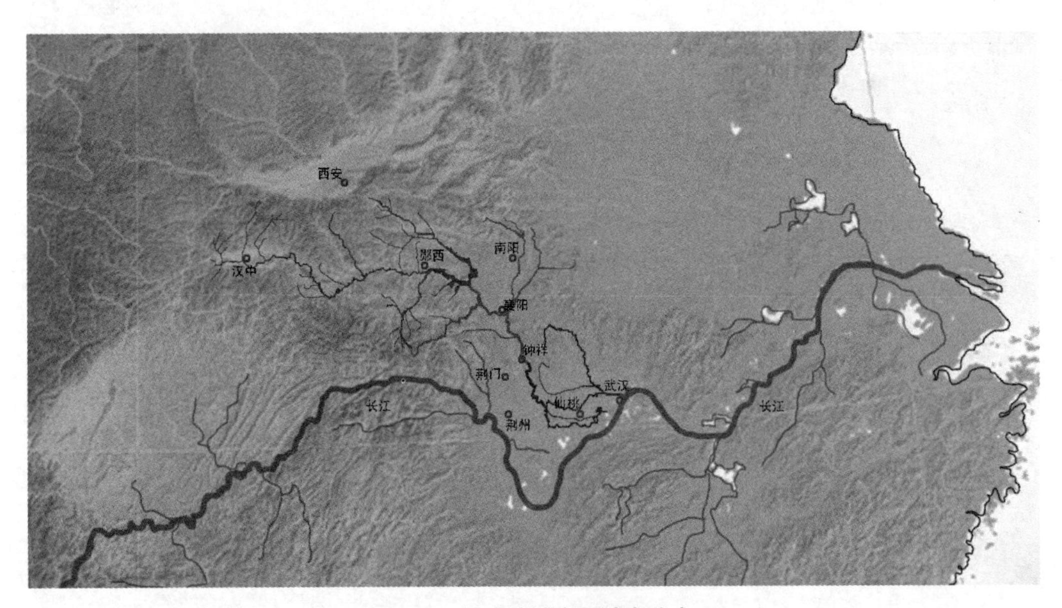

图 1-1 汉水流域主要城市分布

1.1.1 文化线路与遗产廊道是聚落研究的新视角

文化线路（Cultural Routes）是近年来世界遗产领域中新出现的一种遗产类型。自 2008 年在加拿大魁北克召开的国际古迹遗址理事会 16 届大会上通过的《关于文化线路的国际古迹遗址理事会宪章》（简称《文化线路宪章》）将文化线路作为新型的大型遗产类型纳入《世界遗产名录》范畴以来，文化线路便受到了各国的高度重视。

根据《文化线路宪章》的阐述，文化线路是指“任何交通线路，无论是陆路、水路，还是其他类型，拥有清晰的物理界限和自身所具有的特定活力和历史功能为特征，以服务于一个特定的明确界定的目的。"自然河流峡谷、运河、道路以及铁路线都是文化遗产的重要表现形式。它们多代表了早期人类的运动路线，并以线形廊道形态呈现地区文化发展历程。

遗产廊道（Heritage Corridors）是拥有特殊文化资源集合的线形或带状区域内的物质或非物质文化遗产族群景观，尽管其价值未必突出到能够列入世界遗产名录，但是因代表了早期人类的活动路线，体现着地域文化的发展历程，因而具有文化意义。遗产廊道理念和方法不仅强调遗产保护的文化意义，而且强调其生态价值和经济性，强调文化遗产保护和自然保护并举，"是一种追求遗产保护、区域振兴、居民休闲和身心再生、文化旅游及教育多赢的多目标保护规划理念与方法"。[1]

在我国丰富的文化遗产宝库中，线形文化景观遗产地位独特。这一重要的遗产类别近年来已受到学界部分研究者关注。我国多处线形文化资源，如丝绸之路、茶马古道、海上丝绸之路等，其价值举世公认，作为文化线路的杰出范例，目前已逐步进入学者们的研究视野，重要课题有 2005 年施维琳的"西南丝绸之路驿道聚落与建筑的传统和发展研究"、2012 年俞孔坚的"京杭大运河的遗产价值与整体保护问题和机遇"等。文化线路的聚落研究受到业内越来越多的重视。

明清时期汉水中游的治所城市即是依附于地区干流与支流这个文化线路的典型城市聚落。在以"水路运输"为主导功能的农业时代，江河、支流、水利工程设施、航运码头以及管理与运行保障机构，共同形成了汉水中游地区，乃至整个流域文化线路的基础，从而使城市在明清时期区域经贸往来、南北文化交流方面都承担了重要的作用。明清以来，随着整个汉水流域资源的不断开发、地区经济的日渐兴盛，不仅流域沿岸地区的城市聚落发展繁荣，而且大量的商业市镇、民居村落也应运而生，从而使汉水流域成为中部地区一条名副其实的自然与文化廊道。

1.1.2 汉水城镇聚落正经历着快速城市化的冲击

时至今日，汉水中游及整个汉水流域地区的城市，正经历着快速城市化的冲击。汉水流域是指长江的支流汉江（汉水）所流经的广大地区。由于汉水流域多样化的自然地理条件和厚重的人文环境的历史作用，使这一片区域成为历史上非常重要的人群聚居地，也包含了很多重要的历史城市，如上游段的汉中、郧县，中游段的襄阳、光化、谷城、钟祥，下游段的沔阳、汉阳、武昌等。

然而，近年来水资源的过度开发与潜在的生态危机，以及现代城市化运动的冲击遏止了这些地区传统文化的延续。很多传统城市与街区（尤其是中小城市）在还没有被充分了解和认识的情况下，就已经消失了。而另一方面，城市中心区的复古运动，

[1] 联合国教科文组织 . 关于文化线路的国际古迹遗址理事会宪章 [R]. 2008。

又夹杂着商业利益的驱动，在迅速地进行。在此情况下，充分了解汉水流域传统城市的空间形态特征，摸清历史上城市发展与变迁的动力规律，对于当今的城市化运动是一件迫在眉睫的事情。

经济复苏所带来的现代城市化高速发展，使现今中国历史城镇的保护与文化传承面临着越来越大的困难。1990年以来，中国就已进入了一个城市化加速发展的时期，城市化是一个空间过程❶，作为城市化的一个结果，城镇等聚落空间形态的变化明确地反映了城市化的过程。城市空间扩展、功能空间演替、群组空间融合必然给历史城镇以及传统聚落格局带来巨大的冲击。

本书重点研究的汉水中游核心城市襄阳，以及溯江而上经济往来较为密切的光化、谷城等城镇组群，目前也经历着一场翻天覆地的变化。2011年4月，时任省委书记李鸿忠要求襄阳加快建设名副其实的省域副中心城市，并根据襄阳的发展基础和特色优势，提出了建设"四个襄阳"❷的战略定位。

2011年10月，襄阳市委、市政府提出老河口、谷城组团发展大城市作为"四个襄阳"城市发展战略的重要支撑，拟在空间上突破城市行政区位限制，以老河口市主城区向西跨江与谷城组团发展，环汉江梨花湖开发建设，将襄阳市打造成"一江两城"的城市空间发展格局。

2012年7月，在襄阳市城市总体规划中，樊城除少数历史街区外，旧城区全部被拆除；与此相反，在汉水的南岸，投资数亿元修复襄阳古城，将其恢复到明清时期的城市形态。目前襄阳古城东、西城门及城楼的复建工作已建设完成。现在，明清时期繁荣一时的樊城镇城已不复存在，而汉水南岸的襄阳古城则以一个"新古董"的形式出现（图1-2）。

2004年陈老巷航拍图

2011年陈老巷拆除后的航拍图

图1-2　襄阳市樊城区陈老巷历史街区拆除前后对比

❶ 许学强.城市化空间过程与空间组织和空间结合[J].城市问题，1986（03）：4-8。

❷ "四个襄阳"指产业襄阳、都市襄阳、文化襄阳、绿色襄阳。

面对着一系列令人眼花缭乱的城市发展计划，汉水中游地区的城镇，与流域内许多其他城市一样，面临着前所未有的经济腾飞与发展机遇。但是，在机遇中也潜藏着城市文化的断层，以及历史街区与建筑的保护等潜在的危机与挑战。因此，正确认识地区历史城市的形态与演变规律相关影响等，对于当前城市的规划与设计，都是一个重要的参考与支撑。

纵观国内外许多著名历史城市的范例，特别是旧城改造，无一不是建立在对原有城市空间形态系统而科学的分析研究基础之上。目前，在我国高速发展的形势下，对已有历史城市空间资源的分析研究非常必要。

1.1.3 城市空间形态演变是聚落研究的热点问题

城市空间形态及其演变目前多用于对现代城市发展的探讨，一直是城市地理与城市设计学科研究的热点问题。西方传统城市设计学科，研究城市内部空间结构的着重点是城市形态、城市土地利用等物质空间；而现代城市设计学科对于城市空间形态的演变，以及演变规律的动力机制分析等的研究已经成为新的热点问题。

在国内，城市地理学对于作为个体的现代城市研究十分深入，城市化、城市体系等方面的研究都取得了重要的进展。近年来，国内对于城市空间研究的重点已经转向中观层面，即以城市为面的“城市中的区域”为研究对象，探讨区域内城市空间及其演变过程，取得了众多的成果。

目前国内对于历史城市空间形态演变的研究，仍然存在着很多困难与不足。首先，有关城市建设的历史资料不足，其时间上的连续性更难考证，难以在时间序列上对历史城市空间形态作较为精确的量化对比；其次，对历史城市空间形态的研究主要集中在城市遗存的建筑与街区，有关城市整体空间形态的演替、城市群组空间的扩展与融合的研究相对较少，基于不同尺度下的历史城市空间形态演变研究还不多见；最后，城市空间形态演变研究的多学科交融以及研究方法的集成度还需要进一步提高。因此，对于历史城市的空间形态特征研究还需要从理论体系构建、研究方法集成、时空尺度变化、内在机理揭示等方面加强研究。

当今很多的历史城市都在斥巨资打造复古城市。从近年来的新闻可以看到城市复古运动的兴起：郑州投资五亿重建商代的夯土城墙，大同耗资百亿再现北魏平城的风韵，开封千亿打造宋代的汴梁，襄阳在进行明清古城复建工程……

这种城市复古运动的真实背景是国家土地政策的持续收紧，各地政府将目光重新投向老城区，恢复历史街区，建造仿古建筑，促进商业、旅游业和房地产开发。然而，在历史城市的空间形态研究还不足的情况下，拆除城市历史遗存，杜撰假的悠久历史是否是城市复古的唯一方式？又该如何保证城市复古的还原度？……这些都是历史城市空间形态研究所要面临的现实问题。

1.2 研究目的与研究意义

1. 研究的时段方面

对于城市空间形态的研究主要立足于明清时期，而关于城市形态演变的探讨则适当从明清下延至20世纪80年代，以便于探讨明清时期的城市与现代城市之间的衔接。

2. 研究的对象方面

由于担心陷入资料汇编与非专业研究的被动局面，本书没有选择对于汉水流域的聚落形态进行整体框架式、全景式的考察与描述，而是将研究对象仅限定于明清以来汉水中游地区的11个治所城市。汉水中游段以及其三级支流形成的地理区域，包括了南阳盆地、鄂北岗地、襄宜平原三种地貌特征。在明清时期，其政域范围则分属南阳府（南阳盆地局部）与襄阳府（鄂北岗地、襄宜平原），研究对象选择此范围内的府、州、县11个治所城市的空间形态进行研究探讨，包括属于明清南阳府的南阳府城、邓州州城、新野、唐县等县城，属于明清襄阳府的襄阳府城、均州州城、光化、谷城、宜城、枣阳、南漳等县城。

3. 研究的内容方面

本书对于汉水中游治所城市空间形态的研究将在三个不同尺度视角下进行：大尺度视角下，汉水中游地区治所城市与附属市镇的群组关系；中尺度视角下治所城市的空间形态分类研究、形态要素的特征研究，以及典型的城市空间形态研究，小尺度视角下的典型街区及建筑群空间形态。其中中尺度视角下治所城市的空间形态将是本书研究的重点，在对治所城市空间形态进行分类型的论证与辨析后，将这些城市形态的不同构成要素进行分析与比较研究。同时选取襄阳府城—樊城镇城和光化县城—老河口镇城这两个在汉水流域内具有独特形态特征的复式城市，进行城市空间形态演变的探讨，并比较研究行政治城与商业镇城的空间形态。

1.2.1 研究目的

研究目的主要有三个方面：

（1）探讨中尺度视角下，按府、州、县的行政等级，明清时期汉水中游11个治所城市的空间形态，包括整体空间形态与内部空间形态。在此基础上，针对11个城市的空间形态要素，包括城廓（边界）形态、街巷结构与形态、功能区划与形态、标志物与节点空间形态等，进行比较分析与归纳总结，以期了解这些城市形态特征的规律，以及空间形态的主要影响因素。

对于明清时期位于汉水中游有文史资料和现场考察考证条件的治所城市，借助于建筑专业研究手段对现有遗迹的研究，一般可追溯到民国时期或新中国成立初期，进行空间形态的推演和辨析，力争厘清城市空间形态特征。

在明清时期汉水中游城市空间形态论证的基础上，进行不同空间形态类型要素的比较与归纳，主要针对府城、州城、县城这三级不同行政级别的治所城市，进行类比分析研究。

（2）在大尺度与中尺度视角下，进行城市空间形态发展与演变研究的初步探讨。在大尺度视角下，探讨明清时期城镇体系的发展过程，以及过程中城市与市镇的群组发展关系，目的是从宏观的角度看待县域城镇体系的发展与县际城市之间的关系。在中尺度视角下，分别对明清时期汉水中游特有的治城与镇城组合发展的复式城市典型形态，即襄阳府城—樊城镇城与光化县城—老河口镇城，对比探讨其空间形态特征，归纳其演变的过程与动力机制。

本书借助于对汉水中游治所城市空间形态演变的研究，希望了解在具有明显独立特征的地理区域条件下，历史城市的群组关系及城市的整体形态在历史进程中的发展过程，分析促成这些演变过程发生与发展的社会文化及经济发展等因素。

本书将从建筑专业的角度，归纳与汉水中游治所城市形态有关的背景情况：战争破坏与重建计划、流民迁徙与生产安置、行政等级与治域区划、环境影响与水利措施、经济往来与商业兴衰等。在此基础上，对襄阳府治城市和政域内的光化县治城市，以及附属的两个商业型镇城的空间形态的形成与演变，在可追溯的时间节点内，做较为详细的考证，力图厘清这两个复式城市的空间形态演变的脉络，尽量系统地图示其演变的过程。

（3）在小尺度视角下，分析汉水中游治所城市中典型功能区的空间形态特征以及与城市的空间关系，目的是从城市的角度看待街区与城市的关联性。

1.2.2 研究意义

1. 理论意义

在快速城市化背景下，历史城市不仅面临着空间的高速拓展，也面临着内部空间结构的调整。城市空间形态作为城市化的一个结果，其形态特征及其演变明确地反映了特定时期城市化的过程。由于中国城市化水平以及城市化所处的背景与西方并不相同，因此，中国城市空间过程所表现出来的现象与机制是任何经典的西方理论所不能容纳与解释的。[1] 传统历史城市空间形态特征、演变的过程与动力机制都具有尺度的依赖性，需要进行多尺度视角下的综合研究。

[1] 张京祥，殷洁，何建颐．全球化世纪的城市密集地区发展与规划 [M]. 北京：中国建筑工业出版社，2007。

从目前的研究资料来看，关于明清时期汉水流域及汉水中游社会史、经济史的论文和专著较多，而城市空间形态的研究则较为薄弱，有关的建筑与规划专著也较少，而仅有的少数关于明清时期汉水流域城市形态的研究也集中于历史地理学领域。规划建筑专业期刊论文多集中于对武汉等少数城市的形态研究，多数汉水流域城市形态的历史研究还有待开展。目前明清汉水流域城市形态研究的不足之处主要有：

（1）对明清时期汉水流域城市发展过程的梳理较为欠缺。虽然与汉水流域城市形态相关的社会历史研究较多，但未见有人对汉水流域城市发展的历史过程和驱动力进行系统的整理。大量的材料散落在各专著、论文和原始历史文献中没有汇集成篇，加之建筑学专业的人士对这些文献的阅读相对有限，因此建筑学界对汉水流域内城市发展演化的宏观认识和历史脉络的把握不明晰，对明清以来汉水流域城市形态演变及动力机制的认识也较为匮乏。

（2）当前汉水流域城市形态的历史研究多集中在武汉这一座城市。有关其他城市形态的历史研究稀少，还谈不上对明清时期汉水流域内治所城市空间形态的横向比较研究，对明清汉水流域城市空间形态的总结与归纳尚不充分。

（3）尚缺少以流域的视角对明清时期汉水城市空间形态进行研究。对于城市的研究还没有与明清时期汉水流域城市发展的社会历史过程相结合，现有的汉水流域城市形态的历史研究主要停留在“中国”或者借鉴其他地域的层面上，明清汉水流域城市物质空间形态的地域性特征有待发掘。

（4）建筑专业领域内，还没有关于明清汉水流域城市形态较有影响力的论文和著作。实际上，在建筑学界内甚至连明清汉水流域城市镇都仍然是一个非常模糊的概念。

对于研究的不足之处进行探讨并力图有所突破是研究的意义所在。本书作为汉水流域聚落形态演变研究的起步，可资参照的研究有限，目前所能掌握的资料也有限，因而目前难以对国内城市形态研究的要素方面全都做出详尽的探讨。根据所掌握的资料，本书侧重于对明清时期汉水中游治所城市的整体形态特征、典型城市的形态演变与动力机制进行研究，并把这些研究结合在“整体空间形态”和“内部空间形态”这两个主题中，展示一个虽不甚清晰，却相对完整的有“形状”和“结构”的形态。

本书选择明清时期汉水中游地区 11 个治所城市为主要研究对象，从尺度视角构建理论与分析框架，将城市空间形态特征、功能空间演替和群组空间融合联系起来，研究城市空间形态的特征与演变的格局、过程与机制，对深化城市化过程与机理的研究，探索城市空间形态演变规律与机制，完善城市空间形态演变研究的分析框架，丰富城市空间形态实证案例等都具有理论意义。

2. 现实意义

探索有生命力的历史城市与建筑空间形态原型及其形态演变的动力，对于当今汉水中游城市群的复兴与城市文化传承，有深远的现实意义。

文化的传承与创新是每一个现代城市研究都面临的问题，它离不开对传统城市文化、社会结构的深入理解，也离不开对人类聚居环境的认识。书中以历史保护的城市空间形态特征研究为切入点，与明清以来的汉水中游城市空间形态相联系，相信对于该地区的城市发展及其历史环境的当代保护和更新，有一定的帮助。

关于汉水流域聚落空间形态研究尚处于起步阶段，可资参考的研究有限，目前能掌握的资料也有限。借助于对历史文本的整理，并对所整理的材料进行分析和辨析，了解空间形态背后的社会经济、地理区位、交通条件的支配力量，尽可能使历史图像清晰化，相信这些努力对于汉水流域聚落后续的研究是有帮助的。

1.3 研究对象的概念与界定

1.3.1 关于汉水中游聚落整体研究构架的思考以及本书的研究范围

本书选取汉水流域中游段的治所城市作为主要研究对象。按照汉江流域的地理环境可以将其分为上、中、下三个具有相对独立特征的地理单元，而整个汉水流域的区域范围跨越陕西、四川、河南、湖北地区，其地理水域、历史文化、经济发展状况较为复杂，相关资料庞杂而获之不易，为此本书截取有独立地理特征的中游部分加以探讨。

在前期的资料阅读考查中，笔者逐步认识到汉水流域聚落空间形态的研究应形成治所城市——商业市镇——集居村落等空间形态逐级深入的研究步骤（图 1-3）。研究需以治所城市为中心（包括省城、府城、州城、县城），首先应厘清治所城市的空间形态与结构，然后依次考察商业市镇与集居村落乃至散村的聚落形态（表 1-1）。作为国家自然科学基金项目的起步阶段，本书最终将主要研究范围限定于汉江流域中游段的治所城市的空间形态。

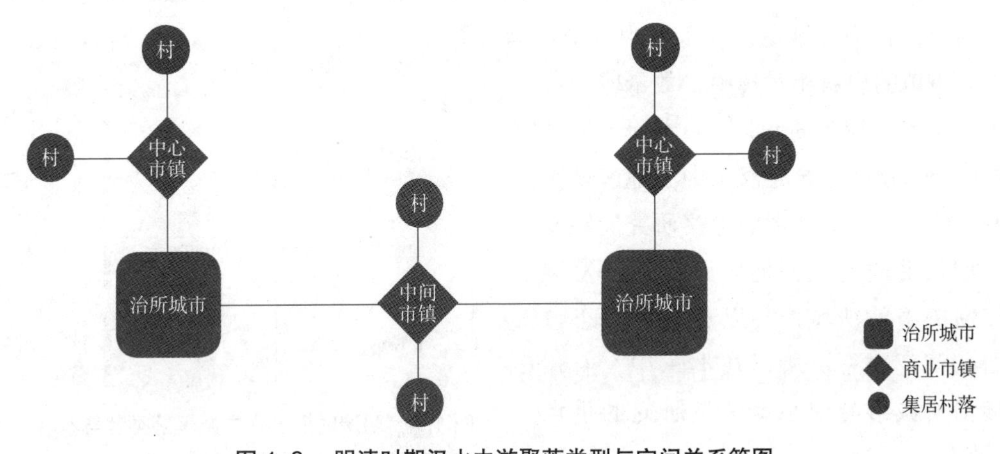

图 1-3 明清时期汉水中游聚落类型与空间关系简图

明清时期汉水中游聚落类型特征说明 表 1-1

名称	聚落类型	主要特征	典型代表
治所城市	府州县治所城市	有城墙环绕的行政性城市，承担管理、城防、教育与文官系统选拔、官方祭祀与崇拜等主要功能； 作为地区行政中心地的城市； 按相应的行政级别、礼制要求规划的城市； 建城受到唐宋旧城格局的影响	襄阳、南阳、光化、谷城
	城下街区	附属于治所城市，并承担了商业与居住的功能； 位置在城墙以外，并依附于城市主要的商业交通干道； 在有条件的情况下，修筑城墙，成为城市附郭	襄阳西河厢、光化西集街、谷城老街
商业市镇	中心市镇	作为主要府县治所城市商业功能的补充与延伸，离治所城市有一定距离，并承担商业与居住功能的聚落； 作为地区商业中心地的城市，具有完善的商业服务功能，如牙行、邮政、典当等； 有完整的城墙边界，并派驻巡检司，纳入城市的管理体系； 商业与居住的便利成为城市形态的主导； 地理位置上与河道的交通联系更加紧密； 城市地形的选择上，考虑码头运输与内陆运输的平行关系； 由码头及市镇逐步发展而来	樊城镇城、欧庙镇城、老河口镇城
	中间市镇	处于城市与城市之间的交通要地（综合了陆路交通与水运交通优势），长线交通中的位置成为市镇选址的重要因素； 达到了一定的规模，成为腹地农村聚落的商业集合地，有定期型集市； 位置上与周边辐射范围内的农村聚落的步行距离在半日左右； 在清代中晚期驻有巡检部门或邮政单位； 与河道的支流联系紧密	青山港、三官店、仙人渡镇、石花街、竹条铺、太平店、古驿镇、杨林铺、孟楼镇、竹林桥、双湖镇、新店铺、苍台镇、武安镇
	小型集市	依附于集居村落或宗教建筑的小型市场，也称为“草市”； 属定期型集市，有大集与小集之分，便于乡村聚落的商业活动	冷家集、刘家营
集居村落		以治所城市、商业市镇为中心的自然型村落； 接近农业生产基地，是农产品的基本供应单元； 距离最近的商业市镇的步行距离在半日行程左右	刘家湾、陈家冲、马家岗

从总体上看，汉水中游地区治所城市与中心市镇，如襄阳府—樊城镇和光化县—老河口镇在当今城镇建设发展中日渐成为人们关注的焦点。这一方面是因为治城与中心市镇的史料相对集中，数量较为可观，查阅也较为便利；另一方面，治城与中心市镇的结合是汉水中游地区城镇发展的特色，对两者的考察研究能够使我们较准确地把握地区商业经济发展如何突破治所城市，以及城市形态方面的演变过程。所以在本章中，府州县治所城市与中心市镇是研究的重点（图 1-4）。

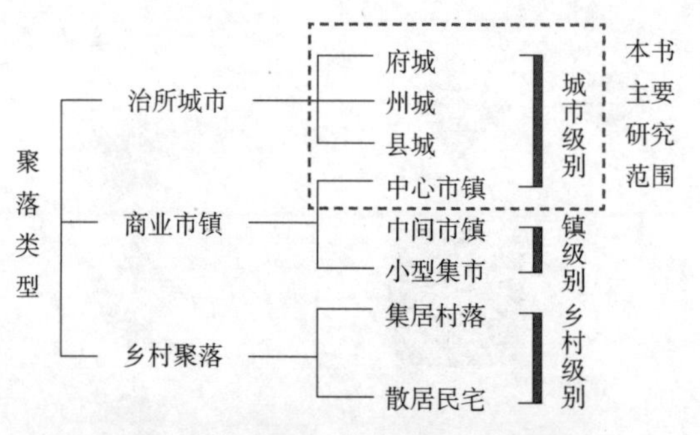

图 1-4 明清时期汉水中游聚落类型与本书主要研究范围

1.3.2 研究对象的地域范围——汉水中游

本书研究的治所城市的地域背景主要是汉水中游区域，包括汉水干流的中游段、三级支流（唐白河、南河、蛮河、沙河）等河流流域范围。汉水中游地区主要有三种特征的地形地貌:唐白河流经的南阳盆地、襄阳上段的鄂北岗地、襄阳下段的襄宜平原。干流与支流的差异化、地形地貌的丰富性决定了这一地区的城市既有相互交织的联系，又能体现出城市类型的多样化，因此，本书选择汉水中游作为主要的研究区域。

1. 汉水上、中、下游的简况与比较

汉水（又名“沔水”，中下游部分河段又称“襄河”）是长江最大支流之一，全长1532km，流域面积在1959年前为17.43万km^2，1959年后减少至15.9万km^2，干支流域经甘、陕、川、豫、鄂五省。汉水中游是一个具有独立特征的地理单元。历来汉水以丹江口以上部分为上游，自丹江口至钟祥为中游，钟祥以下至汉口为下游。在丹江口与钟祥间的汉江干流河谷及其两岸大小支流流域，均属于汉江中游区（表1-2）。

2. 在汉水中游历史上有着重要的经济文化地位

汉水中游是汉水流域乃至整个中国历史上有文字记载以来开发较早的区域，先秦时期的楚国就发源于汉水中游的丹江谷地，它的中心地带在相当长的时间里也一直在汉水中游的襄宜平原上。两汉时期的汉江流域，尤其是中游的南阳盆地、襄宜平原和随枣走廊一带社会经济的发展在整个长江流域都处于领先地位。[1]

汉水上、中、下游的简况与典型地貌特征　　表1-2

<table>
<tr><td rowspan="2">汉水上游</td><td>丹江口以上的上游地区以高大的山体为主，汉水两岸也没有堤防设施，河长954km，集水面积8.0万km^2；河道较为稳定，属峡流型河道</td><td>
汉水上游典型地貌景观——峡流</td></tr>
<tr><td>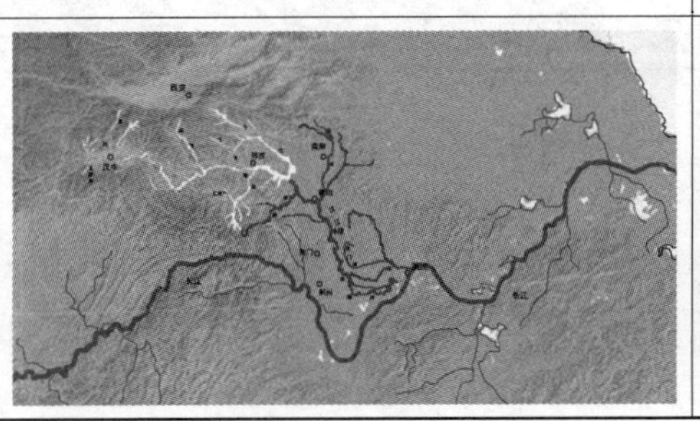</td><td>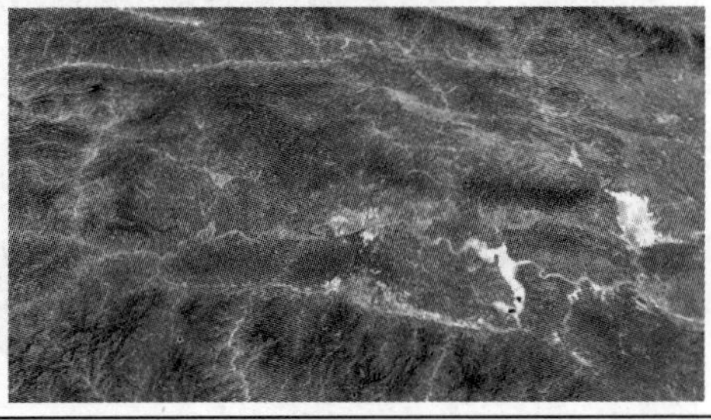</td></tr>
</table>

[1] 鲁西奇，蔡述明. 汉江流域开发史上的环境问题[J]. 长江流域资源与环境，1997（3）: 265-270。

续表

<table>
<tr>
<td rowspan="2">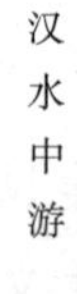汉水中游</td>
<td>丹江口至钟祥段，河长 223km，集水面积为 4.5 万 km^2；中游汉水沿岸地带为泛滥平原，始修筑汉水堤防，以保护城邑与农田的安全。平均比降 0.19%，河床宽而浅，水流散乱，有大的江心洲 20 余个，襄阳以上河床已稳定，以下河床还在演变、调整之中，属游荡型河道。中游区在接纳南河和唐白河以后，水量、沙量有大幅度增加，河道时冲时淤，宽窄不等，低水河槽宽 300 ~ 400m，洪水期达 2 ~ 3km；</td>
<td>
汉水中游典型地貌景观——岗地</td>
</tr>
<tr>
<td>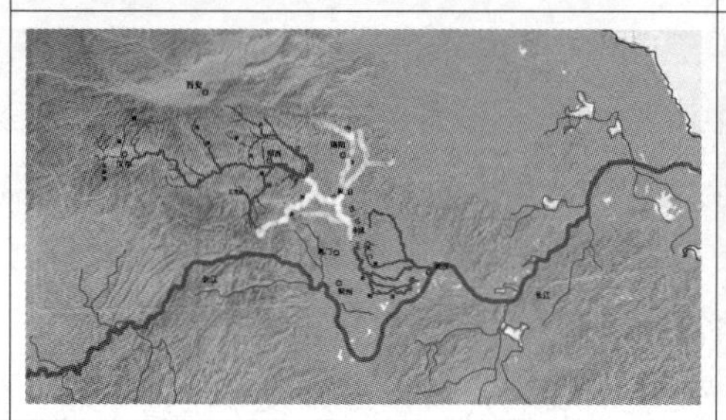</td>
<td>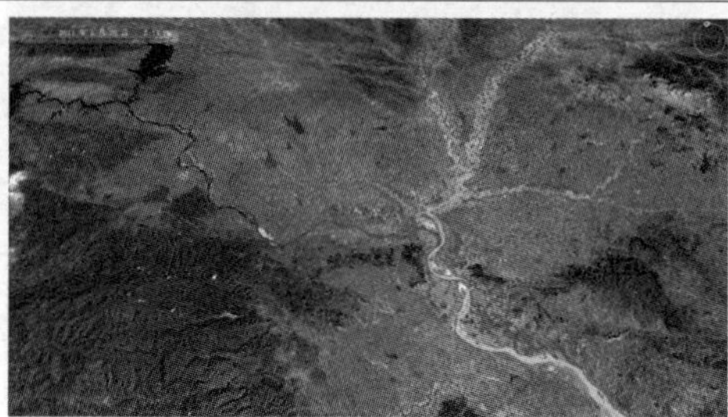</td>
</tr>
<tr>
<td rowspan="2">汉水下游</td>
<td>钟祥以下称河口三角洲，属漫流型河道。呈现河湖交错的地理景观，汉江干堤、支河堤防、垸堤是地理景观的重要组成部分。其河长 393km，集水面积为 1.7 万 km^2，平均比降 0.09%，水流变缓，弯曲系数 1.81，属平原蜿蜒性河道，河床多为沙质，两岸筑有完整的堤防，因而河床较稳定并逐渐缩窄，在潜江市泽口龙头拐，汉江经东荆河（天然分流河道，最大过水能力 5600m^3/s）自然分流入长江。</td>
<td>
汉水下游典型地貌景观——垸田</td>
</tr>
<tr>
<td>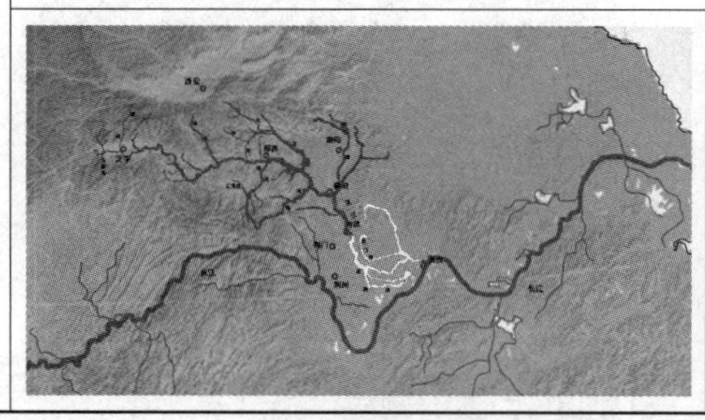</td>
<td>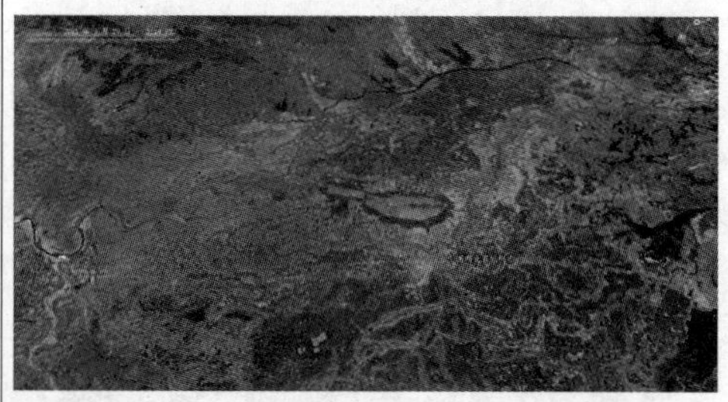</td>
</tr>
</table>

（1）汉水中游——重要的水运线：

历史上汉江中游沿岸的襄阳一带为水运枢纽，汉江中游的物资集散地。形势紧张（南北战事）时期，如果“武关道”[1]不能畅通，江淮、荆襄物资便全取道汉江，先

[1] 春秋战国时开辟，以“武”字名关、名路，起自长安（今西安），经蓝田、商洛，至河南南阳之间道路的统称。

集中于汉水中游的襄阳，再溯汉江而上，汉江在这时便成为国家最重要的交通枢纽。

由襄阳溯汉江，360 里至均州（位于今丹江口市），又西 113 里至郧县。唐人评论襄阳说："江汉间州以十数，而襄阳为大，旧多三辅之豪，今则一都之会。"[1] 北宋以后，全国的政治中心从关中地区东移，开封、南京，再至北京，汉水上游的交通逐渐冷落，汉水中游的襄阳却依旧重要，晏殊仍称襄阳"西及梁州，南包临沮，北接阴邓，邑居隐轸，盖一都之会也"。[2]

（2）汉水中游——重要的防御线：

历史上汉水中游地区在政治军事及人文方面就具有较强的"要冲—过渡带"特征。自古以来（主要是南北对峙时期）就认为，利用中游汉水及其支流的漳河、南河，以及与长江左岸平行的一系列湖泊，可以构筑一道保护江陵（荆州）腹地免受北方攻击的自然屏障，也有人直接将它称之为"襄阳的马其诺防线"。[3] 而其中夹杂有战略防御与防洪双重目标的城市与河道堤防设施，与河流纵横交错的汉水中游地区，共同形成了"水文缓冲区"。尤其是南宋时期，襄阳对于偏安江左的南宋王朝至关重要，"荆湖国之上流，其地数千里，诸葛亮谓之用武之国，今朝廷保有东南，控驭西北……皆当屯宿重兵，倚为形势，使四川号令可通，而襄汉声援可接，乃有恢复之渐"。[4]

而另一方面建立在此基础上的"人文缓冲区"，则是由驻扎在这一地区的军队，和供应他们需要的地方城市居民及乡村农民组成的。[5] 汉江中段的地质与水系条件，使得这一地区在经济、文化的交流与传播中扮演着沟通者的角色。

因此，历史上汉水中游地区城市经济发展的特征是，当全国处于统一状态时，汉水中游城镇经济的发展稳定但缓慢；而当南北分裂（大都在汉江中游稍北的秦岭—淮河一线对峙）时，却常常是汉水中游城市得到大发展的时期。此种现象，我们可以称之为地区发展的边际效应。而确定与衡量该地区城市地位与规模的重要因素，正是它实施统治的能力以及它所控制的区域的大小（图 1-5）。

3. 汉水中游作为流域的整体性特征

如果把汉水中游地区视为一个系统，其治所城市的形成与空间形态演变是在特定的系统中完成的，城市的发展轨迹受制于所在系统的总体发展格局。从流域经济的空间集中性考察，流域的经济发展在相当大的程度上都是依赖这些城市而进行的。所以研究流域重点在于研究城市，同样，研究城市也离不开支撑它的流域的研究。

汉水中游具有典型的流域地理单元特征。流域[6] 作为一条河流（或水系）的集水

[1] 张九龄 . 故襄州刺史靳公遗爱碑 [M]// 董浩等编 . 全唐文 . 上海：上海古籍出版社，1990。

[2] 王象之 . 舆地纪胜 [M]. 北京：中华书局，1992。

[3] 魏丕信 . 水利基础设施管理中的国家干预——以中华帝国晚期的湖北省为例 [M]// 陈锋主编 . 明清以来长江流域社会发展史论 . 武汉：武汉大学出版社，2006：618。

[4] 李纲 . 梁溪集 · 卷五 · 与吕相公第十五书 [M]. 台北：台湾商务印书馆股份有限公司，1970。

[5] 《宋史》卷四。

[6] 流域，在地理学上一般解释为相对河流的某一断面，由分水线包围的区域，它是水资源的地面集水区和地下集水区的总称。见：李研彬 . 北京山区小流域经济开发与管理探讨 [D]. 北京：首都师范大学，2008。

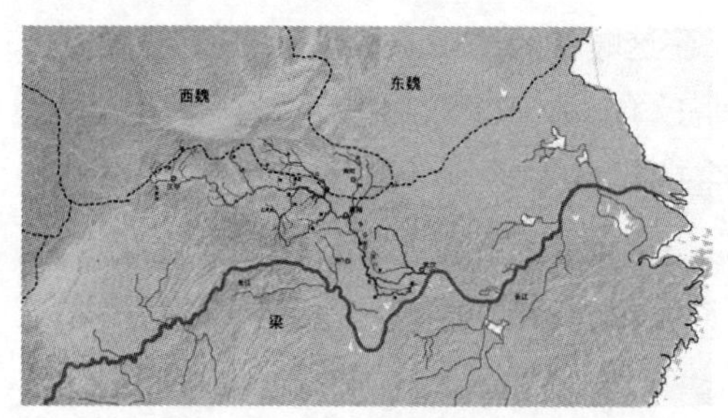

南北朝时期东魏、西魏、梁边界形势图（公元 546 年，
即梁中大同元年、东魏武定四年、西魏大统十二年）

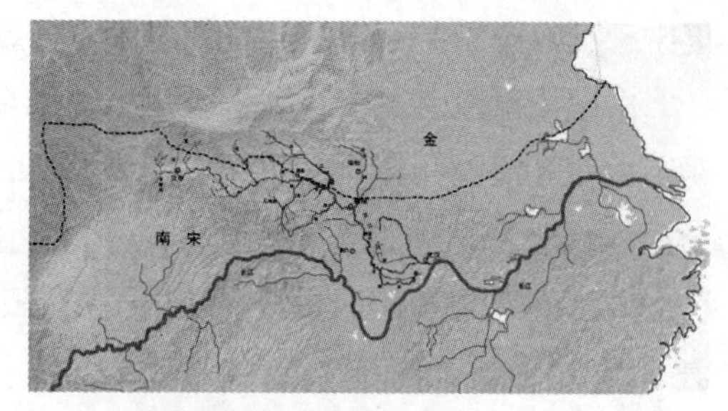

宋金时期边界形势图（公元 1142 年，
即金皇统二年、南宋绍兴十二年）

图 1-5　历史上汉水与国界边线关系分析

资料来源：《中国历史地图集》第四册、第六册。

区域，属于一种典型的自然区域，是一个从源头到河口完整、独立、自成系统的水文单元，在地域上有明确的边界范围。

（1）汉水中游的水资源是制约流域经济的关键。就其形成而言，其自然性主要表现在两方面：首先，它是地理的产物。具有中游特有的地理地貌特征，这些特征又决定了水资源产汇流特征，从而形成了流域的基本特征。其次由于产汇流的作用，汉水在上游流动过程中形成深槽河床，并携带大量泥沙，流出均州山口之后，流速变缓，大量泥沙沉降堆积，待洪水泛滥时把泥沙送到下游的泛滥区域，逐渐形成冲积平原。由于流域中游生产条件便利，早期就形成了以中游为中心的经济布局。

（2）以河谷为主干的交通网络是汉水中游城市经济布局的基础。在汉水中游内部，聚集效应首先体现在作为内部经济中心的各级城镇上，这些沿河流分布的城镇可以近似地理解为流域内的中心经济“点”，它们以河流干流和支流为“轴”分布其上，并沿着轴线的方向形成产业聚集带向外延伸，逐渐形成层次分明的各级经济区，这些子系统进一步形成汉水中游的经济系统。❶

（3）流域整体性是流域经济地域的根本特性。古代交通条件很大程度仰赖自然条件，沿汉水中游河道的干流和支流及其河谷分布的水陆交通网，覆盖了整个地区。所以流域内不仅各种自然要素联系密切，内部信息、物资等流动也相对便利，汉水中游内部干支流及各区段间的相互制约、相互影响也较一般区域显著。因此，汉水中游内部产业及城市布局具有明显的流域性特征。

1.3.3　研究对象的历史时期——明清以来

本书关于汉水中游治所城市空间形态研究的时期界定在明清时期（1368—1910 年），

❶ 陆大道．论区域的最佳结构与最佳发展——提出“点—轴系统”和“T”型结构以来的回顾与分析 [J]. 地理学报，2001，56（02）：127-135。

而关于两个典型的治所城市襄阳府城、光化县城整体空间形态演变的探讨则是从明代初年适当下延至20世纪80年代。

选择这一时期主要是因为明清时期近且现实影响较大，考证也较更早的历史时期为易。

汉水中游地区的治所城市，一段历史叠压着一段历史，要研究唐宋时期的城市，中间间隔着明清时期，给城市形态的研究带来很大的难度。即便保留有一些古代城市的空间格局和历史建筑，也大部分属于明清时期。因此，若试图考察唐宋及以前的城市空间，理论上必须厘清明清时期对于唐宋时期城镇的沿袭与变革关系。而这些都仅能依赖于明清时期地方志等文史资料，对于唐宋城镇的描述，实地考察、测绘等建筑学专业调研手段已经显得力不从心。另外，明清对于唐宋城市的文献描述，其真实度与发展脉络需要花费大量的时间去辨析，有可能使研究偏离专业轨道。

对于城市形态的研究，明清时期尤为重要，这一时期奠定了今天汉水中游城市的发展基础。大多数汉水中游地区城市是在明清城市的空间格局下，逐步拓展为今天的城市形态。

明清时期是汉水流域城镇、人口、经济进入全面大发展的时期，经济开发的深度和广度都超过了前代，突出地表现在两个方面：①江汉平原地区垸田经济的高度发展；②汉水上中游山区的全面开发。同时，大开发也导致了生态环境的恶化，中上游山区因滥垦滥殖，而导致森林破坏，水土流失逐渐加重，直至流域经济全面衰退，最终形成著名的秦巴山地生态恶化贫困区；在下游江汉平原地区，垸田围垦恶性膨胀，湮塞河湖，导致水系紊乱，洪涝灾害频发。明清时期汉水流域经济由明中期的大发展，到清嘉庆时期的消极转变，对近代乃至现代流域社会经济的发展都产生了深刻的影响。[1]

明清时期在汉水中游地区城市的政域范围也相对稳定。在行政区划方面：明初设襄阳府，领1州7县。清代襄阳府辖境相当于今湖北均县以东，枣阳以西和蛮河以北地区。清代初襄阳府属湖广布政司；康熙三年（1664年），改属湖北布政司（后改省），州县建置沿明制。府治襄阳县（在今湖北省襄阳市襄城区）。辖6县1散州：襄阳（县治在今湖北省襄阳市襄城区）、宜城（今湖北省宜城市）、南漳（今湖北省南漳县）、枣阳（今湖北省枣阳市）、谷城（今湖北省谷城县）、光化（县治在今湖北省老河口市光化办事处）、均州（州治在今湖北省丹江口市区）。1912年废除襄阳府。南阳府在唐白河流域内，领1州3县。

1.3.4 研究对象的基本概念——治所城市

1. 中国古代城市与镇的概念

1）“城市”的概念

关于古代城市的概念，“城”为“盛民”之所，市为“买卖”之所，这样的“城”

[1] 鲁西奇. 论地区经济发展不平衡——以汉江流域开发史为例 [J]. 中国社会经济史研究，1997（1）：26。

和“市”从上古时期开始并存，但各有自己的功能，只有“城”与“市”结合之后才产生了中国真正意义上的最早的城市。这种城市可以用“城 + 市”模式来概括，但城市不是“城”与“市”的机械结合，“市”的区位无论是在城内还是城外，都要和城构成一个整体才能称之为城市。

城市控制区域的大小，在很大程度上决定了城市的地位与规模，影响着其发展方向。中国古代的城市体系与政区体系有着十分密切的关系，从某种程度上讲具有一致性。所以，要弄清楚区域治所城市体系及其空间结构的演变，必须先理顺该区域在不同历史时期行政体系的演变。对于汉水流域而言，政区等级体系在元代以前呈现两个或3个等级，或为郡—县、州—县两级，或为州—郡—县、道—州—县、路—州—县三级。

在汉水中游地区，襄阳的发展是典型的例证，襄阳是汉水中游无可替代的区域城市中心。六朝以后，襄阳首先因其军事地位的重要而受到重视，随之政治地位提高，从而促进了经济的发展；而政治地位的提高，经济的发展，又加强了它对区域的控制，并扩大了其控制区域。六朝时，襄阳的控制区域仅限于汉水中游南阳、襄阳、随枣走廊一带，到了唐代，一度扩展到长江中游的广大地区，唐朝一级行政区为“道”，唐中期共15个道，统辖310多个州和1200多个县，南郑、襄阳分别为山南西道和山南东道治所，理当成为汉水流域一级行政中心城市。宋代虽然有所退缩，但也包括汉水中游全部和上下游的部分地区。整个宋代，南郑（利州路治所）、襄阳（京西南路）都是一级政区中心城市。控制或影响范围的扩展，显然对襄阳城市的发展有着重要的意义。

2）“镇”的概念

中国古代市镇的发展大体上经历了秦汉的定期市、魏晋隋唐的草市、宋元时期的草市镇、明清市镇这几个重要的阶段，演变轨迹十分明显。[1] 乾隆《吴江县志》中说：“民人屯聚之所谓村，有商贾者谓之市，设官将禁防者谓之镇，三者名称之正也。其在流俗，亦有不设官而称镇，既设官而仍称村者，儿县邑皆然”。[2] 可知“镇”的本意是官兵驻防的屯聚之所，即军镇；“市”的本意是有商贾的屯聚之所。

在中国的市镇史上，宋代是具有承前启后意义的关键时期，也是市镇机能转变的过渡时代。在宋代，由于城市里坊制度的破坏，以及邻近乡村地区商旅往来迁徙，原有的定期市逐渐演变成商业性的聚落，作为固定地名、具有固定居处的“市”于是形成。另一方面，原有的以行政及军事机能为主的军镇，也蜕变为商业及贸易的市镇。

“镇”的含义于是自宋代发生了变化，“地要不成州，而当津会者，则为军，以县兼军使；民聚不成县，而有课税者，则为镇，或以官兼之”[3]，此即是说设官收税的商业聚落可以称“镇”。日本的学者加藤繁则把宋代以后的“镇”定义为“小商业都

---

[1] 任放．明清市镇的发展状况及其评价指标体系——以长江中游地区为中心 [M]// 陈锋主编．明清以来长江流域社会发展史论．武汉：武汉大学出版社，2006：187。

[2] 转引自：刘石吉．明清时代江南市镇研究 [M]．北京：中国社会科学院出版社，1987：122。

[3] 高承明．事务纪原：卷 7　州郡方域部 [M]．北京：中华书局，1989。

市”，这些小商业都市一般由农村或城乡草市发展而来[1]，是具有浓厚民间色彩的经济实体。

2. 明清时期治所城市的概念界定

治所城市是指古代地方各级政府所驻扎的城市。治所，在古代指地方政权的政府驻地。明清时期包括省治、府治（民国时期取消）、州治、县治等。明清时期，省治是行省最高行政官员的驻地，即现在的“省会”；府治是“府”的最高行政长官驻地，等同于现在较大的地级市政府驻地；州治是“州”的最高行政长官驻地，等同于现在一般的地级市政府驻地；县治则等同于现在县政府驻地。

治所是地方长官的官署，作为地方行政区域的核心，是明清行政区划建设思想的体现和重要组成部分。《汉书·朱博传》有：“欲言二千石墨绶长史者，使者行部还”，“治所，刺史所止理事处”。

明清时期的治所城市，是统治者获取或维护权力的手段或工具，是借以宣示王朝的合法性、突显国家权力、区分华夏与非华夏的象征符号。明清的各级治所城市是地方行政权力的中心与象征，治所城市的首要作用是“标志着政府的存在”，修筑有城墙的城市，其本身不仅用于防御，也是一种统治与管理手段。

明代（1368—1644年）的行政区划分为三级，在明代初期全国设置了13个省级行政区，称为承宣布政使司，后改为15个。清代（1644—1911年）一级政区恢复元代时行省的称谓，二级政区为府和直隶州、厅，三级政区为县、散州，基本沿用明代政区划分。

实际上，明清治所城市的“文化权力”更主要的是来自对传统礼制与等级制度的遵行。各个级别治所城市的城周、城门数量与尺度、城墙高度和防备等级等方面均严格地与其行政层级相对应。借此，明清政府把层级制官僚体系“物化”为一个整齐有序的城市外在的形态体系，从而使城市体系成为权力体系的“化身”。更重要的是，治所城市（特别是行政等级最高的都城）在空间布局上适应了礼制的需要，并具体体现了礼制的精义。[2]

中国古代的治所城市主要是政治中心或行政型城市，然而另一方面，中国古代治所城市不仅是政治统治的中心，其本身就是统治者获取或维护权力的一种手段或者工具；同时，城市还是一种文化权力，是用以标识统治者的正统性和合法性，区分华夏与非华夏、王化之内与王化之外的象征性符号。

中国古代城市的任务首先是进行统治——不仅是政治、军事上的统治，还包括经济与文化的统治，大大小小的城市，作为不同层级的行政中心地，共同组合成一个庞大的控制网络，明清时期的政府通过这一网络，实现了对广大地区的统治。

[1] 加藤繁. 中国经济史考证：第一卷 [M]. 吴杰，译. 北京：商务印书馆，1959：319-320。

[2] 鲁西奇，马剑，空间与权力：中国古代城市形态与空间结构的政治文化内涵 [J]. 江汉论坛，2009（4）：88。

3. 明清时期商业市镇的概念界定

明清时期的市镇主要应具备两个基本要素：一是交通便利，商业繁盛，人口也相对集中；二是有派驻市镇的管理机构和官员。两个条件都具备的属于大市镇，只具有第一个条件的属于中小市镇。

明清时期的商业市镇得到了进一步的变化，“人烟凑集之处谓之镇”[1]，“田野之聚落为村，津涂之凑集则为市为镇”[2]，到明清时期常常都是商贾往来、百货咸集而“远于城”的商业聚落，流俗以“商况较盛”的“市之大者”为镇。

“诸镇罢略尽，所以存在，特曰监镇，主烟火兼征商。”[3]出于战争和统治的需要，设立于荒僻山区或经济欠发达地区的军镇，在明清时期逐渐废罢。新设镇的标准改为“民聚不成县而有税课者，则为镇，或以管监之”[4]，即人口与税收达到一定标准者。因而一些水陆交通汇集处，当一些草市、墟市的定居人口逐渐增多，政府的收税渐多，达到一定标准的时候，就可以上升为镇。可以说绝大多数镇的设置是商业经济发展的直接结果。

在明清以前，市镇并不属于有行政区划的单位。地方官员与方志学者在修撰各类方志时，将其归类于《关隘志》当中，或者将其置于城厢与乡里之间予以描述。尽管市镇有政府官员的进驻，但明清时期的市镇地理概念与行政地位均比较模糊，因此市镇在“传统中国社会中处于中间地位的社会结构，既是属于行政体系和市场体系这两个各具特色的等级体系的派生物，又纠缠于这两个体系之中”。[5]

从现有的研究成果看，史学界对于明清商业市镇的概念界定也尚未达成一致。在明清的方志中，“市镇”已成为江南地区一般商业聚落的通称。[6]从市镇的城墙、四栅、外围面积，市镇之中的坊、巷、街市的结构，市镇的市场规模、商业设施等方面来看，市镇是在集、场、墟的基础上发展起来的，并具有一种城市的倾向。[7]

明清时期的市镇是否属于城市范畴还有待进一步的研究，但是这些商业市镇，在外部形态、居民成分、管理体制乃至其生产、流通、消费等内部结构方面，有别于一般的府州县治所城市。[8]

明代至清代前期是商业市镇获得独立地位后不断扩展的时期，尤其是随着明清易代的硝烟散尽，市镇的经济地位也迅速上升，开始取代县城，成为新的经济增长点。少数大型市镇不仅修建了城垣，甚至在规模上也超越府州县城成为区域经济中心，成为地区的“中心市镇”，如汉水下游的汉口镇，汉水中游的樊城镇城、老河口镇城，汉

---

1. 弘治《吴江县志》，转引自：刘石吉．明清时代江南市镇研究 [M]. 北京：中国社会科学院出版社，1987：121。
2. 乾隆《湖州府志》，转引自：刘石吉．明清时代江南市镇研究 [M]. 北京：中国社会科学院出版社，1987：121。
3. 《嘉泰吴兴志》卷十《管镇》。
4. 高承．事物纪原：卷一 州郡方域部 [M]. 北京：中华书局，1989。
5. 施坚雅．中国农村的市场和社会结构 [M]. 史建云，徐秀丽，译．北京：中国社会科学出版社，1988：25。
6. 刘石吉．明清时代江南地区的专业市镇（上）[J]. 食货，1978，8（6）；刘石吉．明清时代江南市镇之数量分析 [J]. 思与言，1978，16（2）。
7. 邓亦兵．清代前期的市镇 [J]. 中国社会经济史研究，1997（3）：24-38。
8. 郭正忠．中国古代城市经济史研究的几个问题 [N]. 光明日报，1985-07-24。

水上游的李官桥镇城等。

4. 明清时期汉水中游的治所城市

明清时期汉水中游的治所城市包括两个府城、两个州城与7个县城（表1-3）。自元代以来，一级行政区为“省”，“路”降为二级政区。汉水中下游位于湖广行省（治江夏），江夏（今武汉）行政地位不断升高，成为整个汉水流域内唯一的一级行政中心城市。南郑（兴元路治所）、南阳（南阳府治所）、襄阳（襄阳路治所）、安陆（德安府治所）、长寿（安陆府治所）、玉沙（沔阳府治所）、汉阳（汉阳府治所）、江夏（武昌路治所）为汉水流域的二级中心城市。明代的江夏仍是汉水流域内唯一的一级行政中心城市，南郑、南阳、郧县、襄阳、安陆、钟祥、汉阳为二级中心城市。清代一级政区仍为省，二级政区为府和直隶州、厅。江夏作为一级中心城市的地位也一直没有变化。[1]

明清时期汉水中游地区的治所城市与行政等级　　表1-3

城市级别	府城	州城（散州）	县城
行政等级	二级政区 等同于现在较大的地级市政府驻地	三级政区 等同于现在一般的地级市政府驻地	三级政区 等同于现在的县政府驻地
治所城市	襄阳、南阳	均州、邓州	光化、谷城、南漳、枣阳、宜城、新野、唐县

明清时期，汉水中游各级治所城市的政域范围较为清晰，指明清汉水中游各县的县城、散州的州城、各府的府城（图1-6）。明清以来，汉水中游的府州县城都具有明显的“城＋市”的发展模式，即“府、厅、州、县治城厢地方为城”[2]，表明这些治所城市在其政区内都具有较强的工商业职能，也从侧面反映了明清商业的复苏与繁荣。

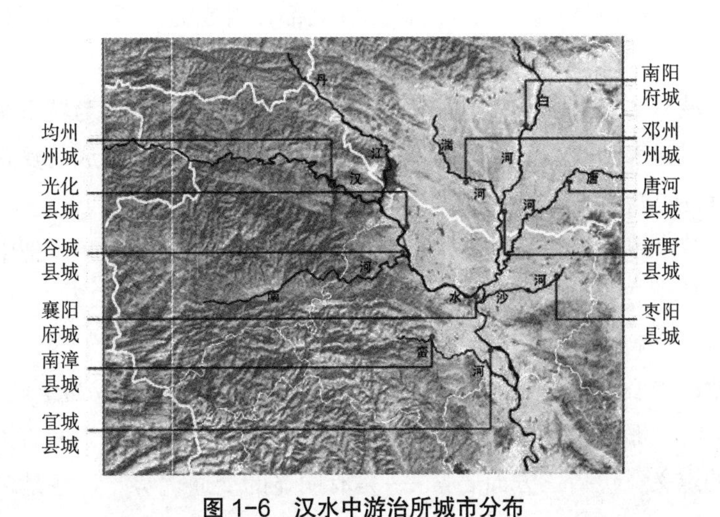

图1-6　汉水中游治所城市分布

[1] 邓祖涛，陆玉麒．汉水流域中心城市空间结构演变探讨[J]．地域研究与开发，2007（1）：12-15，57。

[2] 故宫博物院明清档案部．清末筹备立宪档案史料（下）[M]．北京：中华书局，1979：72。

1）治所府城

对于整个汉水流域来讲，明代初年在全国设置了13个承宣布政使司（等同于省），汉水流域分属陕西、四川、湖广、河南4个布政使司。流域跨越8个府，包括汉中府（治所汉中）、夔州府（治所奉节）、郧阳府（治所郧阳）、襄阳府（治所襄阳）、南阳府（治所南阳）、承天府（治所钟祥）、汉阳府（治所汉阳）、武昌府（治所江夏）。[1]

清代又改明代的布政使司为省，实行省、府（直隶厅、直隶州同府）、县（散厅、散州同县）三级制，汉水流域仍属陕西、四川、湖广、河南四省。流域跨越9个府1个直隶州，包括汉中府（治所汉中）、兴安府（治所安康）、夔州府（治所奉节）、郧阳府（治所郧阳）、襄阳府（治所襄阳）、南阳府（治所南阳）、安陆府（治所钟祥）、荆门州（直隶州等同于府，治所荆门）、汉阳府（治所汉阳）、武昌府（治所江夏）。[2]

明清时期汉水中游所跨政域基本没有变化，跨越襄阳府与南阳府两个府，其中汉水主河道流经的襄阳城是襄阳府的府城，汉水支流唐白河流经的南阳城是南阳府的府城。本书对于汉水中游府城的空间形态研究，主要是针对这两个治所城市。

2）治所州城、县城

明清时期，汉水中游地区设有两个散州，隶属于襄阳府的均州和隶属于南阳府的邓州，各州均设有州城。

汉水中游地区内在明清时期有9个县城。襄阳府辖光化、谷城、南漳、枣阳、宜城、襄阳等6县（其中襄阳县与府治同城），南阳府下辖新野、唐县、南阳等3县（其中南阳县与府治同城）。

3）由治所城市与附属中心市镇形成的两个复式城市

在城市地理学中，由两个或两个以上筑有城墙的独立部分组成的城市，称作“复式城市”。最常见的复式城市是由相对两个独立部分组成的，即所谓“双子城”。明清时期，在汉水流域，襄阳府城与樊城镇城（图1-7）、光化县城与老河口镇城（图1-8），是典型的双子城。而樊城镇与老河口镇则是附属于治所城市，在与城市有一定距离的地方，逐步发展起来的商业镇城。这样由治所城市与中心市镇组成的复式城市也是汉水中游较有特色的城市形态。

本书按中游市镇的规模与经济层级划分为中心市镇与中间市镇。把中心市镇与同在层级里行政地位较高的治所城市，以及层级里经济地位较低的中间市镇区分开来。这里需要解释的是中心市镇与中间市镇的概念区别。

汉水中游的中心市镇是经历了明清时期，直至清末才发展成为堡城的市镇形式，已属于城市范畴。那么如何界定本地区的清代中后期中心市镇与中间市镇。本书对中心市镇所下的定义，包括三方面要素：一是有明显的交通优势（往往是多条长线交通

[1] 谭其骧主编．中国历史地图集（第七册）北京：中国地图出版社，1996：66-67。

[2] 谭其骧主编．中国历史地图集（第八册）北京：中国地图出版社，1996：35-36。

图 1-7 清末襄阳府城—樊城镇城区位关系

图 1-8 清末光化县城—老河口镇城区位关系

的交会点），商业繁盛，人口亦相对集中；二是有派驻市镇的管理机构和官员；三是有着明显的城市聚落特征，商业集中而且服务业态相对完善，这些服务业态包括染坊、皮货店、信贷和储蓄的钱庄、领有执照的牙人，以及配套的商业会馆等。中心市镇的经济层级是按照其商业职能来区分的，目的是为了让某一级别的中心市镇能够为级别较低的中间市镇提供满足基本日常需求的货物和服务的同时，也能提供级别较低地区所欠缺的一些货物和服务。

而处于较低经济层级或只具备第一个条件的是有定期市场的中间市镇，相比较而言，这些市镇所履行的商业职能不仅是为满足自身人口的需要，也是为了邻近农村腹地交换剩余的农业与手工业产品。这些中间市镇是社会经济发展到一定阶段的产物，是由小型的定期集市演变而来，其经济地位介于治所城市、中心市镇与乡村集市之间(图1-9)。明清的中间市镇是属于城镇体系的，是城乡原料作物的加工中心，是乡村农副产品与手工业产品的贸易市场，也是城市与广大乡村聚落之间相互沟通的中介。

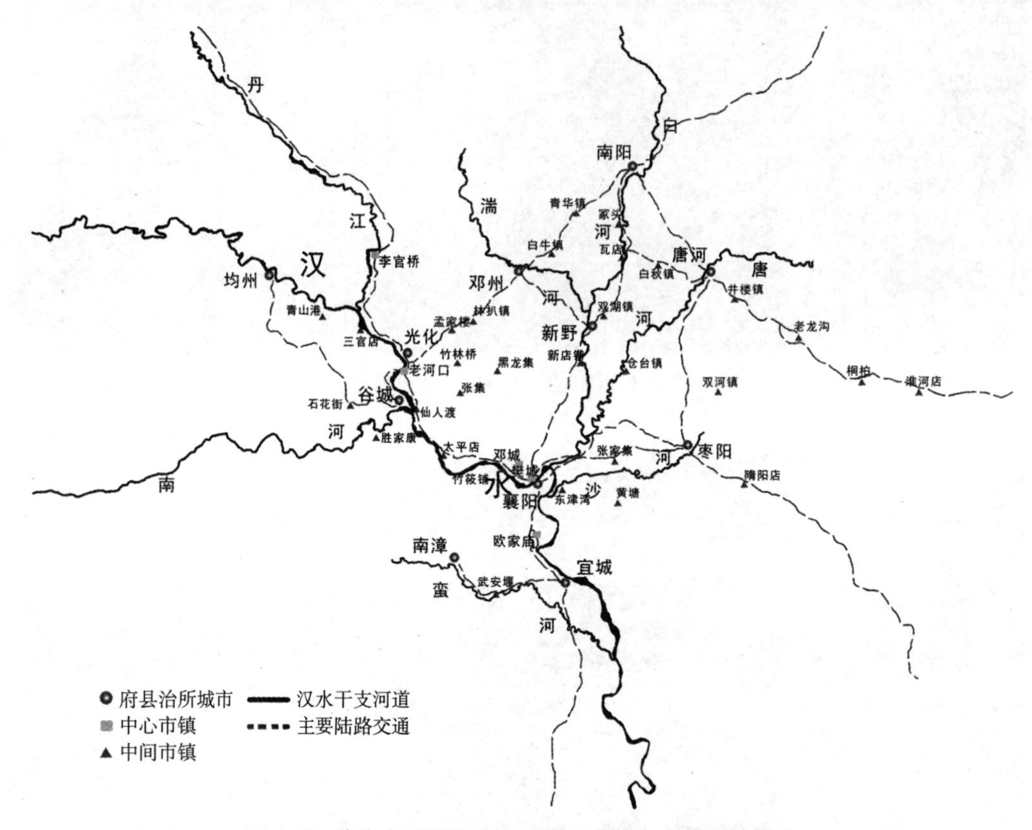

图 1-9 清代中后期汉水中游中心市镇与中间市镇体系

1.4 研究范畴——城市空间形态

1.4.1 城市空间形态的含义

1. 形态的含义

中文“城市形态”一词译自英文,其中“形态”对应的英文单词“morphology”在《韦氏词典》中的解释是：①研究动植物外形（form）和结构（structure）的生物学分支；②生物体或其任意局部的“外形”和“结构”。[1] 其中前一个解释翻译为“(生物）形

[1] a：a branch of biology that deals with the form and structure of animals and plants. b：the form and structure of an organism or any of its parts.（原文）

态学”，后一个解释翻译为“(生物的)形态”。借鉴生物学中关于 morphology 的解释，可以大致总结“形态”的含义为：客观实体从整体到局部层面的外在形状与内在结构，以及实体外在形状与内在结构发生发展的演化过程。

按照这个含义也可以认识到“形态的概念……包含了两点重要的思路：一是从局部到整体的分析过程，复杂的整体被认为是由特定的简单元素所构成，从局部元素到整体的分析方法是适合的，并可以达到最终客观结论的途径；二是强调客观事物的演变过程，事物的存在有其时间意义上的关系，历史的方法可以帮助理解对象包括过去、现在和未来在内的完整的序列关系”。[1]

在这两个思路中，“形态”实际上是研究的方法，即形态的方法，“形态的方法用以分析城市的社会与物质环境，则可以被称为城市形态学”。[2]

2. 城市空间形态的含义

城市形态与城市空间形态是含义十分接近的一组概念，学者们也经常相互通用，不在两者之间做区分。但实际上，城市空间形态是对城市形态概念的延伸，城市空间形态是从城市空间的角度研究城市的形式与状态，研究内容是物质形态及其影响因素[3]，城市空间形态是城市空间的深层结构和发展规律的显相特征[4]，城市空间形态是相互作用的城市形态诸要素之间所构成的有机体。[5]虽然“城市空间形态”的概念内涵相对于“城市形态”较为明确和具体，但不同学者的理解还是存在着差异。

因此，城市空间形态仍然是一个内涵相对确定、外延相对不确定的概念。城市空间形态是目前多个学科参与研究的对象，单个学者难以对其进行全面的考察，学术界还存在城市内部空间形态、城市边缘区和城市外部空间形态的划分。[6]

基于上述关于城市空间形态概念的辨析与界定，本书认为城市空间形态是指城市空间内各种功能构成要素的空间分布与空间组合形式。城市形态学则是研究城市形式的学科，它与城市规划不同，城市规划是以平面、二维和总图的尺度计划城市布局和发展，以及从政治、经济、区域分布、功能划分等领域进行科学化、数量化和概念化的总体研究。城市形态学研究城市的形态、形式、建筑、街区、邻里结构、空间和组织构成。

对于明清治所城市来说，其空间形态包括城市的内部街巷结构与功能空间布局、城市外部边界形态特征和城市群组空间形态等。城市内部空间形态主要指城市的街巷空间结构与功能空间布局，以及典型功能性街区的空间形态；城市外部形态是指城市城廓形状与规模、边界形态；城市群组空间形态是指治所城市之间，以及与市镇之间

[1] 谷凯．城市形态的理论与方法 [J]. 国外规划研究，2001（12）: 36。
[2] 谷凯．城市形态的理论与方法 [J]. 国外规划研究，2001（12）: 36。
[3] 宛素春．城市空间形态解析 [M]. 北京：科学出版社，2003: 73-80。
[4] 段进．城市形态研究与空间战略规划 [J]. 城市规划，2003，27（2）: 45-48。
[5] 于英．城市形态维度的复杂循环研究 [D]. 哈尔滨：哈尔滨工业大学，2009。
[6] 段进．城市空间发展论 [M]. 南京：江苏科学技术出版社，1999。

相互作用所形成的空间关系。

城市空间形态研究是从空间视角，研究城市产生与发展的形式、由此带来的状态特征，以及形态产生发展的影响因素。

1.4.2 城市空间形态的理论发展与研究现状

1. 国外研究进展情况

城市空间形态的构成要素主要是指城市显相的物质要素，美国的城市设计学者凯文·林奇（Kevin Lynch）通过对三个城市（波士顿、泽西城、洛杉矶）的研究发现，人们对于城市的感知意象具有类似的构成要素，可以概括为路径（paths）、边界（edges）、地域（districts）、节点（nodes）和地标（landmarks）等五个要素，这五个要素形成了共同的城市意象。[1]斯皮罗·科斯托夫（Spiro Kostof）在《城市的组成》（The City Assembled）[2]一书中，将城市分解成隔离分区、公共场所、城市街道和城市边界线等几个重要城市要素。

城市空间形态的特征，重点是对城市建成区的外在轮廓进行概括、分类和比较研究，这是进一步研究城市空间形态的重要基础。凯文·林奇在对西方主要城市分析研究的基础上，总结了城市的一般形态，归纳出9种城市模式，分别是放射形模式、卫星城、线形城市、棋盘形模式、其他格状模式、巴洛克轴线系统模式、花边式城市、内敛式城市、巢状城市，并从城市各级活动中心的分布，包括居住单元的组织、城市交通的可达性等方面，分析与评价了这些城市形态的优劣。[3]

2. 国内研究进展

在城市空间形态构成要素的研究方面，武进认为城市形态的构成要素可概括为道路网、街区、节点、城市用地、城市发展轴以及不可见的非物质要素：社会组织结构、居民生活方式和行为心理、城市意象。[4]段进提出城市物质空间的构成要素由用地、道路网、界面、节点组成，而空间之间的组织关系是产生不同空间形态的重要因素之一。[5]城市空间形态的构成要素是指在城市中具有某种功能的空间单元。王富臣认为城市形态由三种基本物质元素所确定：建筑物（buildings）、开放空间（open spaces）和街道（streets）。[6]

关于城市空间形态的特征分析，武进根据城市伸展轴组合关系、用地聚散状况和平面几何形状，将城市形态划分为集中型城市和群组型城市两大类型，细分为六种典

---

[1] 凯文·林奇．城市意象 [M]. 方益萍，何晓军，译．北京：华夏出版社，2001。

[2] 斯皮罗·科斯托夫．城市的形成：历史进程中的城市模式和城市意义 [M]. 单皓，译．北京：中国建筑工业出版社，2005。

[3] 凯文·林奇．城市形态 [M]. 林庆怡，黄朝晖，邓华．译．北京：华夏出版社，2001。

[4] 武进．中国城市形态：结构、特征及其演变 [M]. 南京：江苏科学技术出版社，1990。

[5] 段进．城市空间发展论 [M]. 南京：江苏科学技术出版社，1999。

[6] 王富臣．城市形态的维度：空间和时间 [J]. 同济大学学报（社会科学版），2002，13（1）：28-33。

型形态，分别为块状、带状、星状、双城群组、带状群组、块状群组，前三者为集中型城市，后三者为群组型城市。[1]

关于传统城市的空间形态研究方面，长期以来建筑史学界对于传统乡村聚落的研究较多，对城市的研究则比较少。这种状况在近些年才有所改观，一些研究较为深入的论著陆续问世。如清华大学建筑学院研究团队对于北京、西安、开封、洛阳、南京等古都的城市空间形态、演变关系、内部主要功能布局与特征等，做了较为详尽的考证与研究。但这些研究主要集中在都城以及省城等有较大规模、史料较为丰富的城市。

大多数关于传统城市的研究成果也主要是对单一城市进行的实证研究，研究多涉及城市空间扩展的过程和演变机制的分析，GIS 和 RS 技术被广泛用于空间扩展分析，这样的实证研究涉及的城市主要也分布在我国经济发达的长江三角洲、珠江三角洲、京津唐地区的重要城市以及内地的省会城市。

1.4.3 城市空间形态的分析方法评述

传统的城市形态研究是以定性分析为主，不同城市形状的对比研究也较多采用视觉区分的方法，如城市规划学科常采用的总平面图“图解式分类方法”。[2]

20 世纪 90 年代以后，研究方法中应用了计算机技术的相关成果，比较突出的有 GIS 和 RS 技术的应用、分形方法的应用、CA 技术的应用以及空间句法的研究等。这些技术手段对于现代城市的形态研究较为有利，其中 RS 技术在获得空间数据和 GIS 对基础数据进行空间分析与处理方面的优势，使得这两种技术及其结合成为研究现代城市空间形态演变的有力手段，也是近年来许多相关论文研究运用的主要方法。

关于城市空间形态研究的方法，我国也形成了较为成熟的城市形态学理论与方法，段进[3]、王建国[4]从城市设计的角度论述了几种在设计实践中行之有效的分析方法，这其中包括基地分析、心智地图、标志性节点分析、序列视景、空间注记、空间分析辅助技术、电脑分析技术等 7 种城市空间形态分析方法。

而沈克宁[5]关于城市形态与建筑形态的研究则认为，建筑类型应放在城市的框架和结构中进行整体的研究，两者的研究是密不可分的。城市建筑学同时应考虑建筑类型学与城市形态学，类型学讨论历史变迁中建筑实体与空间形式的规律性，形态学研究各种类型在特定社会文化和物质、物理环境，尤其是城市中的共时空间关系。

城市形态的定量分析方法也是近些年研究的主要领域。其中分形理论研究可以在

---

[1] 武进．中国城市形态：结构、特征及其演变 [M]. 南京：江苏科学技术出版社，1990。

[2] 邹德慈．城市规划导论 [M]. 北京：中国建筑工业出版社，2002。

[3] 段进．城市形态研究与空间战略规划 [J]. 城市规划，2003（2）：45-48。

[4] 王建国．城市空间形态的分析方法 [J]. 新建筑，1994（1）：29-34。

[5] 沈克宁．建筑类型学与城市形态学 [M]. 北京：中国建筑工业出版社，2010。

时间维度上进行空间分析，通过对城市分形变迁的研究，对城市形态的空间特征进行发展阶段进行划分，寻求各要素对城市空间发展的历史作用。而另一方面，通过对分形的预测，可以对未来的城市发展做出一定的指导。

空间句法最常见的分析，首先是生成空间句法的轴线图，利用GIS软件划分不同色彩，以表示不同轴线的网络可达性。江斌等人[1]提出了基于特征点的空间表示方法，即“特征点指空间中具有重要意义的点，它包括道路的拐点和交接点”，通过提取整个空间中的特征点判断每点的可视性，计算其形态变量值等四个步骤来描述和表达空间的形态结构关系。

从上述的分析可以看出，关于城市形态空间定性定量分析的文章与方法其实并不少。其中，分形理论较为复杂，但可以解释城市历史发展的规律；而空间句法自兴起以来不断完善，操作较为简单，但是如何对空间句法的研究结论进行具有说服力的解释是重点。

本书对于汉水中游历史城市的分析主要是几何描述的方法，集中在城市空间的边界形状、规模、城周尺度，城市内部街巷结构、功能性街区等几个方面的空间描述。

1.4.4 汉水流域城市空间形态的研究现状

汉水流域城市空间形态的研究主要集中于武汉、襄阳等大中型城市。刘剀博士在《晚清汉口城市发展与空间形态研究》[2]中，认为城市是不同事件交织的场所，其本身又会因为这些事件而改变；城市容纳了各种多元空间，又会为这些空间进行调整和适应，进而将城市空间形态的研究和经济、社会、生活、宗教空间的研究交织在一起，用动态的视角去考察它们之间的相互联系。鲁西奇教授关于《古代汉水流域城市形态与空间结构》[3]一书，探讨汉水流域历史区域的生成、演变及其导因，并进而从历史地理学的角度，分析区域的开发过程、内部结构以及区域人地关系的特点。在此基础上全面考述了汉魏六朝、唐宋以及明清时期汉水流域治所城市的建城过程、城郭规模与形态、城郭内外空间结构与功能划分。

1.4.5 明清时期汉水中游治所城市空间形态研究中的尺度选择

本书选择大、中、小三个尺度，进行明清汉水中游治所城市的空间形态及其演变研究。大尺度用于研究城镇体系发展与群组空间形态研究；中尺度用于研究11个府州县治所城市的整体与内部空间形态研究，在此基础上进而探讨空间形态要素的特征分

[1] 江斌，黄波，陆峰.GIS环境下的空间分析和地学视觉化[M].北京：高等教育出版社，2002。

[2] 刘凯.晚清汉口城市发展与空间形态研究[D].广州：华南理工大学，2007。

[3] 鲁西奇.城墙内外：古代汉水流域城市的形态与空间结构[M].北京：中华书局，2011。

析，以及两个典型城市的空间形态及演变研究；小尺度用于研究城市典型功能性街区的空间形态（图 1-10）。较小的研究尺度有助于深入了解城市主要功能空间格局的特征以及与城市的关系；中等尺度的研究有助于全面认识城市的整体轮廓形态、街巷结构、功能布局等；大尺度的研究有助于了解城镇体系的发展与群组空间形态。通过大、中、小尺度三个层次的研究，可以把握不同尺度水平上城市空间形态特征，对全面认识城市空间形态特征、过程与机制具有重要作用。

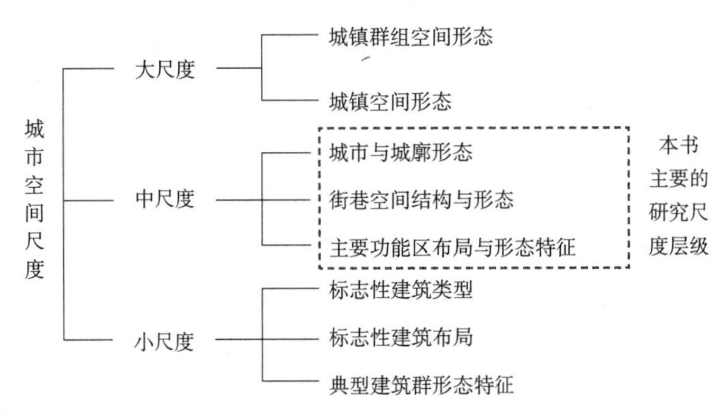

图 1-10 明清时期汉水中游治所城市空间形态的尺度层级与本书主要研究尺度的关系

1.5 研究目标、思路与研究方法

1.5.1 研究目标与研究思路

1. 研究目标一：厘清城市发展背景与条件

首先是汉水中游地区与城市发展有关的背景资料的归纳总结，主要包括汉水中游段的地表及气候特征、水文水利特征、区位交通条件；其次是社会经济文化条件，主要包括城镇人口规模变迁、与城市有关的水利建设、汉水中游的农业基础、商业贸易往来、城市之间交通运输格局、行业经济管理等。

这一阶段研究的关键点是：动态地看待城市背景因素的发生、发展与变化；背景条件的考察范围，应与流域内这些滨水城镇的发展有着紧密的关系；考察在时间段上主要是明清时期。

研究思路：

（1）分类整理：将与治所城市形成和发展有关要素进行归纳，并有针对性地将获取的文献资料，分类整理。尽量较为全面地收集和掌握以上背景材料，对相对片段的文献，不同专业的材料进行系统的分类、归纳总结。以历史地理环境的角度作为切入点，以明清时期与近代的联系为轴线，归纳、了解并掌握以上内容在明清以来的变迁过程。

（2）系统分析：对于城镇发展的背景条件，建立科学的母系统与子系统类别（仍然紧扣城镇发展的主题）；确立各系统预完成的目标，用副标题或目标说明来阐释目标内容；吸收地理学的专业学科人员，按照目标内容，完成子系统研究工作；依照历史的纵线，在大时代的背景下，用普遍联系的观点对各条件系统进行综合分析。

2. 研究目标二：辨析与探讨汉水中游治所城市的空间形态类型与构成要素特征

本书希望借助归纳、总结文献相关资料中关于汉水中游治所城市空间形态的描述，再结合实地考察、口述历史、图文辨析等手段，通过资料汇总解析、历史图形推测，完成对于该地区 11 个治所城市的空间形态考证，并在考证的基础上，对各形态构成要素进行几何描述分析。

同时建立一种将历史地理学描述、口述历史，转化为专业图形的方法，以便于空间的专业分析与研究。历史图形的推测与复原，就是回溯万花筒般的地理历史景象，从碎片和片段着手，对于特定区域进行时空层叠，从更广阔的区域去逐步聚焦特定区域的来龙去脉。

研究思路：

（1）查阅并考察史料记载中（地方志、文史资料等）有关治所城市的空间形态描述，以文字的方式进行总结与归纳，以发生重大变迁的历史节点为主要归纳描述点。

（2）针对主要归纳描述点（以承前启后的民国近代为主），进行城市城廓形态、街巷结构、主要建筑群功能布局的绘制。绘制时结合现有城市地形图，按照城市形态推演的三个层级，进行逐级深入的考察与考证，绘制图纸。可以现有城市地形图为绘制底图，如 Google earth 地图或城市规划总图。

由于近代测绘的地图保存得较为完整，可以作为推导城市形态的首要依据。由此，对治所城市的占地面积进行测量具有可行性。通过历史地理学的史料辨析（主要以地方志等史料为主）方法，可以在近代城市的基础上追溯城市的发展过程，得出历史上不同时期基本可信的城廓形状与占地规模等数据，这样才能使研究有着可靠的资料基础。

（3）明清汉水中游地区治所城市总平面图绘制工作的主要依据有：①关于城市方志等史料的文字归纳描述；②历代保存的城市平面简图、示意图等，包括 20 世纪 30 年代期间绘制的汉水流域区域城市测绘图（如日本陆军参谋本部陆地测量总局的测绘图 1 : 100000、美国陆军制图局的测绘图 1 : 250000）；③对现存古街道风貌与空间形态的考察与记录，作为重要的参考；④结合明清时期同等规模（主要指人口规模与行政等级）下，古城镇空间布局与形态的一般规律总结。

（4）城市重要空间节点的描述与建筑意向图绘制。重要的空间节点包括：城门与城墙、十字街心、衙署建筑群、文教建筑群、官方祭祀建筑群、王府建筑等。文字描述与标志性建筑意向图绘制的主要依据有：①文献中对于以上节点的记录与描述，包括历史上的老照片、绘画，还有地方志等文史类资料对于这些节点空间形态的记录；②实地调研与考察；③社会调查与采访，收集古城风貌信息，并绘制意向图。

3. 研究目标三：典型城市空间形态与典型街区形态的研究

研究思路：

（1）以典型城市的整体形态中内部形态与外部形态作为研究目标，分阶段地分析影响其发生与演变的过程。

（2）着眼于城市空间形态的外部形态——城市城墙轮廓与边界形态。这里可以关注到地理区位条件、长距离交通运输条件的变化、汉水河道变迁与水利设施情况、人口规模与人口流动情况，对于城市选址、城周规模的形成所产生的作用。

（3）着眼于城市空间形态的内部形态——城市街巷结构、主要功能区的布局变迁。这里可以关注到城市在政域范围内的等级定位、城镇行政管理的意愿、战争灾害以及行政干预事件、商业贸易活动与运营特点等，对于街巷结构与功能区影响。

1.5.2 研究方法

1. 历史依据与逻辑统一

这是关于历史城市形态研究的主要方法之一。本书以方志等史料为依据，在收集整理各种相关文献资料，以及历史专业研究成果的基础上，通过对史料、专业分析资料、城市现实遗存、图像资料的综合逻辑分析和整理，来把握并试图推导性描述明清汉水中游治所城市的空间形态构成要素与特征。相关的文献资料主要包括：史志中汉水中游城镇相关的历史记载，与近代城市规划建设相关的报告、年鉴、出版物、城市地图、老照片等，国内外学者关于中国和汉水中游地区城市形态与社会文化的各种研究成果。

2. 实证分析与理论研究

以实地考察结合文献整理为基础进行逻辑推演与分析，以补充文献调研的不足，另一方面对照历史城市（往往是当前城市的旧城区）的实际发展现状，提供切实的空间感受。在历史发展中认识明清以来汉水中游城市的空间形态特征与演变过程，进行从局部到整体的推演分析，通过形态的方法分析明清汉水中游城市的社会与物质环境。

3. 区域文化学研究方法

在研究过程中，这是重要的研究方法。城市的发展和建设是城市生活中政治制度、文化传统、民俗民风在一定地域范围内的综合载体，所以有相同地理条件与文化背景的城市形态总是表现出一定的相似性。

汉水中游是独立的地理单元，有着相同的文化区域和行政区域，又具有同质的水环境特征，在某种程度上是该地区区域地理条件的复合表象。本书所能涉及的明清以来汉水中游治所城市实例只是少数，对于整个汉水流域而言，大多数城市的空间形态还是需要通过史料结合实地的考证来认识和把握，从个别城市的特色推广到普遍的特征离不开对于区域文化学和历史地理学方法的认识与运用。

4. 比较分析的研究方法

本书将汉水中游内治所城市的形态构成要素之间进行横向对比，辨析府、州、县不同行政等级的城市的形态特征，进而总结形态特征的影响要素。

1.5.3 研究框架

本书对于汉水中游治所城市空间的研究在三个不同尺度视角下进行——即大尺度视角下，汉水中游地区治所城市与附属市镇的群组关系；中尺度视角下治所城市的空间形态分类研究、形态要素的特征研究、与典型城市的空间形态研究；小尺度视角下的典型街区及建筑群空间形态。其中中尺度视角下治所城市的空间形态将是本书研究的重点，在对治所城市空间形态进行分类型的论证与辨析后，将这些城市形态的不同构成要素进行分析与比较。同时选取襄阳府城——樊城镇城、光化县城——老河口镇城这两个在汉水流域内具有独特形态特征的复式城市，进行城市空间形态演变的探讨，并比较研究行政治城与上商业镇城的空间形态（图 1-11）。

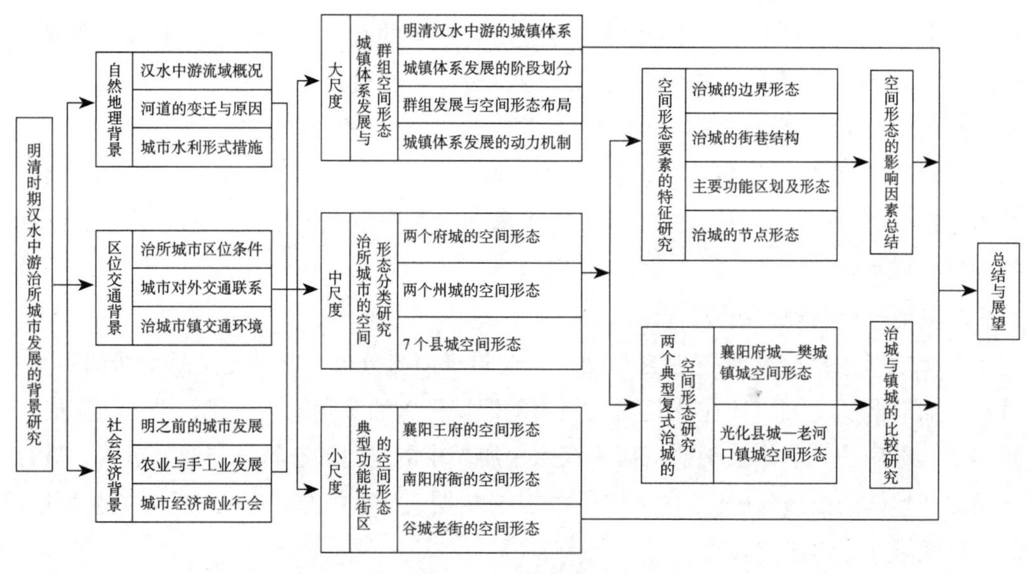

图 1-11 研究框架

在研究的方法层面，本书着力于对 11 个府州治所城市空间形态的推演，作为形态类比分析与典型城市演变研究的基础。限于史料记载的内容偏重于城廓与官方建筑，本书在结合实地调研历史遗存的基础上，辨析并构建明清时期汉水中游的 11 个府州县治所城市的空间形态，并在同一比例下绘制治城的总平面图，为下一步的分析做基础。

1.6 本章小结

（1）明清时期是汉水中游乃至于汉水流域城镇发展的重要历史时期，当代汉水中游的大部分城市都是在明清时期奠定了发展基础。

（2）汉水中游地区是本书研究的地域范围，其中中游丹江至襄阳段在社会历史发展和自然环境上特征鲜明，是本书研究的主要地域范畴。汉水中游地区主要有三种地形地貌特征：唐白河流经的南阳盆地、襄阳上段的鄂北岗地、襄阳下段的襄宜平原部分。

（3）“城市”与“镇”在当代的含义趋同，中国古代的城镇主要包括“城+市”模式的各级治城和商业市镇两个主要内容。而明清治所城市主要构成部分是由有城墙（汉水中游的治所城市在明代初中期皆已筑城）和明确边界（护城河）特征的城内部分组成。城外部分的空间形态，则分为附属于城下的街区、城下附郭（城下街区由低矮的城垣环绕）、中心市镇（距城市有一定距离的商业堡城）三种空间类型。目前，明清汉水中游地区城市的城外部分，主要是城下街区和商业堡城两种空间形式。

（4）明清汉水中游地区的府州县治所城市包含：2个府城——襄阳和南阳，2个州城——均州与邓州，7个县城——光化、谷城、宜城、枣阳、南漳、新野、唐县等，共计11个城市。本书将重点分析明清时期这11个城市的整体空间形态特征，并对于不同历史发展路径、不同干支流条件、不同行政等级条件下的城市进行形态分析与比较，总结治城的规律与形态形成的影响要素。

（5）关于明清汉水中游城市形态演变与动力机制研究，则主要针对两个典型复式城市：襄阳府城—樊城镇城和光化县城—老河口镇城。这两个城市是明清汉水中游独具特色的城市形态：是明清“商业溢出城市”，逐步发展以独立商业居住为主要功能的堡城的代表；镇城独立于治所城市，但与主城的联系相当紧密，与主城形成功能上的互补，事实上是统一的双中心城市。两者因城市性质不同，而体现出不同的形态特征，城市由明初至近现代的演变过程也说明城市由防御型，向开放型转移的过程。其城市形态的演变研究，既有独特性，又有理论价值。

这其中附属于治所城市的樊城镇与老河口镇是商业市镇的中心市镇。本书对于汉水中游的商业市镇，按其性质与功能、规模的不同，划分为中心市镇、中间市镇，以及小型集市等三种类型，其中中间市镇与小型集市，除在城镇群组发展关系中论及，其整体空间形态并不在本书的重点研究范围内。

（6）城市形态的理论发展经历了从狭义到广义的过程，本书城镇形态的研究建立在广义城市形态的基础上。当前有关汉水流域地域内明清城镇的形态研究不充分，存在若干不足，力图突破这些不足是本书的意义所在。本书作为汉水流域聚落形态演变研究的起步，可资参照的研究有限，目前所能掌握的资料也有限，这两点决定难以对汉水中游治所城市形态的各构成要素都做出详尽的探讨。根据所掌握的资料，将侧重于对明清时期汉水中游治所城市的整体形态特征、典型城市的形态演变与动力机制进行研究，并把这些研究结合在“整体空间形态”和“内部空间形态”这两个主题中，展示一个虽不甚清晰，但却相对完整的有“形状”和“结构”的形态。

第2章

明清时期汉水中游治所城市发展的背景研究

本章主要分析明清时期汉水中游地区城市发展有关的背景情况。在翻阅了大量有关汉水中游的区域文化与地理、汉水河道变迁，以及地区社会经济的历史文献资料后，对于与城市发展有关的文史资料进行了整理汇总。主要从自然地理背景、城市区位交通、城市社会经济文化等方面进行了论述。

2.1 汉水中游的自然地理背景

自然环境是人类赖以生存的地理空间，是经济和社会发展的基础。自然环境是对社会发展起到长期作用的因素，在相当大的程度上制约或者促进了城市空间形态的构成与特征。汉水中游自古以来河流密布，沟壑交织，为河谷—平原—丘陵—山地渐进过度的盆地地形。自然生态环境类型多样，土地适应性广泛，形成物种多样性。汉水中游这种贯通南北、承东启西的优越自然环境和区位条件决定了其社会经济的发展方向，也决定了明清汉水中游许多城镇的空间形态的演化方向。

2.1.1 汉水中游概况

汉水中游位于我国中纬内陆地区，属北亚热带季风气候区。由于北有高大雄伟的秦岭山脉的阻挡，年均气温在 15 ~ 17℃之间，多年平均降水量在 700 ~ 900mm 之间，从而形成较为独特的优于我国同纬度其他地区的温暖湿润的气候条件（表 2-1）。一般说来，这样的气候条件是比较适合水稻生产的。但是，明清时期正值我国著名的小冰期，全国的年均气温比现代低得多，降雨量也相应减少。[1] 年均气温与降雨量的降低，势必会影响到对水热条件都有较高要求的水稻种植。

汉水中游分区降水量表　　表 2-1

分区名	面积（km^2）	降水总量（m^3）	降水深（mm）
丹江口至襄阳	8385	75200	896.8
唐白河	26376	208600	790.9
襄阳至皇庄	12898	111000	860.6

资料来源：曾群 . 汉水中下游水环境与可持续发展研究 [D]. 上海：华东师范大学，2005。

汉水在均州的丹江口接纳了支流丹江后，流量大增。在丹江口与钟祥间的汉江干流河谷及其两岸大小支流流域范围内，均属于汉江中游区，集水面积约 44600km^2，占汉水流域总面积的 25%。汉水中游干流直流较短，主要河流有南河、唐白河、蛮河等，其中唐白河是汉水最长的支流（表 2-2）。这些河流及其支流形成叶脉状水网格局。

[1] 竺可桢 . 中国近五千年来气候变迁的初步研究 [J]. 考古学报，1972（1）：15-38；中国科学院《中国自然地理》编辑委员会编 . 中国自然地理 历史自然地理 [M]. 北京：科学出版社，1982：11-14。

汉水及其中游主要支流流域特征数值　　表 2-2

河名	河流长度（km）	年平均径流量（m^3）	流域长度（km）	流域面积（km^2）
汉水	1500	600000	873.4	174000
南河	303	26000	196	6497
唐白河	310	57300	200	26400

汉江流域上中下游地势地貌相差很大。丹江口以上为秦巴山区，丹江口至钟祥一带是低缓的丘陵地，钟祥以下至汉江河口是地势低缓的河谷平原地带（表 2-3）。汉水中游的具体地貌格局为低缓的丘陵地与沿河平原交错，平原的边缘连接着岗地，岗地的尽头则连着丘陵或山地，其海拔高度在 50 ~ 250m 之间（图 2-1）。

汉水流域各地貌类型统计　　表 2-3

地区	山地		丘陵		平原	
	面积（km^2）	（%）	面积（km^2）	（%）	面积（km^2）	（%）
陕南山地	60731.15	86.8	5263.0	7.5	3956.3	5.7
鄂西北山地	31066.4	86.1	4560.7	12.6	473.3	1.3
南阳盆地	9632.6	40.4	8116.4	34.1	6063.9	25.5
鄂北岗地	2501.7	11.9	14206.0	67.4	4362.2	20.7
汉江中下游平原	2489.4	9.8	11500.7	45.2	11283.7	44.7
全流域	106436.5	60.4	43646.8	24.8	26139.4	14.8

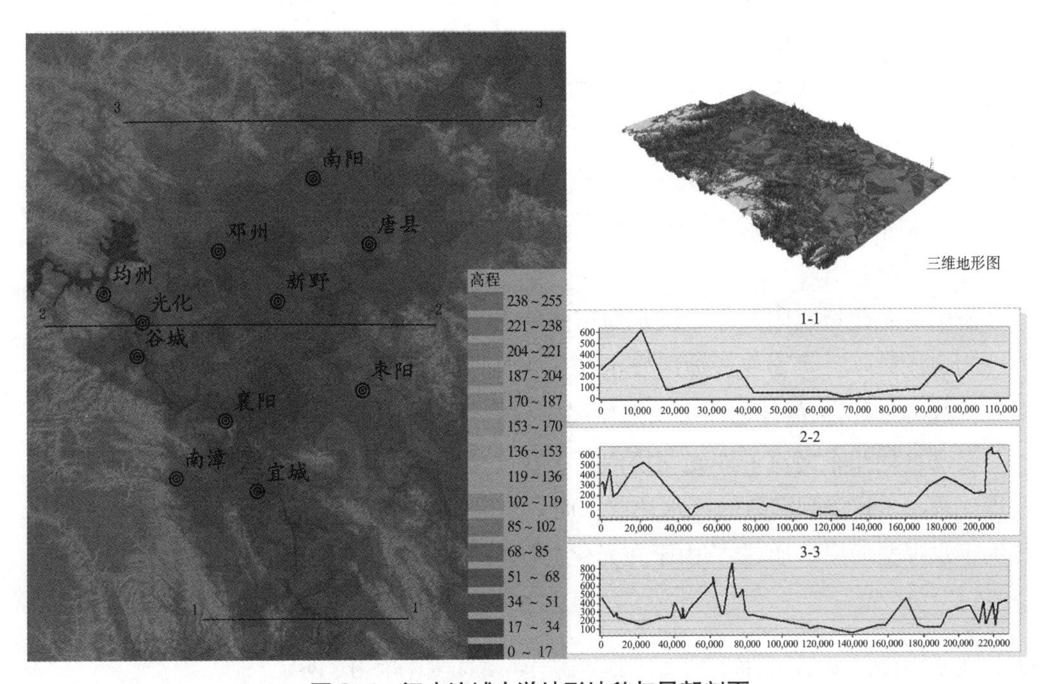

图 2-1　汉水流域中游地形地貌与局部剖面

由于山地远离河岸，河谷地貌发育，河床大为拓宽，流速减小，从汉水上游携来的泥沙开始大量沉积，在光化与襄阳段形成很多的沙洲、沙滩和卵石滩，河床不稳定，在河谷两侧常有摆动。两岸丘陵岗地的落差较大，平原地带多沙质土壤，使地表水不易自然保存。由于溪流含沙量较大，土性疏松，蓄水陂堰易于淤浅；遇有洪水，堰堤又极易被冲毁，使中游两岸的堤防时常受到冲击。嘉靖《邓州志》卷十一《陂堰志》称："（邓州）壤土沙涸，而强为堤筑，则易坏。"光绪《南阳县志》也指出："（南阳）诸水依冈环注，随地可渠，然水流迅急，多沙易淤善徙……故县境陂堰名天下，其实难久而易淤。"所以，水利工程必须常加维修整治，稍加懈怠，就可能淤塞湮废。

2.1.2 明清时期汉水中游河道变迁及其原因

汉水流域的主干河道比较弯曲，自古以来就有"曲莫如汉"之称。其上游弯曲系数为1.64，中游为1.24，下游为2.09。河床总落差约为1850m，主要集中在上游河段，落差达1750m，占全河总落差的96%。由此可见汉水上游地势起伏比较大，加速了支流与雨水的集流过程，也影响到河川水位和流量的急速变化。[1]

汉水中游河道在总体上是典型的游荡型河段。中游河段在过均州至光化段后，流经山前丘陵平原地带，受地貌特征与地质构造的控制，基本流向变化不大。但因河谷较宽广，河床宽浅，洪枯水位时水面宽度相差几十倍，河道得以在一定范围内左右摆动。面临急速东流的上游之水，汉水中游地区首当其冲，其河道两岸受到不同程度的冲击而发生崩岸，在河道较为曲折之处一度发生河流改道现象。根据变迁成因不同，将汉水中游划分为三段：光化至襄阳段河道变迁主要发生在老河口，集地形地貌、泥沙沉积、沙洲长消，以及汉水冲刷河岸等因素的综合影响，汉水在老河口发生着激烈的冲刷和沉积作用；襄阳至欧庙段河道的东移主要是因为汉水和唐白河流至襄阳，流速变缓，河水中携带的泥沙沉积作用明显，形成大量沙洲；宜城段河道变迁原因则是因为洪水泛滥，汉水冲破河岸，夺"他河"泄洪。

1. 光化至襄阳段

历史上光化至襄阳这一段汉水河道的特点是，河道在较为狭窄的河谷内摆动，且变迁的规模较小。主要变迁地段发生在光化县城附近（不重要地段的河道变迁未见于史料记载），因河水的冲刷而多次发生崩岸与小幅度的迁徙。

汉水自均州东南流进入光化境内后，在光化西北洪山嘴、宋家营一带转南流，其左岸（东岸）遂受到湍急的江水冲刷，而易发生崩岸。"汉水东至乾德，汇而南，民居其冲，水悍暴而岸善崩。"[2]由于在光化县城一带的汉水不断冲刷东岸，而在其下游不

[1] 长江流域规划办公室水文局．长江中下游河道基本特征[M]. 武汉：长江出版社，1983。

[2] 欧阳修《居士集》卷二十四《尚书屯田员外郎李君（仲芳）墓表》。

远处河流又受到老河口镇（新镇）附近地貌因素的制约，汉水河道在老河口镇以下向西南弯曲，并在镇城的左岸（东岸）形成沙洲（图 2-2）。受到泥沙沉积、沙洲长消，以及汉水冲刷河岸（主要是北岸）等因素的影响，河道的小规模变动非常频繁。汉水在光化县城对河岸的冲刷，导致县城数度迁建。宋代阴城镇附近的汉水河道曾略向西摆动，明代初年重建光化县城时，城址已不在原阴城镇（宋光化军、乾德县城），由此推测这次向西摆动发生在元代。

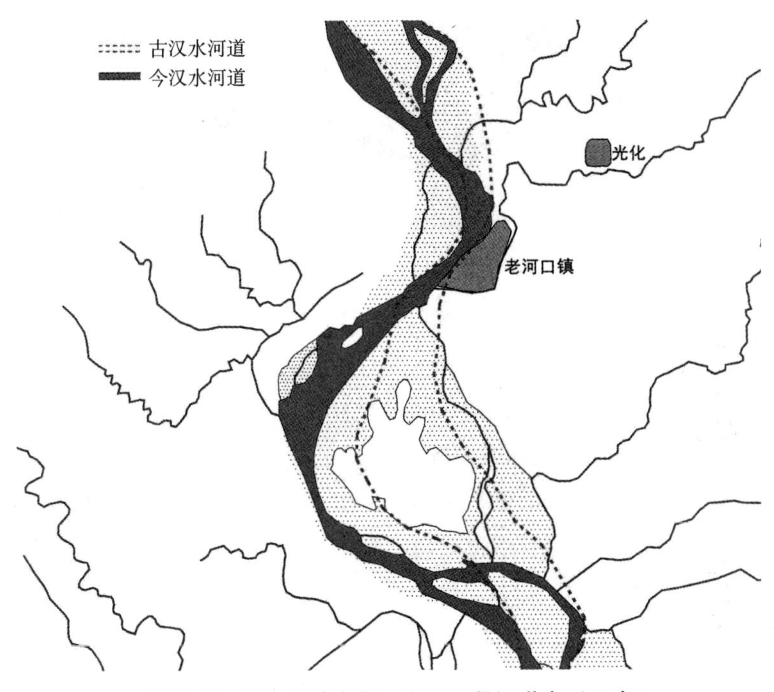

图 2-2　汉水中游光化—老河口段河道变迁示意

老河口以下今汉水河道中游的许多沙洲，其中较大的有谷城县北河与南河口之间的江家洲、今老河口市南侧的仙人渡镇所属的贾家洲，以及襄阳县牛首镇所属之中洲、竹条镇与泥嘴镇所属的牛首洲等。明清时期，本段河床中沙洲的生长速度很快，沙洲的消长转移也更为频繁。受到上游泥沙沉积、沙洲长消，以及汉水冲刷河岸（主要是北岸）等因素的影响，河道小规模的变动也异常频繁。在襄阳县的牛首镇地区，受中洲淤沙的影响，汉水对北岸牛首镇的冲刷十分剧烈，并导致原牛首镇崩入汉水之中（图 2-3）。在竹条镇西，据地方文献记载，明天顺四年（1460 年），当时的襄阳知县李人仪曾主持修建了一座大石桥，后因河道变迁崩入江中。

2. 襄阳至欧庙段

据考证，《水经注》的时代中，襄阳以南至宜城一带的汉水河道并不像当今汉水那样弯曲，而是较为平直地向南流（略偏东），和如今河道流经欧庙以东正好相反，其时河道流经今欧庙以西。万历《襄阳府志》卷四十五《文苑》录前人所作《将至潼口阻风

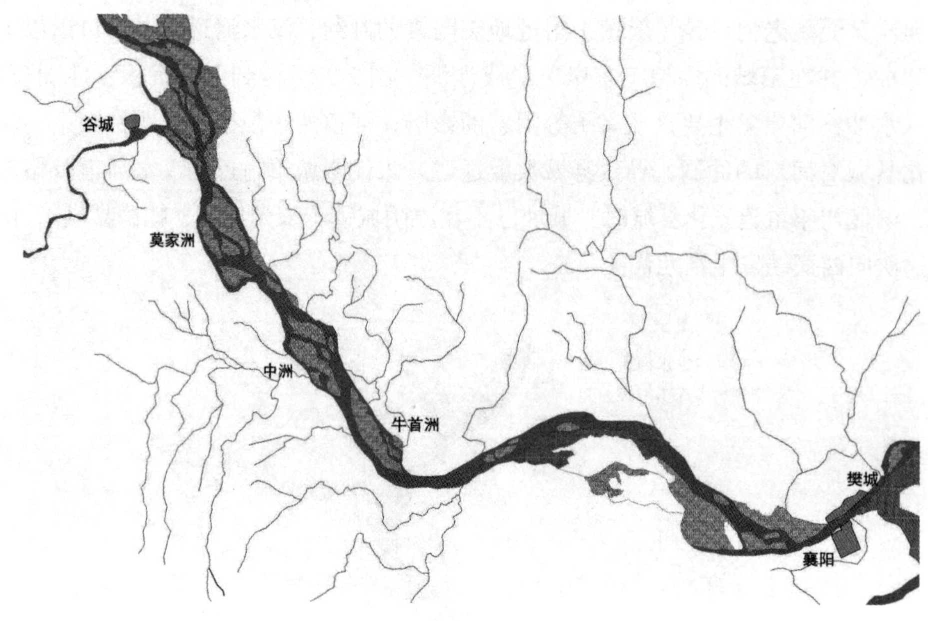

图 2-3 汉水中游谷城至襄阳段沙洲示意

二日戏题》之一云:“朝发鹿门道,暮望潼口陂。”又有前人之《潼口夜别陈襄阳洙,时余阻风》句云:“同为羊叔郡,独下鹿门滩。”这说明在明以前汉水河道曾经过潼口(今河道在潼口东五里左右)。然明末天启六年(1626年)成书的《天下路程图引》中汉江水路即不再经过潼口驿,而只有陆路才经过潼口。[1]乾隆二十五年(公元1760年)成书的《襄阳府志》卷四《山川》[2]则明确记载,潼口驿已废。据此,初步判断汉江欧庙段的这次改道当发生在隆庆至天启间,亦即明代的1570—1626年间。

汉水河道由欧庙西转移到欧庙东的初期,河道的位置当在今河道之西,可能紧靠欧庙镇城(今汉水河道东去欧庙约7km)。据当地群众说,几百年前欧庙镇城是紧靠汉水,以汉水为壕的。在今欧庙以东,新开的较低洼田地下面大都是淤沙(图2-4)。

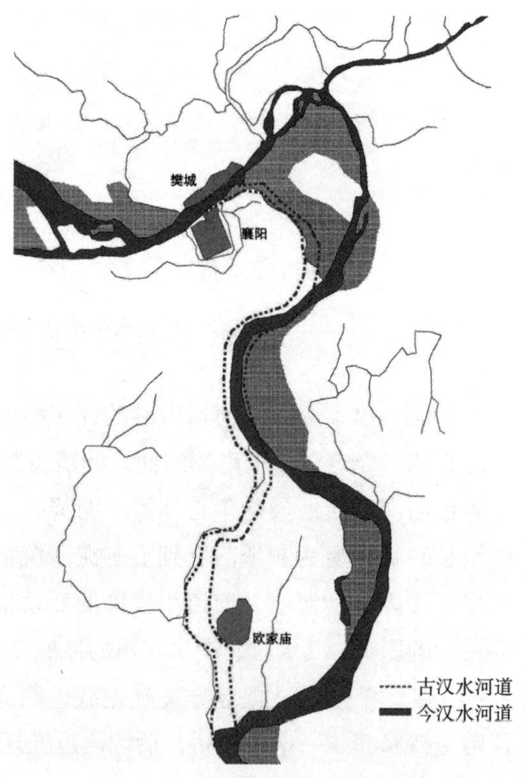

图 2-4 汉水中游襄阳至欧庙镇段河道变迁示意

[1] 参阅《天下路程图引》卷1“徽州府由景德镇至武当山路”。
[2] 乾隆《襄阳府志》卷四《山川》。

这也说明在近 400 年里，欧庙以东的汉水河道在缓慢地向东移动，河曲逐步发育，才慢慢形成的。

3. 宜城段

唐后期至明嘉靖年间，在今小河至宜城段的汉水中游河道当在今河道之东，贴近汉水东侧的丘陵边缘，至嘉靖四十五年（1566 年）才开始改徙鸨潼河（图 2-5）。[1] 鸨潼河道延续了百余年，至雍正二年（1724 年），“洪又移行万杨洲东，而鸨潼河淤成熟地数千亩，与万杨洲合而为一，而洲东之洪竟抵官庄”。[2] 嘉庆元年（1796 年），“汉水数涨，遂经巴家洲循卧虎崖直流迎水洲，复鸨潼河故道，而涟泗诸洪皆成沙岸，万杨洲之外洪亦淤”。[3] 汉水河道又由罗家河恢复到嘉靖末的鸨潼河故道。在清嘉庆改道后约 60 年，至咸丰年间（1851—1861 年）这一河段再次发生重大变迁，又冲破了罗家河旧口。这次改道一方面是恢复了罗家河故道，另一方面则是乾隆年间形成的淤洲西侧的细流逐渐扩大。这样，实际上就形成了两条河道并行的局面：一支由罗家河东行至连泗洪复转西南流，一支则由罗家河东南流，大致与今河道相当。两条河道在迎水洲汇合后，则基本沿鸨（宝）潼河故道南流。

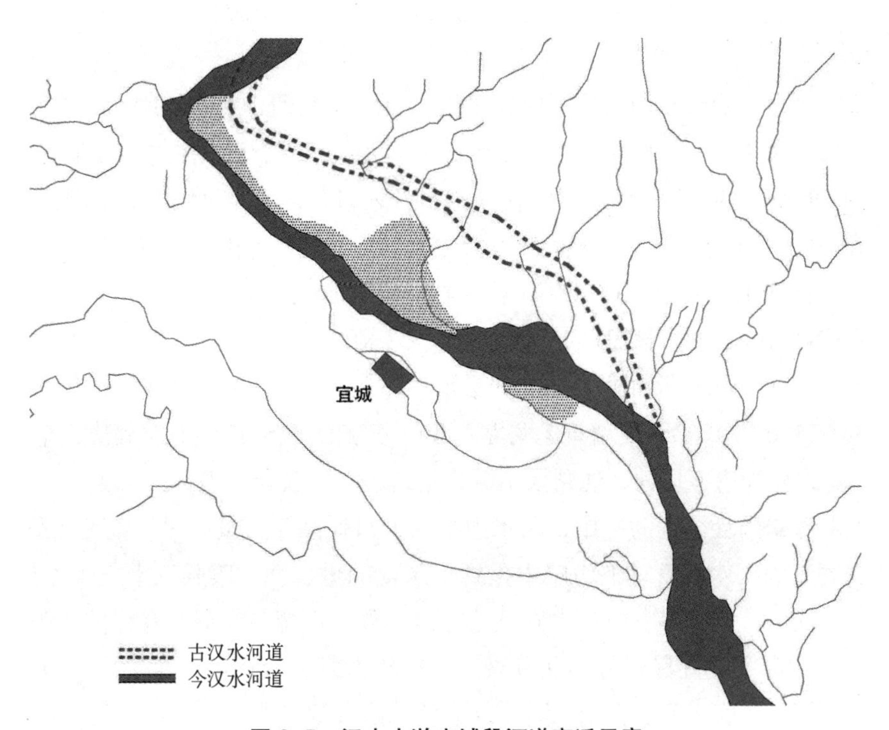

图 2-5　汉水中游宜城段河道变迁示意

❶ 鲁西奇，潘晟. 汉水中下游河道变迁与堤防 [M]. 武汉：武汉大学出版社，2004。
❷ 同治《宜城县志》卷一《方舆志·山川》“汉水”条。
❸ 同治《宜城县志》卷一《方舆志·山川》“汉水”条。

2.1.3 明清时期汉水中游的水利形势与对策

设置堤防的主要目的是为保护城市，随着防洪形势的日益严峻，治所城市的防洪措施至明清时期已是影响汉水中游城市格局的重要因素。

汉水流域地处我国西部山地向近海丘陵平原的过渡地带，区内热量充足，雨水丰沛，较大的地势落差，使得重力作用和风化作用都很强烈。在现代地貌形成的过程中，除地形、气候因子的促成作用，区内较脆弱的生态环境亦是不利因素，它导致崩塌、滑坡、泥石流和水土流失等地貌灾害广泛发育。除自然因素外，筑路、开渠、修梯田等人为因素也是引起或加剧滑坡和雨水—滑坡型泥石流等灾害的重要原因。

明清时期，汉水流域，特别是汉水中下游，随着大量流民涌入，丘陵岗地及山区开发的范围和强度亦逐年激增，人们滥伐森林、毁林开荒、陡坡垦殖等多种不合理经济活动引起大面积水土流失。同时，政府将河谷、垸田、蓄水湖开发作为安置移民、征收赋税的手段，造成“与水争地”的局面，河道变窄，径深变浅。因此，不可抗拒的自然因素、流民的不合理开发，加之政府的处置不当，使得汉水中游洪水贫发，时常发生溃堤、洪水毁田、毁城等灾害，汉水中游也因此面临着严峻的水利形势。

这种形势之下明清当局采取了应对政策。自明中后期，水患加剧，政府开始研究治理汉水水患之策——“修决堤，浚淤河，开穴口”。实际上，在这三种策略中，“修决堤”是当时基本的水利政策，而“浚淤河，开穴口”是为修筑堤防的辅助措施。

据正德《光化县志》卷二《城池》记载，洪武初年所筑之光化县城频繁受到汉水冲刷，为稳固城池，于正德九年（1514 年）修筑成砖城（原为土城），并在“要害处甃五石矶，以杀其势”，城墙才得以稳固。另据光绪《襄阳府志》建置志四《水利·堤防》记载，嘉靖中，汉水屡溢，巡道陈绍儒，守道雷贺作东西二堤，西曰老龙堤，东曰长门堤。隆庆四年（1570 年），徐学谟增筑老龙堤。万历三年（1575 年），老龙堤决，冲坏城廓。巡道杨一魁议檄知府万振孙、通判张拱极重新筑堤，通名老龙堤。

在明末清初的社会大动乱中，汉水中游的人口锐减，大量的田地荒芜。故而，地方官员在关于湖广水利管理的策略中提到了筑堤的重要性。康熙三十九年（1700 年）明确规定除知府、同知等官员负责修筑地方设施外，巡抚与守道负有督催的职责：“议准湖广筑堤，责令地方官于每年九月兴工，次年二月告竣。如修筑不坚，以致溃决，巡抚按总河例，道府按督催官例，同知以下按承修官例议处。”[1]

因此，清代顺治、康熙时期，政府采取了广泛的筑堤策略，因为蓄水湖的大量存在，使得开穴口、疏浚支河的问题尚未提上议事日程。而这种策略一直延续到清末，即使

[1] 《长江志》编纂委员会编纂．长江水利委员会宣传出版中心长江志总编室编．长江志·大事记 [M]. 北京：中国大百科全书出版社，2006。

开浚河道，也只选择易于挑浚的河道，从未施行过开穴口的举措。据光绪《襄阳府志》建置志四《水利·堤防》“樊城土堤条”称：自道光四年（公元 1824 年）后，水归北岸，居民苦之。为此在汉水北岸修筑一系列护岸工程，完善樊城沿江堤防，才使汉水向樊城岸的冲刷得到控制。

综上所述，明清政府对于汉水中下游水患灾害的认识由于水利环境的变化也相应发生了变化。政府主要的水利对策有修筑堤防、开穴口、疏浚河道，在这三种对策中，修筑堤防是主要的，甚至可以说是唯一的对策（表 2-4），开穴口、浚淤河仅是堤防修筑的辅助措施。

明清时期汉水中游主要堤防设施修筑概况　　表 2-4

堤名	修筑概况
老龙堤	嘉靖中，汉水屡溢，巡道陈绍儒，守道雷贺作东西二堤，西曰老龙堤，东曰长门堤。隆庆四年，徐学谟增筑老龙堤。万历三年，老龙堤决壤，城郭巡道杨一魁议檄知府万振孙、通判张拱极重新筑堤，通名取为老龙堤
樊城土堤	道光四年，水归北岸，居民苦之。为此在汉水北岸修筑一系列护岸工程，完善樊城沿江堤防，才使汉水向樊城岸的冲刷得到控制
光化新镇石堤	乾隆中初以土为之，屡废。嘉庆二十五年始以石易之，同治六年水涨堤溃，七年知县程瑞取旧石复筑之
宜城县护城堤	明嘉靖三十年，汉水涨，知县郝廷重筑，四十五年又涨堤溃，知县景一阳、张凤起重修，隆庆六年水复坏堤，知县雷嘉祥增筑，万历二年又加高
枣阳县护城堤	乾隆二十二年知县黄交瑗、二十八年知县周培重修
启公堤	咸丰八年，知府启芳以其地势低潦则兴濠接为民田害修土堤四十丈，民利赖之
胡公堤	在光化县西，建时无考，道光十二年溃堤，居民修之。同治六年复溃，知县胡启爵重修
保均堤	咸丰二年知州殷序之于城东北隅复筑以石，长三十四丈，高一丈五，广三丈
均州护城堤	在临江桥上，长五十一丈，高三丈二尺，广一丈六尺。同治七年，邑神贾洪诏等禀请新修

资料来源：光绪《襄阳府志》建置志四《水利·堤防》。

2.2　汉水中游治所城市的区位交通背景

汉水中游位于中原腹地，是联系南北、中原与西部的重要枢纽，独特的地理位置为区域内城镇的发展创造了优越的区位条件。汉水中游低山丘陵众多，河网密布，湖泊星罗棋布，河流除汉水外，重要的还有支流唐白河等。丘陵、河流和沿江平原为主的地理条件决定了古代汉水中游的交通方式主要以水运为主，辅以重要的陆上官道交通，水路和陆路共同构成了汉水中游内外联系的交通方式。

2.2.1 汉水中游及治所城市的区位条件

汉水流域是长江最大的支流，自古就有中西部的经济传输和承南启北的连接作用，汉水中游更是我国西北、西南、中原、华中等经济区的连接枢纽。汉水中游地处中原腹地，交通便利。

汉唐时期，汉水中游地区是关中物资进出的重要集散地，汉水中游的襄阳一度成为整个汉水流域的中心城市。宋元明清，随着全国政治文化中心的东移，从洛阳至开封，再移都至北京，汉水中游地区的交通枢纽地位有所下降，汉水流域的中心城市逐步让位于武昌——新崛起的交通型城市。但是，明代大量流民涌入汉水上游，开荒种植，直至清代的人口膨胀与经济发展，汉水中游对于上游汉中地区与下游的武昌、关中地区与荆沙地区的商业往来仍然起着至关重要的作用。沿汉水干流的襄阳至光化一线，沿唐白河的襄阳至南阳一线，依旧是陆路与水路交通的干道。进入现代，改革开放以来，汉江中游地区经济社会进入较快发展时期，仍然是连接上下游的经济走廊。

汉水中游的城市主要有襄阳、南漳、谷城等（图 2-6）。襄阳是汉水中游的核心城市，位于湖北省西北部，襄阳被汉水分为南北两城，南为襄城，北为樊城。襄阳交通发达，自古即为交通要塞，素有“南襄隘道”“南船北马”“四省通衢”之称，一条汉江、两座机场、三条铁路，以及四通八达的公路是襄樊水、陆、空立体交通的写照，历为南北通商和文化交流的通道。[1]南漳位于湖北省西北部，汉水以南，荆山山脉东麓，东临宜城，

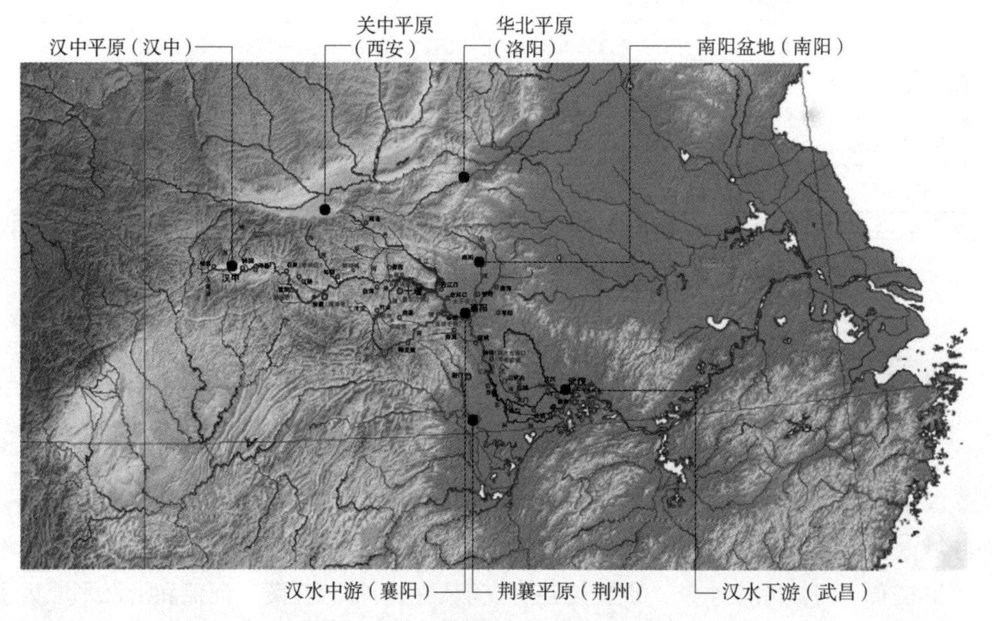

图 2-6 汉水流域及汉水中游城镇区位

[1] 陈晶，汉水流域的城镇历史街区空间形态及其保护策略研究——以襄樊地区典型历史街区为例 [D]. 武汉：华中科技大学，2008。

西接保康，地处江汉平原的北缘，南阳盆地的南缘，秦巴山系的东缘。经过近 40 年的改革开放，南漳已发展成为农业基础稳定，工业初具规模，商贸流通活跃，社会事业进步，城乡面貌改善，人民生活提高，并步入快速发展的山区中等强县。谷城位于汉水西南岸，南依荆山，西偎武当，东临汉水，南北二河夹县城东流汉江，西、西北、西南三面群山环抱。谷城县雨量充沛，光照充足，四季分明，雨热同季，无霜期长，这样的气候条件使谷城县成为我国产茶大县之一。

2.2.2　历史上汉水中游城市的对外交通联系

汉水中游与其他区域的交通联系很早就已经存在了，随着交往的频繁才将名称固定下来（表 2-4）。汉水中游的先民对交通线路的选择主要利用自然河道和沿河低地。例如通过汉水向下游可以与长江中下游联系，往上游可以与嘉陵江和渭河相联系。据考古发现，汉水流域的文化特色与巴蜀地区有一脉相承的特点，这说明该地区先民通过汉江和嘉陵江水到关陇、荆襄和巴蜀地区是完全可能的。

早在春秋战国时期，就开辟了关中通往南阳盆地和襄阳的主要交通线“商山—武关道”，历史上又称作“商山道”或“武关道”，其走向是：西安→灞桥→蓝田→商县→武关→内乡→南阳→邓县→襄阳（图 2-7）。到了周朝初期，连接关中、陕南汉江走廊和巴蜀地区的最早的南北交通线路——嘉陵道（或称故道、周道）基本形成，并已见诸文献记载[1]。三代时期，渭水流域与巴蜀地区（广义上包括汉水流域）有着密切的往来。在今宝鸡地区的周原发现的先周甲骨文中就有关于渭水流域与汉水流域交往情况的记载。《史记》卷六十九《货殖列传》载：“及秦文、德、缪居雍，隙陇、蜀之货而多贾。……以所多，易所鲜。”此处，“蜀”广义上包含今天的汉江流域，“陇”则是指甘肃东南部和陕西、四川交界处。因此，通过历史文献记载可知嘉陵道是汉水中游通过汉水上游与巴蜀之间交往的重要通道。

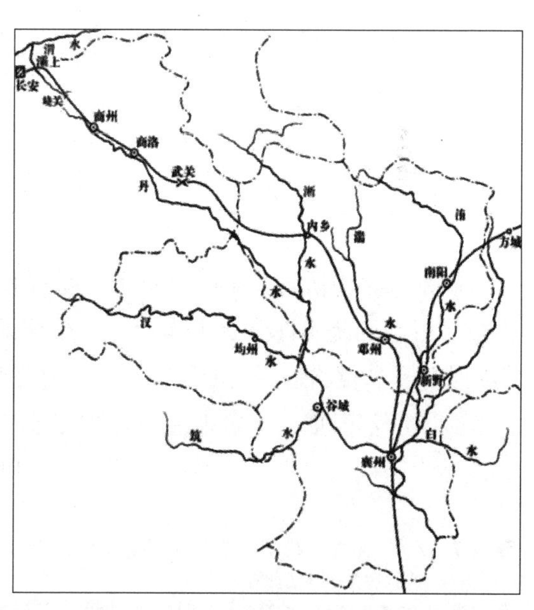

图 2-7　商山武关道与“南襄隘道”示意

来源：《中国区域历史地理——地缘政治、区域经济开发和文化景观》

公元前 316 年，秦惠文王灭蜀，汉中被秦国占有，这使得关中与巴蜀之间的联

[1] 黄盛璋 . 川陕交通的历史发展 [J]. 地理学报，1957（4）：419-435。

系加强了，嘉陵道已经不能满足需要，便产生了新的交通线路——褒斜道，汉水中游地区因此与关中地区联系起来。据《史记·河渠书》记载，汉高祖刘邦建都长安后，关中成为汉代的政治、经济和文化中心。受秦末诸侯之乱的影响，汉水中游地区在汉初尚残破不堪，再加上人繁费拒，需要巴蜀地区和黄河中下游地区进行生活资料的调剂。[1]因此开辟了连接褒谷和斜谷的通道，转输关中和巴蜀的粮食。褒斜道的开辟将汉水流域和富庶的关中地区联系起来，使关中的先进文化南下与巴蜀文化结合，也使汉水流域的丰富物资源源不断地供应关中，从此以后"玺书交驰于斜谷之南，玉帛践于梁益之乡"。[2]

连接关中和汉中还有一条通道就是子午道。秦末汉初刘邦被封为汉王时走的就是子午道，这是子午道首次见于记载。到王莽时期，因"皇后有子孙瑞，通子午道。子午道从杜陵（今长安县杜曲镇）直绝南山，径汉中"[3]。据研究，汉魏时期的子午道线路为:(长安县正南）子午谷→洙水河谷→询河上游河谷→腰竹岭→池河河谷→马池镇→汉江北岸西行→石泉县→黄金峡→洋县→汉中。[4]循河而行是汉水流域对外交通路线形成时所遵循的一个基本规律[5]，这是出于区域开发联系的需要，也同样加强了汉水中游与关中地区的联系（表 2-5）。

汉水中游对外联系道路一览 表 2-5

道路	路线
商山—武关道	西安→灞桥→蓝田→商县→武关→内乡→南阳→邓县→襄阳
褒斜道	褒城（今汉中市附近）→斜谷口（今眉县附近）
子午道	子午谷→洙水河谷→询河上游河谷→腰竹岭→池河河谷→马池镇→汉江北岸西行→石泉县→黄金峡→洋县→汉中
傥骆道	骆峪（今周至县西）→傥水谷→傥（今陕西阳县境内）
库谷道	今库峪河源出之山谷，距长安城 60 里左右

联系汉水中游与关中的道路还有傥骆道和库谷道。前者是沿傥水河谷和骆水河谷而成。后者则是由库谷登上秦岭，循乾佑河（柞水）而南，再经旬河河道达到旬阳，再到安康。[6]傥骆道开通的原因是子午道路途涩难。[7]

到了明清时期，汉水中游的对外交通基本没有新路线的开辟，主要是以原有的前朝线路为基础加以整修。例如，联系汉中和汉水中游的嘉陵道在明清时期得到了进一

[1] 《汉书》卷二十四《食货志》:"汉兴，接秦之弊，诸侯并起，民失作业而大饥馑，凡米石五千，人相食，死者过半，高祖乃令民得卖子，就食蜀汉。"

[2] 《史记》卷八《高祖本纪第八》:"四月，兵罢戏下，诸侯各就国。汉王之国……从杜南人蚀中。去则烧绝栈道。"

[3] 《汉书》卷六十九《王莽传》。

[4] 李之勤．历史上的子午道 [J]. 西北大学学报（哲学社会科学版），1981（2）: 38-41。

[5] 冯岁平．汉中历史交通史地理论纲 [J]. 陕西理工学院学报（社会科学版），1988（4）: 35-39。

[6] 史念海．秦岭巴山间在历史上的军事活动及其战地 [M]// 河山集（第 4 集）．陕西师范大学出版社，1991。

[7] 辛德勇．汉《杨孟文石门颂》堂光道新解——兼析傥骆道的开通时间 [J]. 中国历史地理论丛，1990（1）: 107-113。该文依据铭文将倪骆道有据可依的开通时间上限定在西汉平帝元始五年（公元 5 年），下限则在东汉明帝永和八年（公元 65 年）。

步修缮。嘉靖年间，陇西人武思信“以都总师提兵陕西，姆赋纳粮，输之鱼（虞）关，转潜宝峰，以给军食。……以河流湍浑，槽运险，(因)命思信督夫匠疏导嘉上游险滩，以便潜运，逾七旬而毕。……继承命又督夫匠治行军运粮陆路，自武兴而上。……自是槽运流通，行人不苦，粮道不绝，宝峰遂固，蜀道即长驱而入矣”。[1]明末清初，农民起义军姚黄、张献忠等部占据四川抗清。陕西总督孟乔芳、游击梁加琦驻防略阳，置千总一员负责馈运川饷。略阳知县王业泰请修仓廪一百间用以储存省督粮道董应徽从河西一带购买的粮食。褒斜道是联系汉水中游与汉中巴蜀的重要通道，明清时期，战乱较少，褒斜道一直得以沿用[2]，为宝汉公路的修建奠定了基础。子午道利用率一直较低。明清时期，子午新线在原有基础上又有部分改道，即在过洋县东北的金水镇以后，不再折向东南去南子午镇，而是一直往东到两河口进长安河谷。此时这条新线的重要性已大大超过了通过池河河谷的汉魏旧线。虽然旧线仍被安康、汉阴、紫阳等地继续使用，但子午道之名似乎被新线专有了。

2.2.3　明清时期汉水中游治城与市镇间的交通环境

汉水中游聚落间交通以汉水及唐白河等支流为主，辅以陆路交通。各乡镇间的水运交通不仅有利于人员的往来，更促进了汉水中游商贸的发展。陆路交通最重要的是“南襄隘道”，这是连接汉水中游两大府治城市襄阳和南阳的重要道路，其意义不言而喻。其他的陆路交通还有政府开辟的驿道，同样在区域交流中发挥着重要作用。

1. 以汉水为主的水运系统

汉水流域内部山地面积占绝大部分，交通条件比较恶劣。《水经注》记载了从西城(今安康)到汉中的沿江陆路情况：“自西城涉黄金峭、寒泉岭、阳都坂，峻崿百重，绝壁万寻，既造其峰，谓已逾崧岱，复瞻前岭，又倍过之。”

汉水是汉江是一条商贸之河，是联系老河口、谷城、襄阳等城镇的重要交通线。据《襄阳府志》卷二记载：“自谷城东来入境，又东经乐山北，又东经隆中，又东经万山。汉晋时襄阳与邓县分界于此山，又东合檀溪，昔日溪水与汉合流，环绕世郡城，今不然矣。又东经郡城北，又东经樊城南。樊城之东唐、白诸河之水注之，谓之白河口。遂绕东南而下，又经桃林亭东，亭在岘山上。昔日汉水会檀溪、襄水，以绕郡城，过岘山，复入于汉。是以《水经注》云：又与襄湖水合耳，非今日汉水所经也。又南过凤凰滩，滩徙而东。今水直绕观音阁山下，称为汉水扼要处。又东南经邑城北习郁之封邑，故

---

[1] 嘉靖《徽州志》卷五。

[2] 明洪武二十五年（公元 1392 年），普定侯陈桓监督军夫增损历代旧路，修补连云栈道的桥阁二千多间。明中期成化十年（公元 1474 年）间，陕西布政使余子俊重修了西安通汉中道路。正德年间崔应科又修。清康熙三年（1664 年），巡抚贾汉复改造、修整连云栈道，将原木质栈道改为碥路。康照二十八年（公元 1689 年）郭大司马沿贾迹重修。乾隆三十年（1765 年）请币大修。嘉庆十六年（1811 年）大中丞董公上奏朝廷拨款，委候补知县（褒城）刘国柱督工修。见：汉中地区地委地方志办 . 汉中地区地理志 · 交通 [Z].1998。

曰邑城。又东流维水。一作淮水。自中庐县西来流注之，今名小河过口即入宜城界。”以水运为主的汉水中游，码头作用不可忽视，樊城作为重要的商埠，有 20 个商贸会馆，14 个著名的码头吞吐货物，明万历年间《襄阳县志》中记载：“樊城十万艘帆标麻立……为百货杂集之所。”沿汉江伸展的“九街十八巷”及相应的“大小码头七十二个”组成了樊城的基本格局（图 2-8）。清朝末年，汉江开始有商营小轮航线。1904 年，航线上延至汉水中游的襄阳和老河口。《东方杂志》第 11 期《各省航路汇志》记载：“创办襄阳樊城航业，均经江汉关洋务局批准，已一律开行。”[1]

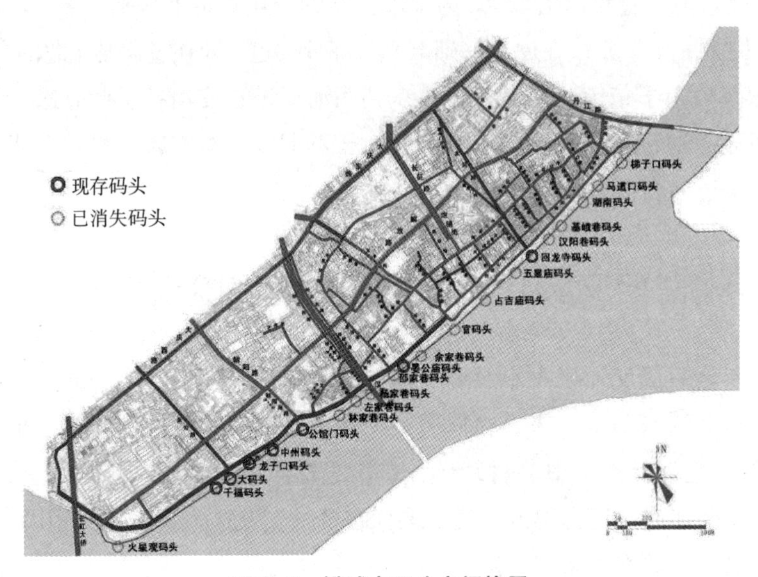

图 2-8 樊城古码头空间格局

资料来源：《汉水流域的城镇历史街区空间形态及其保护策略研究——以襄樊地区典型历史街区为例》

2. 沿河流的陆路交通

前文已经讲述了汉水中游与外界的交通状况，因此在汉水中游的聚落之间必然还有一些小路连接这些主干道并与外界联系。著名的有“南襄隘道”(图 2-7)。“南襄隘道”指今河南省南阳盆地与湖北襄阳之间的古代著名道路，又称“夏路”。由于南阳与襄阳之间的通道并不宽阔，故被称为隘道，又因此道与中原诸夏相通，史称“夏路”。《史记·越世家》载：“夏路以左，不足以备秦。”《索隐》云：“楚通诸夏，路出方城。”《太平寰宇记》引习凿齿《襄阳记》：“楚有二津，谓从襄阳渡沔，自南阳界出方城关是也，通周郑晋卫之道。”当中国古代王朝都城选择汴（开封）、洛（洛阳）时，“南襄隘道”联系南北交通的作用最突出。北宋时，用兵东南，京师仓储需取财于京西诸州县。于是由首都开封向西南开凿运河，欲接通西南襄、汉漕路，惟方城山难逾。曾经两次开凿方城运河，欲壅白河回流入沙、颍二水，接惠民河，终因地形高仰复杂而失败。宋神宗时又

[1] 转引自：刘先春 . 汉江航运历史、现状与未来 [J]. 中国水运，1996（11）: 10-12。

开修石塘河由叶县东至周口入颍，还是欲连通叶县西南的南襄隘道。明清时期汉水中游的陆路交通主要靠驿道，也叫官路。据《襄阳府志》卷十五记载襄阳的汉江驿距离宜城驿九十里，有马七十五匹，马夫三十七名。宜城的水马驿距离钟祥的礼乐驿九十里。据《襄阳县志》（卷九）记载，清代，以襄阳县城为起点通往邻省外县的人行大道有 8 条，分别是沿汉水东岸至钟祥、邓县、新野、唐县、随州、枣阳县等，这些人行大道在当时为连接县内外的交通，曾起着十分重要的作用。

3. 主干道外支线交通

汉水中游的内部支线交通发达，主要有汉水的支流和驿道的支线。据文献记载，到清代道光年间，襄阳境内能够进行水运的河流除汉水外，还有唐河、白河、滚河、清河、南河、南漳河等，这些河流的航程大都不长，共 204.5km。汉水市境内长 90km，太平店至张家湾段 52.5km，水位较浅，襄阳位于汉水丰水段，与南阳府的联系主要靠汉水，据记载“汉水流丹河自河南南阳府流入境来，又会经光化县西谷城县东，而南汾河自郧阳府东流入境经谷城县南又经荆山东北折东，流经府治北，会唐河、白河，又东南经府治及宜城县东而南会蛮河，稍南，礼乐河自其东北注之又南入安陆府界。汉水又东过郧乡南……，又南过谷城东，又东过山都县北，又东过襄阳县北……又南过宜城县东……”这段历史记载充分展现了汉水支流是各县腹地与偏远区联系的重要通道。陆路交通腹地与偏远区联系主要靠驿道的支线，据《光化县志》卷五记载老河口的光化县设有驿铺与下面乡镇联系，有十五里外的杨林铺、十五里外的新立铺、七里外谷城的安家铺（图 2-9）。

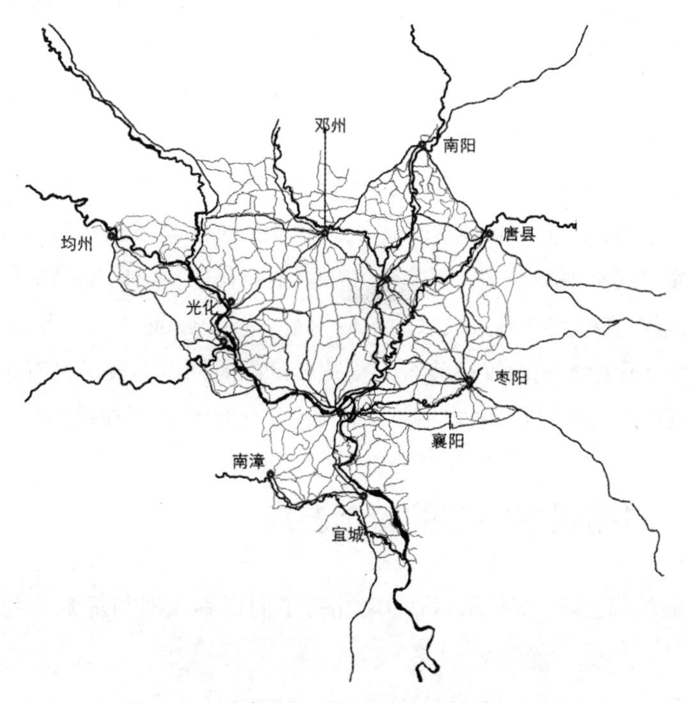

图 2-9　明清时期汉水中游主次陆路交通网

资料来源：根据民国时期美国陆军测绘图绘制

2.3 汉水中游治所城市的社会文化背景

汉水中游地区的发展与其优越的地理位置分不开。在和平时期，四通八达的交通使其成为区域人员物资的集散中心,极大地促进了汉水中游的发展与繁荣。在战乱年代，汉水中游变成兵家必争的军事要塞。宋元战争时期，南宋军队凭借汉水中游抵御元军六年之久。在文化方面，四方交会的区位使汉水中游在楚文化的基础上，广泛吸收四方的文化精髓，形成了以楚文化为基础的多元文化结构。

2.3.1 宋代之前汉水中游的城市发展

文化的诞生、发展和河流有密切的关系。汉水中游位于我国南北要冲之地，连接着中原、西北、华中、西南几大经济区，在这片广大区域中，它是唯一的东西经济走廊。在和平时期，这里商业繁荣，是重要的物资集散之地。《天下路程图引》载有："往四川货物，秋冬由荆州雇船装货，各府去卖，春夏防川河水大难行，由樊城雇小船，至沔县起旱,雇骡脚,一百二十里驮至阳平关下船,转装往各府去卖。"另有记载:"川、楚、陕、豫、赣、晋各商，列肆于此，懋迁有无"，"南郑城固大商重载此物，历金州以抵襄樊鄂渚者，舳舻相接。"这些历史文献描述充分说明了汉水中游商贸的繁盛。

中国文化自古就分为以黄河流域为代表的北方文化和以长江流域为代表的南方文化。黄河和长江不同的自然环境塑造了迥然不同的两大文化。"两河位置性质各殊，故各有其本来之文明，为独立发展之观，虽屡相调和和混合，而其差别自有不可掩者。"[1]南方文化多阴柔之美，北方多阳刚之气。汉水是联系长江流域和黄河流域的纽带，两大流域文化的碰撞使汉水中游的文化具有南北融合的特征。秦汉时期是中华文明第一次大整合阶段，由于特殊的地理方位，汉水流域成为秦、楚、巴、蜀乃至三晋文化的交会地带。两汉时期是中华文化由多元向汉民族统一文化转变的时期，形成了具有秦的刚健豪放和楚的激越浪漫双重风格的汉代民族精神，而汉代文化精神基调却是楚文化。[2]

2.3.2 宋元时期汉水中游的城市发展

汉水中游的城市在宋元时期，因为南北纷争而得到发展与加强。与军事战争同时

[1] 梁启超 . 饮冰室合集・中国古代思潮 [M]. 北京：中华书局，1987。

[2] 李长之 . 司马迁的人格与风格 [M] . 北京：生活・读书・新知三联书店，1982。

存在的还有前线重镇之间的贸易互市，襄阳作为南宋的屏障据守金元时期，襄阳以北6里的古邓城即成为交战双方贸易互市的商业区。至今考古仍能发掘出北朝后金时期的艺术品陶片。

汉水中游地区作为联系四方的枢纽，在和平时期可以依靠区域联系实现区域繁荣；而在战时就成了兵家必争的军事要冲之地。在宋元时期，尤其是元灭北宋后与南宋对峙的时期，汉水流域成了宋军抵御元军的重要军事防线。中统元年（公元1260年），蒙古千户郭侃曾上疏平宋方略："宋据东南，以吴越为家，其要地则荆襄而已。"南宋初抗战派领袖李纲评论说："荆湖，国之上流，其地数千里，诸葛亮谓之用武之国，今朝廷保有东南，控驭西北……皆当屯宿重兵，倚为形势，使四川号令可通，而襄汉声援可接，乃有恢复之渐。"[1]

在城市建设方面，因为对峙城防设施都得到了加强。襄阳对偏安江左的南宋来说至关重要，因此宋元时期襄阳城的建设受到朝廷的重视。南宋孝宗时期，襄阳增修城池，"楼橹、雉堞委皆壮观，止其中炮台、慢道稀少，缓急敌人并力攻城，缘道远，援兵难以策应"。又"增筑炮台四座，慢道十一条"，便于城内军队迅速登城支援作战。汉水防线当年曾使金军十多年也未能跨过秦岭，更没能通过汉中进入四川。然而在南宋末年，宋元双方在襄阳对峙长达六年之后，由于统帅昏庸，使元军攻陷汉水中游防线进入四川，加速了南宋的灭亡。由此可见汉水中游流域的重要战略地位。汉水中游被元军攻陷以后，流域内城池大都遭到战火的毁坏，城墙尽失，成为毁城的一代，但城市的基址格局仍在，这也成为明代初期城市重筑的基础。

2.3.3　汉水中游地区的文化民俗

在长期的历史进程中，汉水中游以当地自然状况为基础形成了具有本地特色的原生型文化——楚文化。汉水中游位于楚文化的核心区，文化氛围浓厚，这从汉水中游物质文化和精神文化都能体现出来。精美的编钟、领袖群伦的丝织刺绣工艺、巧夺天工的漆器制髹工艺无不展现了当年楚国灿烂的文明。最能体现楚文化精髓的当属其精神文化层面，义理精深的哲学、汪洋恣肆的散文、精彩绝艳的辞赋、五音繁会的音乐、翘袖折腰的舞蹈、恢诡谲怪的美术，都是宝贵的文化富矿，至今仍发挥着重要的文化启迪和教育作用。

汉水中游位于我国南北方之间，是我国自然地理南北差异的过渡带，既是黄河流域和长江流域南北两大文化板块的结合部，又是南北文化交融、转换的轴心。因此，汉水中游文化不仅具有楚文化特征，还有融合四方文化形成的移民性、多元性。汉水中游环境优越，地广人稀，到明清时期仍是人口净迁入区，较好的环境吸引了各路移

[1] 李纲 . 梁溪集・卷五・与吕相公第十五书 [M]. 台北：台湾商务印书馆股份有限公司，1970。

民蜂拥而至，“陕西、山西、河南等处饥民流亡多入汉中、郧阳、荆襄山林之间。”[1]由于移民众多，明政府不得不设府治理，“成化初，荆、襄寇乱，流民百万。……宪宗命原杰出抚，招流民十二万户，给闲田，置郧阳府、立上津等县统治之。河南巡抚张瑄亦请辑西北流民。帝从其请。”[2]大量的移民和居于中心的区位，使得汉水中游民俗文化具有多元化的特征，楚文化在与周边文化的相互碰撞中，一方面顽强地表现自己固有的个性魅力，一方面吸收接纳外围文化的精华，它集百花于一束，熔众家为一炉，风气兼南北，语言杂秦蜀，亦秦亦楚，亦巴亦蜀，在包容和吸收中发展，展示着鲜活的生命力，表现为“秦声楚歌”的语言风俗结构，“尚鬼信巫”的宗教信仰，“质朴劲勇”的行为风尚，“五方杂处”的岁时礼仪等。

2.4　明清时期汉水中游城市的农业经济背景

2.4.1　明清时期汉水中游的农业及手工业商业化发展

1. 汉水中游农业区域化发展

汉水流域上、中、下游因地形地貌和水热条件不同，发展成各具特色的农业经济区（表 2-6）。明清时期，汉水下游地区经历了垸田“初兴—破坏—恢复—再兴”的起伏发展过程：洪武至成化初（1368—约 1468 年）是汉水下游平原垸田的初兴阶段；明清之际，垸田受到破坏，绝大部分堤垸均被废弃；康熙、雍正年间（1662—1735 年），垸田逐步恢复；乾隆时期，垸田兴筑再次掀起高潮。以垸田为主要特征的汉水下游平原农业区的粮食作物以水稻为主，麦类及黍、粟等杂粮也占有较大比重。在经济作物方面，明清时期汉水下游平原最大的变化是棉花种植的逐步推广。汉水上游地区因多山地形及山间盆地的间歇分布形态，水资源条件好，河谷盆地开发较早，水田在耕地中所占的比重较大，以种植水稻和麦类作物为主，玉米等杂粮也占有一定的比重，普遍实行稻麦复种或麦和杂粮一年二熟制。而周围的低山丘陵地带开发较晚，普遍实行一熟制，作物种植以旱地作物为主，经济发展水平与河谷盆地也有很大的差距。因此，汉水上游地区实际上存在着两种不同的农业经济区域，即水旱兼作的河谷盆地和以旱作为主的秦巴山地。

明清时期，汉水中游因其复杂的地势地貌和水热条件以及水利的废弛，发展成与汉水上游、下游地区既相互联系又相对独立的农业经济区。汉水中游农业经济区最主

[1]《明宪宗实录》。

[2] 张廷玉．明史［M］．北京：中华书局，1974。

要的特征是水旱兼作，且以旱作农业为主，稻作农业在地区经济生活中所占的比重则由随枣走廊至襄宜平原，再至南阳盆地逐渐减少，而旱作农业所占的比重则相应增加。

明清时期汉水流域农业经济的区域差异　　表 2-6

地区	地势地貌特征	农业经济特征
汉水下游	以平原、河谷为主，丘陵和山地为辅	粮食作物水稻为主，经济作物以棉花为主的一年二熟制的垸田农业区
汉水上游	以山地、丘陵为主，河谷发育盆地	分为水旱兼作的河谷盆地（普遍实行稻麦复种或麦和杂粮一年二熟制）和以旱作为主的秦巴山地两种类型
汉水中游	以丘陵、岗地为主，河谷发育平原	以水稻为主的水田农业为辅，以玉米、小麦为主的旱地农业为主的水旱兼作农业区

据龚胜生博士的计算，在本区最东端的安陆县，载籍耕地中水田所占的比重为 64.8%，旱地占 23.7%，山林占 3.9%，湖塘占 7.5%，水田占有绝对的优势地位。[1] 而在本区西端的光化县，则是旱地占据着绝对优势。据正德《光化县志》卷一《田赋》记载，正德七年（1512 年），光化县共有官民田地湖荡 688 顷，其中水田 72 顷，占总数的 10.7%；地 615 顷，占总数的 89.39%；湖荡 81 亩，占总数的 0.12%。到清朝后期，光化县水田的比重有所增加，大约占全部农业用地的 24.0%（旱地占 75.9%，湖塘占 0.1%）。在南漳县，水田所占的比重为 9.9%，旱地则占到了 90.1%。南阳盆地的水田面积则更少，盆地内生产条件最好的南阳县，在清末仅有稻田 100 顷，占全县可耕熟田的 0.31%。[2] 导致这种农业布局和演变趋势最直接的原因是水利的废弛。汉水中游地区降雨集中，7、8、9 三个月的雨量常占年降雨量 50% 以上，春、秋则常发生干旱，特别是 5 月底为插秧季节，却正当少雨时期；同时，丘陵岗地的落差较大，平原地带多沙质土壤，地表水不易自然保存，因此，稻作生产必须仰赖于蓄水灌溉，水利事业的兴衰也就决定着稻作农业甚至是地区经济的兴衰。

然而，就明清时期汉水中游地区而言，官府对于农田水利实际上是极不重视的。这是农田水利废弛的重要原因之一。明末清初水利废弛的原因主要有三：一是为豪强兼并，民失其利；二是陂堰租税太重，业主不堪负担；三是战乱破坏，人口流散。光绪《南阳县志》卷九《沟渠》云："凡农治田，人三十亩，水田则减三之一，而所收倍。蓄泄以时，不忧水旱。自明季陂堰失修，河深渠高，水不能至。旧农多宛徙，新籍者率来自秦晋，昧水利；或富连阡陌，不亲田事；佃农迁徙不恒，虽欲修不自主。又兴□陂，动连数十村落，议龃龉多不合。旧陂废久，疑所用，则颇盗其堤堰土石，或境埋平之。"

在旱地作物结构方面，最引人注意的变化是玉米（又称苞谷、玉蜀黍、玉高粱）和棉花种植的推广。玉米大约在清初开始进入汉水中游地区，到乾隆、嘉庆、道光时

[1] 龚胜生．清代两湖农业地理 [D]. 武汉：华中师范大学，1996：61-64。

[2] 光绪《南阳县志》卷九《沟渠》。

期逐渐推广，成为重要的粮食作物之一。因此，就汉水中游地区而言，山地较多的州县如南漳、保康、谷城、均州、光化、枣阳、淅川、裕州等，玉米种植也较多。

棉花于明代前期已在汉水中游地区普遍种植。天顺《襄阳郡志》卷一“土产”栏中已记有棉花（写作“绵花”），万历《襄阳府志》卷四“物产”仍之，且增加了绵布。同书卷十二《食货五》“万历岁贡数”条记载：“南京库折绵花绒米，共五千石，每石折绵花绒十斤，共五万斤。”说明襄阳府棉花产量已相当可观。乾隆《襄阳府志》卷六“物产”将木棉与绵布列为全郡之“通产”。在襄阳府所属各州县中，枣阳产棉多且优。其所产棉布远销陕西。[1] 此外，宜城和南阳也是重要的产棉区。

2. 汉水中游手工业商业化发展

汉江流域地广人稀，生存、生产环境较佳，所以，直到明清时期，鄂西北都是移入区。随着明清移民的大量涌入，移民居住地与生产区域的变化，对于社会文化与经济生产的影响深远。①流民的会聚加速了山区的综合开发。流民入山后，结聚屯耕，或者单独营生，或者依附土著充当承佃户。流民对于荆襄山区的深入开发，不仅改变了当地的农作物的种植结构，而且推动了山区多种经营的发展。②汉江流域中上游矿产资源丰富，吸引了大量从事矿产开采的矿工，如镇压荆襄流民起义的项忠曾在其奏疏中记载：“湖广之郧、均、上津诸境，山多矿，故流民以窃矿聚，巡矿官吏莫敢谁何。”[2] 说明了当时汉江流域的上游地区山区采矿业发展迅猛。③流民在进入山区除种植杂粮以维持生计外，还兼营多种手工业，在当时的荆襄山区有各种各样的加工工厂，如木厂、炭厂、铁厂、造纸厂、盐厂等。

另外，流民数量的增多，也衍生出很多新的经济活动，带动了山区商品经济的发展。从事一些农副产品加工和贩运的人越来越多，在山区、平原交接地带以及地方官员的治所城市，工商业市镇已开始出现，如万历年间的郧阳府城“三省官僚之往来，四方客商之辏集，视昔加数倍”，成为当时鄂豫陕交界处的一大都会。但是，汉江地区的商业活动深受交通条件的影响，如重要的贸易集散地如城固、南郑、洋县、安康、商州龙驹寨以及襄阳等，均分布在水系岸边，沟通全流域内的商路，并通过水路交通与其他流域保持联系，水运承担了绝大部分的商品运输。

2.4.2 明清时期汉水中游城镇的商业发展与行会制度

1. 明清时期汉水中游城镇的商业发展

在明末清初的时候，汉水下游的市镇汉口与汉阳府城、武昌府城，以其独特的区位优势，成为整个汉水流域最发达的地区。至此以汉水及支流的水路运输为载体的市场网

[1] 民国《枣阳县志》卷6《舆地志》“物产”。
[2] 陈子龙，徐孚远，宋徵璧等选辑 . 明经世文编 [M]. 北京：中华书局，1962。

络体系发展进入了高潮时期，也进入了一个快速发展、商业繁荣、近代嬗变的历史阶段。

同时在开埠市镇的影响带动下，汉水中下游的一些市镇因为商业带动而很快发展起来，在清代中后期逐步显露出近现代的城市特征，其中著名城镇有老河口镇、樊城镇、汉口镇等。新中国成立以后，襄阳与樊城结合而升为市，武昌、汉阳、汉口联合成市后，纸坊、蔡甸分别成为武昌、汉阳的县城。

明清时期，汉水中游的商业市镇得到迅速发展。据清嘉庆《湖北通志》记载，汉水中游市镇的数量已达数百，仅襄阳、谷城等县就有七八十个（表 2-7）。当时的“市镇”亦有两种情形：“市”指集市，为定期贸易之所，规模不大，有的常常依附于乡村聚落，形成乡村农产品交易的草市。汉水流域农村这些数量众多的名为“场”的小集市，规模小，为附近农民互通有无之所，这种小集市虽然商品交换不发达，却是发达的大集镇的基础；“镇”则指街镇，不仅有集市，且有固定的居民区和店铺，按照本书对于镇的概念分野，则有规模超越治所城市的中心市镇和规模较小但联系城市与乡村的中间市镇。

市镇之多，足证清中叶以来汉水流域的商业发达。

汉水流域部分地区市镇发展的时空分布　　　　表 2-7

地区	政域	明代及清前期市镇数量（个）	晚清市镇数量（个）
汉水上游	郧阳府	21	165
汉水中游	襄阳府	38	252
	安陆府（明代为承天府）	66	260
	荆门直隶州（明代为散州）	30	221
汉水下游	汉阳府	71	137
	武昌府	74	128

表 2-7 中所列市镇，包括镇、市、场、店、集、墟等，另有“店地”之名。与唐宋时期相比，明代及清前期汉水流域的市镇数量增长了 5 倍，晚清时期则增长了 12 倍，呈现出长期大幅度增长的趋势。

就城镇密度而言，在明清两代，汉水下游地区都位居第一位，占有绝对的优势；襄宜平原、随枣走廊和南阳盆地也较高，这与其人口及经济发展水平是相适应的。值得注意的是，汉中地区清代的城镇密度也较高（与明代相比，增加幅度最大），这与清代在汉中地区分置 4 厅[1]有关，但更多的应当是其经济发展的反映。鄂西北的情况比较特殊，其城镇密度在清代甚至超过了南阳，看来主要是由于这一地区屡次发生动乱，为加强控制设置了许多军事堡垒的缘故。

[1] 清代汉中地区辖 8 县 4 散厅，8 县为南郑县、城固县、洋县、西乡县、沔县、略阳县、凤县、褒城县，4 散厅为宁羌厅、留坝厅、佛坪厅、定远厅。

2. 明清时期汉水中游工商业组织与行业制度

明清时期，伴随着手工业和商业的发展，工商业者的组织——会馆与行会也发展起来。到清中期，汉水流域城镇和乡村都有工商业者的组织活动，他们的足迹遍及各个地区。会馆和行会在维持工商秩序，发展工商业生产，促进社会慈善事业的进步等方面都发挥着重要作用。工商业组织是随着工商业的发展而产生和发展的，明中叶以来，江汉流域兴起了许多工商业集镇。在这些集镇中产生了工商业组织，主要分为两类：一是按地域关系组成的同乡行会、会馆；另一类是按行业组成的同业行会、会馆。例如，据民国《钟祥县志》卷五《古迹下》记载：在章山街急递铺前有盐经公所；南门外大街上则有山陕会馆（康熙年间建）、江西会馆（雍正六年建）、福建会馆（乾隆三十五年建）、四川公馆（光绪年间建）。

同乡行会、会馆是工商业常见的组织形式。汉水流域商业市镇是在明中后期当地商人及外来商客的经营下发展起来的。外地商人在汉江流域商业发展中起重要作用。外地商人在陌生地方经商，要在复杂的环境下求得生存和发展，除靠自身努力外，还得求得同乡的帮助。为此，他们结成团体，建立起同乡行会、会馆。因为“同乡人有着相同的乡音乡俗以及相互可以攀连的远亲，或近或远的世代友谊关系，甚至是原不相识的人，只要是他乡相遇的同籍，便有一见如故之感。因此，凡遇到某些特殊困难，特别是营业亏损、金钱损失的时候，总会首先想到同乡人的可靠帮助，甚至推荐业务上的助手和委托代办某项任务也都不会不考虑同乡中可靠的朋友。”❶

同业行会、会馆是按生产经营产品的类别来组成的工商组织，只要是生产经营同一产品的作坊即可加入同业工商组织。同业行会、会馆组织形成后对个体作坊、商号有极强的约束力。它们都要按规定的规章行事，如汉口米业行会于康熙十七年（公元1678年）建立，其章程如下：“我等从事粮食经纪，管理汉口米市，需有会议大厅供召集会议以商议米市规章，否则意见不一，度量无统一标准，我等将难以履行职责。而米为人所必需，若度量不一，将何以出示检查记录，更何以见信于人？故此，我等会集订立度量标准，并将定期检查以昭郑重。”❷

手工业、商业组织在平息行业竞争，加强同业间联系，保护同业利益，参与社会公益事业等诸多方面发挥着积极作用：①平息同业间竞争。同一行业之间，为了各自利益，经常会发生竞争。这种竞争的结果往往是两败俱伤，同业行会成立后，在调节同行竞争方面发挥了积极作用。②维护共同利益。③组织宗教活动。明清时期，汉江流域经常举行“诞神公祭”活动，乾隆《东湖县志》第五卷《风俗》载：“商则祀财神，谓黑虎元坛，赵公元帅，远商则各祀其乡神，如江西祀许真君，福建祀天后之类，工匠祀鲁班，造纸祀蔡伦。”

❶ 彭雨欣，江溶．十九世纪汉口商业行会的发展及其积极意义——《汉口—— 一个中国城市的商业和社会（1796—1889）》简介 [J]. 中国经济史研究，1994（4）：143-153。

❷ 罗威廉．汉口：一个中国城市的商业与社会（1796—1889）[M]. 江溶．鲁西奇译．北京：中国人民大学出版社，2005。

2.5 本章小结

本章主要是通过分析汉水流域的自然地理、区位交通、历史文化以及农业经济来阐释汉水中游城镇发展的背景。汉水中游自古以来河流密布，沟壑交织，为河谷—平原—丘陵—山地渐进过渡的盆地地形。自然生态环境类型多样，土地适应性广泛，具有生物多样性。汉水中游这种贯通南北、承东启西的优越自然环境和区位条件决定了其社会经济的发展方向，也决定了明清汉水中游许多城镇空间形态的演化方向。

在明清以前，汉水中游的对外交通联系最重要的是开辟于春秋战国时期的“商山—武关道”，其次是开辟于秦的褒斜道、子午道。明清时期汉水中游的对外交通主要是在原有的基础上加以修整。汉水中游内部的交通联系分为水路和陆路。水路主要由汉水和唐白河组成，陆路交通最重要的是连接南阳和襄阳的“南襄隘道”。汉水中游有着灿烂的文明，特殊的地理位置使其被历代所重视，而且促进了南北文化之间的交流与融合，形成了汉水流域具有自身特色的风俗文化圈。

明清时期，随着中西文化交融、国内市场与国际市场初步接轨的背景下，汉水下游城市的汉口以其独特的区位优势、对外开放、工业化等因素的作用，成为全国市镇最发达的地区之一，同时在开埠市镇的影响带动下，汉水中下游的一些市镇因为商业带动而很快发展起来。伴随着手工业和商业的发展，工商业者的组织——会馆与行会也发展起来。到清中期，汉水流域城镇和乡村都有工商业者的组织活动，他们的足迹遍及各个地区。

优越的自然地理位置，发达的水陆综合运输，悠久的历史文化和商品经济的繁荣发展，为汉水中游城镇群组空间发展，奠定了坚实的基础。

第3章

明清时期汉水中游城镇体系的发展与群组空间形态特征

本章主要是在大尺度视角下分析明清汉水中游治所城市及其附属市镇的发展，即城镇体系[1]的发展与城镇群组空间形态特征。基于明清时期发达的水陆综合交通运输网及优越的地理位置，汉水中游城镇体系的发展阶段，以及空间形态成片成轴的布局特征。通过对汉水中游县域内、县际间城镇群组的空间形态布局研究，探讨城镇之间的空间位置关系和经济联系。

[1] “城镇体系，是指在相对完整的区域内，以中心城市为核心，由一系列不同等级规模、不同职能分工、相互密切的城镇组成的系统。”见：许学强，周一星，宁越敏．城市地理学 [M]. 北京：高等教育出版社，2009。

3.1 明清时期汉水中游城镇的行政结构

明初沿袭元朝的行省制。太祖洪武九年（1376年）改行省为承宣布政使司。承宣布政使司下设府和直隶州,府以下有县和属州,各州以下有县,形成了一个省—府—州—县四级制与省—州—县三级制并存的大体格局。明初设置的都指挥使司、承宣布政使司、提刑按察使司“三司”三分各省军政司法权力的体系，后逐渐被巡抚制度接掌，巡抚成为各省权力统一的最高长官。

明代设15个省，在每个省的布政使司以下设府，为主要的二级行政区划，同时又有直属于省的直隶州，行政级别等同于府。府以下有属州和县，是主要的第三级行政区划，而属州还可能领有少数县，成为结构上的第四级，但相对重要性很小。直隶于省的直隶州下也领若干县，其级别相当于府属州或府属县，仍是第三级行政区划。所以州按性质不同是跨第二、第三两个级别的区划，而与府相比，无论属州或直隶州的治所所在地均不设县，即使原有县的也被并入州制。

清初为便于统治明代故土，顺治仍沿用明制15布政使司，康熙初，改布政使司为省，因认为全国区划为15省，其建置过大，所以分湖广为湖南、湖北两省，分江南为江苏、安徽两省，分陕西为陕西、甘肃两省，全国共为18省。清代省以下的各级行政区划单位基本上沿用明代的行政制度：省下辖府和直隶州，府下领散州和县。所不同的有以下几点：

（1）增加了行政区划单位——厅。这是清代在明代基础上，新开发地区所设置的区划单位。其中有直隶厅和散厅之分，直隶厅与府、直隶州平行，直隶于省，绝大多数不领县；散厅则隶属于府，与散州、县相平行，成为最基层的行政区划单位。

（2）在元、明两代不论是直隶州，还是散州，一般均管辖县。在清代省辖的直隶州才领县，而府辖的州则不领县。

（3）元、明两代的行政区划系统都是由三级和四级系统混合组成,并以省—府—州—县的四级体系为基本的系统。在清代则是三级行政区划系统，且以省—府—县和省—直隶州—县为主。

3.1.1 府治政权结构

1. 襄阳府

北宋宣和元年（1119年）升襄州置,治所在襄阳县（今湖北襄阳市汉水南襄城区）。辖境约今湖北省襄阳、谷城、南漳、宜城等市县地。元至元年间改置路。明初复置府。

清辖区约今湖北省丹江口市以东，枣阳以西和蛮河以北地，1912年废。宋为京西南路治。清嘉庆时白莲教刘之协等在此起义。辖境相当今湖北襄阳、谷城、光化、南漳、宜城等县地。元至元时改为路，辖境扩大。明初复为府，领1州7县，辖境又略小。清辖境相当今湖北均县以东。枣阳以西和蛮河以北地，清代初属湖广布政司；圣祖康熙三年（1664年），改属湖北布政司（后改省），州县建置沿明制。府治襄阳县（在今湖北省襄阳市襄城区）辖：襄阳（县治在今湖北省襄阳市襄城区）、宜城（今湖北省宜城市）、南漳（今湖北省南漳县）、枣阳（今湖北省枣阳市）、谷城（今湖北省谷城县）、光化（县治在今湖北省老河口市光化办事处）共6县；均州（州治在今湖北省丹江口市区）1散州。

襄阳府城附郭襄阳县，明初，襄阳卫、府衙署集中于城内西南隅，与唐宋时期军政机构集中于城内北部特别是东北隅完全不同，入南门，在南门正街之西为襄阳府衙，府衙稍西北处为按察分司。[1]南门正街之东为襄阳卫公署，其东为府学，这样，襄阳城内南半部分乃成为军政衙署区。正统初，襄王朱瞻墡自长沙移居襄阳，以襄阳卫公署改建为王府。襄王府之建立，使襄阳城内格局发生了很大变化：首先，王府本身及其附属的襄府护卫、长史司、审理所等王府机构，占据了城内东南隅的大部分地区，南门正街之东、东街之南，几乎占全城1/4的面积为王府及其附属机构占用。其次，襄阳卫公署旧址即为王府所占，乃移建于城内东北隅城隍庙东已故卫国公邓愈的官地，与襄阳卫有关的军器局、武学街也都集中在卫署周围。[2]清代襄阳城内格局的变化主要体现在：①明时襄王府在明末被焚毁后，即长期废弃。就康熙、乾隆、光绪《襄阳府志》及嘉庆、同治《襄阳县志》有关记载看，城内东南隅所存之公署机构只有府儒学。②城内东北隅的军政衙署不断增加，成为城内的军政衙署集中之区。③城内西南隅逐渐成为行政、文教区。

2. 南阳府

元代，南阳府属于河南江北行省。明朝洪武初年设立南阳府，领州2个，县11个。明代属河南布政司汝南道。清代沿用明制。清代府治南阳（今河南省南阳市）。辖：南阳（今河南省南阳市）、南召（今河南省南召县）、唐县（今河南省唐县）、泌阳（今河南省泌阳县）、桐柏（今河南省桐柏县）、镇平（今河南省镇平县）、新野（县治在今河南省新野县东南）、内乡（今河南省内乡县）、舞阳（今河南省舞阳县）、叶县（今河南省叶县）共10县，邓州（今河南省邓州市）、裕州（今河南省方城县）共2散州。1913年废。

3.1.2 县级政权结构

“万事胚胎，皆由州县”，“积州县而成天下”，是说县在明清政权体制中作为基层政权，是一切政事的开始。《光绪会典事例》中记载，清县制“定于国初”。

[1] 嘉靖《湖广图经志书》卷八襄阳府公署栏“府治”条。

[2] 万历《襄阳府志》卷一五《公署》。

其实，清代县制基本上是二千多年县制的延续。明清时，府有知府，县有知县，与县平级的州、厅分设知州、同知（或通判）。县的长官知县（习称县令）代表朝廷直接管辖全县所有事务。其职责在县域范围内无所不包，乾隆中名臣陈宏谋把“地方必要之事”概括为田赋、地丁、粮米、垦殖、物产、仓储、社谷、杂税、食盐、街市、桥路、城垣、官署、防兵、坛庙、文风、民俗、乡约、词讼、军流、匪类、邪教等等，有近 30 项之多。[1]

在封建基层政权的县城内，代表王权系统的衙署、捕署、营署，代表神学系统的城隍庙、文庙、武庙，还有代表教化系统的试院、书院等构成了城区内的主体部分。诚如嘉庆《南阳府志》卷二所载：“一曰城池所以固封守也，一曰治署所以出政令也，一曰学校所以明礼典也，而坛庙则致祭于社稷……故城池设而陂堰附焉，文武之治设而仓库营卫附焉，庠序设而书院社学附焉，祠宇设而古来名宦有遗爱，忠孝节义生于其土者附焉。”故城区里布局主要由官署、学校、祠庙等部分组成。

明清时期，汉水中游的县级城市，属于政治管理意义上的治所城市，同时也兼具了经济与文化功能。这种城市出于安全防御方面的考虑，都修筑城墙和城壕，并具有一定的规模。这一时期，各县（州、厅）城池基本情况见表 3-1。

明清时期汉水中游县（州）城池规模　　表 3-1

县名	城池规模	修筑时间
襄阳县	城附郭于襄阳府城，城周一十二里一百三步二尺，高两丈五尺，阔一丈五尺，门六	汉献帝建置，明初筑旧城，正德十一年筑堤，崇祯十四年贼寇毁城，同治二年重修
枣阳县	城周四里二分，高两丈一尺，厚两丈八尺，门五	隋初，改广昌为枣阳，始筑土城，嘉定十一年重修，正德七年流贼攻城，万里元年，增城高五尺，崇祯五年，复增五尺
宜城县	城周五里三分，高两丈，厚五尺四寸，门六	唐天宝中改率道县为宜城，明成化元年筑土城，同治二年增筑，崇祯十五年至康熙十二年，屡遭贼寇，同治六年修城
南漳县	城周四里，高两丈，厚一丈五尺，门六	隋改思安县为南漳，正德十一年增门为四，嘉靖六年，向西拓展一里，增门为六，乾隆二十四年增修
光化县	城周四里一千六百步，高两丈五尺，阔一丈二尺，门四	宋乾德三年建光化军置，初为土城明洪武筑，正德九年，汉水溢，移内城，嘉靖三十年至隆庆六年，筑新城，崇祯十五年，贼闯城陷，乾隆二十三年增修
谷城县	城周三里又六百八十四步，高一丈八尺，厚一丈，门四	明洪武二年，创土城，成化初年，增筑，正德十年拓旧址，万历六年，增高三尺，咸丰六年，红巾贼毁城，同治六年修复
均州	城周六里一百五十三步二尺，高两丈八尺，厚一丈两尺，门四	隋改丰州为均州，唐天宝初改为武当郡，后复为均州并治武当县，康熙三年重修，道光中倾圮大半，咸丰二年补修
南阳县	城周六里二十七步，高两丈二尺，广一丈七尺，阔两丈，门四	明成化十三年置县始筑，正德十三年增修，嘉靖十三年重修，隆庆四年加筑以砖。顺治四年重建南门，康熙二十三年，重修女墙

[1] 陈宏谋 . 咨询民情土俗论 [M]// 贺长龄，等编 . 清经世文编 . 影印本 . 北京：中华书局，1992。

续表

县名	城池规模	修筑时间
新野县	城周四里，高一丈三尺，广一丈五尺，阔一丈五尺，门四	北齐所筑，天顺五年重修，正德六年增筑，嘉靖四年复修，内加以砖，浚池深一丈五尺，内有子城
邓州	城周四里三十七步，高三丈，广二丈五尺，门四	明洪武二年，因古穰城旧址始筑内城，弘治十二年增筑外城，正德七年增筑，引刁河水注之
唐县	城周六里三百八十八步，高两丈五尺，广一丈一尺，阔两丈，门四	元至正年间筑，洪武三十年即古基修筑，天顺年间重修，正德十二年重修，增高五尺，厚亦如之，壕加深五尺，阔亦如之。顺治九年补葺，城周九里十三步

资料来源：光绪《襄阳府志》建置志一《城池》，嘉庆《南阳府志》卷二《城池》。

3.1.3　集镇——派驻机构的设立

随着封建社会城镇经济的发展，至明清时期，一些较大的集镇逐步成为一定地域范围内的经济中心，与治所城市的统治中心作用日益背离，其城市的活力超越了治所城市，明清政府为了加强对市镇的统治和管理，在一些规模较大、地理位置重要的集镇设立了专门机构，征收商税，加强管理。最常见的机构是巡检司署，还有府同知（简称同知）、府通判（简称通判）等衙署。明清时期的巡检制度发生了重大变化，由宋代主要负责管理军镇，转向对经济中心市镇的管辖。

明清时期，汉水中游集镇经济发展迅速，一些市镇经济雄厚相继有行政机构派驻。如南阳县赊旗店巡检司“在县东北九十里，乾隆二十年建”[1]，南漳县方家堰巡检司“在县东六十五里”[2]，光化县左旗营巡检司“在县西北四十里”[3]，此外还有谷城县石花街巡检司、唐县源潭镇巡检司、均州县孙家湾巡检署等（表 3-2）。在派驻机构和官员的同时，一些大镇还派驻了军队。如唐县源潭镇移驻外委，“拔守兵五名，以便不时巡查”。[4]

明清时期汉水中游派驻机构及其集镇一览　　表 3-2

县城	集镇	派驻机构
襄阳县	北太山庙	油坊滩巡检司
	双沟镇	双沟巡检司
	樊城镇	县丞署，右营守备署，同知署，通判署
枣阳县	平林店	主簿署
宜城县	郭海营	按官厅
	新店	按官厅
	小河口	按官厅

❶ 光绪三十年《南阳县志》。
❷ 光绪十一年《襄阳府志》。
❸ 光绪十一年《襄阳府志》。
❹ 乾隆五十二年《唐县志》。

续表

县城	集镇	派驻机构
南漳县	武安镇	武安镇巡检司
光化县	新镇	左旗营巡检司
谷城县	石化街	石花街巡检司
	玛瑙观	张家集巡检司
均州	孙家湾	巡检署
	赊旗店	赊旗店巡检司、赊旗店汛把总署
	博望	博望驿丞署
南阳县	瓦店	林水驿丞署
	南河店	协防额外外委署
	三岔口	协防额外外委署
新野县	湍阳	湍阳驿丞一员
邓州	塌河关	南阳卫拔军守把
	源潭镇	源潭镇巡检司
唐县	石峡口	石峡口巡检司
	马镇抚	马镇抚巡检司
钟祥县	臼口	同知署

资料来源：光绪《襄阳府志》建置志一《公署》、光绪《南阳县志》卷三建置志《官署》、乾隆《钟祥县志》卷二城池《公署》。

这种在县与普通集镇之间的管理模式，主要是针对政治中心与经济中心日益背离的现象，在不触动原有统治机构等级序列的情况下所做出的相关调整。这一方面反映了某些集镇经济的发展已经突破了原有的等级规模，另一方面又反映了封建统治力量对于新兴经济中心的控制。

3.2 明清时期汉水中游城镇体系发展的阶段划分

3.2.1 明初治所城市分散与独立发展阶段

汉水中游的治所城市主要分为府治城市和县治城市。府治城市主要有襄阳府和南阳府，县治城市主要有襄阳县、枣阳县、宜城县、南漳县、谷城县、光化县、均州、南阳县、唐县、新野县和邓州，此处，襄阳府附郭襄阳县、南阳府附郭南阳县。隋以后，襄阳获得了前所未有的机遇，一跃而成为汉水中游，甚至整个汉水流域的中心城市。自元代后，襄阳在整个汉水流域的中心地位被武汉取代，原因有四：①武昌成为湖广行省治所，行政中心的转移为武汉发展成为汉水流域乃至长江中下游流域中心城市奠定了基础；②从宋代开始，长江中游漕粮运输中心向武汉转移，北宋在此特设“湖北漕司”，统辖荆湖南、荆湖北路漕粮的集并和中转；❶ ③汉水下游地区“垸田”逐步得到开发，以武汉为中心的市场体系逐步形成；④汉水中游地区屡遭战乱和流寇侵扰，城市经济屡废屡兴，屡兴屡败。

在明朝初年，襄阳府属湖广行中书省，由湖广布政使司统辖，下辖6县1州。枣阳县于明初自南阳府划分至襄阳府；光化县于明洪武十年（1377年）划归谷城县，洪武十三年（1380年）又重新划归襄阳府；均州于洪武初年从武当县划归襄阳府；谷城县、南漳县、宜城县都是在明朝以前就已划入襄阳府并一直延续至清末民国时期。❷ 明朝初期南阳府下辖3州13县，其中属于汉水中游的有南阳县、新野县、唐县和邓州。南塘县在元朝为唐州，明朝改称唐县，隶属南阳府。新野县在五代十国时期为镇，至元朝时升为新野县，并被明清延续下来。邓州和南阳县在明朝就已划入南阳府并延续下来。❸

3.2.2 清初商业市镇兴起与扩大阶段

中国古代的市镇发展大体上经历了秦汉的定期市、魏晋隋唐的草市、宋元时期的草市镇、明清市镇这几个重要阶段，演变轨迹十分明显。❹ 在明清方志中，“市镇”与“镇市”已成为江南地区一般商业聚落的通称。❺ 邓亦兵对清代前期的市镇所下的定义包括两个要素：一是交通发达，商业繁盛，人口相对集中；二是有驻派市镇的机构和官员。两个条件齐备者属于大市镇，只具有第一个条件者属于中小市镇。❻

明清之际，汉水中游战乱不断，自然灾害频发，人口锐减，从城镇到乡村，到处呈现出衰败局面。作为商品交易的集市不仅数量锐减，而且十分萧条。到了清初时期，经过70余年的休养生息，汉水中游社会经济繁荣发展，集镇也迅速兴起，市镇的数量显著增长，超过了前代。据乾隆《邓州志》载该州集镇共计86处，其中有集60处，并在张家店之后，特加注标出新集者有刘家集、柳子堰、彭家桥、王家集、李家集、禹山集等，共30处。唐县旧有集镇28处，至乾隆时有6处被毁，新增集市37处。❼ 据清光绪《襄阳府志》和嘉庆《南阳府志》记载，清朝后期，汉水中游的南阳县、新野、唐县、邓州、襄阳、均州、谷城、光化、宜城、枣阳、南漳等12县（州）集镇总量为292个，平均每县为26.55个，其中大镇24个，平均每县2个，南阳、唐县、谷城、

❶ 邓祖涛，陆玉麒．汉水流域中心城市空间结构演变探讨[J]. 地域研究与开发，2007，26（1）：12-15，57。

❷ 光绪《襄阳府志》卷一《沿革》。

❸ 康熙《南阳府志》卷一《沿革》。

❹ 王家范．明清江南市镇结构及历史价值初探[J]. 华东师范大学学报（哲学社会科学版），1984（1）。

❺ 刘石吉．明清时代江南地区的专业市镇（上）[J]. 食货，1978，8（6）；刘石吉．明清时代江南市镇之数量分析[J]. 思与言，1978，16（12）。

❻ 邓亦兵．清代前期的市镇[J]. 中国社会经济史研究，1997（3）：24-38。

❼ 乾隆五十二年《唐县志》。

襄阳、宜城的大镇数量均超过3个。由表3-3可知，南阳、唐县、谷城、襄阳、宜城几个县的集镇数量多，而且规模较大。襄阳县作为襄阳府府治所在地，地处荆襄腹地，交通便利，南阳县作为南阳府的府治所在地，同时处于南阳盆地中心，这两个县作为汉水中游的经济、商业中心，形成“双子”格局。唐县、谷城、宜城则是汉水中游另三大次中心。具体集镇数量见表3-3。

明清时期汉水中游城镇数量统计　表3-3

县名	集镇	集镇数量	大镇数量
襄阳县	竹筱铺、牛首、柳堰铺、刘家集、孟家集、张家集、上王家集、下王家集、陈家集、耿家集、方家集、黑龙集、茨河、柿子铺、马家集、李食店、欧家庙、泥嘴、双河店、张家集、朱家集、程家河、熊家集、白家集、陶家集、薛家集、黄龙垱、吕堰驿、姚家营、龙王集、黄家河、王家河、双沟镇、北泰山庙、樊城	35	3
枣阳县	兴隆集、吴家集、宋家集、蔡阳铺、杨家集、湖河镇、草店、太平镇、隋阳点、陈家店、王家镇、槐树岗、榆树岗、红花店、清潭、柴家庙、杨家垱、阮家店、鹿头店、鸟山店、李家楼、唐家店、新集、齐家集、清凉寺、双河镇、刘升店、东林点、大板桥、璩家湾、土桥铺、三官庙、刘家寨、平林店	34	1
宜城县	清水巷、兴隆集、板桥店、刘家寨、田镇司寨、孔家湾、辛家畈、马蹄畈、孟家垱、李家湾、丁家营、新集、明正店、廖家河、金家铺、八里铺、朱冯营、南营里、邓家湾、夏家河、金家湾、朱家嘴、金牛山寨、太平岗、余家湾、小河口、郭海营、新店	28	3
南漳县	龙门集、安家集、太平街集、邓家集、东翠集、长坪集、秦家店、曾家店、萧家堰集、报信坡集、刘家集、涌泉铺、石门集、丁家集、吴家集、老官庙、茶林坪、陈家坪、凉峪集、廿汉集、印家坪、峡口集、垭子店、重阳坪集、马良坪、武安镇	26	1
谷城县	仙人渡、范家集、太平店、茨河、巴茅店、眘家铺、小新店、柳树湾、茅坪、谢家营、薛家沟、黄家营、黄峪铺、香炉台、温坪、歇马庙、张朝铺、七里沟、冷家集、张家集、龚家河、八里庙、王家桥、左家庙、花墓乡、黄金埠口、陈家庄、石花街、玛瑙观	29	3
光化县	孟家楼、秦家集、薛家集、唐山庙、苏家河、白莲寺、土门冲、何家楼、傅家营、孟桥乡、古阴寨、付家寨、陈家楼、富乡村、车家楼、莲花堰、新镇	17	1
均州	青山港市、浪河店市、青石铺、草店铺市、三官店市、临淅乡、老鸭湾、六里坪集、黄汉铺、姚子铺、分道观、孙家湾	12	1
南阳县	青华镇、安皋镇、瓦店镇、博望镇、陆家营、赊旗店、西新店、王村铺、大庄镇、南蒿店、十里铺、槐树们、双桥铺、梁河店、茶菴、桐河、曹店、许家坊、桥头、新店、蒲山店、小石桥、栗河店、柳河店、于店、掘地坪	26	5
唐县	青台镇、桐河镇、郭家滩、郝家寨、长秋店、白秋店、田九店、仓台店、龙潭店、湖阳店、井楼店、戴家店、马镇府、毕家店、板仓店	15	3
新野县	新店镇、沙堰镇、冈头镇、樊家集、陈家集、王家集、龙潭集、沙台店、张家店、槐树店、双洋店	11	1
邓州	穰东镇（半属南阳县）、张村镇、急滩镇、七里店、白牛店、轩店、十里林店、罗庄店、半店、马庄店、九重堰店、王良店、林家店、构林关店、胡义店、古村店、桐柏店、桑家庄、程家集、厚坡集、韦家集、胡铁集、夏家集、魏家集、油李塞、顺化营	26	2
钟祥县	臼口、林家集、董家集、沙港集、殷家集、孙家集、魏家集、许家集、龙家集、郑家集、港家集、李家集、谭家集、黄家集、尤家集、萧家店、洋梓市、山阳集、长寿店、胡都畈、路官垱、薛家集、普门冲、冀家集、二程庙、沈家集、陈家集、涂家集、郑江集、朱家埠、胡家集、蒿陂畈、石牌	33	1

资料来源：光绪《襄阳府志》建置志一《城池》、明嘉靖《南阳府志》卷二建置志《镇店》、乾隆《钟祥县志》卷二城池《乡市》。

当然，这时期兴起的集镇大多是中小集镇和比较小的集镇，有的只是一种定期的集市。这种定期集镇与每天有市的较大集镇相比，还处于初级阶段。这种集镇与乡村的关系，主要表现在集镇的经济结构受其四周乡村结构的制约。就是说，集镇上所交易的货物与四周的乡村产品是一致的。当然，这主要是对一般集镇而言的，而一些以转运商品为目的的口岸城镇就另当别论。

3.3　明清时期汉水中游城镇群组发展与空间形态布局

3.3.1　明清汉水中游县域城镇发展的空间形态布局

1. 襄阳——斜“8”字形中心对称格局

襄阳为荆门之北援，汉水与唐白河在此交汇，“官兵守潼关，财用急，必待江淮转饷乃足，饷道由汉沔，则襄阳乃天下喉襟，一日不守，则大事去矣”[1]，“运天下之财，可使大集”，“贡赋所集，实在荆襄”以及“南援三州，北集京都，上控陇阪，接江湖，导财运货，贸迁有无”都旨在说明襄阳在汉水中游的交通枢纽地位。明清时期，汉水中游的岗地、丘陵由于大量的流民涌入，得到开发。以水运为主、陆运为辅的综合交通带动了商业市镇的发展，其中最著名的要数樊城镇，“襄阳与樊城南北对峙之势，一水衡之，固掎角之势，樊城固则襄阳自坚，州邑皆安然”，明初，樊城已是襄阳城外最重要的商业市镇，“各地商贾凑集”。明清时期，襄阳县城镇总体布局呈现出斜“8”字形的中心对称格局。以襄阳—樊城为中心，以汉水和唐白河为纽带，形成了“北泰山庙—樊城—双沟镇”的局部三角结构和“北泰山庙—姚家营—熊家集—牛首—竹筱铺—樊城—刘家集—双沟镇—张家集—黄龙垱—耿家集—陈家集—欧家庙—襄阳”的总体斜“8”字形回转空间布局形态。至清光绪十一年（1885 年），襄阳共拥有 3 个大市镇（北太山庙、双沟镇、樊城镇）和 5 个普通集镇（图 3-1）。

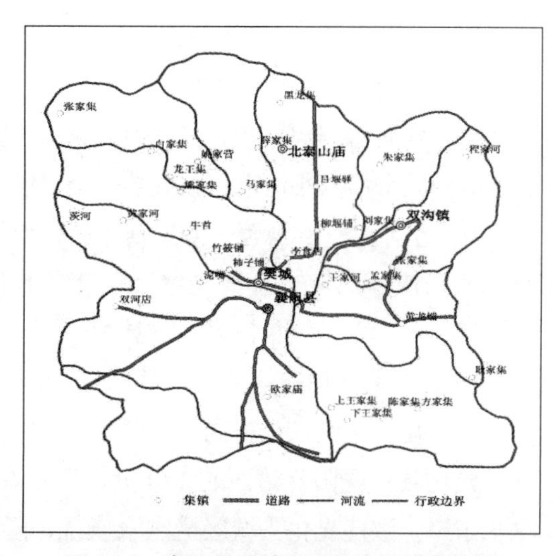

图 3-1　襄阳县城镇发展的空间形态布局

[1] 欧阳修，宋祁 . 新唐书 · 萧颖士传 [M]. 北京：中华书局，1975。

2. 南阳——多轴辐射型格局

秦汉时期，南阳是整个汉水流域的一级中心。三国后，随着襄阳的崛起，南阳的中心地位逐渐下降。但是，南阳县作为南阳府治所在地，仍是南阳盆地的政治经济中心。明清时期，南阳县城镇总体布局呈现出明显的中心向四周的辐射格局。以南阳为中心，以陆路和河流为依托，形成四条主辐射轴（“南阳—三岔口—南河店”主辐射轴、“南阳—博望—柳河店”主辐射轴、“南阳—桥头—赊旗店”主辐射轴、“南阳—十里铺—瓦店”主辐射轴）和四条次辐射轴（“南阳—王村铺”次辐射轴、“南阳—小石桥”次辐射轴、“南阳—双桥铺”次辐射轴、“南阳—西新店—青华镇”次辐射轴），在此基础上生长出南阳县三大城市带：“南河口—南阳—桐河”城镇带、“柳河店—博望—南阳—瓦店”城镇带、“青华—南阳—赊旗店”城镇带。至清光绪十一年（1885 年），襄阳共拥有 5 个大市镇（赊旗店、博望、瓦店、南河店、三岔口）和 22 个普通集镇（图 3-2）。

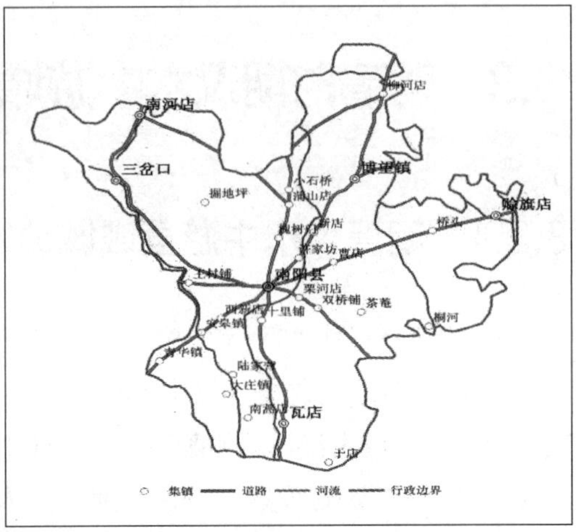

图 3-2　南阳县城镇发展的空间形态布局

3. 宜城——斜“大”字形轴对称格局

宜城作为襄阳府东南门户，是襄阳、南阳、均州等地至钟祥、武昌等汉水中下游地区的必经之地。作为襄阳府第二大县城，宜城水运—陆路综合交通运输网发育程度较高，是往来船只、客流和货物的集散之地，“宜居襄郢之间两耳，东峙石梁西拱北连鹿岘南接安荆，汉水环其东，蜜水绕其西”，“八省通衢，五邑要道”[1]。明清时期，宜城县城镇总体布局呈现出以汉水为轴的斜“大”字形对称格局。以宜城为核心，以汉水为镜像轴，以陆路为发展轴，形成了宜城三大城市带：“孟家垱—夏家河—宜城—廖家河—金牛山寨”斜横对称城市带，“小河市—宜城县—金家铺—新店—八里铺”斜撇形城市带，“小河市—宜城县—清水巷—郭海营—刘家寨”斜捺形城市带。由此，宜城县城镇斜“大”字形轴对称布局应运而生。至清光绪十一年（1885 年），宜城县共有 3 个大市镇，25 个普通集镇。其中 3 个大集镇以宜城县为中心呈现出三足鼎立的局面，可以说，正是因为这“三足鼎立”的格局造就了宜城斜“大”字形轴对称格局的城镇总体布局形态（图 3-3）。

4. 光化——倒三角格局

光化县在襄阳府治西北 180 里，汉水在此发生两次偏转，上游湍急江水不断拍打汉水东岸，致使光化县城屡遭洪水侵扰，隆庆六年（1572 年）至万历三年（1575 年），迁城至三里桥建新县城。由于旧城及其河街仍然发挥着居住区与商业区的作用，形成

[1] 程启安编：《宜城县志》卷一《疆域·形胜》。

了新城与旧城并立的局面。旧城及其河街废毁之后，又在其西兴起了西集街，西集街被冲毁之后，新镇复继之而起。光化地理位置险要，交通运输发达，“实为中原之襟喉”，“挟蜀汉、扼新邓、枕太和、通秦洛”，“东西距襄荆之要地南北当谷邓之通衢”，拥有较高的军事地位，“挟汉江以为池、面崇山以为固，实为襄阳上游之屏蔽”。[1] 明清时期，光化县城镇多布局在汉水北岸，总体呈现出倒三角格局。以光化县城为中心，以汉水为屏障，形成了三条城市带：“付家寨—苏家河—富乡村—新镇—白莲寺”，“付家寨—何家楼—孟桥乡—陈家楼—傅家营—孟家楼”，“孟家楼—车家楼—古阴寨—莲花堰—白莲寺”。三条城市带合并形成了光化县域的倒三角城镇空间形态布局。至清光绪十一年（1885 年），光化县拥有 1 个大镇（新镇）和 16 个普通集镇（图 3-4）。

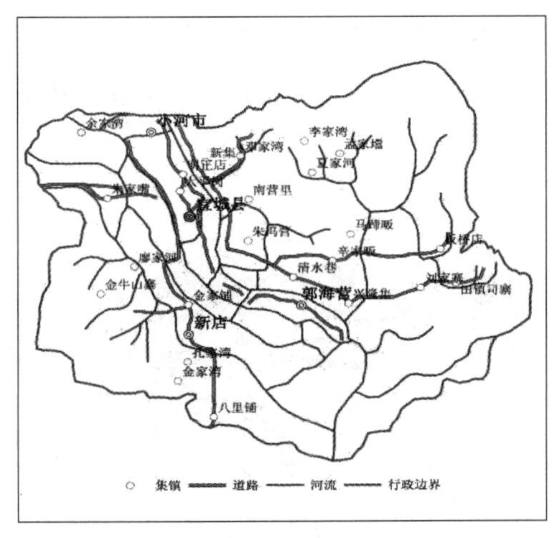

图 3-3　宜城县城镇发展的空间形态布局

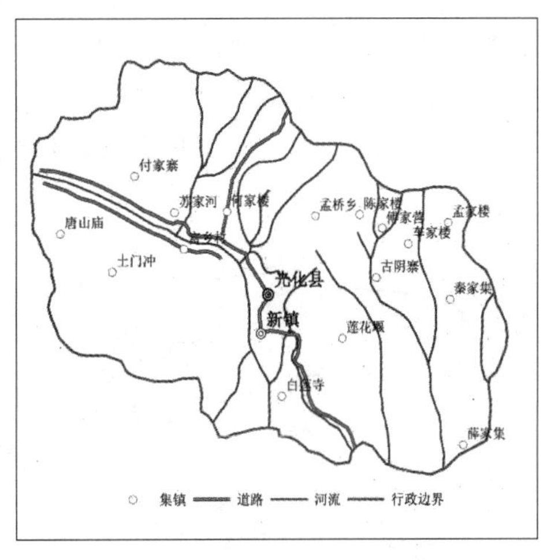

图 3-4　光化县城镇发展的空间形态布局

5. 南漳——平移自相似格局

南漳县在襄阳府治西南 120 里，“荆山设三面之险崎，湖水接一日之来复”[2]，“卢罗旧封依重阻以为固，版籍十三都，员幅八百里，荆山南峙，沮水东来，蛮河西环，凤凰北翼，作襄西之屏障，为巴蜀之咽喉”[3]，可见南漳县作为襄阳府西南门户地位非常重要。明清时期，南漳县城镇总体布局呈现出轴向平移自相似格局（局部城镇布局与总体布局形态自相似结构）。以南漳县为束源，以发达的陆路交通为依托，形成了一小一中一大的四边形城镇布局形态：一小，以南漳县城和武安镇为依托，发展起来的“南漳—武安—吴家集—石门集”四边形城镇密集区；一中，以南漳县为支撑，以陆路运输为主，水运运输为辅的交通网络为骨架，发展起来的“南漳—长坪集—垭子店—邓家集”四边形城镇分散布局带；一大，以南漳县为核心，以一小一中城镇布局形态为

[1] 钟桐山等修．段印斗等纂．光化县志（卷一　形胜）[M]. 台北：成文出版社，1970。

[2] 民国 11 年《南漳县志》舆地志四《形胜》。

[3] 光绪《襄阳府志》舆地志三《形胜》。

基础，形成南漳县域城镇布局的宏观四边形结构。至清光绪十一年（1885 年），南漳县拥有 1 个大镇（武安镇）和 25 个普通集镇（图 3-5）。

6. 谷城——枝状多分形格局

谷城县在襄阳府治西北 140 里，“谷城南瞰襄樊，东连宛洛，西襟巴蜀，北走均房”，由于谷城地理位置之险要，“据汉江之险要，扼秦楚之咽喉”[1]，故为历代兵家必争之地。但由于谷城县西南崇山峻岭，流寇盗贼多聚于其中，“谷城县署，明洪武中建，崇祯十二年贼毁，同治五年复建，咸丰六年贼毁”，张家集巡检司、石花街巡检司都在咸丰六年毁于流寇贼，故嘉庆六年（1801 年）改设提督一员提重兵以镇。明清之际，谷城饱受战乱，至清光绪十一年（1885 年），谷城拥有 2 个大镇（玛瑙观、石花街）和 27 个普通集镇。明清时期，谷城县城镇总体布局呈现出枝状多分形格局。由于汉水对行政区划的切割，谷城县集镇多分布于汉水南岸，以谷城县城为一级束源（能量发散核），由谷城县辐射出的陆路—水运交通为分支，集镇随交通网的深入而分布，大市镇分布在交通节点（要道）处，处于次级束源地位（图 3-6）。

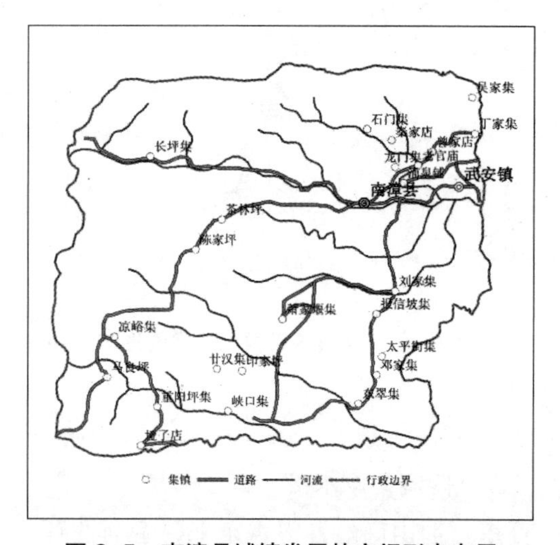

图 3-5　南漳县城镇发展的空间形态布局

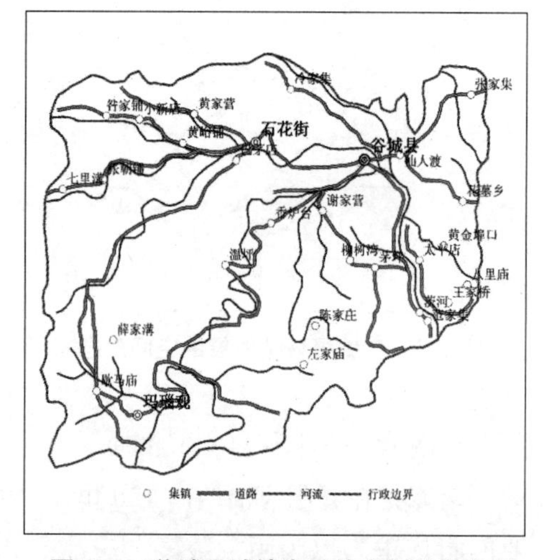

图 3-6　谷城县城镇发展的空间形态布局

7. 枣阳——双核“一带一星”格局

枣阳县在襄阳府治东北 140 里，“霸山壁立于东，汉江环绕于西，南有臼水之前萦，北有唐河之后阻，其中土地广衍，为襄外之屏障”。又，“襄阳者天下之咽喉而枣阳者又襄阳之唇齿也”[2]，可知，其作为襄阳府的东方门户地位非常重要。但，因其地形的特殊性——易入而难出，也成为“兵家诡伏奇计”之地。至光绪十一年（1885 年），枣阳县人口共计 44464，成为襄阳府第四大县城。明清时期，枣阳县城镇总体布局呈

[1] 清同治六年《谷城县志》卷一《形胜》。

[2] 清同治四年《枣阳县志》卷一《疆域·形胜》。

现出“枣阳县城—平林店”双核引导下的“一带一星”格局：一带，以枣阳县城为核心，以交错路网为纽带，形成了“杨家垱—枣阳—陈家店”的西北—东南向城市连绵带，此城市连绵区囊括枣阳县城 26 个普通集镇，约占整个县域的 76.5%；一星，以平林店为中心（相当于现代的卫星城镇），形成了枣阳县域西南方向的卫星集镇群，平林店也因此成为枣阳县域另一极核（图 3-7）。

8. 均州——变异“工”字形伸展格局

均州在襄阳府治西 360 里，是襄阳至淅川、内乡、郧阳等地的必经之地。均州地理位置险要，“天柱冠五岳而嵸巃豫介二州而屏蔽”，同时也是重要的交通集散地，“东连汉沔、西接梁洋、南通荆衢、北抵襄邓，左通汉水之长江，右据关陕之要路”。[1] 因其人口流动性较大，且屡遭盗贼流寇侵扰，至清光绪十一年（1885 年），均州人口共计 15451，是襄阳府人口规模最小的一个县城。明清时期，均州城镇总体布局呈现出变异的“工”字形东西向延展结构。以东西向的汉水为伸展轴，以陆路交通网为构架，形成了“黄汉铺—均州—老鸭湾——青山港市—三官店市”和“分道观—孙家湾—草店铺市—浪河店—青石铺”两条平行集镇带。因地广人稀，且县域多山地丘陵，均州集镇数量较少，至清光绪十一年（1885 年），均州共拥有 1 个大市镇（孙家湾）和 11 个普通集镇（图 3-8）。

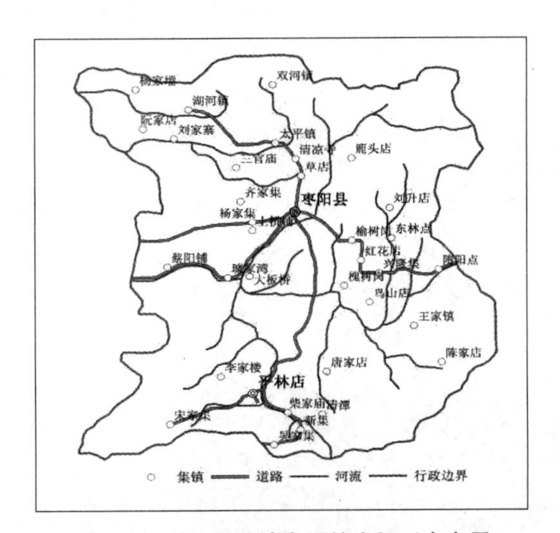

图 3-7 枣阳县城镇发展的空间形态布局

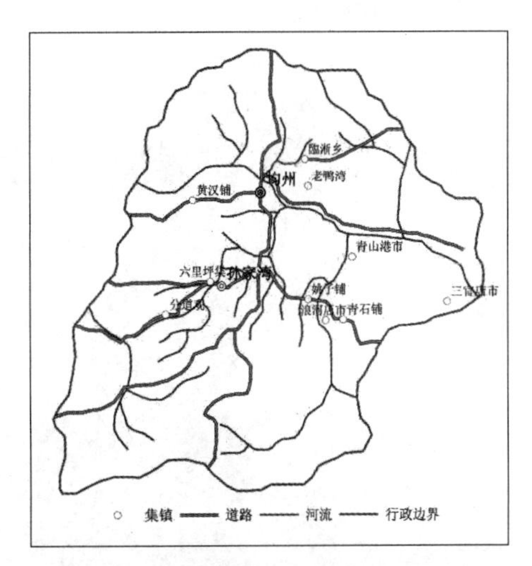

图 3-8 均州城镇发展的空间形态布局

3.3.2 明清汉水中游县际城镇群组发展的空间形态布局

根据汉水中游的地理条件和各城市间的区位关系，可以将汉水中游的县际城镇分为三大组群，分别是：“光（化）—谷（城）”群组、“南（阳）—唐（河）—新（野）—

[1] 光绪《襄阳府志》舆地志三《形胜》。

邓（州）”群组和“襄（阳）—宜（城）—南（漳）”群组。三大组群之间由汉水和唐白河为媒介形成以襄阳为中心的中心对称格局。

1.“光—谷”群组

“光—谷”群组由光化县、谷城县，以及处于汉水上游与中游交界地带的均州组成。光化位于汉水中游东岸，西南隔汉水与谷城县相望，相距 60 里，西北与均州相距 180 里。明清时期光化县商贸发达，“属湖北襄阳道，地当汉水之东，为陕豫要冲，商贾麇集，由丹江入汉南下者，皆于此易巨舟焉”[1]，至光绪十一年（1885 年），人口由洪武二十四年（1391 年）的 5019 增加到 54845。谷城背依武当山脉，最初是为了防范山中的匪徒流寇而设立的军事据点，后来逐渐发展成为汉水中游的重要县镇，至光绪十一年（1885 年）共有 14563 户，51895 人，规模较大，因谷城县位于汉水通往襄阳的最后一道防线上，军事防御一直是谷城县的重要职能之一。均州距光化和谷城分别为 60 里和 150 里，是襄阳府的边界县城，人口流动性较大，所以其规模相对光化县和谷城县小得多。清光绪十一年（1885 年），均州共有 3896 户，15451 人。依托汉水，光化、谷城和均州三城一线组成襄阳府与郧阳府、汉中府等的联系纽带，其城镇发展总体布局也呈现出沿汉水分布的趋势，汉水已成为其城镇空间发展的主轴线（图 3-9）。

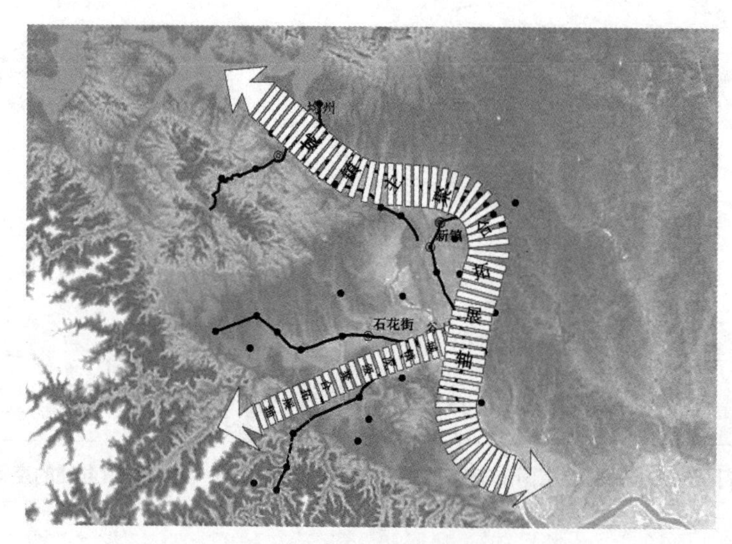

图 3-9 “光—谷”群组城镇发展空间形态布局

2.“南—唐—新—邓”群组

“南—唐—新—邓”群组由河南南阳府的南阳县、唐县、新野县和邓州四县组成（图 3-10）。汉水最大支流唐白河发源于南阳盆地北缘的伏牛山，在地形水文上南阳盆地属

[1] 光绪《光化县志》卷一《疆域》。

于汉水中游；因南阳县、唐县、新野县和邓州四县都属于南阳府，与汉水中游主要行政区襄阳府存在行政界限，所以将这四县作为一个城镇发展群组考虑。学者刘兴唐曾指出："南阳在今日就行政区划上说，是河南的一部，应属于黄河流域。但在自然的流域上讲，却是江汉之一部，经济上以交通与武汉三镇来往频繁，结下了不可分解的密切姻缘。"[1] 而在之后的城镇空间布局探讨，也印证了此处的推论。南、唐、新、邓四县是中原地区通过唐河白河前往襄阳、汉口等长江流域的必经之路，南阳东至唐县县界 50 里，南至新野县界 70 里，至邓州边界 60 里，可见四县的空间距离较近。[2] 水陆综合交通是南唐新邓群组形成至关重要的因素，区域内河路交通便利，明清时期，南阳盆地逐渐形成了以丹水、湍水、白河、唐河为主干的水路网和以方城路、三鸦路、商洛路、邓州路、桐柏路为主干的陆路网。盆地内星星点点的城镇分布其上，或通过水路，或依靠陆路，或水路联动，以至货物聚集，商品经济迅速发展。[3]

3. "襄—宜—南" 群组

襄枣宜南群组由襄阳县、宜城县和南漳县组成，为考虑行政区域上的完整，在此也将枣阳县纳入该群组（图 3-11）。襄阳县是襄阳府治所在地，是汉水中游的核心城市。城市规模较大，在光绪十一年（1885 年）共有 4356 户，133359 人，是整个汉水中游人口规模最大的城市。枣阳县南距襄阳边界 70 里，在光绪十一年（1885 年）有 151660 户，44464 人。南漳县 "方圆两万五百余里，东临宜荆，西接保康，南控当远，北引谷城"[4]，由此可见明清时期南漳县四通八达的地理位置。在光绪十一年（1885 年）共有 8501 户，36430 人。宜城县在府治东南 90 里，东至枣阳县界 80 里，西南至南漳县界 50 里。[5] 宜城县地理位置十分重要，位于南阳府和襄阳府通往汉水下游和长江干流的咽喉要道上，重要的位置和繁荣的商业使其规模较大，在光绪十一年（1885 年）有 12443 户，94930 人，是该区域仅次于襄阳县的次级中心。从地理空间上看，市镇多集中于水陆交通畅达、市场需求旺盛的地区，尤其是航运条件良好的滨江、滨河、滨湖地区。交通阻隔、经济落后的偏远山区及少数民族聚居地区，市镇相对较少。在传统的帆船航运时代，是否拥有水路条件以及水路条件的优劣程度，直接制约着汉水中游市镇的经济命脉和发展规模。[6] 明清时期，"襄—宜—南" 群组以汉水—唐白河为城镇主聚合拓展轴，以水陆综合交通运输网依次形成四级拓展轴，城镇空间布局紧凑。

---

[1] 刘兴唐. 南阳的史前遗迹 [J]. 东方杂志，1946（12）。
[2] 康熙《南阳府志》卷一《疆域》。
[3] 徐少华，江凌 . 明清时期南阳盆地的交通与城镇经济发展 [J]. 长江流域资源与环境 . 2001，10（3）：199-204。
[4] 民国 11 年《南漳县志》卷一。
[5] 光绪十一年《襄阳府志》卷一。
[6] 陈锋主编 . 明清以来长江流域社会发展史论 [M]. 武汉：武汉大学出版社，2006。

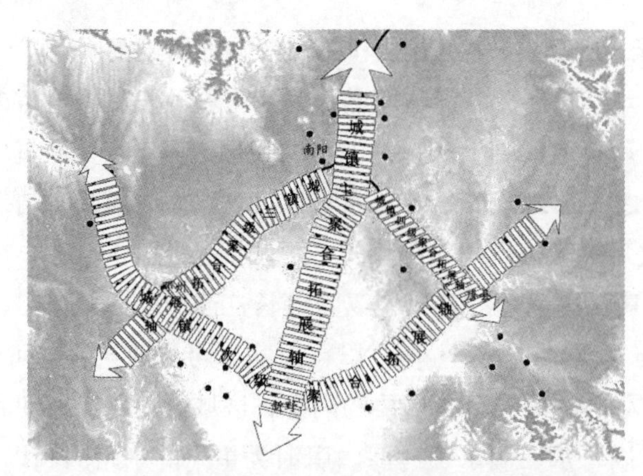

图 3-10 “南—唐—新—邓”群组城镇发展空间形态布局

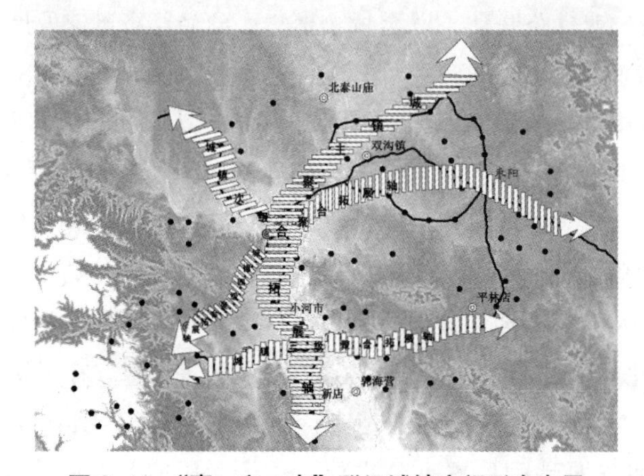

图 3-11 “襄—宜—南”群组城镇空间形态布局

3.4 明清时期汉水中游城镇的群组空间形态特征——以襄阳府为例

3.4.1 汉水中游襄阳府的城镇等级规模测度

城镇等级体系是一定地域范围内大、中、小不同规模的城镇集聚点，其形成和发展是历史的动态过程，反映在地域城镇群规模组合上存在一定的等级规模结构特征。[1] 考虑到数据资料的可收集性，特选取襄阳府为例来描述汉水中游城镇等级体系（表 3-4）。襄阳 4356 户，人口 133359，远远超其他城市，作为汉水中游一级中心城市当之无愧。“贡

[1] 顾朝林．中国城镇体系等级规模分布模型及其结构预测 [J]. 经济地理，1990，10（3）: 54-56。

赋所集，实在荆襄”以及“南援三州，北集京都，上控陇阪，接江湖，导财运货，贸迁有无”都说明了襄阳在交通上的枢纽地位，这也给襄阳带来了无限的发展机遇。汉水中游的二级中心城市是宜城，宜城“八省通衢，五邑要道”，是襄阳府东南门户，同样是襄阳府和南阳府各市镇经由汉水至钟祥、武昌等汉水中下游地区的必经之地，重要的位置促进了其商业的繁荣和规模的扩大，至光绪十一年（1885 年），共拥有 12443 户，人口 94930，是襄阳府的第二大县城。处于汉水流域的三级中心城市有光化、谷城、枣阳、南漳。光化和谷城两座城市隔江相望，联系紧密。光化商业繁荣，而谷城西靠山林，流寇较多，因此是作为军事据点发展起来的，两城的人口分别是 54845 和 51895 人。枣阳和南漳分别位于府治所在地襄阳的东南和西南方向，虽然距汉水较远但同样是战略要地，枣阳因其地形的特殊性——易入而难出，也成为“兵家诡伏奇计”之地，人口达 44464；南漳“卢罗旧封依重阻以为固，南纸沮水，东来蜜河，西琪凤凰，北翼作襄西之屏障，为巴蜀之咽喉”，是襄阳的西南门户，有人口 36438。襄阳府最小的县城是均州市，属于汉水中游的第四级中心，均州“东连汉沔，西接梁洋，南通荆衢，北抵襄邓，左通汉水之长江，右据关陕之要路”❶，因此均州的人流量大，流寇盗匪侵扰频繁，这也是其人口规模较小的一个重要原因，人口只有 15451。因此，襄阳府下的县城形成了四个级别的城镇等级体系。

襄阳府各县人口规模次序表　　表 3-4

序号	城镇	人口
1	襄阳	43056 户，133395 人
2	宜城	12443 户，94930 人
3	光化	12709 户，54845 人
4	谷城	14563 户，51895 人
5	枣阳	11660 户，44464 人
6	南漳	8501 户，36438 人
7	均州	3896 户，15451 人

资料来源：光绪十一年《襄阳府志》食货志一《户口》。

3.4.2　汉水中游襄阳府城镇群组空间形态特征

城镇体系的地域空间结构，是一定地域内城镇之间的空间组合形式，是地域空间结构、社会结构和自然环境在城镇体系布局上的空间投影。❷本书研究区域的地形特征是河网密布，山地和盆地相间分布。在生产力水平较低的时期，河流又是区域间交

❶ 光绪《襄阳府志》舆地志三《形胜》。

❷ 吴郁文，黄建固 . 海南城镇体系特征与发展思路 [J]. 华南师范大学学报（自然科学版），1993，25（1）：82-87。

通的重要方式。因此，城镇体系的空间结构特征受河流的影响，整体形成了以襄阳为中心的中心对称和靶形对称两大结构。

1. 中心对称结构

中心对称结构以汉水和唐白河为整体框架结构，以襄阳为几何中心，沿汉水形成襄阳—张家集—周家湾—谷城、襄阳—宜城—王家集—钟祥两大轴线，沿唐白河形成襄阳—双沟集—新野—南阳轴线，在三条轴线的顶端形成呈平行四边形的城镇组团（图3-12）。中心组团由襄阳、枣阳、宜城、南漳、大市镇张家集（属襄阳）和大市镇双沟镇（属襄阳）组成。东南方向通过唐白河轴线与襄阳相连的组团由南阳县、邓州、新野和唐县组成，组团内各城镇之间还有一些属于次级中心的县镇，如穰东镇、瓦店镇、三皇镇和北河镇。西北向是以均州、光化、谷城和房县（属研究区域外）为中心的组团，组团通过汉水轴线与襄阳联系。东南方向的组团由钟祥、京山、潜江和荆州组成，由于此组团不属于研究区域内，在此不详述。

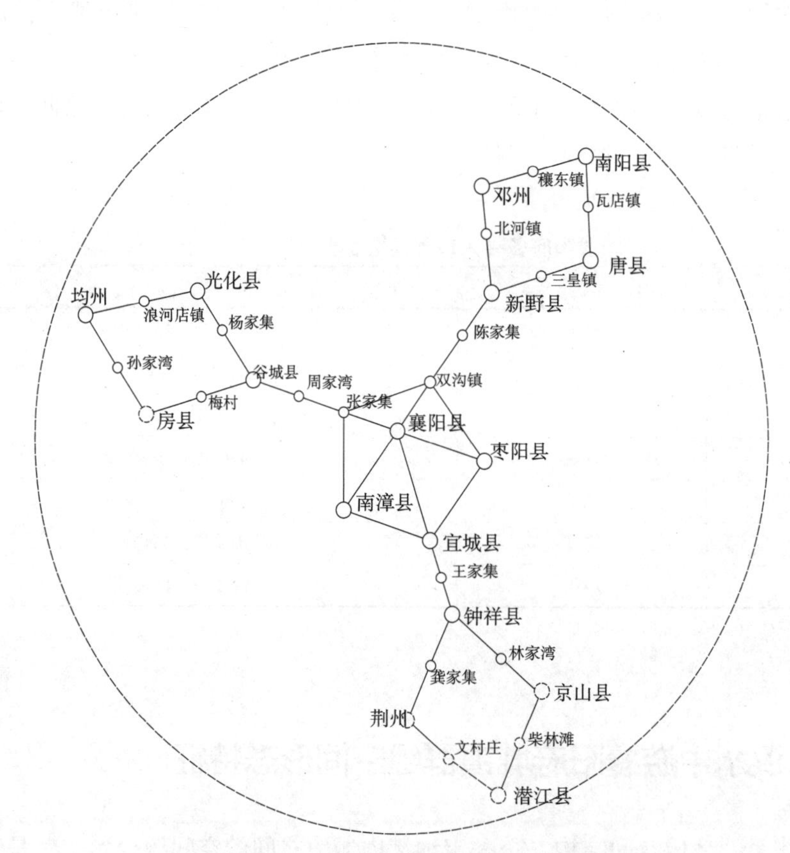

图 3-12　汉水中游城镇中心对称结构

2. 靶形对称结构

经过长期发展，汉水中游区域形成不规则的同心环结构，经过几何变换可以抽象为一个以襄阳为中心，呈环状对称的高—低—高—低—高的间断性分布的靶形结构（图

3-13）。靶形环域由内到外依次分布高值中心（核心城市襄阳）—低值圈（由樊城、尹家集、双沟集、耿家集等市镇组成）—高值圈（由新野、枣阳、宜城、谷城等县域城市组成）—低值圈（由邓州、唐县、新店、王家城等规模较小的县域城市和市镇组成）—高值圈（由均州、南阳、钟祥、双河镇、兴隆集等规模较大的县域城市和市镇组成），汉水中游的高—低—高—低—高间断性分布实质是中心地理论模型的现实架构。

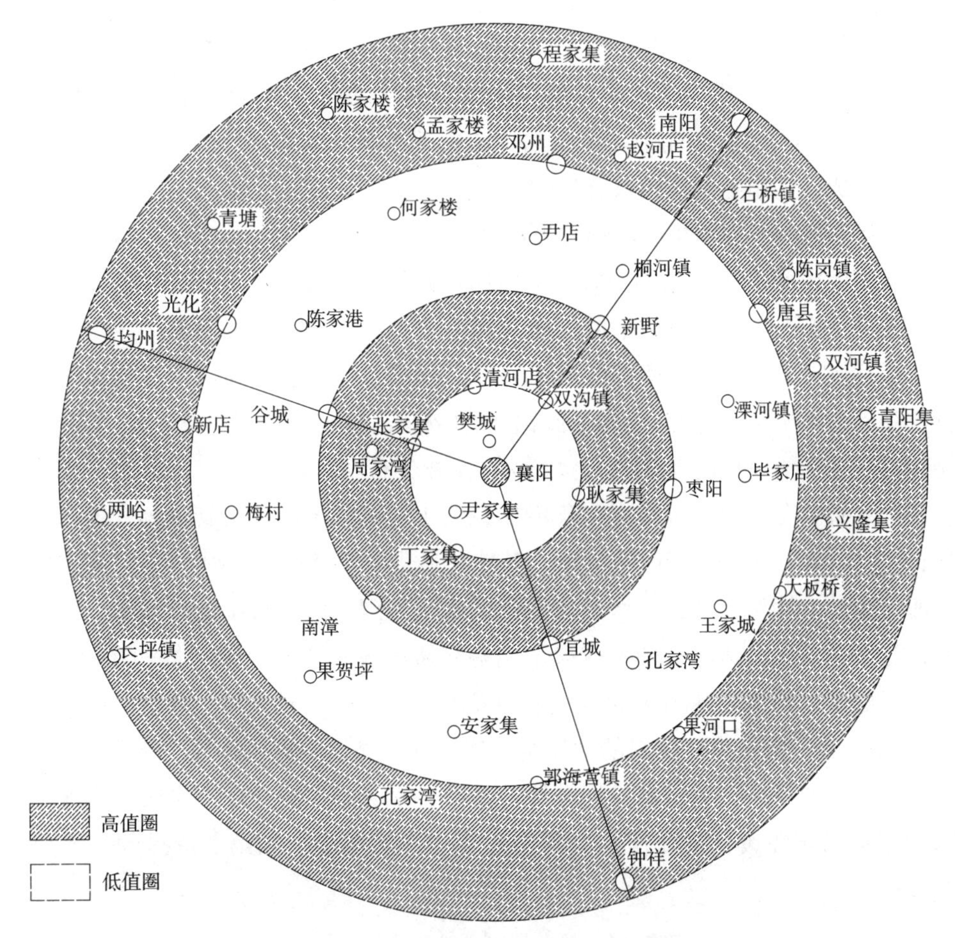

图 3-13　汉水中游城镇靶形对称结构

3.5　明清时期汉水中游城镇体系发展的动力机制

3.5.1　自然地理格局——汉水中游城镇空间形态发展的外在动力

1. 地形地貌——汉水中游城镇空间布局自然边界

汉水中游四面皆为低山丘陵、岗地，东面与鄂北岗地、低山丘陵交界，南边与武当山、荆山连接，西部为鄂西豫南山地，北部与豫北的伏牛山、桐柏山等山脉相邻，整个地势四面高而中间低凹，故又称江汉—南阳盆地。这种地貌形势容易造成严重的内涝外洪，开发难度较大。明清时期，随着人类治水能力的不断提高和流民的不断涌入，在低湿平原，尤其是在平原的边缘，平原向岗地、丘陵过渡或与丘陵交会的地带分布着规模与等级都较高的县城与市镇。如区域性中心县城襄阳、宜城、南漳、枣阳、南阳、谷城、光化、均州分别位于江汉—南阳平原的南缘、东缘、西南和西缘；较大的市镇武安镇、平林店、南河店、新镇、玛瑙观、石花街、南河店等，也都分布在平原周缘。岗地尽头的丘陵或山地似乎成为汉水中游地区城镇空间发展的自然界线，随着商业的发展，水运与陆路兼济的综合运输带动了汉水中游中部平原、低洼湿地的城镇发展，如沿唐白河流域形成的南阳盆地城镇聚合组团。

2. 河流布局——汉水中游城镇主发展轴

汉水中游河网纵横，湖泊密布，平原内水系发育大致以汉水—唐白河为基础，分为南、北两大部分：北部南阳平原以唐白河为主干，区内有较大河流十余条，与众多湖泊构成河湖交错的水网：南部的汉水谷地，以汉水为中心，容纳众多支流，水资源丰富，航运条件优越，但也较易受到洪涝的威胁，这种水文条件极大地影响了该地区城镇空间发展的面貌。汉水中游大多数县城分布在江河沿岸，如均州、光化、宜城、襄阳、钟祥五个县城分布在汉江沿岸，其中襄阳位于汉水与其最大支流唐白河交汇处；南阳、新野分布在唐白河沿岸，其他县城虽未直接临近上述两条河流，但都处于其河流腹地。明清时期，汉水—唐白河的水运得到开发，沿岸港口遍布，商业市镇繁荣，与发达的陆路运输一同构成汉水中游交通运输网络。纵观汉水中游城镇形态布局，皆形成了以河流走向为主的城镇空间发展轴线，如“光—谷”群组的沿汉水发展轴线、“襄—宜—南—枣”群组的“汉水—唐白河”城镇发展主轴线、南阳平原“南—邓—新—唐”的沿唐白河城镇发展轴线。另外，水文条件的变迁还在很大程度上决定城镇的迁徙乃至湮废，这在傍水聚落中表现得尤为明显，如第2章提到的光化旧城与新城。

3.5.2 交通与经济重心变迁——汉水中游城镇体系发展的内生动力

1. 水陆综合交通网络——汉水中游城镇空间发展的动脉

综观汉水中游城镇体系及城镇总体空间布局形态，“汉水—唐白河”河网布局是其城镇空间发展主轴线，这突出了明清时期水运仍然是其主要交通运输方式，“翘首而望，则见江水西来”[1]，“运天下之财，可使大集”。明清时期汉水流域最大县城与最大市镇之间来往，向来依靠舟楫。乾隆《襄阳府志》卷一《里社》附“市镇关梁”所记较详，

[1] 万历《襄阳府志》卷一八《津梁》。

谓汉江官渡在小北门外，“与樊城大码头对，船十只，水手二十名，内襄阳县船四只，水手八名，南漳、枣阳、谷城、光化、襄阳卫各船一只，水手两名”。陆路运输往往形成城镇发展次轴线，甚至第三轴线，如“光（化）—谷（城）”群组的第二轴线就是以谷城为束源中心向南部武当山区伸展的道路为依托;“襄（阳）—宜（城）—南（漳）—枣（阳）”群组除主轴线外,其余次要轴线都是以陆路交通运输网为依托,如“南—宜—枣”轴线、“襄—南”轴线、“襄—枣”轴线;“南（阳）—唐（河）—新（野）—邓（州）”群组，除唐白河主轴线外，其余也都是依托陆路交通。因此，明清时期汉水中游，水路综合交通网络是城镇空间布局与发展的大动脉。

2. 首位城市变迁——汉水中游城镇分布重心向东南倾斜

秦汉时期，汉水流域内设有郡治所的仅有南阳和南郑两地。从行政级别来看，南郑与南阳同属一级行政中心，也就是说，在行政地位上是平等的。但从经济地位来看，南阳是整个汉水流域的一级中心，而南郑（今汉中）只能是次中心，或者说只是上游地区的一级中心城市。晋统一全国后，襄阳开始担负着诏命所传，“贡赋所集”的漕运枢纽港以及“四方凑会”的商货转运港[1]，这就意味着襄阳门户城市的正式形成。秦汉以后，生产力有了很大发展。作为当时流域中心城市的南阳与其他地区物资交流开始增多，这必然会给作为门户城市的襄阳的发展带来历史机遇。隋以后，襄阳获得了前所未有的机遇。一则成为一级行政中心城市（山南东道治于襄阳），二则枢纽地位日益凸现。正是在这样的机遇和条件下，襄阳一跃而成为汉水流域中心城市。拥有流域中心地位和巨大腹地的襄阳这时候迫切需要找到对外联系的窗口，而武汉刚好处于汉水和长江交汇处，因而武汉顺其自然地成了襄阳的门户城市，担负着襄阳这个区域中心城市货物的转出和输入。但到了元代时，武昌成为湖广行省治所，“管辖路 32、府 2、州 13、安抚司 15、军 33、属州 15”。[2] 湖广首府武昌的地位不仅远在江陵、襄阳之上，而且也远在周围各省首府之上。由此可以看出，汉水流域首位城市（经济中心）经历着向东南迁徙的过程，而观汉水中游城镇布局，总体上汉水中游城镇分布的重心也向东南倾斜，据统计，至清光绪年间，汉水中游东南地区的襄阳、枣阳、南漳、宜城共有市镇 153 个，占整个汉水流域的 52.4%。

3.5.3 流民涌入与区域开发——汉水中游城镇发展的根本动力

汉水流域地广人稀，生存、生产环境较佳，所以，直到明清时期，鄂西北都是移入区。随着明清流民的大量涌入，移民居住地与生产区域的变化，对于社会文化与经济生产的影响深远。①流民的会聚加速了山区的综合开发。流民入山后或结聚屯耕，或单独

[1] 阮治川，黄国光，刘玉川，等．襄樊港史 [M]. 北京：人民交通出版社，1991。

[2] 刘宏友，徐诚主编．湖北航运史 [M]. 北京：人民交通出版社，1995。

营生，或依附土著充当承佃户。对荆襄山区的深入开发，不仅改变了当地的种植结构，而且推动了山区多种经营的发展。②汉江流域上游矿产资源丰富，聚集了大量从事矿产开采的矿工和矿徒。③流民进入山区除种植杂粮以维持生计外，还兼营多种手工业，在当时的荆襄山区有各种各样的工厂，如木厂、炭厂、铁厂、造纸厂、盐厂、香蕈、木耳及药厂、淘金厂等。另外，流民的涌入也形成了兴修城池的高峰期，明成化年间，由于流民大规模拥入盆地，尤其是伏牛山区和桐柏山区等盆地边缘地带，人口剧增，统治者为加强管理，在原有基础上，复置或增置了南召、淅川、桐柏三县，并“筑城加池以为固”。[1]同时，由于流民大规模入山，政府处置失措，酿成流民起义，为防范“流寇蹂躏”[2]，从而大规模兴修城池。由此看出，流民的涌入带动了汉水中游地区商品经济的发展，区域得到开发，兴起了一大批新的商业市镇。

3.6 本章小结

本章主要从人文地理学的角度透析明清时期汉水中游城镇空间布局形态及其动力学演变机制。首先从汉水中游的行政等级体系透析其背后的商品经济发展带来经济层次变化规律，基于发达的水陆综合交通运输网及优越的地理位置，汉水中游城镇生长空间在明清时期迎来了扩大化发展阶段，成片成轴布局特征显著。

通过对汉水中游县际城镇群组发展的空间形态布局研究，根据县际城镇之间的空间位置关系和经济联系，将其分为“光（化）—谷（城）”群组、“南（阳）—唐（河）—新（野）—邓（州）”群组和“襄（阳）—宜（城）—南（漳）”群组，各群组以襄阳为中心成中心对称分布。根据城镇等级规模测度得出了以襄阳为中心城市的城市等级体系和以中心对称、靶形对称为特征的城镇空间结构。

城镇的空间发展，实则是自然地理格局“雕刻”和经济地理分布驱动的结果。这也印证了城市产生的三大定律：①河流交汇处易产生城市；②地势地貌界面处易产生城市；③平原易产生城市。综观汉水中游地区的城镇布局，不难发现，其城镇的布局逃不出这三大规律。通过揭示汉水中游地区城镇体系演变的动力学机制，发现自然地理格局是其城镇空间发展的外在动力，交通与经济重心变迁是其城镇体系演变的内生动力，流民涌入与区域开发是汉水中游城镇发展的根本动力。

第4章

明清时期汉水中游治所城市空间形态的分类研究

本章主要是在中尺度视角下，分析明清汉水中游11个府州县治所城市的空间形态类型与特征。通过查阅归纳、总结汉水中游治所城市地方志、相关史料等文献中关于城市建置、城池、街巷、主要建筑群等方面的描述，再结合实地考察、口述历史、历史与现代航拍地图的图文辨析等手段，通过资料汇总解析、历史图形推测，完成对于该地区11个治所城市的空间形态考证，并在考证的基础上，绘制城市的总平面示意图，总结城市整体与内部空间形态特征。

4.1 明清时期汉水中游治所城市的空间形态分类

明清时期汉水中游的府州县治所城市从其空间形态上来讲，是由有城墙环绕的治所城与位于城墙外的城下街区共同组成（表 4-1）。分析明清汉水中游府州县治所城市的整体空间形态，要把城和城下街区分开来探讨。在本章对于治所城市空间形态的探讨中，有明确边界特征的城墙与城内部空间形态是研究的重点。

但从另外一个方面来讲，需要特别关注的是城下街区的一种形式，即逐步形成商业堡城的中心市镇。汉水中游地区治所的城与中心市镇，如襄阳府—樊城镇和光化县—老河口镇这种由两个独立城市组成的复式城市的空间形态日渐成为关注的焦点。这一方面是因为治城与中心市镇的史料相对集中，数量亦较为可观，查阅也较为便利；另一方面，治城与中心市镇的结合是汉水中游地区城镇发展的特色，对两者的考察研究能够使我们较准确地把握地区商业经济如何突破治所城市，以及城市形态方面的演变过程。

明清时期汉水中游治所城市整体空间形态的分类　　表 4-1

名称	形态类型	主要特征	典型代表
治所城市的城	府城	二级行政城市，府治所在地； 同时是县治所在地；	襄阳 南阳
	州城	三级行政城市，州治所在地； 位于府治的交界处，军事功能突出	均州 邓州
	县城	三级行政城市，县治所在地	光化、谷城、南漳、枣阳、宜城 新野、唐县
城下街区	街区型	在城市对外的主要交通道路旁形成的商业居住街区； 通往码头的街区往往规模较大	襄阳西河街 光化西集街 谷城老街
	附郭型	将重要道路形成的街区用城垣环绕起来； 往往产生于较重要的州城	随州州城 南面附郭
	堡城型	由距治城有一定距离的商业市镇逐步发展成堡城； 是地区重要的中心市镇； 以商业居住为主，与主城功能互补	樊城镇城 欧庙镇城 老河口镇城

对于汉水中游城镇的整体空间形态特征的研究，还要说明一下时间的问题。

目前主要梳理了清代中晚期这些城镇的资料，将明清时期作为研究区段。首先是因为从 17 世纪到 19 世纪 40 年代，汉水中游地区基本处于太平盛世，也是经济平稳而高速发展的时期。但 1850—1890 年这 40 年里，太平天国、捻军之乱使这一地区遭受了严重破坏，人口减少，城市体系也遭到了破坏。其次，在 1890 年以后，机械化交通的引进成为地区发展的一个全新的因素，对城镇的恢复也带来了影响。因此，把 17 世纪到 19 世纪 40 年代这一区段的城镇作为传统聚落空间形态的代表进行研究，是有必要的。

4.1.1　治所城市中城的类型

明清时期，汉水中游地区府州县皆筑有城墙。城墙是政府行政管理中权威的象征，是保护城内官民与行政机构的防御兼具防洪功能的设施，也是商业经贸税务管理的手段。

要了解汉水中游治所城市的形态特征，首先需要了解其行政等级的设立。明清以来，汉水中游地区的行政区划基本未发生大的变化，区域内的治所城市皆隶属于二、三级行政区划：其中二级治所主要是府治，三级治所主要是散州、县的行政等级。

这里需要解释的是各级治所城市所代表的行政级别。一般来说，以清代为例，二级行政级别中，府是从四品，直隶州是正五品（汉水中游地区没有直隶州城）；三级行政级别中，散州是从五品、正六品，散厅是正六品，而县的最高长官通常是从七品。[1]这种行政级别上的划分在治所城市的相对人口上得到反映。按平均数算，府的治所人口多于直隶州，而直隶州多于散州，散州多于县。直隶州区域广大而独立于府治之外，此外，也是散州向府过渡的中间阶段。[2]因此，这也可以解释直隶州、散州往往位于府治区域的边缘地带与交界地带，同时也表示州城既低于府又略显特殊的地位。

从省到府的这种层级安排，被看作是清代标准的行政安排。府州县的治所则占行政区划的大多数（表 4-2）。此外省级治所总是府级治所的所在地（如湖北的省级治所在武昌府府城内），府级治所又总是县级治所的所在地（如襄阳府城也是襄阳县城治所所在地）。这意味着在治所城市内，省级治所至少有三个衙门，分属于巡抚、知府、知县；每个府城治所应至少有两个衙门，分属于知府和知县（图 4-1）。

州城的独特安排通常有其军事上的意义，因为州城本身通常都是战略上的争夺目标，它们往往防卫着通向高级治所的通道；府城的官员直接控制本州，就可以把负责州城防务的官员置于高级军事官员的直接指挥之下。散州所从属的府的管辖范围越小，当爆发各方想垄断交通渠道的危机时，从知府到高级权威对紧急事件的命令和报告中的混乱现象越少。[3]也就是说，作为府级行政区划的边缘地区，州治所城市在行政管理上需要军事姿态和强制力量，以适合于这些区域的行政目的——维护社会秩序，防止可能威胁帝国统治的力量的集中。

---

[1] 一共有九品，又细分为正、从两级。正一品最高，从九品最低。

[2] 如汉水中游与下游交界的钟祥，在明初为安陆州城，“嘉靖十年，世宗皇帝以龙飞旧邸在安陆州，乃改州为府，而设县附郭，钦定府曰承天，县曰钟祥。乃以京山县、并割荆州府之潜江县、荆门州当阳县及沔阳州景陵县，皆增属仍隶湖广布政司”。见：《承天府志》，万历二十五年。

[3] 施坚雅主编 . 中华帝国晚期的城市 [M]. 北京：中华书局，2000：377。

明清时期汉水中游治所城市的地理位置 表 4-2

行政区划	治所级别	治所城市	所在位置
襄阳府（湖北省域）	府城	襄阳	汉水与唐白河交汇处，汉水南岸
	州城散州	均州	汉水上游与下游交界处，襄阳府与郧阳府交界处，汉水西南岸
	县城	襄阳	与府治同城
		光化	汉水东岸
		谷城	汉水西侧支流南河与汉水交汇处，南河北岸
		枣阳	汉水东侧支流，沙河北岸
		宜城	襄阳以南，汉水西南岸
		南漳	汉水西侧支流，蛮河北岸
南阳府（河南省域）	府城	南阳	南阳盆地，汉水北侧支流白河北岸
	州城散州	邓州	鄂北岗地与南阳盆地交界处，襄阳府与南阳府交界处，白河支流湍河南岸
	县城	南阳	与府治同城
		新野	汉水北侧支流，白河东岸
		唐河	汉水北侧支流，唐河东岸

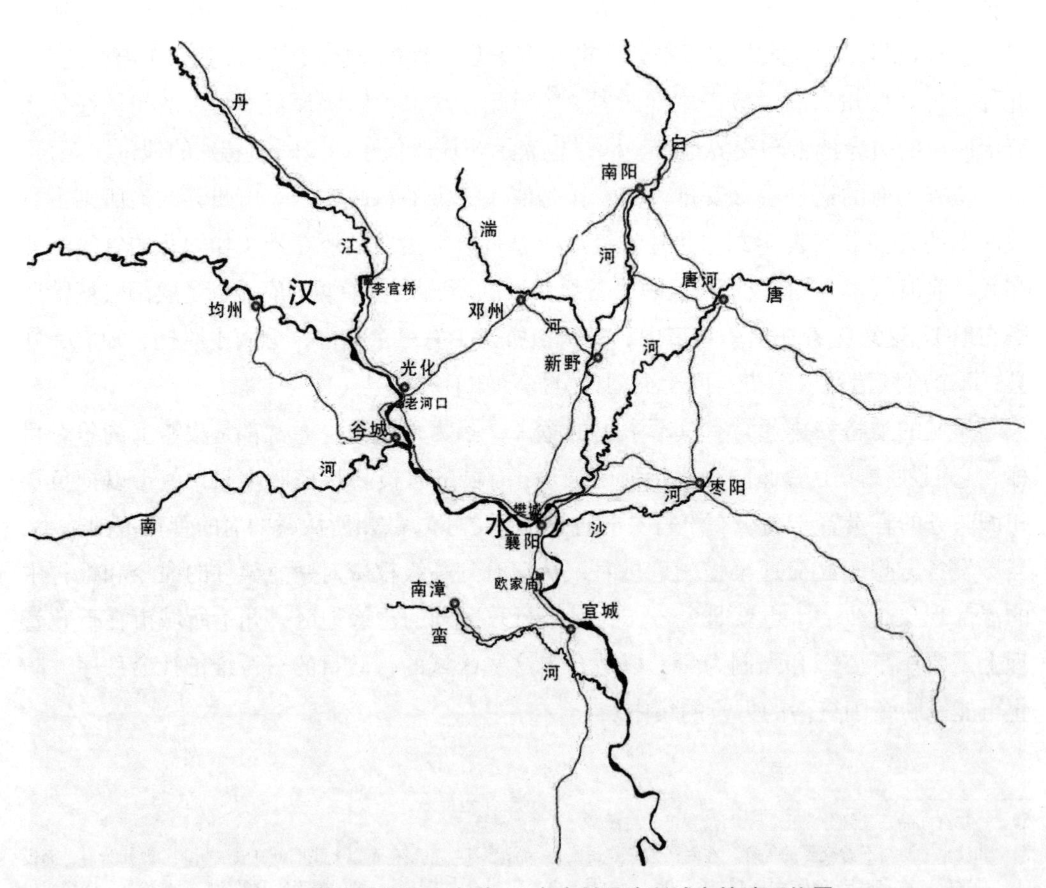

图 4-1 明清时期汉水中游 11 个府州县治所城市的地理位置

资料来源：根据 Google 地图绘制。

4.1.2 城下街区的类型

明清以来汉水中游府县治所城市的整体空间形态是由有城墙的城与城下街区共同组成，这已成为古代城市聚落的常态。在府州县治所城市的空间形态的发展中，城外的商业（居住）区是因为上下游流域内及地区商业化的发展和人口增长两个原因所形成的，其中大量居住人口在城外聚集是产生城下街区的必要条件。

宋元以来中国发生的“城市革命”，其主要特征是“商业溢出城市”，其中治所城市主要承担了“盛官”的功能，而大量从事商业及手工业的居民生活在城墙以外，使城下街区承担了“盛民”的功能。对汉水中游地区而言，这场革命在明清时期才最后完成。

和中国古代大多数城市一样，商业溢出城市导致了城下街区的产生，治所城市的城外普遍出现了新的商业（居住）区，形成城和城下街区并列的二元格局。这种二元格局的现象是普遍的——由于城墙内通常以行政功能为主，城下街区则通常以经济功能为主，“中国传统城市在总体结构上往往形成了政治性城区和经济性城区相倚的双元局面”。[1] 明清时期汉水中游治所城市城下街区的空间形态类型主要有：街区型、附郭型和商业堡城型。

1. 街区型

汉水中游的府州县治所城市，至迟到明后期嘉靖、万历间，都已形成了规模不等的城外街区。而街区型城下街区，是沿城市长距离贸易中占重要地位的道路及城门附近形成的开放性商业居住区。街区承担着市场交易的主要功能，尽管城内大都存在着市场，一些会馆也位于治所城墙内，但最重要的市场显然都是在城外。从文献中可以发现，清代中期（乾隆、嘉庆间）城外的市场相当明显地发展起来，普遍建在城外（也有一些建在城内）的山陕、江西、武昌、黄州、湖南乃至江南、福建客商的会馆，则揭示出这些市场的主要贸易类型是区域间长距离贸易的一个环节。

街区型城下街区的主要形态特征是鱼骨状的街巷结构，入城道路成为街区的道路主轴，形成主轴与支巷相结合的鱼骨状街巷形态。谷城老街是现存较为完整的城下街区，街区连接城南门与通往汉水的南河码头，并列的几条连接道路控制着街区的走向，街区形成自然生长的有机模式（图 4-2）。

2. 附郭型

在有条件的情况下，有些重要或等级较高的治所城市也会修建城墙，将城下街区环绕以来，从而形成外城——附郭。这样做的主要目的，可能是为了加强管理，也可能是为了防御防洪等原因。汉水中游并没有这样的形态实例，而位于汉水中游东侧、随枣走廊南端的随州州城，在明初洪武二年（1369 年），“由随州守御镇抚李富作砖城（青

---

[1] 胡俊 . 中国城市：模式与演进 [M]. 北京：中国建筑工业出版社，1995：4。

城）；明弘治十年（1497 年），知州李充嗣筑堤御水，是为外城（土城）"。[1] 由于南城汉东门外的城下街区地势较低，修筑城墙主要为防止溠水冲淹主城南门外的街区（图 4-3）。

图 4-2　清代谷城县城南门外谷城老街街区航拍图

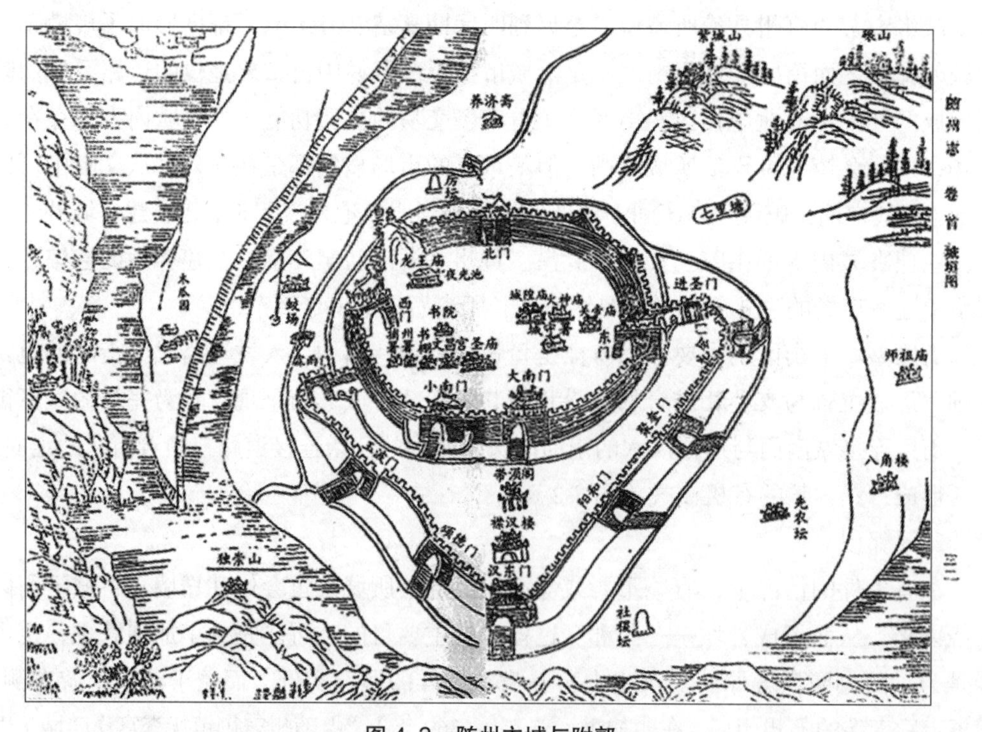

图 4-3　随州主城与附郭

资料来源：明万历四十二年《随州志》城池图。

[1] 明万历四十二年《随州志》。

3. 商业堡城型

这些商业堡城实际上由离城市有一定距离而又更具交通优势的地区产生的商业市镇逐步发展而成的商业型城市。以老河口镇为例，明代仅为码头集市，清康熙年间县城西北侧的西集街区遭汉水冲毁过半，才在此地建立新集镇。至清代末年，新集镇的规模甚至超过治所城市光化县城，形成了地区级的中心市镇，同治年间，为新镇修筑了堡垣，加强了城市的防御能力。形成了与光化县城并立的商业堡城。甚至最终在新中国成立后取代治所城市，成为新市（图 4-4）。

图 4-4　光化县城的老河口镇城图

资料来源：清光绪十一年《光化县志》。

商业堡城也是属于中心市镇的范畴，是在城市发展方面脱离了与主城的依附关系，独立形成的商业型聚落。商业堡城在清末已发展成独立的城市，具有一定的规模，并有完善的商业居住与服务功能。在汉水中游地区的商业型堡城有光化县城的老河口镇城、襄阳府城的樊城镇城、欧庙镇城（20 世纪 30 年代遭遇兵祸焚毁）。

4.2　明清时期汉水中游治所城市空间形态的推演方法

治所城市与城下街区的长期并存是中国古代城市发展的常态，甚至大多数城市在修筑之初，城下街区就已存在或同步发展起来了。而对于汉水中游地区的治所城市，基本上是在宋元旧址上加建修筑起来的，城的建设过程，也代表了当政者对于旧址的改造、地区行政区划的理解，以及对辖区未来经济人口发展的预测。而城下街区则是筑城伊始人口向城市集聚、经济复苏与发展的必然结果，也更倾向一种反规划的、自然发展的结果。相对于治所城墙内的空间而言，城下街区也体现出不同的空间形态特征。所以研究汉水中游治所城市的整体空间形态，要把治所城市和附属于城外的城下街区分开来研讨。

本书主要针对明清时期汉水中游治所城市中城墙内的形态与空间结构，主要依靠对地方志等史料的有关记载的辨析。绝大部分汉水中游的府、州、县地方志中，都列有城池之类的专目，并在《艺文志》中录有各种“修城记”，为考察治所城市的兴筑、维修、改进及其规模（城周）、形制等问题提供了基本材料；在公署、学校、宫室、坛庙、津渡等类目下，则记载了衙署、学校（包括书院）、亭台楼阁及庙宇（有时还有会馆）、桥梁与码头等公共建筑的兴筑与位置；在乡坊或乡镇坊里等类目下，记载城内外里坊之设置、街巷分布等情形；在卷首部分，则大多绘有城池图以及府县衙署图、学宫图等。

依靠以上这些材料，将地方志所记载的这些城市建设事项与民国以来的实测地图（包括20世纪30年代日军、美军对中国大陆地区的测绘图）相比照，并结合20世纪80年代初各地普遍编制的地名志、现在仍然保留的旧城市街道的名称，甚至遗留的历史建筑等，作为印证城市空间的定位点。最终把以上这些事项落实到现代航拍的Google地图上，从而形成较为准确的、有尺度的治所城市城廓与街巷平面示意图（表4-3）。

明清时期汉水中游治所城市空间形态的推演方法——以唐县为例 表4-3

空间形态推演过程图示	推演的依据	备注
	1. 以现代城市地形图为底图，标注控制点。 2. 控制点包括：城门的位置、保留的老街位置、遗留的明清建筑。 3. 现场调研与考察的零碎信息	城墙往往成为道路；很多街巷的名称依然保留至今
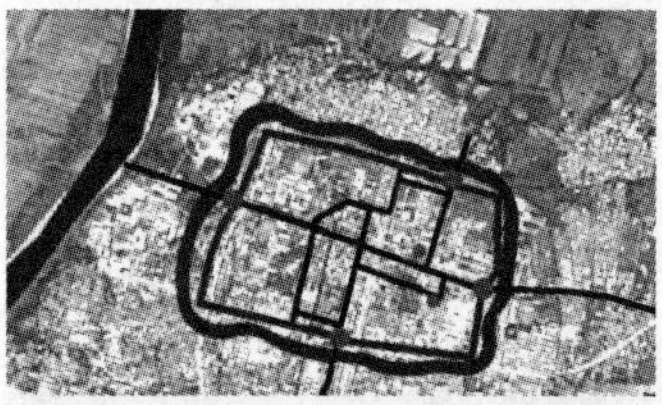	1. 地方志中资料：城池卷、艺文志中的修城记。 2. 城池的尺度、规模。 3. 其他史料中关于城池、街巷的记录	日本陆军参谋本部陆地测量总局的测绘图，1∶100000。 美国陆军制图局的测绘图，1∶250000
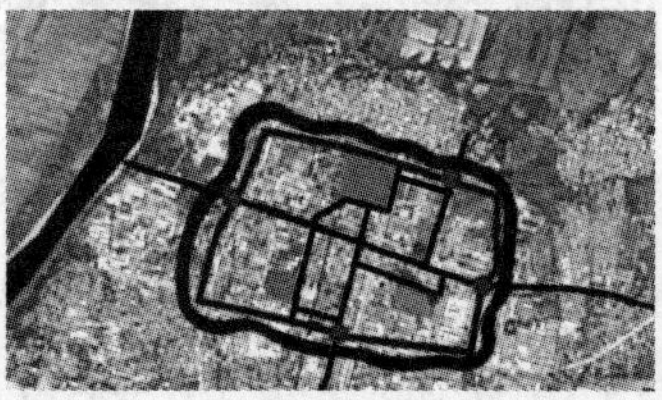	1. 地方志中卷首部分：城池图、府州县衙署图、学宫图、试院图等。 2. 地方志中资料：公署卷、乡镇坊记	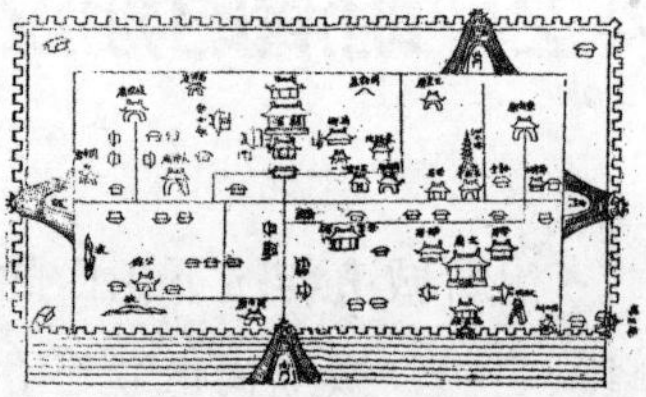

4.3　两个府城的空间形态

4.3.1　襄阳府城

1. 地理区位

襄阳府城位于汉水中游段河流交汇与道路交会的重要节点上。府城选择在汉水的南岸，唐白河与汉水交汇处，东侧通过沙河可连接枣阳。汉水在此地遇到桐柏山系的阻隔，接受其主要支流唐白河水系后，转而向南。襄阳正处于汉水转向南的弯道处，使襄阳城东、北两面临河，南面背靠岘山山系，是军事控守型城市的典型地势条件。

从长线交通的区位条件来看，襄阳的战略地位十分重要。《读史方舆纪要》称："襄阳上流门户，北通汝洛，西带秦蜀，南遮湖广，东瞰吴越"，"以天下言之，则重在襄阳"，可见襄阳历来也是兵家必争之地（图 4-5）。从城市的选址可以看出，其军事控守的意义大于其经济发展的意义。

图 4-5　襄阳府城疆域与筑水、三洲口

资料来源：清雍正间刻本《行水金鉴》。

关于明清时期的襄阳府城，其在明代初期通过邓愈在宋元时代旧址上的修筑，即已奠定了基本格局，并一直保留至今，城墙与护城河部分保存十分完整。1986 年襄阳市被国务院公布为全国历史文化名城。

2. 整体空间形态

光绪十一年（1885 年）《襄阳府志》记载：襄阳“城周一十二里一百三步二尺（6.172km），凡二千二百二十一丈七尺（7.41km）;（城墙）高二丈五尺（8.33m），上阔一丈五尺（5m），下倍之（10m）;（城）门六，东阳春，南文昌，西西成，北临汉（俗呼小北门），又北曰拱震（俗呼大北门），又北而东曰震华（俗呼长门），门各有楼堞（城上如齿状矮墙）四千二百一十，窝铺（城上营寨）七十有四，炮台二十有九，池北以汉水为之，凡四百丈，东西南凿濠，凡二千一百一十二丈三尺（7.04km），阔二十九丈（9.67m），深二丈五尺（8.33m）。为闸四，曰南闸北闸，在城西九宫山下引襄渠之水以达于濠，北司入，南司出，濠得三焉，渠得七焉，曰震华门外闸（俗呼闸口），以通汉于濠，曰震华门右闸，以通汉于镜湖”。

以上关于府城的方志记录至少说明以下几点。首先，明清时期襄阳城北面城墙紧邻汉水，缺少地势缓冲，北面城墙直接承担了防洪堤坝的作用。明初增筑的新城部分其主要作用亦是防洪，不仅用城墙约束了汉水河道，防止河道向南转向时，对城市的不断侵蚀。城墙内的“寡妇堤”与城墙一起形成综合防洪措施，说明这一带过去是容易受汉水冲刷的区域。以上是北面城市边界形态的主要特征。其次，城市南面由九宫山上引下的襄渠与北面震华门外的汉水闸口，为城市的护城河和城内的镜湖提供充足的水源保障，形成了宽阔的护城河景观。

当然这种综合的防洪措施在历史上一再受到汉水的考验，清光绪十一年《襄阳府志》卷六《建置一·城池》“襄阳府”条有较为详细的记录：“汉献帝初自宜城移荆州刺史来治，即今治前代建置无考，明初邓愈筑旧城别拓东北角，由旧大北门外东绕今长门环东城为新城，今旧大北门仅存故址。正德十一年夏，汉（水）溢破新城三十余丈，巡道聂贤筑城并捐甃岸堤，精坚逾旧。嘉靖三十年，汉溢，巡道陈绍儒，守道雷贺修复。三十九年大水，知府汪道昆继修。隆庆二年，堤溃坏，新城巡道徐学莫，檄知府陈洙，同知高持益，筑土门子堤。万历元年，巡道杨一魁，甃老龙石堤，（堤）成，自此城居始安。”

3. 内部空间形态

在襄阳古城内部，其街市形态以方形城郭为主，呈棋盘式布局，以北街和南街为纵轴线，西街与东街为横轴线，以十字街为中心，井字形布置街巷。街巷主次分明，市中心区集中在十字街一带。十字街将城市划分为四块，每块内部又有小十字街。大十字街中心靠北街处建有昭明台，台两侧建钟鼓楼，是城市中心区的制高点。

县、州、府、道衙、署、学校寺观、祭祠之地布局严谨。东西大街的南侧主要是府治的衙署与文教区，北侧则以县治的办公机构为主，东北侧是军事办公区，有卫所、营房等。作坊仓库和军坊分布在城内边缘地区。由于受汉江流向的影响，整个城市没有按正南正北修筑，主轴线偏西 30° ，正好使东西走向的街巷与汉江平行，反映了襄阳建城时对于地形特征的理解（表 4-4）。

明清襄阳府城的城治简况　　**表 4-4**

<table>
<tr><td colspan="2">襄阳府，明时起领 1 州 7 县。清辖境相当今湖北均县以东。枣阳以西和蛮河以北地。辖：襄阳、宜城、南漳、枣阳、谷城、光化（今湖北省老河口市）共 6 县，均州（今湖北省丹江口市）1 散州</td></tr>
<tr><td>城周：城周一十二里一百三步二尺（6.172km），凡二千二百二十一丈七尺（7.41km），高二丈五尺（8.33m），上阔一丈五尺（5m），下倍之（10m）</td><td rowspan="3">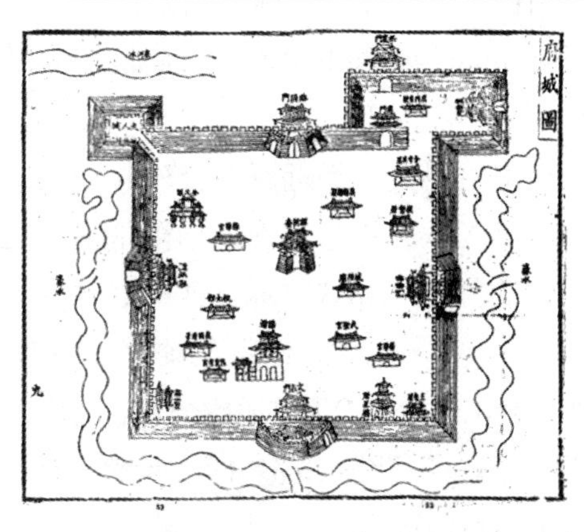

资料来源：光绪十一年《襄阳府志》。</td></tr>
<tr><td>护城河：长二千一百一十二丈三尺（7.04km），阔二十九丈（9.67m），深二丈五尺（8.33m）</td></tr>
<tr><td>城门：门六，东阳春，南文昌，西西成，北临汉（俗呼小北门），又北曰拱震（俗呼大北门），又北而东曰震华（俗呼长门）</td></tr>
<tr><td>襄阳府城平面示意图</td><td>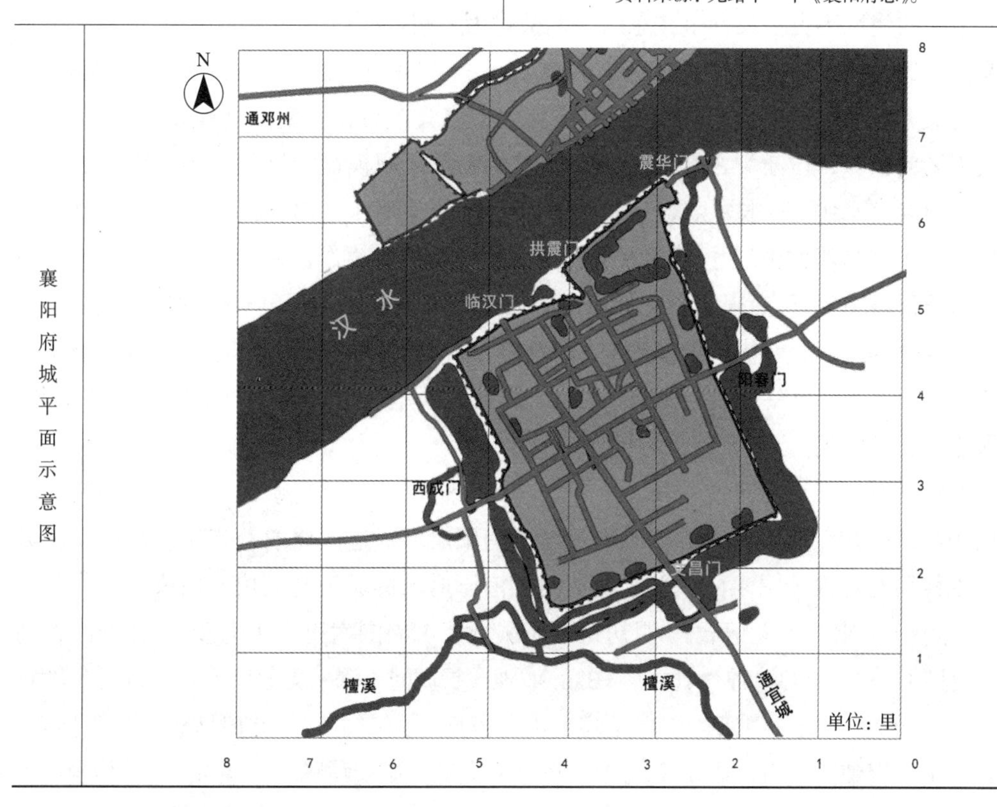
</td></tr>
</table>

4.3.2　南阳府城

1. 地理区位

南阳府城位于今河南省西南部，濒临汉水的支流白河，与湖北省、陕西接壤，因地处伏牛山以南，汉水之北而得名。白河为由北至南流向的汉水支流，南阳府城选址于河道的弯曲处，形成城市两面临水的格局。南阳府城所在的区域，因三面环山，南部开口的马蹄形盆地，称为南阳盆地。盆地的边缘分布有波状起伏的岗地，岗地海拔120 ~ 140m，岗顶平缓宽阔，岗地间隔以浅而平缓的河谷凹地，凹地中布局着以南阳府城为中心的治所州城与县城。丘陵岗地也成为与汉水中段襄宜平原之间的屏障。

南阳，古称宛，靠近西安、洛阳，南接襄阳，在南北朝以前曾是汉水流域的中心城市。这里西通关中，东达江淮，南蔽荆襄，北控汝洛，自古为交通要冲，兵家必争之地。资料记载："南阳用武之地，四达之区也，其势距荆襄，（白河）上游为中原咽喉。"北宋时李纲曾建议迁都，以避金兵，"议迁都关中为上，南阳次之，其为是夫"。[1]春秋时，南阳为楚国的属地，因该地冶金业发达称为宛。战国后期为秦所据。秦昭王三十五年（公元前272年），设南阳郡。西汉置南阳郡，辖境自河南熊耳山以南至湖北大湖山以北。

2. 整体空间形态

南阳的建城历史很长，早在东汉时期被称为"南都"宛城，城周36里，为仅次于首都洛阳的第二大都市。西魏、北周与东魏、北齐年间，长期争战，宛城受到很大破坏。北周时放弃汉晋宛城（南阳城），南移至新立上宛县。唐朝，南阳盆地设邓、唐二州。唐代南阳为县城，位于"古宛城"即南阳城的南隅，规模比宛城小很多。康熙三十三年（1694年）《南阳府志》记载："秦置宛城南阳郡（荆州记曰，郡城过三十六里）至唐后（穰）郡与邓城渐圮止存于西南隅，元置府治不复改作，明洪武三年指挥郭云因元之旧址重修甃砖。"南宋金元之际，这里处在南宋与金、元军事对峙的争锋地带，多次遭受战争的毁坏。元代重设南阳府，治南阳，对南阳城重建，但规模远不如从前。《读史方舆纪要》卷五十一《南阳府》载："今郡城周六里有奇，盖元时所更置，其小城、大城之址，湮废久矣"。

明承元制，实行布政使司（省）—府（州）—县三级的行政区划，设南阳府，府治南阳县，明初在元代城池的基础上重建了南阳府城。这次修筑奠定了明清南阳府城的基本格局与规模（图4-6）。关于明清时期南阳府城的城池与规模，清康熙三十三年（1694年）《南阳府志》记载："明初筑（府城城墙）周围六里二十七步（3.45km），高二丈二尺（7.33m），广（厚）如之（7.33m），池（护城河）深一丈七尺（5.67m），阔（宽）二丈（6.67m）。（城）门四，东曰延曦，南曰淯阳，西曰永安，北曰博望，建角楼四，敞台三十，警铺四十三。成华十九年重修，至明末，流寇蹂躏，楼橹废缺，门关败毁。国朝知府王燕翼设东南城门各四扇，顺治四年，知府辛炳翰重建南门楼，康熙二十三年，知府张在泽重修女墙。"可知南阳府城的规模并不大，城门的数量为四个，是标准的平原型治所城市的形态特征。

明清时期的南阳城周长约为六里二十七步，合3488.3m，规模甚小，为河南省域

[1] 清嘉庆十二年《南阳府志》。

下属八座府城中城池规模最小的一座，与卫辉府城相当，甚至小于明代南阳卫指挥郭云于洪武三年（1370 年）同时修筑的裕州以及后来扩建的邓州、内乡县的城池规模。❶可见，南阳府城是于明代初年在宋元旧址上修筑并形成现有格局。

然而就是这座城池，在明清五百年间的历史进程中，经历了多次毁坏与重修，城池的范围基本没有大的改变。直至清末，同治二年（1863 年）知府傅寿彤为抵御捻军之乱，环城池修筑了四圩，状若梅萼，称为“梅花城”❷，其中的内城基本就是明初所修的城池（图 4-7），由此可知明代南阳城的东西长约 700m（合明代 1 里 79 步），南北长约 1100m（合明代 1 里 330 步），面积约 1267 亩（按明代一亩约 607.744m^2）。

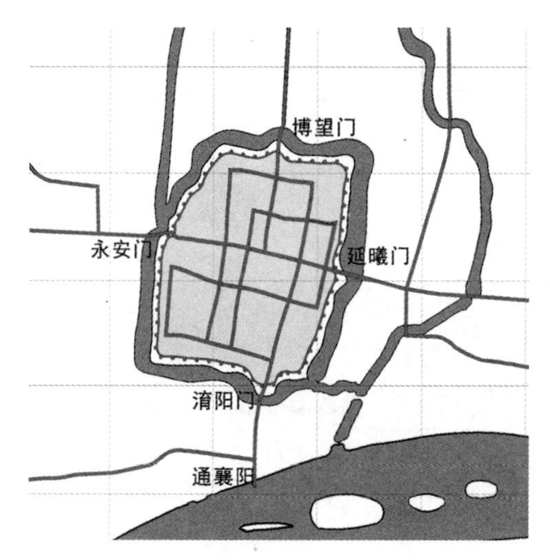

图 4-6　明初南阳府城平面示意

资料来源：根据清康熙三十三年《南阳府志》府城图绘制。

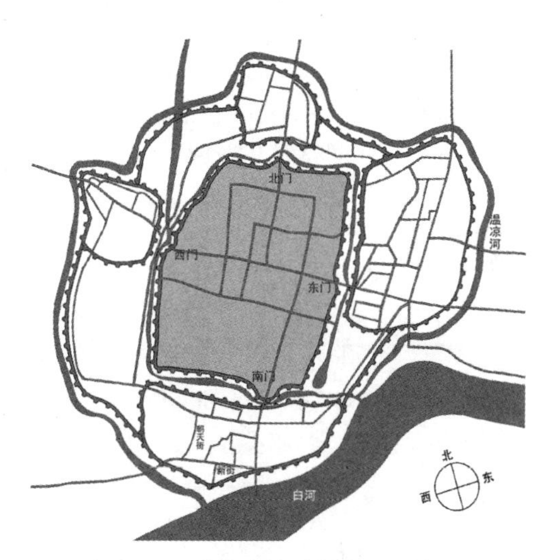

图 4-7　清代光绪时期南阳四关

资料来源：根据清光绪三十年《新修南阳县志》绘制。

3. 内部空间形态

明朝初年，南阳也是朱元璋第二十三子唐定王朱桱的封地，在南阳城内建造了规模宏大的唐王府，唐王府是南阳府城中一个相对独立的单元。现在仅留有王府山，是目前中国最大的单体假山，也曾是南阳府城最高建筑。

城内的街巷格局仍然是以棋盘状网格为主，但十字街的结构并不明显，由南门进入后，与北门之间并没有主干道直接相通。南北干道都接于东西向的主干道，使东西主干道承担了城市内部乃至于穿越城市的主街道职能（表 4-5）。

清代府治衙署布置在城内西南部，现今仍然保存完好。衙署沿中轴线布局，左文右武，中心大堂面阔 5 间，进深 3 间，单檐硬山式，是中轴线上主体建筑，也是第三

❶《明嘉靖南阳府志校注》卷一，嘉庆《南阳府志》卷二载：“裕州城，洪武三年修筑，正德十一年筑之砖城，周长七里一百九十步”；“邓州城，洪武二年，因古穰城旧址始筑内城，弘治十二年增筑外城，内城周长四里三十七步；外城周长十五里七分”；“内乡城，前代始筑，洪武二年再筑，正德六年加筑以砖，周长九里七分”。

❷ 吴庆洲．中国军事建筑艺术（下）[M]．武汉：湖北教育出版社，2006：404-406。

进院落建筑。其第一进“大堂左为承发司、吏户礼诸科，右为永平库，兵刑工诸科”。整体为前堂后居的平面布局，面向主街道的大堂前有戒石坊，坊前为仪门。仪门两侧呈凹型，左右为公廨（官吏办公处），门前有“八”字墙照壁，两侧为石狮，建筑布局严谨，是府城中典型的行政型建筑（图4-8）。南阳县治衙署位于府治衙署的北面，纵向布局。而南阳府学、县学位于府治衙署的东北侧，这里也是唐代府学的旧址，元代曾改建为弥陀寺。

明清南阳府城的城治简况 表4–5

<table>
<tr><td colspan="2">南阳府位于河南省西南部。元置南阳府，属河南江北行中书省。明代属河南布政司汝南道。清代沿用明制。辖：南阳、南召、唐县、泌阳、桐柏、镇平、新野、内乡、舞阳、叶县共10县，邓州、裕州共2散州</td></tr>
<tr><td>城周：城周六里二十七步（3.45km），高二丈二尺（7.33m），广如之（7.33m）</td><td rowspan="3">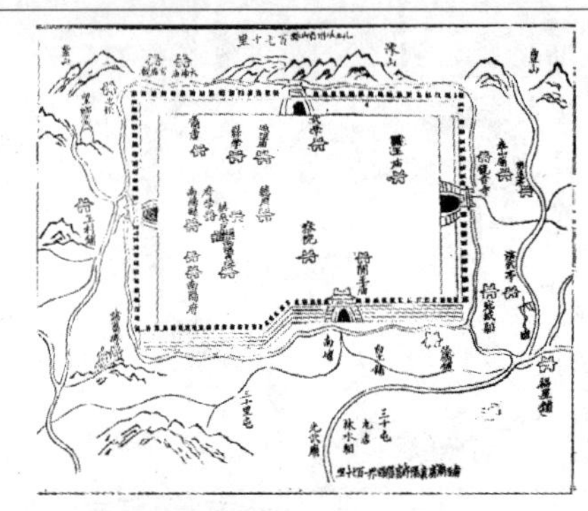
资料来源：康熙三十三年《南阳府志》。</td></tr>
<tr><td>护城河：池深一丈七尺（5.67m），阔二丈（6.67m）</td></tr>
<tr><td>城门：门四，东曰延曦，南曰淯阳，西曰永安，北曰博望</td></tr>
<tr><td>南阳府城平面示意图</td><td>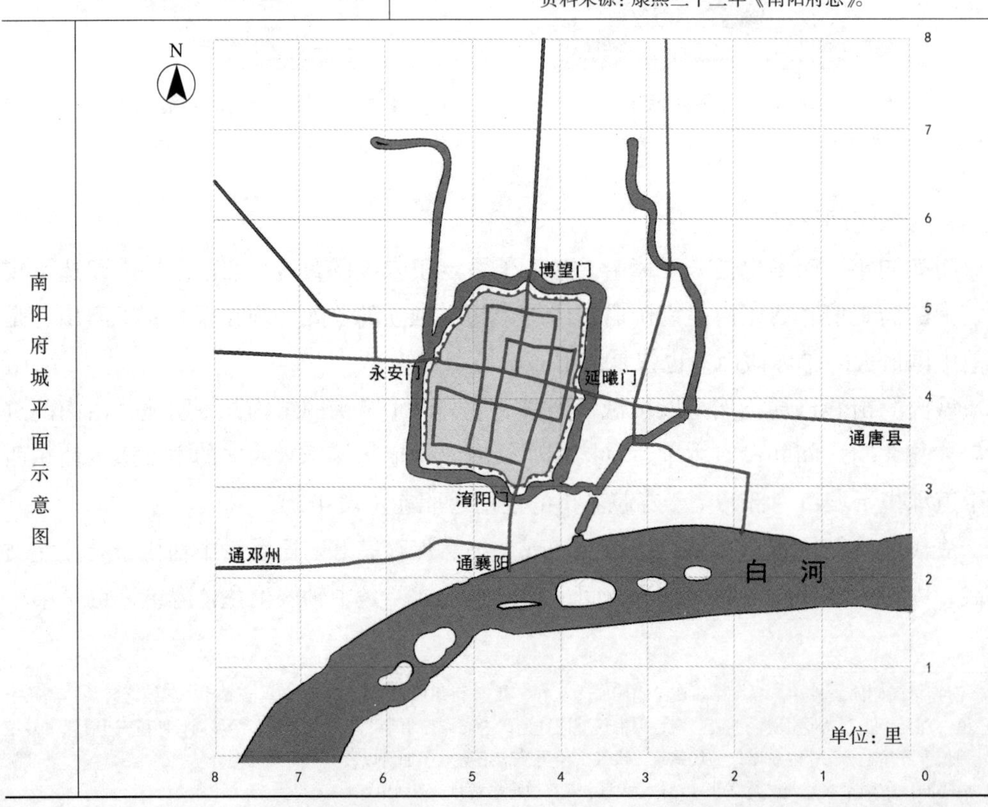</td></tr>
</table>

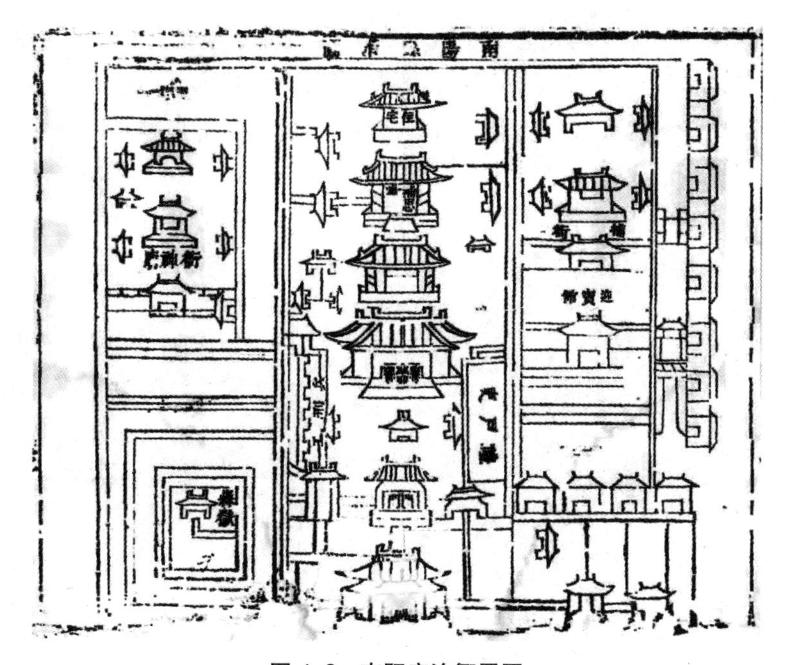

图 4-8　南阳府治衙署图

资料来源：清康熙三十三年《南阳府志》县治图。

而军事部门南阳总镇抚（明为南阳卫）分左右两营，分别在城东北隅与南阳县治西侧。作为军事设施的补充，演武厅位于城东门外二里，这个布局和襄阳府城东门外的演武场类似。

4.4　两个州城的空间形态

4.4.1　均州州城

1. 地理区位

均州州城位于今丹江口市均县镇关门岩附近，鄂豫两省交界处，东临襄阳，西连郧阳，南接房县，北交豫南南阳，古有“三阳（郧阳、襄阳、南阳）腹地”之称。均州“州城东北襟带汉水，南屏武当，西枕黄峰，关门诸山，城小而固，亦襄阳上游屏障也”。[1] 1968 年，丹江口水库第一次蓄水时，均州城与上游郧阳府城、丹江河岸的李官桥镇城，皆因地势低洼相继沉没于水中（图 4-9）。

唐代的均州城在汉水南岸，其故址当在今官山河入汉水口稍上游处，其记载已不详。

[1] 清光绪十年《均州志》卷四营建志序。

光绪十年（1884年）的《均州志》也记载："隋改丰州为均州，唐天宝初改为武当郡，后复为均州，并治武当县。本延岑筑城，显庆四年，（城）移北，去旧城三里（1.5km），即今治明。"旧均州城在唐代称为延岑城[1]，后曾经迁城，即迁城于旧城之北三里。

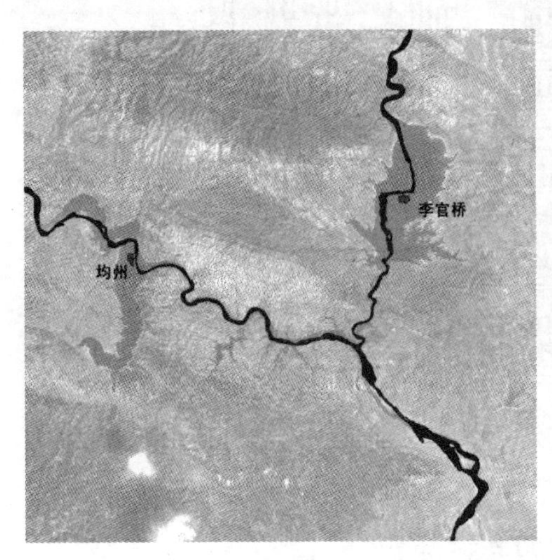

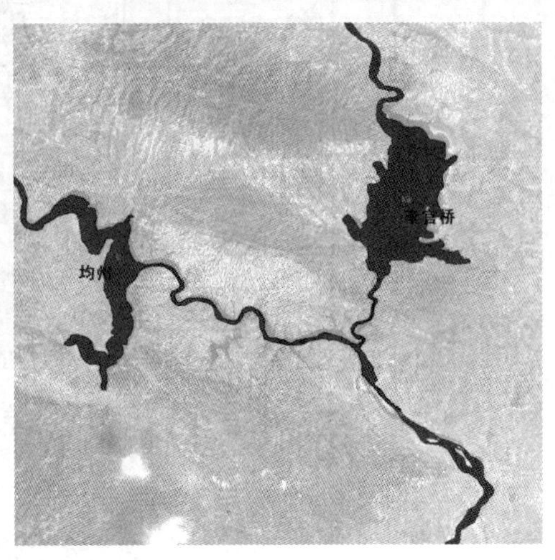

图4-9 丹江口水库蓄水后，汉水河道变迁示意

宋建隆元年（960年）均州领县武当、郧乡。宣和元年（1119年），均州武当郡升为武当军节度，领县未变，隶京西南路。元至元十三年（1276年），省武当军为均州，领县未变，先属湖北道宣尉司，后属襄阳路。明洪武九年（1376年）省武当县入均州，直属湖广布政使司；成化十二年（1476年）改割郧乡、上津属襄阳府，此后均州无领县，由直隶州降为散州沿至清末。

元代均州城无从考证。明初洪武五年（1372年），守御千户李春重修州城。永乐年间，在东门左右增设了巨石水门，以向城中汲水。崇正时期，知州胡承熙"因旧城鄙陋，增筑之四门，各建礁楼，势极雄峻，后楼悉为贼毁"。[2]均州城清代重修，清光绪十年（1884年）《襄阳府志》中记载："（康熙）三年同知程陨，知州佟国玉重修（均州州城）。（康熙）二十三年江阎增修。雍正二年高泽，七年许大壮相继修葺。乾隆二十四年张炎请币增修。道光中倾圮大半，咸丰二年汉水溢城，女墙倾圮大半，城东北隅几成蹊径，三年修葺完整如初。后吴饲仲又增筑西南墙。"均州州城地势较低，加之汉水中下游在明清时期垸田经济发展迅猛，使排蓄能力降低，影响上游水位，致使偏中上游的均州城屡次遭遇水袭（图4-10）。

2. 整体空间形态

清代的均州州城："城周六里一百五十三步二尺（3.026km），高二丈八尺（9.33m），

[1] 东汉时期，大将延岑造反屯兵于均州，在此筑土城，史称"延岑城"。汉光武帝四年（公元28年）春，邓禹率护复汉将军邓晔、辅汉将军于匡在均州交战，延岑战败，均州土城被废，武当县驻地移往梅溪庄（今老营宫）。

[2] 清光绪十年《均州志》卷四城池。

均縣

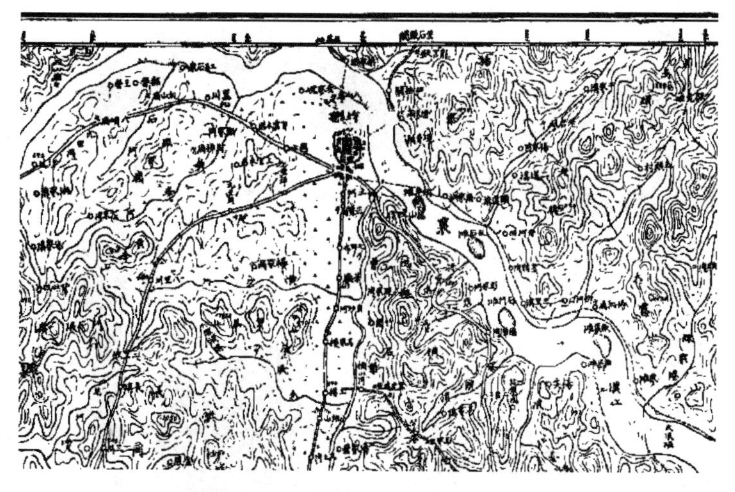

图 4-10　均州 1：10000 地形图

资料来源：民国 16 年日军参谋本部测量局制。

上阔一丈二尺（4m），下倍之（8m），雉堞凡七百有九十。（城）门四，东曰宗海（左右有水门以便生活取水），南曰望岳，西曰启秀（旧称夕照，门久塞），北曰拱宸，门各有楼池。东依汉水西，以河为池，南北俱濠，深一丈五尺，阔倍之。”后均州居民开垦西北高原岗地，造成水土流失，造成旧城壕尽淤塞（表 4-6）。[1]

明清均州州城的城治简况　　**表 4-6**

<table>
<tr><td colspan="2">均州元至元十三年（1276 年），省武当军为均州，领县未变，先属湖北道宣尉司，后属襄阳路。明洪武九年（1376 年）省武当县入均州，直属湖广布政使司；成化十二年（1476 年）改割郧乡、上津属襄阳府，此后均州无领县，由直隶州降为散州沿至清末。民国初年改均州为均县，属湖北襄阳道</td></tr>
<tr><td>城周：城周六里一百五十三步二尺（3.026km），高二丈八尺（9.33m），厚一丈二尺（4m）</td><td rowspan="3">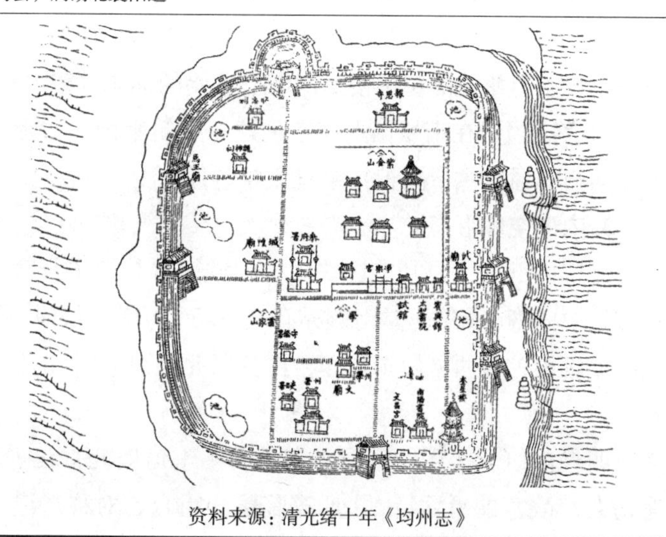
资料来源：清光绪十年《均州志》</td></tr>
<tr><td>护城河：东依汉水西，南北俱濠，深一丈五尺（5m），阔倍之</td></tr>
<tr><td>城门：门四，东宗海，南望岳，西夕照，北拱宸</td></tr>
</table>

[1] 清光绪十年《均州志》卷四堤防。

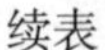

续表

均州州城平面示意图	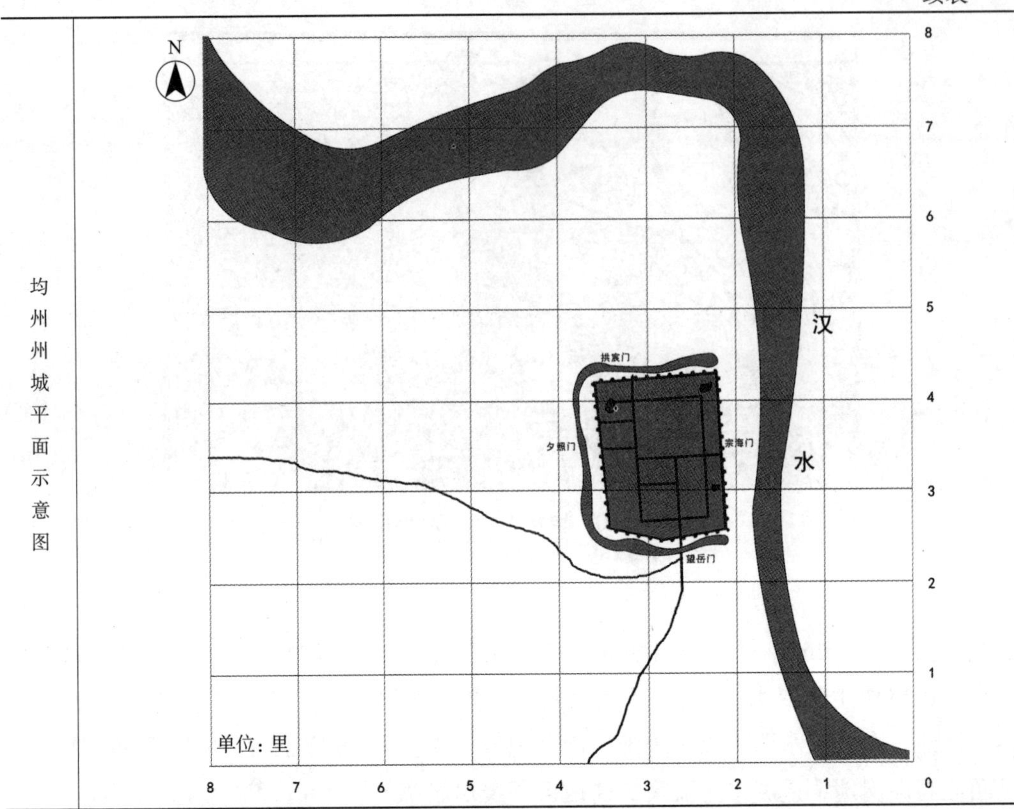

从以上方志中的资料可以看出，北门栱辰门与其他方位的门不同，是里外两重城，为“瓮城”——即在此城门外又围筑与城墙同等高的双面城砖墙，上阔 4m，下阔 5m，也有同规格的城门，瓮城内有长宽各约六丈多的场地。城东侧在永乐年间为方便居民挑生活用水，又增设二门，宗海门上为上水门，亦称“平安门”。下曰下水门，亦称小东门。城墙上修筑的奎星楼是南墙上重要的标志性建筑，是清乾隆五十四年（1789 年）石板滩官绅捐资在南城墙上偏东创建。建筑平面六边形，三重飞檐，高约 12m，意为振兴均州文风，供奉主神是奎星点斗造像。

3. 内部空间形态

城市内部的主要功能区块中，州城衙署与净乐行宫占有相当大的面积。州城衙署在城正中向南，衙署正堂南侧亦有戒石坊，再南为仪门，第一进院落中正中申明亭，“左架阁库礁楼，右西幕厅军器库，正堂以北为州宅”。也是典型的左文右武、前堂后宅的布局。

明代修筑的净乐行宫位于东西向主干道以北，几乎占州城 1/4 的范围。建筑布局有仿北京故宫的平面特点：四进院落式组合，对称严谨，后殿北侧有建有紫金山，东侧有紫云亭。净乐宫东西宽 353m，南北深 345m，面积达 121785m^2。

4.4.2　邓州州城

1. 地理区位

邓州州城位于南阳盆地中南部，河南省西南部，豫、鄂两省交界部位。邓州北通中原，南控荆襄，素有“两省雄关”之称。邓州选择在汉水三级支流湍河南岸较为平坦之地立城，使湍河环其前，伏牛山耸其后，宛桐障其左，郧谷拱其右，江汉之上游，襄汉之藩篱，秦楚之扼塞，沃野百里，天府之首选也（图 4-11）。历史上的邓州号称上等郡、望郡（令人瞻望、钦佩的地方）和钜郡，是中州巨区和军事重镇。

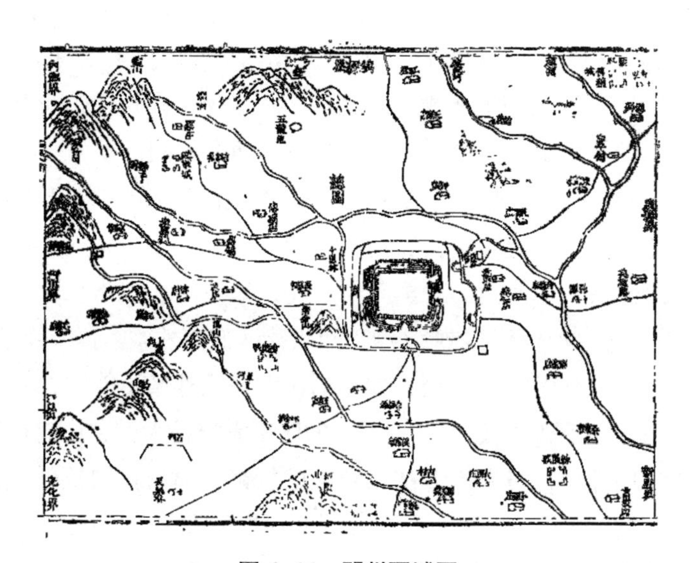

图 4-11　邓州疆域图

资料来源：清乾隆二十年《邓州志》

2. 整体空间形态

隋唐与宋代的邓州（南阳郡）因袭北魏荆州而来，治穰县（今河南邓州市）。因此隋唐邓州州城其规模并不大。但邓州在北宋时期为京西大郡，地位重要，当时邓州城已形成子城与罗城两重城墙，罗城中有市西里。[1]邓州州城两重城墙，规模甚巨，这和北宋着意营缮该城有关。据资料显示，北宋时代，寇准、范仲淹等名臣均曾出知邓州。[2]当建炎初，朝臣讨论战守之计时，李纲曾提议朝廷移驾襄、邓，并委派范致虚任邓州知州，预事筹备，准备行朝将会驻跸，子城的营建可能是准备改建为行宫。

明代邓州州城在宋元的旧址基础上修筑而成的，其规模与格局受到宋元旧城的影响颇深。据明嘉靖年《邓州志》记载：“旧有内外二城，元末俱颓，明洪武二年，金吾卫镇抚知，邓州孔显始筑，内城周四里三十七步（2.06km），高三丈（10m），广二丈

---

[1] 苏辙．龙川别志（卷上）[M]// 朱易安，傅璇琮．全宋笔记（第一编第九册）．郑州：大象出版社，2003：315-316。

[2] 李之亮．北宋京师及东西路大郡守臣考 [M]. 成都：巴蜀书社，2001：225-245。

五尺（8.33m），池深一丈五尺（5m）。（城）门四，东曰迎恩，南曰拱阳，西曰平成，北门因形家言不敢启因不名。洪武六年始甃以砖建门楼，四角楼，四月城小楼，四甃城小楼。（城墙上）窝铺三十三，女墙（城墙上面呈凹凸形的小墙）一千三百九十一。”（表 4-7）由此可知，明代初年对于邓州城的修筑是从内城开始的，并建有城壕。值得注意的是北门，因风水的缘故没有开启，只剩下三个城门，这意味着将不吉利的北门省去，这样与河道的联系将主要由东门承担（因为西门偏南）。

外城在明弘治年间始建。清嘉庆十二年（1807 年）《邓州志》记：“明弘治十二年知州吴大有重筑（外城），周一十五里七分（3.5km），高一丈（3.33m），广五尺（1.67m），因旧为五门，曰大东门、小东门、南门、小西门、大西门，门各建楼大有自记。正德六年，知州于宽增修外城，重建门楼，五月楼，五浚池，池深二丈（6.67m），阔六尺（2m），引刁河水灌之。嘉靖三十二年，知州王道行又增修外城角楼四，窝铺二十一，垛口（城墙上呈凹凸形的短墙，两个垛间的缺口，泛指城墙上的女墙。）一千七十，引灵山水灌池。嘉靖三十五年知州张倦复修外城五楼。万历三十八年，知州赵沛复修外城五门及楼扁，其南门曰南控荆襄，东曰东连吴越，西曰西通巴蜀，小东门曰六水还清，小西门曰紫金浮翠。先是嘉靖间，知州王道行绕外城种树千株，年久无存。至沛复沿河植树，崇祯七年，知州孙泽盛修外城窝铺及女墙二十。十年，流寇张献忠陷邓州城郭焚毁疮痍之余，知州刘振世，见外城不能守，乃集遣黎重修内城而并力焉。”外城的修筑显然是为了把城市的防御系统扩大到在原有城墙外发展起来的聚落，同时也说明邓州是具有重要战略意义的城镇。邓州在增筑外城后，不仅形成了内城、外城两重城垣的格局，而且，原先附城而居的大部分居民被包括在城郭之内，城郭的功能与性质也因之而发生了很大改变：内城处衙署官兵（所谓“衙城”）；外城居商、民，城郭遂成为官民之所供依，而非只围护官司署了。外城因规模较大，在明代建造时间长，但也作为城郭远不如内城高大，以至于防守困难。

明代邓州州城内外城廓的比较 表 4-7

城墙	周长	城门	城高	城阔	城池
内城城池	四里三十七步（2.06km）	三个（北门未开启）	高三丈（10m）	广二丈五尺（8.33m）	池深一丈五尺（5m），广五尺（1.67m）
外城城池	一十五里七分（7.5km）	五个（无北门）	高一丈（3.33m）	广五尺（1.67m）	池深二丈（6.67m），广六尺（2m）

资料来源：清乾隆二十年（1755 年）《邓州志》卷二《城池》。

清代初年加强了邓州城的防御能力，但城市的整体城郭形态并没有发生变化。清乾隆二十年《邓州志》续记：“国初顺治三年，闯贼余孽，刘二虎攻城，二十七日，掘地道七处不蹈，知州马迪吉乃增修圆城角楼四，敌台三，女墙一千三百九十一，悬楼三十座，炮台三十四座。康熙十五年，大雨，砖城堕四处，知州冯九万修之，凡三十丈五尺（11.33m），日久砖城内墙崩，削剁及女墙。康熙三十年，砖城内面崩削殆尽有剥，及女墙宽不盈尺者，知州赵德重修，由东而南而西共计凡三百六十八丈（1.226km）。”清代邓州城墙在雨水的冲击下不断加强，也显示出州城城防的重要性（表 4-8）。

明清邓州州城的城治简况　　表 4-8

<table>
<tr><td colspan="2">明代，邓州属南阳府。洪武二年（1369 年），穰县废入邓州，十三年（1380 年）复置，十四年（1381 年）复省入州。邓州辖县三：新野、内乡、淅川。清代，属南阳府，雍正后为散州，不辖县</td></tr>
<tr><td>城周：内城周四里三十七步（2.06km），高三丈（10m），广二丈五尺（8.33m）外城周一十五里七分（7.5km），高一丈（3.33m），广五尺（1.67m）</td><td rowspan="3">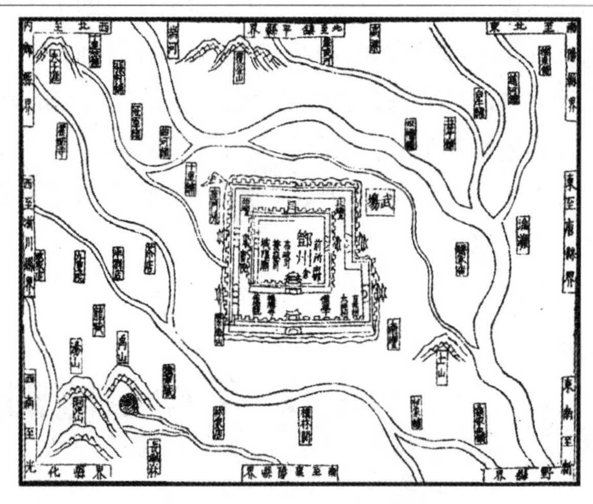
资料来源：嘉靖十二年《邓州志》。</td></tr>
<tr><td>护城河：内城深一丈五尺（5m），广五尺（1.67m），外城池深二丈（6.67m），阔六尺（2m）</td></tr>
<tr><td>城门：内城门四，东曰迎恩，南曰拱阳，西曰平成，北门以形家，言不启，因不名，外城门五，曰大东门、小东门、南门、小西门、大西门</td></tr>
<tr><td>邓州州城平面示意图</td><td>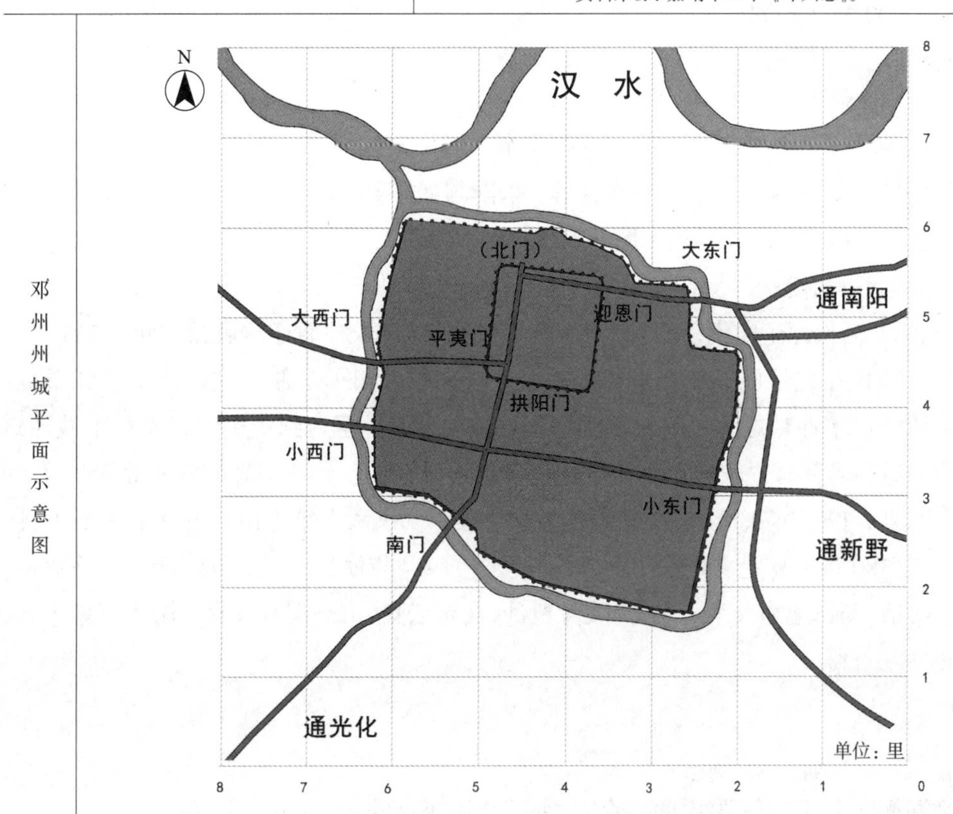
</td></tr>
</table>

3. 内部空间形态

作为重要的建筑群组，州治衙署“旧在大城东，洪武二年镇抚知州孔显创置于今城之中”。明初修筑邓州城时，负责建造的官员同时将州治修筑于城市的中心地带。同时修筑于内城的官署还有按察司、布政司、府馆、城隍庙、卫所等建筑群，使内城官式建筑居多。原来位于城外的西坛、北坛在修筑外城时圈在城郭中，外城南侧还有修建有道观和寺庙。外城基本上是以居住和商业为主的功能区划，也说明增加对城下周边居民以及附属设施的防卫是修筑外城的一大动因。州学宫原址在外城东南隅，明洪武五年（1372 年）孔显“因旧址重建”，而明末万历八年（1580 年），知州黄锡将其迁于内城南门西侧，新的学宫是在宦绅捐居宅的基础上扩建的[1]，说明内城地域狭促，需要捐宅修建学宫。然而清顺治三年（1646 年）“闯贼余孽”作乱，刘二虎攻城 27 日，守城军士“拆屋为薪，于是（学宫）大殿而外堂屋齐舍皆拆毁。”顺治十四年（1657 年）才得以重修。

4.5 7 个县城的空间形态

4.5.1 光化县城

1. 地理区位

光化县城位于今湖北西北部的老河口市，襄阳地区北部，汉水中游东岸。北部和东北部分别与河南省淅川县、邓州为邻；东南与襄阳县接壤，西部和西南部隔汉水与谷城县相望，西北与均州相连（图 4-12）。

2. 整体空间形态

“光化”名称源于宋代，是“光大王化”的简称，光化军置于宋乾德二年（964 年），属襄州。宋代在此地驻有相当规模的军队；咸平中，知军李仲芳主持修筑汉江石堤，使军治免于汉水冲啮之患，其时军治居民已有数千家；至迟到庆历中，光化军城已筑起城墙，城内高赀富户较多，军衙可能位于靠近汉江的一侧（当在城内西北隅）。[2]元至元十四年（1277 年），废军，改乾德县为光化县。明洪武十年（1377 年）省入谷城县，十三年（1380 年）复置，属襄阳府，清因袭之。1914 年属襄阳道，1937 年置老河口镇，为光化县治。新镇地当汉水之东，为陕豫要冲，商贾云集，由丹江及汉水上游入汉南下者，皆于此易巨舟焉。

[1] 清嘉庆十二年《邓州志》卷二建置。

[2] 鲁西奇．城墙内外：古代汉水流域城市的形态与空间结构 [M]. 北京：中华书局，2011：252-253。

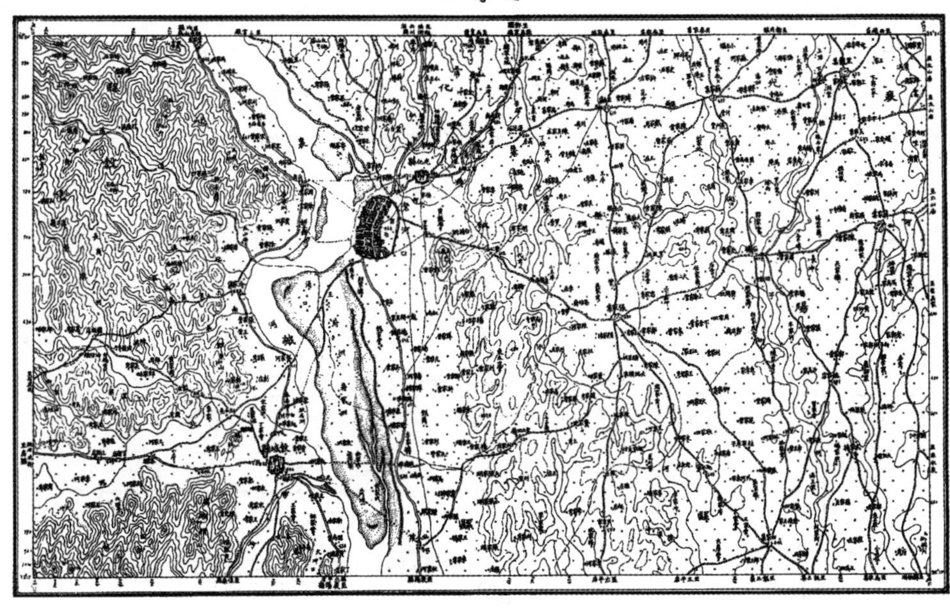

图 4-12　光化、老河口、谷城 1：100000 地形图

资料来源：民国 16 年日军参谋本部测量局。

光化县城在明清时期，是汉水中游地区唯一因河道变迁而被迫迁城的城市。事实上，光化县城“历代设城之地不一，名亦各异。在古为阴城，汉为酂城，蜀汉为南乡城，晋为顺阳城，隋复古为阴城，宋为乾德城”。[1] 元代改为光化，明代隆庆年间在此移城东迁以避汉水。说明光化选址汉水东侧，为汉水弯道的受冲面，城市时常受到汉水的侵袭。同时，光化县城面对上游及丹水山区流民，为重要守备军镇，兵患较多，也是不断迁城的主要原因。

明代新迁建的城市规模不大，但规划完整，城市形态充分体现了治所县城的建设标准与平原型城市的特征。清光绪九年《光化县志》记载：“（县城）城周四里（2km）有奇，一千六百步（2.67km），高二丈五尺（8.33m），阔一丈二尺（4m）；（城）门四，曰环山、登云、望江、拱极，门各有楼四隅，又为小楼曰揽翠思贤，汉堞一千一百有奇，（城）池东西长各四百五十步（0.747km），阔二十五步（41.67m），南北称是，长各四百步，今濠已淤平。”（图 4-13）

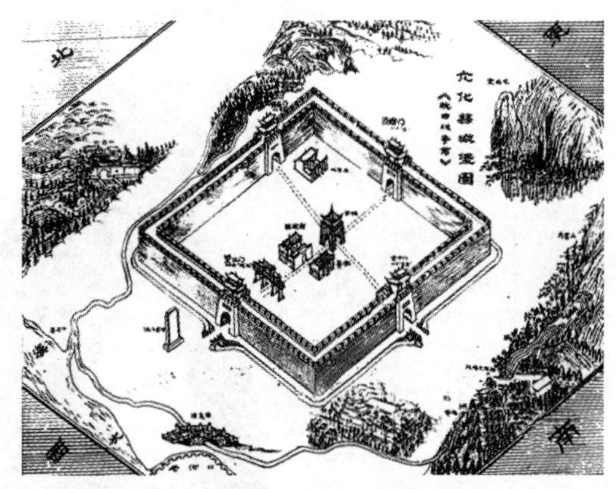

图 4-13　光化县城池图

资料来源：老河口档案信息网 http：//www.xflhk.org/index.do?method=siteMap1&netId=76

[1] 清光绪十年《光化县志》卷二城池。

3. 内部空间形态

城内为典型十字街，十字街交叉口处建有鼓楼，靠近西门处道路建名臣坊，是城市重要节点的标志建筑。次级干道呈回字形。重要的建筑如县署、捕署、武庙、书院等建筑沿东西向主干道布局，说明东西向干道是城内亦是穿越城市的主要干道，承担了主要的通行功能，也布有主要的官式建筑。城隍庙与福严寺位于城市东北隅，西南隅建有碧霞庵。整个城市形成了沿东西横轴布局，由北向南建筑等级与密度逐步递减的格局（表 4-9）。

明清光化县城的城治简况 表 4-9

<table>
<tr><td colspan="2">光化县境古为阴国，因位于荆山之北而得名。元至元十四年（1277 年），废光化军，改乾德县为光化县，历明、清、中华民国未再变改</td></tr>
<tr><td>城周：城周四里（2km）有奇，一千六百步（2.67km），高二丈五尺（8.33m），阔一丈二尺（4m）</td><td rowspan="3">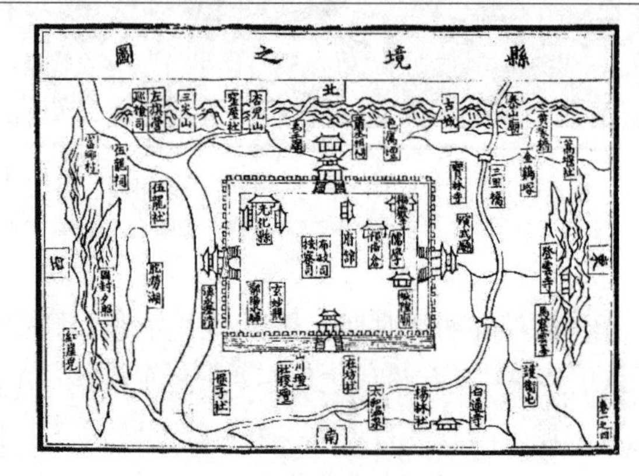
资料来源：明正德《光化县志》。</td></tr>
<tr><td>护城河：池东西长各四百五十步（0.747km），阔二十五步（41.67m），南北称是，长各四百步</td></tr>
<tr><td>城门：门四，环山、登云、望江、拱极</td></tr>
<tr><td>光化县城平面示意图</td><td>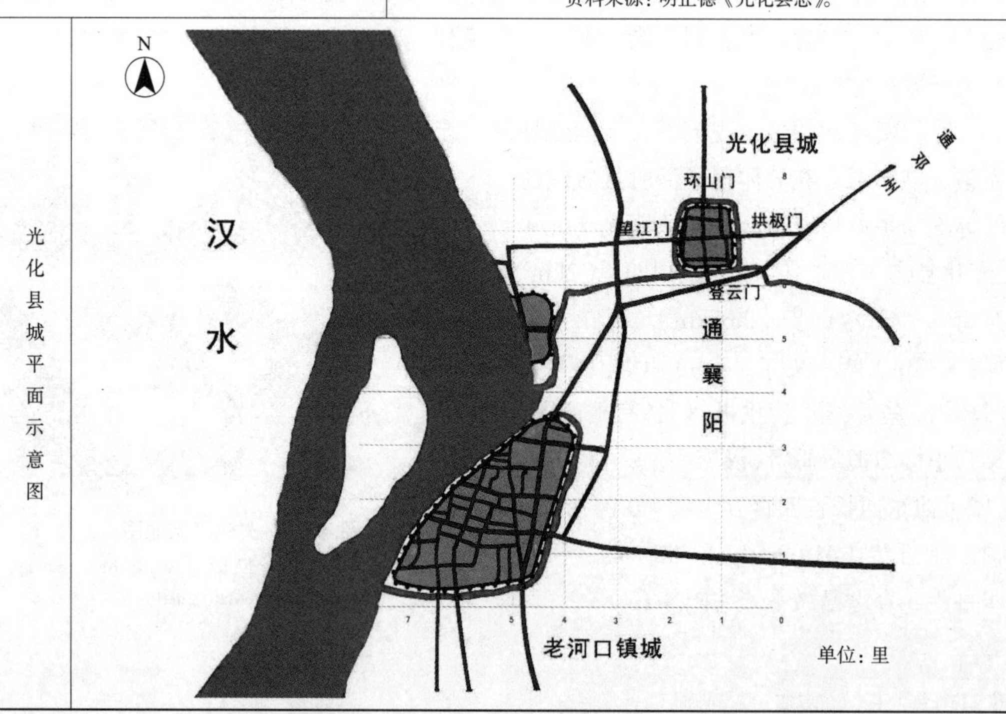</td></tr>
</table>

4.5.2　谷城县城

1. 地理区位

谷城县城位于湖北省西北部，武当山脉东南麓，汉水二级支流南河与汉水交汇北岸，亦是汉江中游西岸。县城所在区域南依荆山，西偎武当，东临汉水，南北二河夹县城东流汉江，西北、西南三面群山环抱，其地势总体上从西南向东北倾斜。东南距襄阳府城 77km，东北距光化县城 20km（图 4-14）。因县城西南部山区物产丰富，素有“银谷城”之称。

图 4-14　谷城县城疆域图

资料来源：清同治六年《谷城县志》

谷城“南观襄樊，东连宛邓，西襟巴蜀，北走均房，据汉江之险要，扼秦楚之咽喉，为历代用武所必争之地”。因军事控守作用日显，中唐以后，谷城为襄州上游重镇，驻有重兵。军城的主要作用是防范西南山区的流民匪患，谷城“西南多复峰峻岭，盗贼往往啸聚其中”，因此谷城为侨流所置，当属军事坞堡的性质。因部分文献记载中军兵驻于谷城城中常备不下三千，可知其坞城之规模也不会太小。

2. 整体空间形态

关于谷城的城池状况，清同治六年（1868 年）《谷城县志》记载：“经元乱无城，洪武二年，知县方文俊创土城。成化初，知县王溥增筑：其城周三里（1.5km）有奇，六百八十四丈（2.28km），高一丈八尺（6m），厚一丈（3.33m），城门四（旧门三），东迎曦，南观澜，西通仙（无北门），池深二丈（6.67m），阔如之。十六年，知县段锦复修三门。正德十年，知县唐综拓旧址甃以砖，凿池。后水汲城，杨文焕苏继文相继修理。万历六年，知县王执中增高三尺（1m）[旧址一丈八尺（5m）]，建西郭门，浚濠。崇祯十二年，贼献忠叛，于谷（城）掘平之。后巡抚宋一鹤，抚治袁继咸，委保康县知县陶梵署谷城造砖修葺。国朝雍正二年夏大水，东南城圮，知县杨大中补修。乾隆元年，郭门颓坏，知县舒成龙改修。咸丰六年，红巾贼焚毁。同治六年，承印补修。”（表 4-10）这应是清同治年间准备补修谷城城防时，对前朝建城的总结性记录。可知谷城在明代初年修筑时是土城，后增高又做砖城。城的边界轮廓呈不规则形，其城门的数量是三个，北侧无门，这可能是风水的原因。

3. 内部空间形态

城内重要的官式建筑与官方的祭祀建筑主要集中于城内的南侧，并沿东西向主干道展开布局：谷城县署位于东西大街以北偏西；典史署、教谕署、训导署在县署周边东街与南街；总兵属作为军事办公机构在县署东南；察院在县东门附近，后清代改为书院；

城隍庙与关帝庙等位于东西大街东侧，甚至靠近东城门附近。而城内北侧建筑以民居里社为主，也留有部分旷地，南向通往南河码头的道路有部分商业建筑，与城外的城下商业居住街区相连。

明清谷城县城的城治简况　　表 4-10

<table>
<tr><td colspan="2">谷城自西周为谷国。秦朝始建筑阳县。后县制几经更改，境内先后设置扶凤郡、义成郡、宜禾县、泛阳县、万年县、安养县等。隋开皇十八年（598 年），更名为谷城县。隋、唐、宋、元、明、清及辛亥革命先后隶属南阳郡、襄阳郡、荆州都督府管辖。</td></tr>
<tr><td>城周：城周三里（1.5km）有奇，六百八十四丈（2.28km），高一丈八尺（6m），厚一丈（3.33m）</td><td rowspan="3">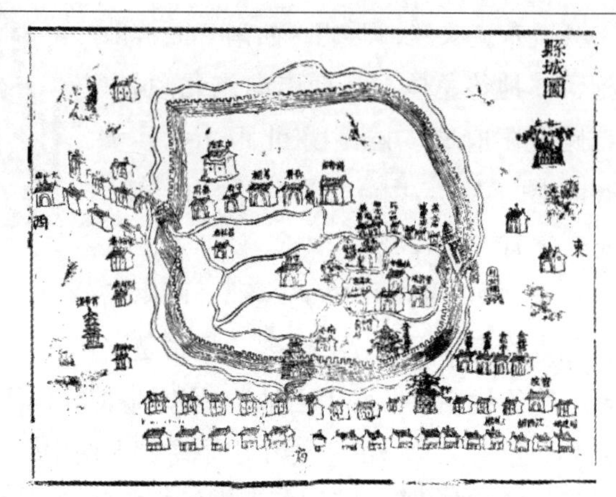

资料来源：清同治六年《谷城县志》。</td></tr>
<tr><td>护城河：池深二丈（6.67m），阔如之</td></tr>
<tr><td>城门：门四（旧门三），东迎曦，南观澜，西通仙，西郭（无北门）</td></tr>
<tr><td>谷城县城廓示意图</td><td>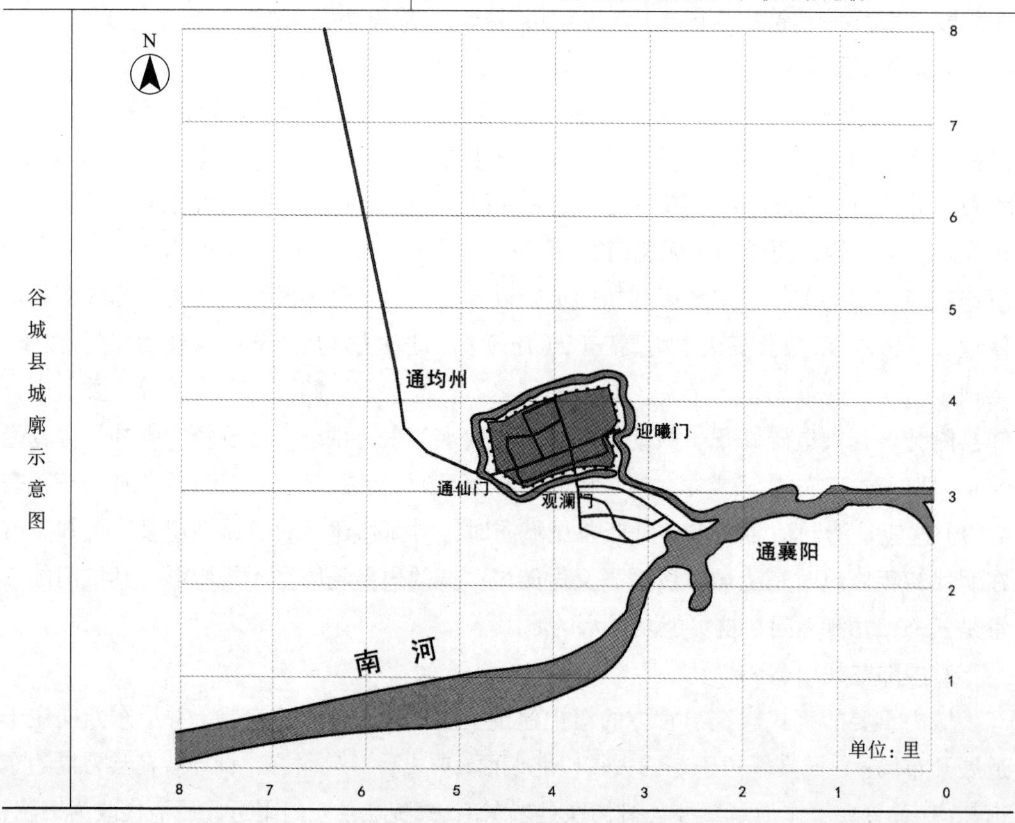
</td></tr>
</table>

4.5.3 宜城县城

1. 地理区位

宜城县城位于今湖北省西北部，汉江中游西南岸，蛮河与汉水交汇处以北，蛮河是汉水中游较大的二级支流。东界随州、枣阳，南接钟祥、荆门，西邻南漳，北抵襄阳。宜城所在的区域地形地貌特征为：东部和西南部为低山丘陵，海拔在 150m 以上；中部和西北部为岗地，海拔在 50 ~ 150m 之间；汉水两岸为冲积平原，海拔在 50m 以下，形成了东西两面环山高起，中部河谷平原，北高南低，向南敞开的总体地貌特征；水系以汉水为骨干，构成“树枝状”。地貌组成大致为四山一水五分田，该地区是汉水中游段襄宜平原的核心地区（图 4-15）。

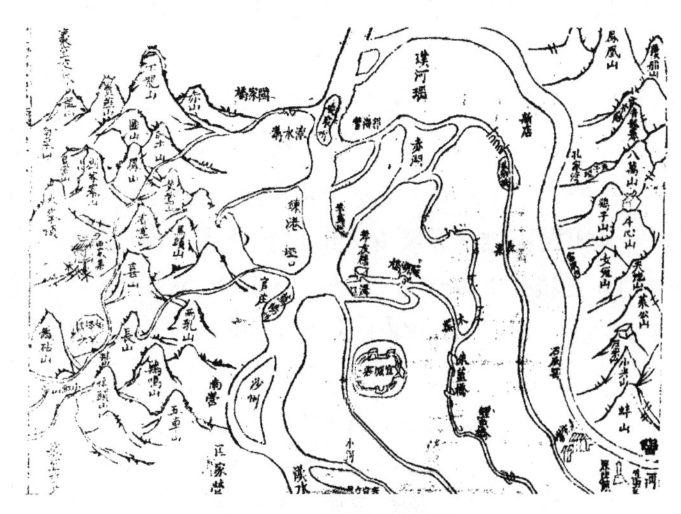

图 4-15 宜城县城疆域图

资料来源：清同治五年《宜城县志》。

2. 整体空间形态

唐代宜城乃因袭刘宋华山郡而来，治即在大堤城。《旧唐书·地理志》襄州“宜城县”条下称：“汉邔县，属南郡。宋立华山郡于大堤村，即今县。”则唐代宜城县即刘宋以来著称的大堤城，其城东临汉水，具体位置当在今宜城市北三十里小河镇之东。[1] 明嘉靖《宜城县志》卷上城池栏“故宜城城”条云：“在县（东）北三十里。汉置宜城县，始此。后为山水冲崩，遂迁鄢子国，即今之县是也。宋孝武元年，筑宜城大堤为县，周围十一里。”则辞呈规模较大，然而其“东逼汉江，其地短促也”。因此城址受汉水冲刷较严重，故约在北宋晚期至南宋中期（1075—1227 年），复南移至今宜城市区，故城渐沦入汉水河道中。

[1] 石泉．古鄢、维、涑水及宜城、中庐、邔县故址新探——兼论楚皇城遗址不是楚鄢都、汉宜城县 [M]// 古代荆楚地理新探．武汉：武汉大学出版社，2004：280-299。

汉水进入中游段后呈现出游荡型河道的特征，不仅在河道中出现很多沙洲，由于支流众多，河道也经常变化。位于襄宜平原的宜城和光化一样，历史上因河道冲刷而迁城数次。

明代成化元年（1465 年），宜城始在旧址上建筑土城，其时城周仅三里许，有四个城门，城壕九丈深、一长宽。然“嘉靖三十年（1551 年），汉水泛溢，破城东南北三面，守道省灾至宜（城），从士民之请，拓跨西岗（地势较高西区）以避水”。虽然没有迁城，但汉水的泛溢，仍然迫使举城西扩，扩于西面岗地。于是在明万历二年（1574 年）知县雷嘉祥尽拆朽蚀的城墙，修筑新墙，西扩的新城“周回五里三分（2.5km），共计八百五十九丈四尺，（城墙）高二丈（6.67m），厚五尺四寸（1.8m），基广三丈（10m），面阔丈余（3.3m），垛头九百三十七。（城）门六：东门、小东门、南门、小南门、西门、北门（旧门四曰，望江、凝晖、来远、拱辰）。城门各有城楼，城壕四面各深一丈（3.3m）”。[1]

然而，在新城修筑过程中，考虑到城的东面是汉水频冲之地，将城壕阔至五到六丈（20m）宽，增加城壕的蓄水能力，为城市提供缓冲。城“南北隅因城跨西岗（高地），自高临下，以故池仅阔一丈许（3.5m），城西据堪舆家言池不宜深，以地脉自西北来，（池深）恐伤地气故，（池）深不过三五尺（1.6m），阔（宽）亦仅丈许（3.3m）”。这次修筑基本奠定了明清宜城县城的格局与城廓形态，但迁城后水患依旧，清代中后期的水患，加之匪患频生，致使嘉庆十年（1805 年）城倾倒过半（表 4-11）。

明清宜城县城的城治简况　　表 4-11

<table>
<tr><td colspan="2">宜城历史悠久。夏为邔国。周时为罗、鄀鄢地，春秋时并于楚，为邔、鄀、鄢 3 邑。秦时为鄢、邔、鄀 3 县，隶属南郡。汉惠帝三年（公元前 192 年）改鄢县为宜城县。后变更分合，至唐天宝七年（748 年），又改名宜城县，宋、元、清名因之</td></tr>
<tr><td>城周：城周五里三分（2.5km），凡八百五十九丈四尺（2.865km），高二丈（6.67m），厚五尺四寸（1.8m），上阔丈（10m）余，下广三丈（10m）</td><td rowspan="3">

资料来源：清同治六年《宜城县志》。</td></tr>
<tr><td>护城河：池东为汉水动激，阔一丈（10m）许，周九百丈（3km）</td></tr>
<tr><td>城门：门六，东门，小东门，南门，小南门，西门，北门（旧门四曰，望江、凝晖、來远、拱辰）</td></tr>
</table>

[1] 清同治五年《宜城县志》卷二建置志。

续表

宜城城廓示意图	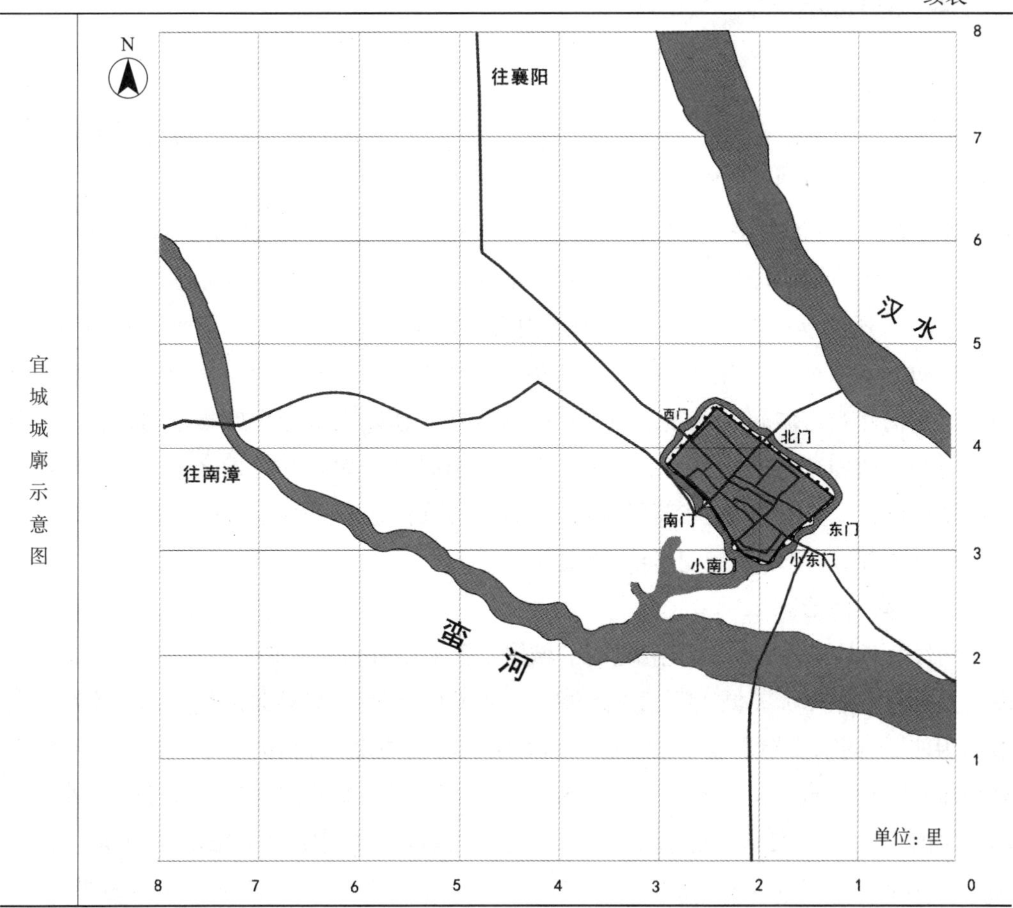

3. 内部空间形态

在城市内部的街巷格局中，南门与北门，东门与西门之间形成的十字街道仍然控制着城市的主结构，而新增的小南门与小东门为城市的东南地块内形成小十字街。因西侧为扩建区域，大部分官式办公建筑仍然保留在东侧区域，主要集中了以县署为中心的捕署、儒学、文武庙、书院考棚等，城隍庙、养济院等则建于城内西侧。值得注意的是由县学宫与文庙（图4-16），以及紫峰书院组成的文教建筑群，是以文庙的主轴线为中心，格局严整的建筑群组；城的北侧建有镇宜楼，为北面制高点，是城内的标志性建筑。

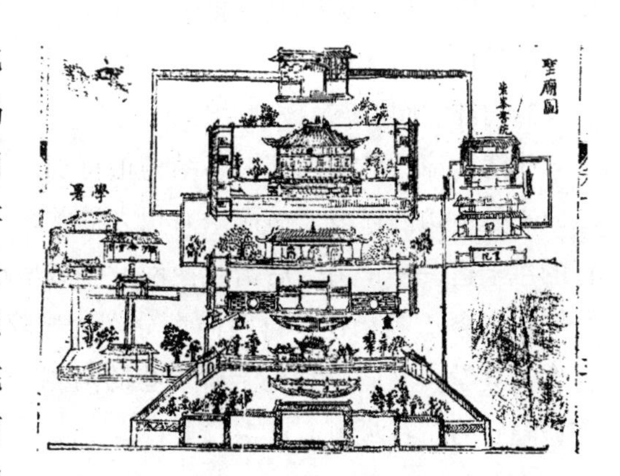

图 4-16　清同治六年《宜城县志》文庙图

4.5.4 南漳县城

1. 地理区位

南漳县城位于今鄂西北，汉水以南，荆山山脉以东。东临宜城，西连神农架，南接宜昌，北依襄阳南阳；地处江汉平原的北缘，南阳盆地的南缘，秦巴山系的东缘。南漳县城所在区域具有“八山半水分半田”的地貌结构，荆山山脉与江汉平原过渡地带的地理位置。

春秋战国时期南漳属罗国，是庐戎国的领地，秦设伊庐县，南北朝时设义请、思安二县。隋开皇十八年（598 年），因境内有漳河（古称南漳河），故改思安县为南漳县。唐初，南漳县处于山间小盆地或河谷小盆地之中，其所在的小盆地虽然都比较狭小，但是仍然筑有城郭。大概是因为这一地区在六朝以来多为蛮族集聚居住，以致到隋唐时期，边疆豪族的势力发展庞大，并且在当时社会大动乱背景之下，大多已经据堡扎寨形成独立势力集群。南漳县城就是沿袭其原有老 堡寨发展而来，规模自然比较小，而且这种城市形态一般不会持续太久。

2. 整体空间形态

明代南漳县城为土城，成化初建时“城周三里（1.5km），（城墙）高一丈六尺（5.3m），厚一丈五尺（5.2m）。（城）门三。正德十一年（1516 年），知县萧浩始筑以砖（贴面），增门为四”。明末嘉靖六年（1527 年），因为城太靠近西山，而北扩一里，城墙高厚如旧。这个城廓规模一直到清咸丰二年（1852 年），因商贸运输的需要，增建小东、小西二门。民国 11 年（1922 年）《南漳县志》中记载：南漳“城周四里（2km），（城墙）高二丈（6.67m），厚一丈五尺（5m）。（城）门六（旧门三），东曰通泰（又名迎恩），小东南曰对薰，西曰望蜀，小西北曰北拱。池深一丈余（3.3m），阔二丈（6.67m）”。南漳县城整体扁长，这和蛮河北岸地形有关。城市南侧一门，东西侧各两门，因风水的原因，城的北侧无门。

3. 内部空间形态

明清南漳县城的内部街巷结构很特别，体现出带状城市结构的特征，这可能和南漳原来是由边防堡城发展而来有很大的关系。城内东西侧各两个城门，连通了两条平行的主干道——正街与后街，使南漳县城呈现出类似于带状城市的交通方式。前后街之间由五条支巷相连，自西向东分别为城隍庙巷、易家巷、狮子巷、庵巷、梁家巷。县署与县学、文庙分别位于狮子巷的两侧；城隍庙位于西门城内，而火神祠与马神祠在城隍庙的左右两侧（表 4-12）。

4.5.5 枣阳县城

1. 地理区位

枣阳县城位于今湖北省西北部，鄂豫两省交界处，东与随州接壤，西与襄阳毗连，

明清南漳县城的城治简况　　表 4-12

<table>
<tr><td colspan="2">南漳历史悠久，春秋战国时期属罗国、庐戎国的领地，秦设伊庐县，南北朝时设义清、思安二县。隋开皇十八年（598 年），改思安县为南彰县。后因境内有漳河（古称南漳河），故改南彰县为南漳县</td></tr>
<tr><td>城周：城周四里（2km），高二丈（6.67m），厚一丈五尺（5m）</td><td rowspan="3">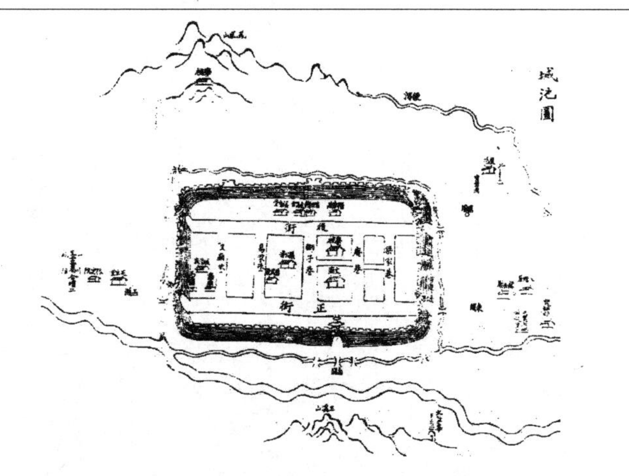

资料来源：民国 11 年《南漳县志》。</td></tr>
<tr><td>护城河：池深丈（10m）余，阔二丈（6.67m）</td></tr>
<tr><td>城门：门六（旧门三），东通泰（又名迎恩），小东南曰对薰，西曰望蜀，小西北，北北拱</td></tr>
<tr><td>南漳城廓示意图</td><td>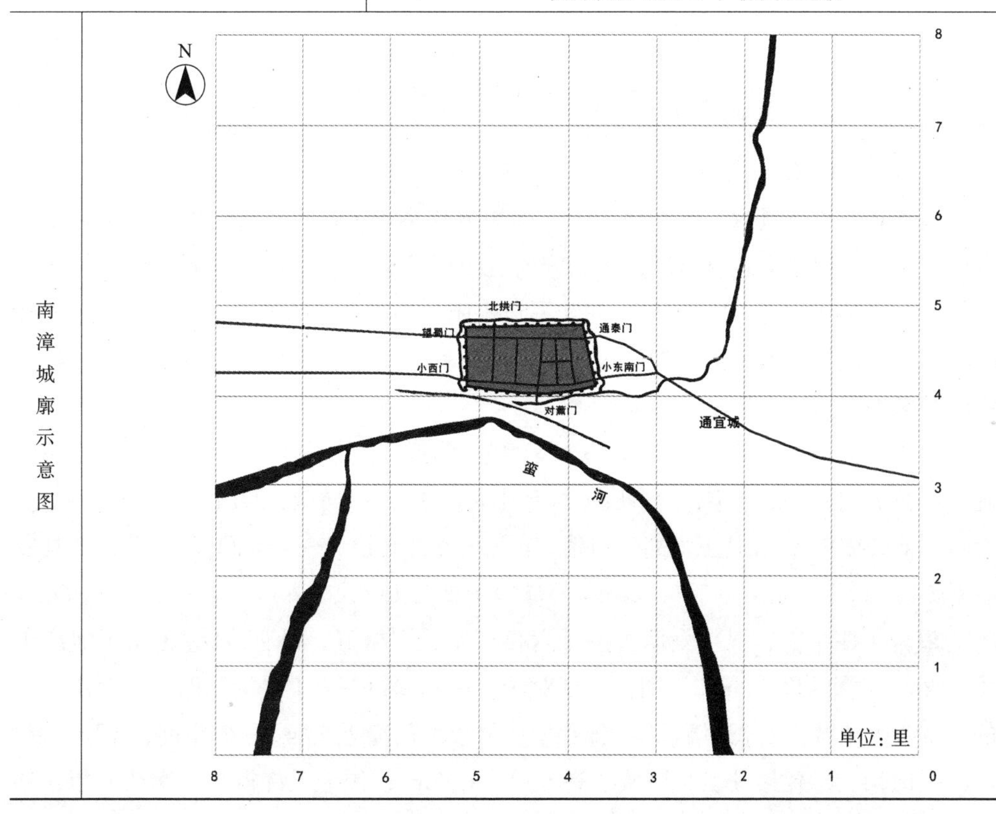
</td></tr>
</table>

南与宜城为邻，北与新野、唐河、桐柏三县相连。枣阳县城所在的区域地形属丘陵岗地。东北和南部分属桐柏山、大洪山余脉，丘陵起伏，地势由东北向西南倾斜（图 4-17）。中部和西北为岗地和平原，连绵漫岗与襄北、光北组成湖北著名的“三北岗地”，岗地面积约占县域总面积的 54.8%。

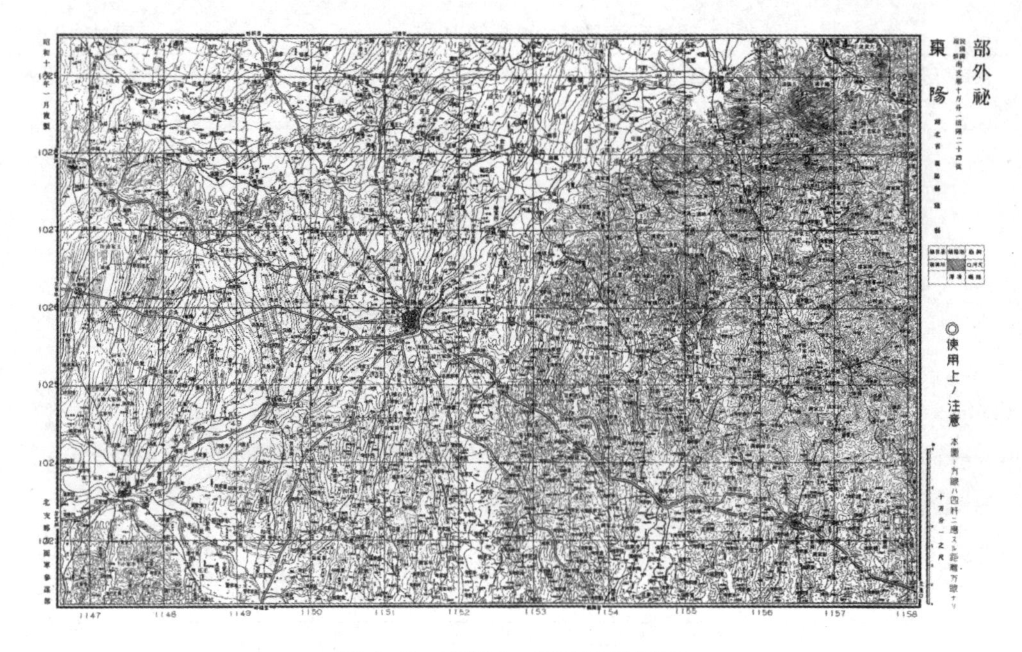

图 4-17　枣阳 1：100000 地形图

资料来源：民国 16 年日军参谋本部测量局。

2. 整体空间形态

隋初置春陵郡领县六，其一曰枣阳。隋唐五代枣阳县是否筑有城廓，迄未见资料足资说明。即便唐时尝筑有城廓，至南宋时也早已废隳，所以开禧三年（1207 年）曹彦约作《上宣抚宇文尚书札子》，认为“不筑枣阳，不足以守随州”。于是，“南宋知随州吴柔胜始筑土城，嘉定十一年（1218 年），孟宗政增筑”。南宋时期的枣阳城廓经过这次的维修加固，成为著名的坚城。

民国 12 年（1933 年）《枣阳县志》记载：“明成化间知县杨英（在宋元枣阳城的基础上）甃五门，东曰寅宝，曰阜成（俗呼小东门），南曰向明，西曰西成，北曰观光。弘治六年（1493 年），知县王显高建门楼。正德七年（1512 年），流贼攻城几陷，知县安邦始创砖城。（城）周四里二分（2km），（城墙）高二丈一尺（7m），厚一丈八尺（6m）。橹（远望台）四十二，堞（女墙）一千六百五十，门楼五，设有冷铺。（城）池广十丈（0.1km），深六尺（2m）。”明代初期对于枣阳的修筑基本上是沿用旧址，并由初创时的土城改为砖城，又“万历元年，知县王应辰以南门逼近文庙，移使稍前，特开（阔）一门，提曰崇文，建楼其上，增城各高五尺（1.67m），浚池尺许得泉。崇祯五年，知县今九陛复增高五尺（1.67m）浚池如之（1.67m）”。在明代末期将城改为六门，南移增加小南门，目的是获得南门入口处的缓冲空间。而城门的数量为六，为县城中数量较多者，更充分印证了城门的数量与城市的等级并无直接联系。城门的数量多寡亦充满偶然性，有交通贸易的需要，城市空间管理的需要，甚至和周边城市的影响以及施政者的想法都有一定的关系。

有清以来，枣阳的城廓格局未有太大变化。因清初沙河水患而于城东南面修筑堤防，城市方面与城防有关的城墙有过增筑的记录：“（乾隆）十一年夏，沙河水暴发溃东南城一百一十二丈（0.373km）有奇，二十年，知县张载远建议葺护城土堤，二十二年，知县黄文媛始成之。五十八年，均州知州周陪摄县事，尽易土堤以石。道光二十三年熊文凤重修雉堞（古代城墙的内侧叫宇墙或是女墙，外侧叫垛墙或雉堞），新门楼翼然。咸丰二年夏，秋霖雨坏城西北及小东门、南门，知县陈子饬补修。同治二年，知县应銮阶、吴凤笙相继议挑壕土以补城隍，加厚丈余，城上修窝房六处，城外周筑牛马墙，并于东南门外及顺城关各筑土城，三年知县张声正重修西北关外碉堡。”牛马墙是一种明初就开始使用的城防工事，设在城外与壕上，有大小铳眼，敌来则击以铳或炮。遇紧急情况不敢开城门时，一应避难的人牛马之类，皆可暂于墙内收避。这是与土城、碉堡共同使用的城下防御体系。同治二年（1863 年），捻军陈得才部转战于河南唐县、南阳及湖北枣阳、随州（今随县）一带，清末枣阳城墙防御体系的加固应是对此事件的回应。1939 年后，枣阳城墙被日军拆毁。

3. 内部空间形态

枣阳县城内部仍然是十字街道为主结构，城东侧有小十字街。县署、捕署、光武庙等一批官署位于大十字街西北侧。城隍庙、文庙、文昌宫集中在南门口内西营坊街处，加之南门外道路通随州与襄阳，致使南门的交通压力较大，形成大小南门并立的情况以方便南区疏散。南门内的标志性建筑为奎星楼，位于县城东南隅城墙上。据民国 12 年（1923 年）《枣阳县志》记载：“邑人唐亮（清康熙拔贡）为记考天文，倡修奎星楼。因‘奎’为北斗第一星，故而得名。”（表 4-13）

明清枣阳县城的城治简况 表 4-13

<table>
<tr><td colspan="2">公元 601 年，隋文帝为避太子杨广讳，改广昌县为枣阳县，枣阳名称始于此。唐高祖武德三年（620 年），蔡阳县、春陵县并入枣阳县，属昌州管辖（治所在枣阳），至此，枣阳疆域基本定型。明太祖洪武九年（1376 年），枣阳属湖广布政司襄阳府。清圣祖康熙三年（1664 年），枣阳属湖北布政司襄阳府管辖</td></tr>
<tr><td>城周：城周四里二分（2km），高二丈一尺（7m），厚一丈八尺（6m）</td><td rowspan="3">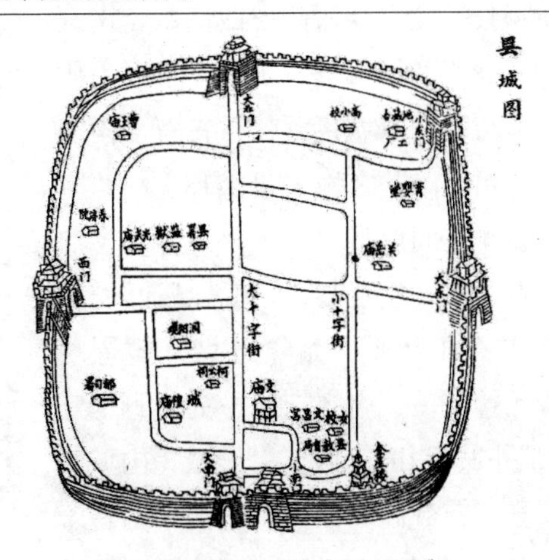

资料来源：民国 12 年《枣阳县志》。</td></tr>
<tr><td>护城河：池广十丈（0.1km），深六尺（2m）</td></tr>
<tr><td>城门：门五，东曰寅宝，曰阜成（俗呼小东门），南曰向明，西曰西成，北曰观光</td></tr>
</table>

续表

枣阳城廓示意图	N 往唐河 观光门 寅宝门 往襄阳 阜成门 西成门 向明门 沙 河 往随州 单位：里 8 7 6 5 4 3 2 1 0

4.5.6 新野县城

1. 地理区位

新野所在的区域北依宛洛，南接荆襄，西临秦陇，东通宁沪，沃野百里，八水竞流。明清新野县城位于今河南省西南部，南襄盆地中心，号称“百里平川”，北接南阳府城，南与襄阳府城接壤，自古有“南北孔道，中州屏障”之称（图 4-18）。

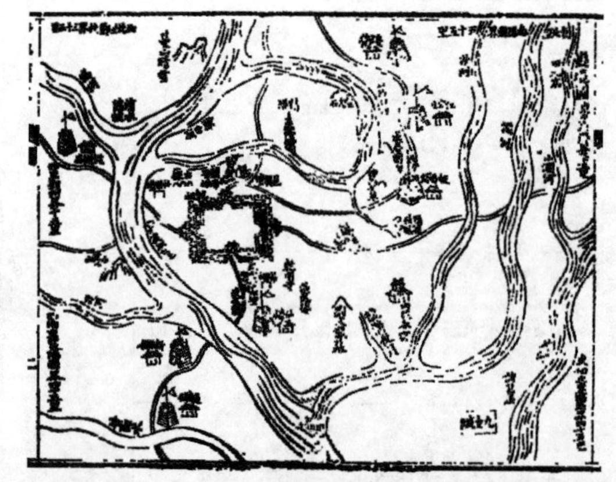

图 4-18　新野县城疆域图

资料来源：清乾隆十九年《新野县志》。

2. 整体空间形态

新野西汉初始置县，“初无城池”，东汉刘备屯兵于新野，始筑土城，城周二里。晋代置郡治，南齐刘思忌为新野郡守时，增筑外城，而旧土城作为子城（内城）。然新野县于曹魏尚为荆州刺史治，两晋宋齐则为新野郡治，城中立有中隔，“西即郡治，东则民居”。唐时新野县城可能要比晋宋新野郡城小，其于唐末省入穰县。《太平寰宇记》卷一四二中，仅于邓州下记有“废新野县”，可知其城久已荒废。

明天顺五年（1461年），知县赵莹于旧城基址上重修新野县城，其“（城）周四里。（城墙）高一丈三尺（4.33m），广一丈五尺（5m）。（城）池深五尺（1.67m），阔一丈五尺（5m）。（城）门四，东曰朝阳，西曰通德，南曰望远，北曰迎恩，上各建楼。正德六年（1511年），知县高廷禄增修，外甃以砖列楼橹，（城墙）高增一丈二尺（4m），得二丈五尺（城墙总高8.33m）。正德十年（1515年），南门外增筑新城，（城）周二里，外亦为壕。嘉靖四年（1525年），知县江东复内甃砖，浚（挖，疏通）池深增五尺（1.67m），得一丈（增挖后城壕总深度3.33m），阔增一丈（3.33m），得二丈五尺（8.33m）。明末寇乱颓敝。”[1] 至明中期，对新野县城的改扩建，已是内外附砖的砖城，且城墙上修筑楼橹（守城用的高台，无顶盖），增强了城池的防御力。清代新野县城只在此基础上修葺了颓坏部分。

3. 内部空间形态

新野县城内是十字街结构，典型的平原型城市形态特征。值得注意的是城内西南隅以县治衙署为中心的城内之城，城内县治衙署位于西南隅，察院在县治东侧；儒学在县治东侧，古子城内西南部分可以视作衙署办公区。该行政区原有墙垣环绕，成为新野县城内的子城。城内的官方祭祀类建筑城隍庙在城内西北方向，火神殿与关帝庙位于城东南隅。南门入口内街建有钟鼓楼、武侯阁等标志性建筑（表4-14）。

明清新野县城的城治简况 **表4-14**

<table>
<tr><td colspan="2">新野西汉初年（前202年）置县，始名新野，治所在今县城，属南阳郡，元至元二年（1265年），置新野县，属邓州，至元八年（1271年），随邓州属南阳府，明、清因之。民国3年（1914年），新野县属汝阳道</td></tr>
<tr><td>城周：城周四里（2km），高一丈三尺（4.33m），广一丈五尺（5m）</td><td rowspan="3">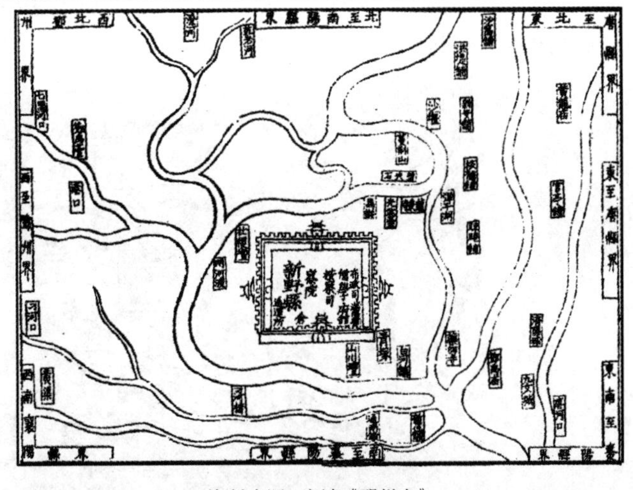
资料来源：嘉靖《邓州志》。</td></tr>
<tr><td>护城河：池深五尺（1.67m），阔一丈五尺（5m）</td></tr>
<tr><td>城门：门四，东曰朝阳，西曰通德，南曰望远，北曰迎恩</td></tr>
</table>

[1] 清乾隆十九年《新野县志》卷二建置志。

续表

<table>
<tr><td>新野城廓示意图</td><td>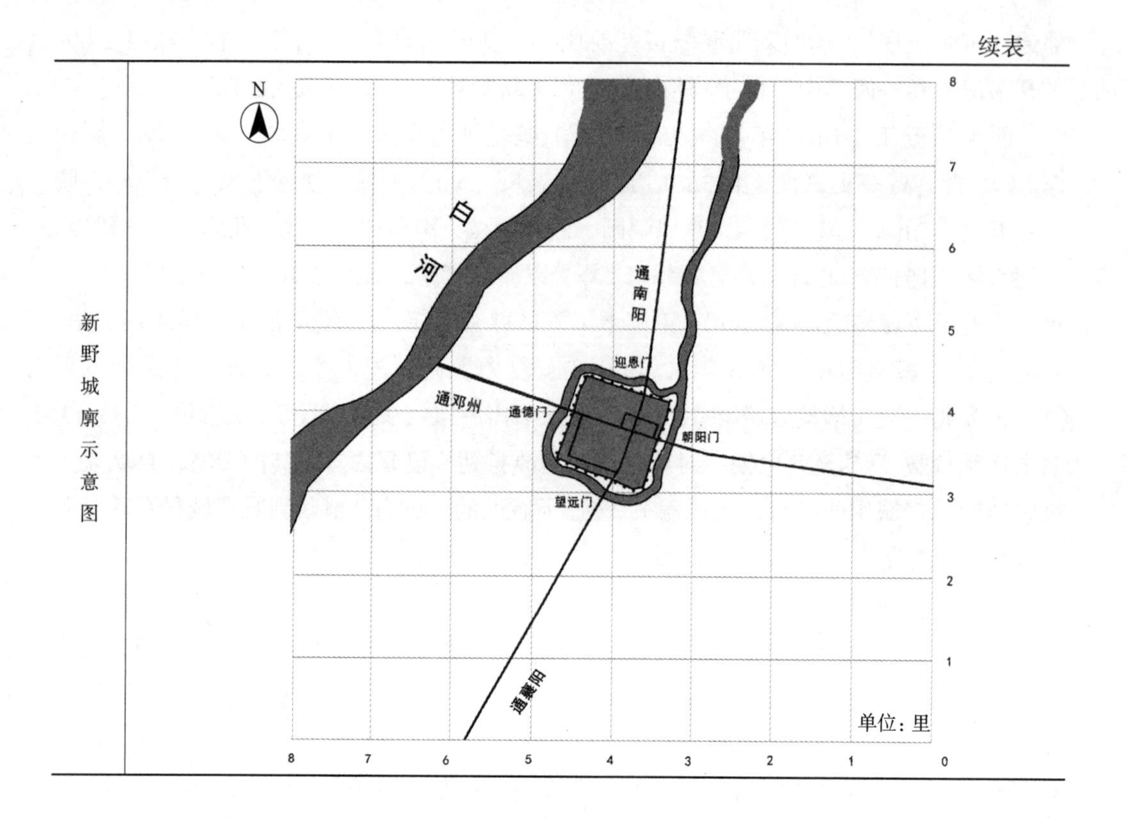
</td></tr>
</table>

4.5.7 唐县县城

1. 地理区位

唐县县城位于今河南西南南阳盆地东部，东邻桐柏、泌阳，西接新野、南阳，北与社旗毗连，南同湖北枣阳接壤（图 4-19）。

图 4-19 唐县县城疆域图

资料来源：清乾隆五十二年《唐县县志》。

2. 整体空间形态

秦汉时期唐县属南阳郡，县地在今唐河县湖阳镇。西魏时（535—585 年）今县域内比阳属淮州，上马属湖州。隋开皇五年（585 年）改淮州为显州。后又改为淮安郡，辖比阳等七县。《旧唐书·地理志》唐州“比阳县”条下原注称：“汉县，属南阳郡。后魏置东荆州于汉比阳古城，改为淮州。隋改淮州为显州，取界内显望冈为名。贞观元年，改为唐州。比水出县东。今县，州所治也。”唐武德五年（622 年）废显州、湖州，以唐城山（即今唐河县湖阳镇南唐子山）更名唐州（此时的唐州即原来的昌州，州治在枣阳）。唐末天佑三年（906 年），以“州郭凋残，又不居要路”，移唐州治所于泌阳县，即今唐河县城关。[1] 则唐宋时期之唐州治所非在一城：唐代唐州治比阳，在今泌阳县；宋代唐州治所泌阳县，在今唐河县。

北宋时期，唐州土旷人稀，并不富庶，史籍中未见有关宋代唐州立有城壁之记载，唐州自移泌阳县后，很可能未修筑城壁，即宋时唐州并无城垣。元时唐州属南阳府。明洪武二年（1369 年）改唐州为县，属南阳府，清时仍叫唐县。

清乾隆五十二年（1787 年）《唐县县志》记载：“元至正年间建城，明洪武三年金吾右军千户程飞即旧（城）基修筑，天顺间千户齐政重修。（城）周六里二百八十八步（3.28km）。（城墙）高二丈五尺（8.33m），广一丈一尺（3.67m）。（城）池深一丈六尺（5.33m），阔二丈（6.67m）。（城）门四，飞凤、迎辉、澄源、拱交。角楼四，敌台（城墙上用于防御敌人的楼台）警铺三十四。正德十二年知县李泽千户王珙重修城池，宽深各增数尺。崇祯十五年，署县事王泽深于闯寇毁坏之余，填塞补葺，为一时守卫寻，多崩阙。国朝顺治九年知县李芝英重修，至康熙四年知县田介更为修筑城郭。”

唐县城周较一般的县城为大，可能和宋元时期唐州作为州城的旧址有关。清乾隆五十二年（1787 年）《唐县县志》记载的元时唐州治城大概“城周九里三十步（4.84km），（城墙）高二丈五尺（8.33m），广一丈一尺（3.67m）。濠堑深一丈六尺（5.33m），阔二丈（6.67m）”。明初显然是在元州城的尺度旧址的基础上改建，因旧址城垣边长的制约，城廓仍显示出一定的规模。

3. 内部空间形态

在唐县县城内部，南门与北门并不在一条轴线上，十字街除东西向，南北向未能贯穿。县署（图 4-20）位于南门大街正对处北侧，城市的北侧中心位置。城市十字街的东南隅形成文教区，文庙、县学、书院皆位于东门大街的南侧。东门内应是城市较为热闹的区域，入门的北侧有祠庙

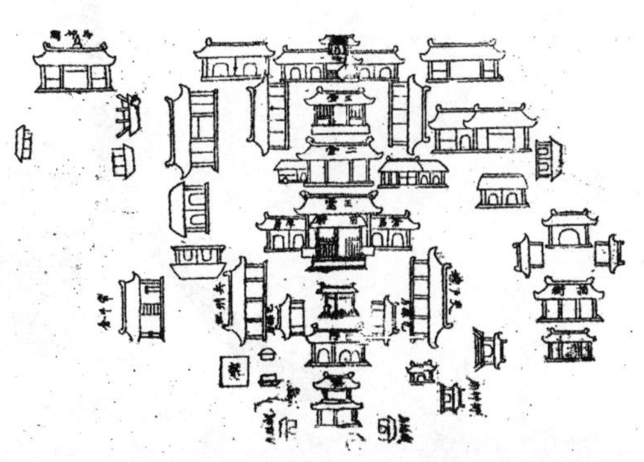

图 4-20　清乾隆五十二年《唐县县志》县衙署图

[1] 《旧唐书》卷二十下：（天佑三年六月）“己亥，权知唐州事卫审符奏”。

以及菩提寺院，寺院位于东大街北侧通向北门的交叉口处，并建有八棱圆锥形密檐式砖塔——泗洲塔，是城内的标志性建筑。菩提寺建于宋绍圣二年（1095年），于明洪武十年（1377年）重修。

而入东门南侧的岗坡上建有文峰塔，也是县城东南处相对应的标志性建筑，为培植唐县文风而建，据清康熙辛亥年（1671年）《重修文笔峰记》载："以笔利文，以峰众笔，故曰文笔峰。"建筑为仿楼阁式砖塔，平面呈八边形，塔身分九级，基座底边直径5.18m，周长17.28m。塔身通高30m。文笔塔与城北的泗洲寺塔遥相呼应，在唐县县城素有"一城担二塔，二塔抬一城"之说（表4-15）。

明清唐县县城的城治简况 表4-15

唐县洪武二年（1369年）改唐州为县，清时仍叫唐县。民国2年（1913年）改唐县为泚源县。民国12年（1923年）改为唐河县，属河南省第六行政区（即南阳专区）	
城周：城周九里十三步（4.52km），高二丈五尺（8.33m），广一丈一尺（3.67m）	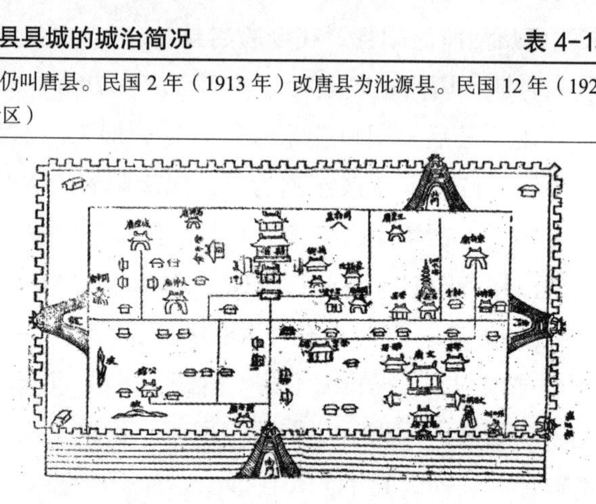
护城河：池深一丈六尺（5.33m），阔二丈（6.67m）	
城门：门四，东曰迎晖，南曰拱交，西曰澄源，北曰飞凤	资料来源：乾隆五十二年《唐县县志》。
唐县城廓示意图	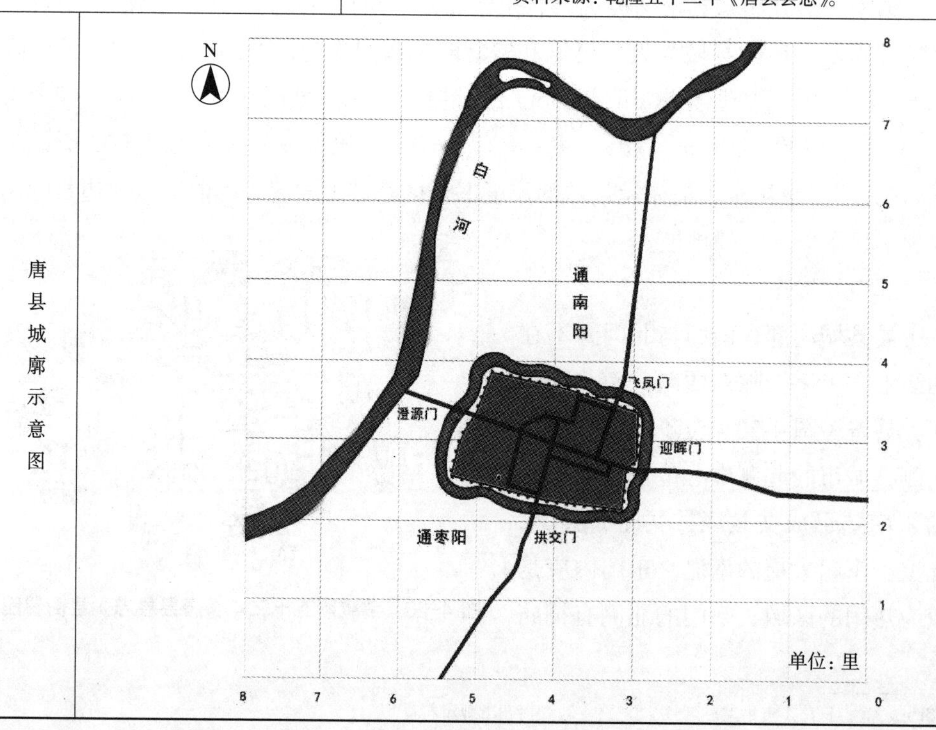

4.6　本章小结

本章的主要工作，是对明清以来汉水中游的府、州、县治所城市的建城历史与整体空间形态进行梳理与研究，并在此基础上绘制城市的城廓与街巷平面简图，以利于下一个章节关于城市空间形态各系统特征的分析与比较研究。现对本章的工作总结如下：

（1）本章对于 11 个府州县城市的空间形态描述，主要来自于对明清至民国时期地方志等文献资料的解读，此外由厦门大学鲁西奇教授主编的《城墙内外：古代汉水流域城市的形态与空间结构》一书也为这 11 个城市的描述提供了基础。城市中现有历史遗存的考察不仅使笔者了解到更多关于历史城市的背景情况，也为总图的绘制提供了标志物的定位。Google 地图中大多数城市的城廓形状清晰，且街巷名称保留至今，能够一一对应，也为总图的绘制提供了依据。

（2）对于 11 个城市的形态考证工作庞杂而繁重，要进行有深度的形态描绘与重塑是一件颇具难度的事情。目前阶段的城市空间形态的研究，一是摸索研究方法，二是仅对城市的整体空间形态进行概述（包括总图部分）。

（3）城市是其历史进程、政治制度、文化经济的物化表现形式，只有用普遍联系的观点看待城市，才能体察到，城市的空间形态往往蕴含了比其形式更加丰富的内涵。当然，这也要求对城市以及城市组群间要有更深刻的认识。但是，地方志等文献对于城市的记录略显感性和粗糙。官方色彩较重，而缺少数据资料的记录，方志前卷关于城市的简图也属于意向性的示意图，需要辨析。

（4）从这 11 个城市的建设来看，大部分是明初建造的。说明大多数城市在元代时基本无城（墙）或被战毁。以致明代初年进行复建，而大部分城市也是在旧址上重建，城廓格局上仍然受到旧城的制约。

（5）治所城市在其建城过程中，古代建城的基本制度与符合礼制的要求是其初始的主导思想。而遇到微观地形特征与河道的影响时，城市会做出相应的妥协，如城市会舍弃正南北方向的城廓形态，而选择城廓与河道走势平行的做法等。而规模越小的城市（如县城），其城廓形态处理会越灵活（未必是方形城廓）。

（6）从汉水中游治所城市的资料分析来看，大多数城市仍以优先选择临近汉水河道的平坦低洼地区为主，但这样的地形选择又冒着容易被洪水冲刷的风险。于是，城市的防洪措施就成为影响城市空间形态特征的重要因素。

（7）地方志等文献资料的记载中，关于城内公署建筑（政府对城市及居民进行管理的行政办公建筑群）与官方祭祀建筑（文武庙与试院）等建筑记录较多，且较详细。

而对于居民区和商业区的记录很少，城市内部是否有成规模的商业区值得考证。尽管如此，很多城市中现存的以专业作坊与商业特征命名的街道，如襄阳的火牌店街、铜醍巷等，仍然说明商业区是存在的。

（8）对于明清以来汉水中游的治所城市，目前尚缺少一个重要的数据资料的收集与考证，那就是城市的人口规模统计与人口的变迁情况。人口是城市规模与形态演变的考证基础，而人口的统计也较难获得。

第5章

明清时期汉水中游治所城市空间形态要素的特征研究

对汉水中游府县治所城墙内的空间形态分析与比较研究，将主要沿用凯文·林奇在《城市意象》一书中所归纳的城市空间分析方法，即边界（edges）、街巷（paths）、区域（districts）、结点（nodes）、标志物（landmarks）这几个城市形态要素对汉水中游治所城市的整体空间加以比较分析与归纳总结。

上一章中收集整理了清代中后期汉水中游所有府县治所城市的地方志和相关的文献资料，并对这些资料进行了整体性的分析（目前的工作量还谈不上是辨析）与论述。在本章希望在同一历史区段下，对这些治所城市的空间形态进行系统归纳与比较研究。由于史料对于城市空间形态的记录主要是城池和主要的行政功能建筑，鉴于文献的限制，研究主要从以下几个方面对汉水中游府县治所城市的空间形态特征进行比较与归纳分析：城墙的边界形态特征；城市的街巷结构与形态特征；城市的主要功能区布局，其中以均州州城为例，归纳其主要的功能建筑群形态特征；城市的节点与标志物的形态特征。

5.1 治所城墙的边界形态特征

城墙和城门是中国古代城市空间定位的最重要因素，作为边界的城墙与城门是治所城市主要的象征，也控制着城市的边界形态与城市规模。

明初，朱元璋建立的政权立足未稳，农民战争还处于胶着状态，统治者就掀起一场修筑城池的运动[1]，在明代二百多年的时间里，全国大、中、小城市的城池逐步得到改建和加固。为了应付日益发展起来的火炮等热兵器，明代大规模建造砖筑城垣或对既有的土筑城垣用砖加以全面甃砌。[2]

从总体来看，明清以来汉水中游府州县治所城市的空间形态特征与中国其他地区的城市并无二致——采用网格形态并由城墙围合。规划明显体现出一种理想的礼制世界的模式特征，把城市作为一个完整的微观世界进行设计，用网格的形态体现宇宙化的格局。而城墙环绕的城市，如果说对外的意义是防御，是政权中心的符号，那么对内则更多的是社会控制，是等级设计空间的标志。

5.1.1 城廓形态与城的规模比较

从城墙的形状分析来看，汉水中游地区的这些府、州、县城市，明显体现出一种符合礼制的城市规划的同时，又不断顺应或者说向地势环境妥协的模式特征。 这里还有一个重要的要素影响着城市的形状与方位，那就是汉水中游游荡型河道的特征，以及城市不得不应对的防洪措施。

从城市始建的年代来看，汉水中游地区明清时期的大多数府、州、县城都是在明初或明中期新筑的（只有极少数的县城，如光化县城，是在明末才修筑的），但是，它们绝大部分是在唐宋乃至六朝城基址之上直接修筑（如均州、邓州州城，谷城、枣阳、新野县城），或者改扩建的（如宜城、南漳、唐县县城）。

1. 城廓的形态比较

明清时期大部分汉水中游城市的形状呈正方形或长方形或近似矩形的城垣形态，而背离方正性城墙呈不规则形状的，是几个行政等级较高的城市。这样的结果显然与这些行政等级较高的城市占地规模较大，从而难以形成理想的方形城垣有很大的关系。也就是说，高等级的城市在规划中，任何符合礼制的倾向似乎都被复杂的地势所抵消，崎岖

[1] 清乾隆十九年《新野县志》卷二《建置志》。

[2] 王贵祥．明代城池的规模与等级制度探讨 [C]// 杨鸿勋主编．历史城市和历史建筑保护国际学术讨论会论文集．长沙：湖南大学出版社，2006：3-4。

的地形使大规模的城市比小城市更难达到规则性的要求（如汉水中游地区规模较大的襄阳府城和邓州州城）；而面积小的城市即使在起伏不平的地方也有可能修筑成方形的城垣。

汉水中游地形地貌特征以丘陵岗地为主，尽管绝大部分的城市选址会首选低洼的平地，但受地表山坡、支流以及临河滩涂的双重影响仍然较多。加之离河道越近，越容易受制于沿河堤防设施，甚至部分城墙需做成堤防的一部分。如襄阳北侧的城墙边界，在方形城垣的基础上扩建新城，新城避让城北正中洼塘而形成内凹面，在东北角为约束河道走势又形成外凸面；在新城城墙内的临河面又修筑寡妇堤以加固城墙，形成综合的防洪堤岸，使北侧沿岸形成堤防型不规则城墙界面（表 5-1）。

明清汉水中游地区 11 个府、州、县城的等级、城廓形状及规模　　表 5-1

城市名称	职守等级	修筑年代	城廓形状		占地面积（km^2）
襄阳	府城 冲、繁、难 *	明至正二十五年（1365 年）	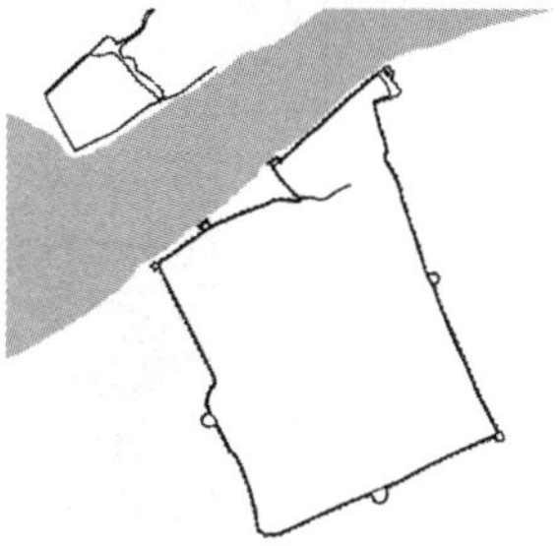		2.54
			倾角 23°	宽：长 =1：1.27	
南阳	府城 冲、繁、难	明洪武三年（1370 年）	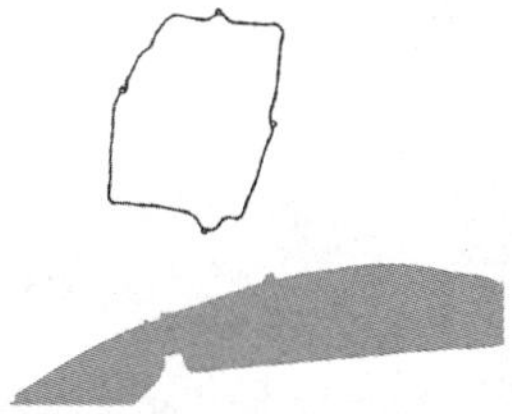		0.84
			倾角 13°	宽：长 =1：1.3	
均州	散州 简	明洪武五年（1372 年）	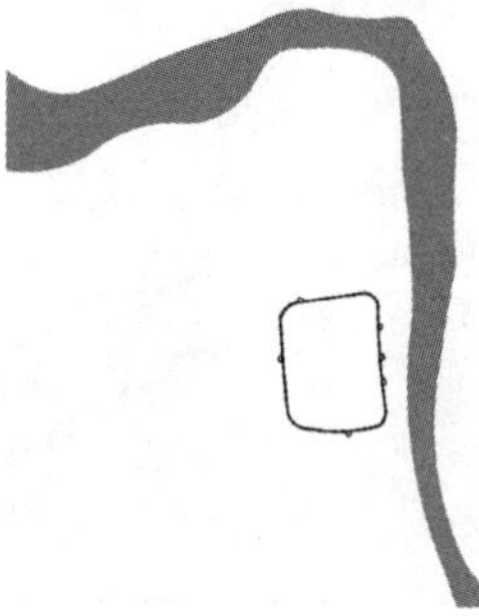		0.38
			倾角 13°	宽：长 =1：1.3	

续表

城市名称	职守等级	修筑年代	城廓形状		占地面积（km^2）
邓州	散州 繁、难	明洪武二年（1369年）	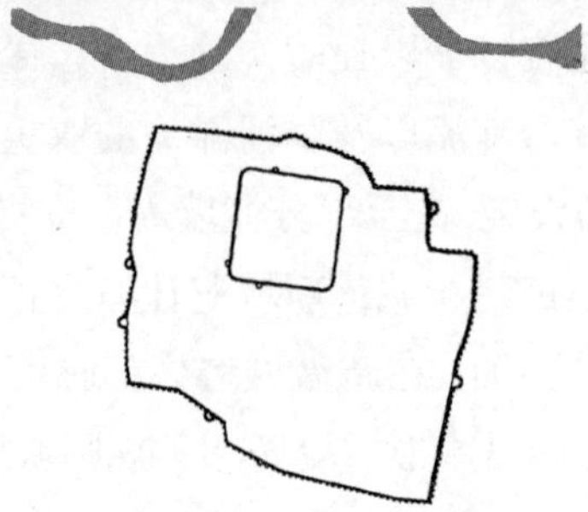		0.39
		明弘治十二年（1499年）			3.45
			倾角11°	宽：长=1：1.1	
光化	县城 简	明万历三年（1575年）	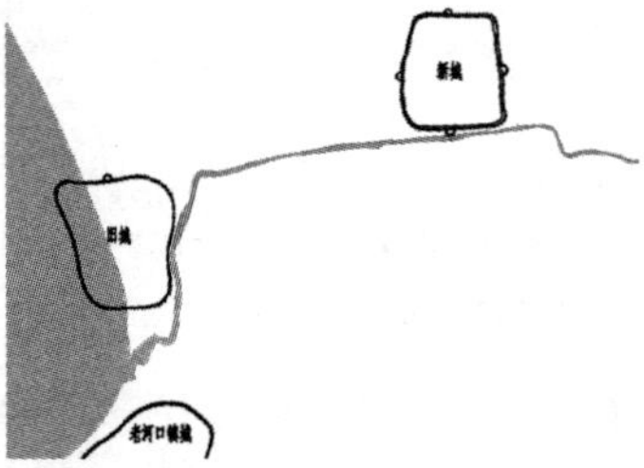		0.33
			正南北向	宽：长=1：1	
谷城	县城 简	明洪武二年（1369年）	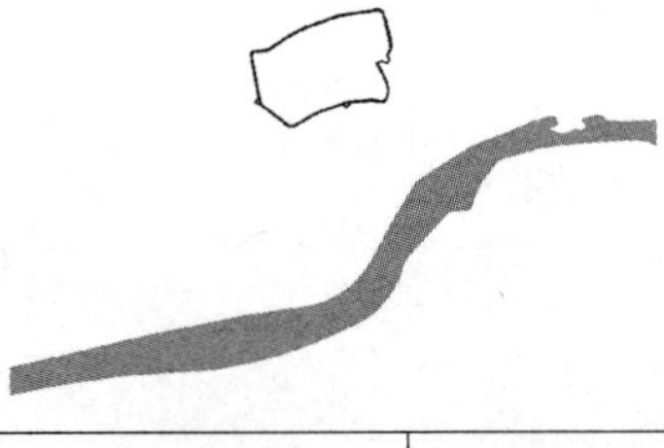		0.304
			倾角17°	宽：长=1：1.65	
宜城	县城 冲	明成化元年（1465年）	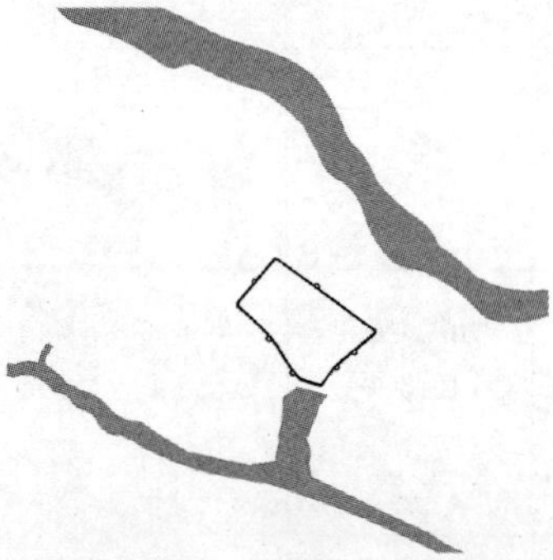		0.32
			倾角54°	宽：长=1：1.8	

续表

城市名称	职守等级	修筑年代	城廓形状		占地面积（km^2）
南漳	县城 简	明成化二年 （1466 年）	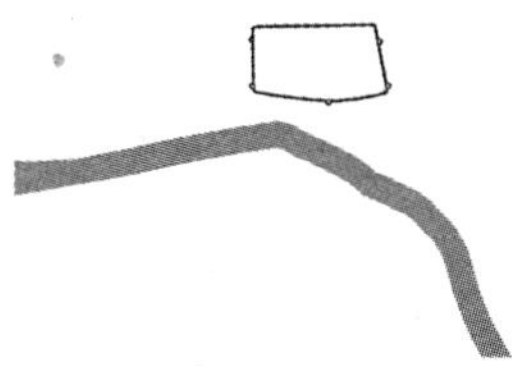 倾角 0°	宽：长 =1：1.8	0.28
枣阳	县城 冲、繁、难	明成化五年 （1469 年）	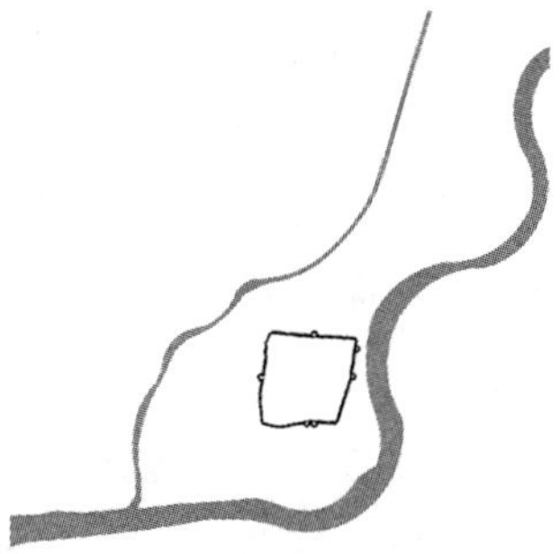 正南北向	宽：长 =1：1	0.28
新野	县城 冲	明天顺五年 （1461 年）	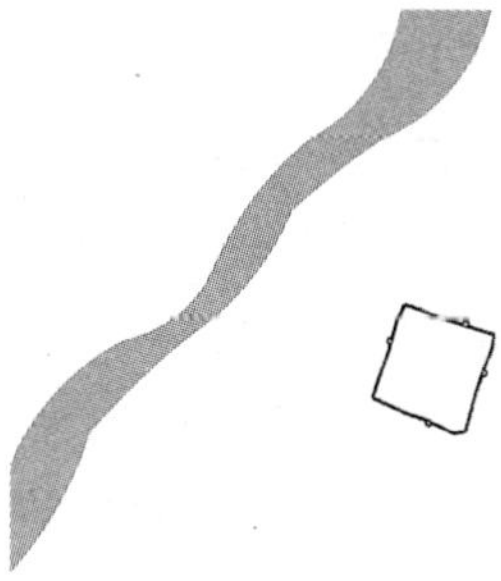 倾角 19°	宽：长 =1：1	0.31
唐县	县城 繁、难	明洪武三年 （1370 年）	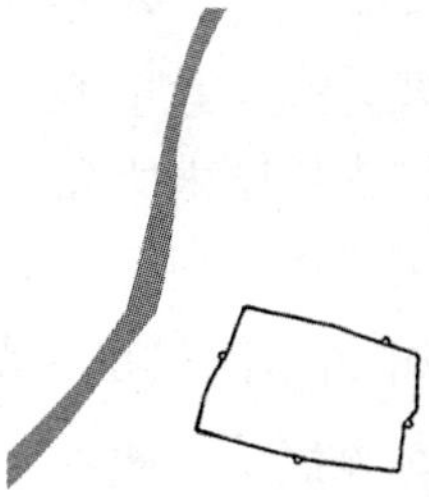 倾角 19°	宽：长 =1：1.5	0.73

* 清雍正年间，由广西布政使奏准，分定全国州县为冲、繁、疲、难四类，以便选用官吏。照雍正时的解释是：交通频繁曰冲，行政业务多曰繁，税粮滞纳过多曰疲，风俗不纯、犯罪事件多曰难。县的等第高，字数就多，反之，字数就少。冲繁疲难四字俱全的县称为“最要”或“要”缺，一字或无字的县称为“简”缺，三字（有冲繁难、冲疲难、繁疲难三种）为“要”缺，二字（有冲繁、繁难、繁疲、疲难、冲难、冲疲六种）为“要”缺或“中”缺。

由表 5-1 可以看到，所有的县级城市呈方形和矩形。方形城市的长宽比例基本上为 1∶1,矩形城市的长宽比例基本上是 1∶1.5（唐县县城）~ 1∶1.8（宜城与南漳县城）。这个比例按照视觉的稳定性来讲，是比较适度的比例关系。所有矩形的城市平面长边取东西向，短边取南北向。在这些方形或矩形的平面中，就其方位而言，除了少数的几个城市选择正南北的方位布局以外，大部分城市的平面会选择一个或两个边平行于河道，从而和正南北的轴线形成一个有倾斜度的夹角，如襄阳府城倾斜 23°，唐县县城倾斜 21°，宜城县城倾斜 54°。

大部分汉水中游的治所城市在清代中后期只筑有一道城墙，但其中邓州州城筑有完整的两道城墙。按清康熙三十年（1691 年）《邓州志》的记载：邓州地处豫、鄂、陕交界处，素有“三省雄关”之称，南宋以前，一度是南阳盆地的政治军事中心，“南控荆襄，东连吴越、西通巴蜀”，是战略上具有重要地位的城镇。邓州在元代前就筑有两道城墙，明初洪武二年（1369 年）在宋元的基址上先行修筑了内城，其周长为 2.06km。对于散州这样等级的城市来讲，这个类似于县城规模的城市面积显然满足不了要求，于是在明弘治十二年（1499 年）重筑了外城。时隔 100 年后建造第二道城墙，是为了把城市防御系统扩大到由于人口膨胀在原有城墙外发展起来的新聚落。

2. 城的规模比较

一般认为，行政等级越高的城市，规划者把最初城垣的占地面积设计得就越大。高等级的城市被建设得很大，部分原因也许是出于对防御能力的关注，但是，更多的考虑很可能是预期城市的自然发展过程会产生府城人口比州城人口多，州城人口比县城人口多等结果。从汉水中游城市的统计结果来看，府州城市确实明显比县城要大，但是由于本书没有对更大范围的汉水流域“城”的规模做对比统计，无法说明府城比州城规模更大的必然性。至少在中游地区，作为州城的邓州比襄阳府城与南阳府城要大得多，而均州州城只有县城的规模，甚至只有邓州内城的面积规模，也远不如唐县县城的规模。这大概又要回到上一个问题，前朝的时候，邓州是行政等级较高的城市（东汉曾为陪都，北宋时期因为定都开封的原因，邓州曾为京西大郡），因为历史原因使邓州规模超出常规，那么邓州也许只是一个特殊的个例。

城墙的周长也是现在中国古代城市研究中运用得最为普遍的城市规模的定义，成为当前古代城市规模研究中最常用的指标（至少在各城的地方志中，城周长是常用来表示规模的重要指标）。以城市占地面积和城墙周长为标准的研究，基本上都将城市规模与城市行政等级联系起来，显然认为两者之间存在着很强的相关性。陈正祥先生则进一步明确提出这两者之间的必然联系：“地方行政的等级，显然左右城的规模。国都之城概较省城为大，省城概较府、州城为大，而府、州之城又较县、厅城为大。”[1] 也就是说城市的行政等级决定了城市规模。

[1] 陈正祥．中国文化地理 [M]. 北京：生活·读书·新知三联书店，1981：73。

但这一观点仍然是模糊的，因为城市行政等级在制度上如何决定城市规模，以及城市行政等级与城市规模之间相关性的强弱该如何判断，都是无法形成定论的。在汉水中游的城市统计中，也无法对这一论点进行全面的实证。从清代汉水中游地区能够统计到的治所城市共 11 座，其中府城 2 座，州城 2 座，县城 7 座。这些城市城周及城垣尺度在地方志中都有详细记录，如表 5-2 所列。

清代汉水中游地区 11 个府州县城的城廓尺度　　表 5-2

城市	城垣周长（km）	城垣高度（m）	城壕尺度（m）	城墙材料	城门数量
襄阳府城	7.41	8.33	阔 9.67 深 8.33	砖城	6 门
南阳府城	3.45	7.33	阔 6.67 深 5.67	砖城	4 门
均州州城	3.026	9.33	阔 10 深 5	砖城	4 门，水门 2
邓州州城	内城 2.06	10	阔 1.67 深 5	砖城	4 门（实 3 门）
	外城 7.5	3.33	阔 2 深 6.67	土城 砖城	5 门
光化县城	2.67	8.33	阔 2 深 5	土城 砖城	4 门
谷城县城	2.28	6	阔 6.67 深 6.67	土城 砖城	4 门
宜城县城	2.5	6.67	阔 5 深 3.3	土城 砖城	6 门
南漳县城	2	6.67	阔 6.67 深 3.3	土城 砖城	6 门
枣阳县城	2	8.33	阔 10 深 2	土城 砖城	5 门
新野县城	2	4.33	阔 8.3 深 3.3	砖城	4 门
唐县县城	3.28	8.33	阔 6.67 深 5.3	砖城	4 门

从表 5-2 来看，虽然城市行政等级与城市规模之间存在着一定的联系，但城市行政等级决定城市规模的情况是难以判断的。

首先，在汉水中游地区现有清代的修城资料中，基本上看不到城市规模必须符合城市行政等级的记载，也就是说基本上不存在要按照城市行政等级修建城墙的文献依据。

其次，在城市等级升降的时候，也基本上看不到城市规模会随之扩大与缩小的情况。例如紧邻汉水中游地区的安陆府（今钟祥市，汉水中下游交接处）在洪武九年（1376 年）曾降为直隶州，嘉靖十年（1531 年）升为承天府，更立为陪都（兴都），但其规模却并未因其地位的提高而有所扩大（虽然在城门、城垣形制上有所变化），相反在康熙初拓展城垣之时，安陆府的行政等级并未改变；另一个紧邻汉水中游县城枣阳的州城随州城，其在“洪武初创建时是作为县城规划的，故其规模较小，洪武十三年（1380年）升为直隶州，旋降为散州，其间亦未见出重修城垣的变向，如此等等，不一而足”。❶

总体来看，清代即不存在城市行政等级制约城市规模的制度，也不存在城市行政等级决定城市规模的现象；城市规模与城市行政等级之间的相关性并不强，用城市行政等级作为划分城市规模的标准是不合适的。即使“府级城市的平均规模要大于州县级城市的平均规模”这种对实际情况的表述，由于同级城市之间规模的巨大差异，也并不具有太多的实际意义。

当然，并不否认行政等级是影响城市规模的要素之一，但正如鲁西奇所说：“一个治所城郭的规模、形制，除了受行政等级的影响外，还受到历史沿革、微观地形地貌、交通运输、地方经济发展特别是商业发展乃至风水等多方面因素的影响。”❷ 就现有资料来源而言，以城墙周长来代表城市规模的局限性太大，与城墙周长相比，城市占地面积更能反映城市实际规模。

由于行政等级高而建造很大但重要的商业职能却没有发展起来的城市，城内必然留着大片可以用于农业种植的土地，在那种情况下，城市被围困时能否自给就成了直接的考虑因素。襄阳在清代就是这样的典型案例，清中后期，襄阳的商业主导功能让位于樊城以后，襄阳城内东南隅长期成为旷地闲置，直至民国时期。

5.1.2 护城河的形态特征分析

护城河又称为城河、城壕或护河。它环绕于城墙外侧。城墙外侧基本上都有护城河围着，护城河在空间上是城墙的配套与附属，形成了城市的景观边界。中国军事文献中把城墙与护城河（城壕）这一对汉语名词合成“城池”当作统一的技术用语来使用。❸ 因筑城需要土方大部分通过开挖护城河取得，所以筑城与开挖护城河是同时进行的。

大城内若建有小城，如帝王都中的宫城，州府郡城中的子城等，其城下也常凿有护河，如汉水中游邓州州城的子城。魏源在《圣武记·城守篇》中记载了壕池的规划设计要点：一宜深，约三丈左右（合9.6m）；二宜阔，约十丈左右（合32m）。在挖城壕时，往往把出土用以筑墙，挖池筑城同时进行，省工省力，是城池建筑的普遍经验。

在整体尺度上，护城河的宽度与深度因城而异。首先，护城河在尺度上应与地形原有河流尺度有关，因此，汉水中游地区水源（河道的支流与沟渠）的差异带来了护

❶ 成一农．清代的城市规模与行政等级[J]．扬州大学学报（人文社会科学版），2007，11（3）：124-128。

❷ 鲁西奇．城墙内外：古代汉水流域城市的形态与空间结构[M]．北京：中华书局，2011：252-253。

❸ 城池是一地总防御措施的通用术语。

城河宽度上的变化。其次，护城河的宽度同时受着城市规模的支配。例如光化县城护城河的宽度仅 2m 左右，可直接跨越，而同样是濒临汉水的襄阳城的护城河宽约 80m（图 5-1）。这样强烈的反差体现了以上两个条件的综合作用：充足的水源应是护城河的必要保证，滨水建城的有利条件，以及襄阳建城后因城市南面由九宫山上引下的襄渠与北面震华门外与汉水连通的闸口，使襄阳护城河获得了水源保证（图 5-2）；反观光化县城，虽然明万历年间的迁城，迁移到远离汉水的较高的地势上，使城市免除了被河水冲刷之苦，但同时也丧失了水运交通的优势与河流补充的条件，以至于“（城壕）南北称是，长各四百步，（然）今濠已淤平”[1]。

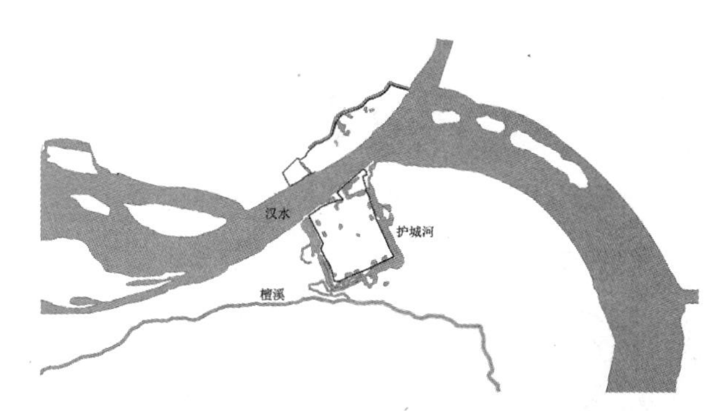

图 5-1　襄阳水系示意

资料来源：根据襄阳市航拍图绘制。

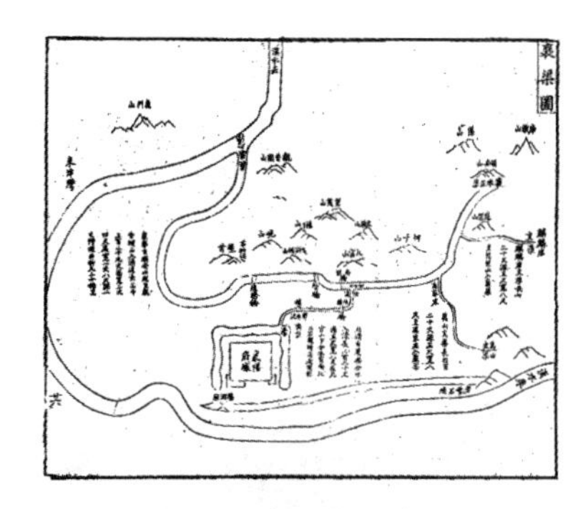

图 5-2　襄阳府城襄渠图

资料来源：清光绪十一年《襄阳府志》。

而同一座城的护城河宽度也因水源与地势会有所不同，例如宜城，因东侧汉水的泛溢，被迫举城西扩，扩于西面岗地。为增加东侧护城河的防洪蓄水能力而将其阔至 20m，而西侧因岗地地形，水源不宜，宽仅 3m，深仅 1.5m（也因堪舆家说西侧池不宜深）。东西两侧的护城河在尺度上形成了巨大的反差。护城的宽度与深度因城而异，但大多数汉水中游的城市护城河的宽度在 5 ~ 10m 之间，其深度亦在 5m 左右，也说明大多数的城市其选址时水源条件良好。

护城河在每座城门附近加宽，通常需要石板或木桥才能入城，从桥到城门的道路很少是直顺的。护城河道在城门前，常常掘为外凸的缓弧形，可使入口处有较大的活动面积与空间，并由此架设桥梁，以联系内外。所架桥梁，大多为固定式样的平直木桥或石桥。因不利于车马通行，防御时又阻碍视线，使用拱桥者甚少。河桥一端有轴，可以吊起的称“吊桥”；中间有轴，撤去横销可以翻转的称“转关桥”。在河道水面不甚广阔时，一般使用可拉曳起落的木质吊桥。较宽的护城河在城门处为减少桥梁的跨距，会在护城河的中间做岛，岛的两侧做桥，以通内外。如汉水中游的府城襄阳，其东侧阳春门、西侧西成门、南侧文昌门前护城河中都有岛来缩减桥梁的跨度，而带有瓮城的三个城门并没有对应桥梁取直（图 5-3）。

[1] 清光绪九年《光化县志》卷二《城池》。

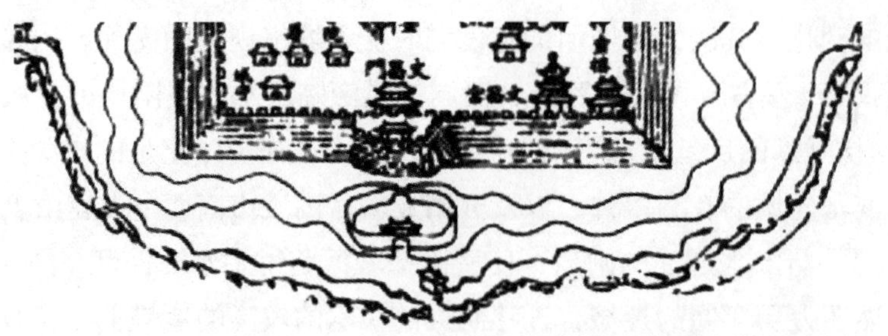
襄阳文昌门（清同治《襄阳县志》）

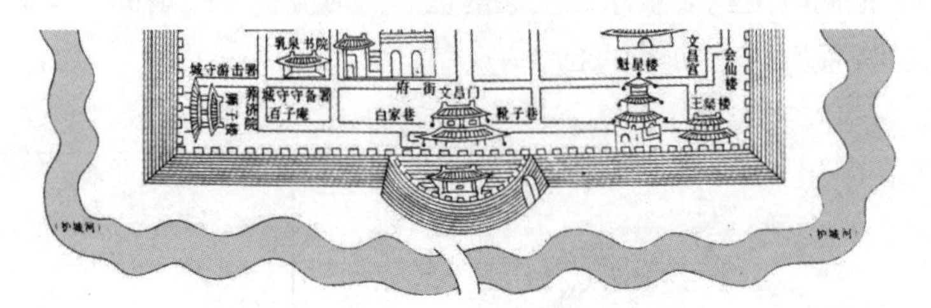

襄阳文昌门（清光绪十一年襄阳府志图）

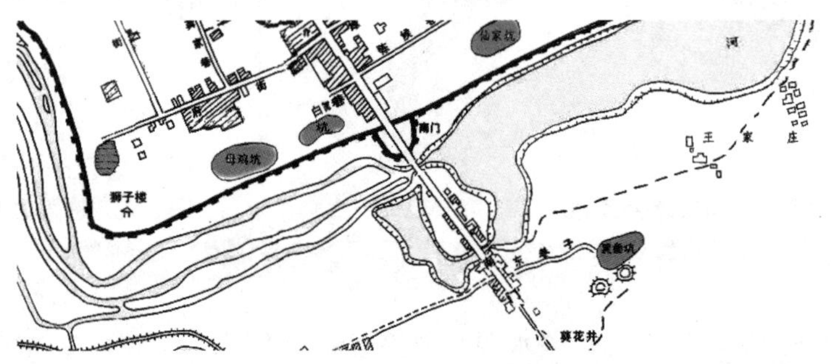

襄阳文昌门（1949 年襄阳测绘图）

图 5-3　清代以来襄阳方志中对于南门（文昌门）的描绘

汉水中游的城镇大多是滨河城市，且汉水在中游段属于游荡型河道，沙洲较多，治所城市的护城河往往还承担了防御、城市防洪与城市排蓄等功能。环城城壕，同其他如城内河渠、明渠暗沟和排水管道一起构成了古城的排水及防洪系统。

《管子·度地》也提出了建立城市水系和城市排水系统的学说："故圣人之处国者，必于不倾之地，而择地形之肥饶者。乡山，左右经水若泽，内为落渠之写，因大川而注焉。""地高则沟之，下则堤之。"

尤其是临河一面的城墙经常受到洪水的威胁。尽管如此，城门还是往往集中开向临河一面，以便通往渡口和码头。在发生洪水时，可以用沙袋有效地把城门堵上。当这样的洪水来临时，城墙也阻挡了淤泥进入城内。在汉水沿岸的城市中，襄阳与均州两个重要的府州治城，距离汉水也最近，两个城市的护城河都与汉水相连，且一侧城墙紧邻汉水（襄阳北侧临汉水，均州东侧临汉水），是典型的古代滨水城市。两个城市在城墙的外围均修建了呈环状的防御土堤，襄阳为老龙堤，均州为保均堤，其半径平均为城墙半径的两倍，一般也位于城市面向河流的地段有局部土堤。

5.2　城墙内的街巷结构与形态特征

5.2.1　街巷结构与城门的关系

城市内部的街道结构与城门有着明确的关系。由于城门决定着城内外的交通，因此城门的数目与布置在很大程度上决定着城内的街道网格关系。城内的街道等级与结构明确，都以城墙和城门为依归，城市的城门数量基本上在 4 个及 4 个以上，即 4 个方位各有一门或一门以上，各方位门的意义在传统上被纳入五行和五方位（第五方位是中）有关象征系统中。在明显的象征手法中，东、南、西、北门分别同春、夏、秋、冬四季相联系。南门象征暖和生，北门象征着冷和死。南门和南郊主民间盛典（主吉），北门和北郊则主军事活动（主凶）。汉水中游地区，至少三个城市（邓州州城、谷城与南漳县城）中，其北门是不开启或封闭起来的，这三个城市都是面向山区，位于两种地形特征相交界的区域，这意味着其军事控守的作用应大于其他的城市功能。

与 4 个方位城门相连的十字形或类似十字形（十字形的变体）的主街道结构是城市内部空间结构的主导，不论副街、巷等线形交通空间，最终都必须与通向城门的十字形街道相连。在城门的类型中，汉水中游的城市基本为陆路交通而筑的城门，尚没有像江南某些城市那样，把城内河渠同护城河或城外其他水系联系起来的城门——“水门”的记录。

5.2.2　街巷结构形态的类型与特征

1.“十”字街

第一种城市街巷结构的类型是以南阳府城、均州州城，以及大多数县治城市——4 座城门为主的“十字街”型城市结构（图 5-4）。4 座城门，限定了与这些城门相联系的街道的网，形成了连接四门的两条街道所形成的十字形主街道。但是，呈 90° 正交的“十”字街在统计的城市，即便是地势较为平坦的城市中，也是不存在的，城市中的“十”字街主结构有尽量避免取直顺的倾向，尤其是南北向方面。在“十”字街口处朝北的街道会偏东或偏西，而城市鼓楼安排在中央的十字街口，这是一座设防的具有四面入口形式的跨路鼓楼，可以迫使侵入城的部队转向，如新野与明隆庆时期迁建的光化县城。

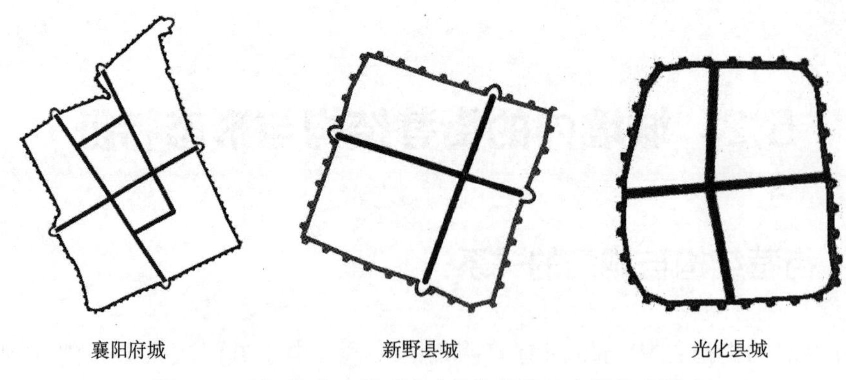

图 5-4　明清汉水中游“十字街”结构为主的治所城市

2.“类十字街”型

第二种形式与第一种不同，但基本上是第一种“十字街”型的变体，从“十字街”延伸而来的“类十字街”型结构，如南阳府城、均州州城、枣阳与唐县县城（图 5-5）。其十字道路并不取直，规划中明白地显示出一种避免南北或东西（大多数是南北）两座城门之间形成毫无阻碍的直通大道的倾向。这样的设计阻断了城门之间的直通大道，产生了“类十字街”型的街道结构。这种规划设计既有防御方面的考虑，又同民间关于鬼沿直线行走的迷信有关。[1] 在这方面值得注意的是，均州州城与唐县县城，从南门大道进入后，正对城内最重要的建筑群——净乐宫或县署，而通往北门的主要道路则位于主要建筑群的东侧或西侧，这无疑是在模仿明清北京城或唐长安布局的一种特征。

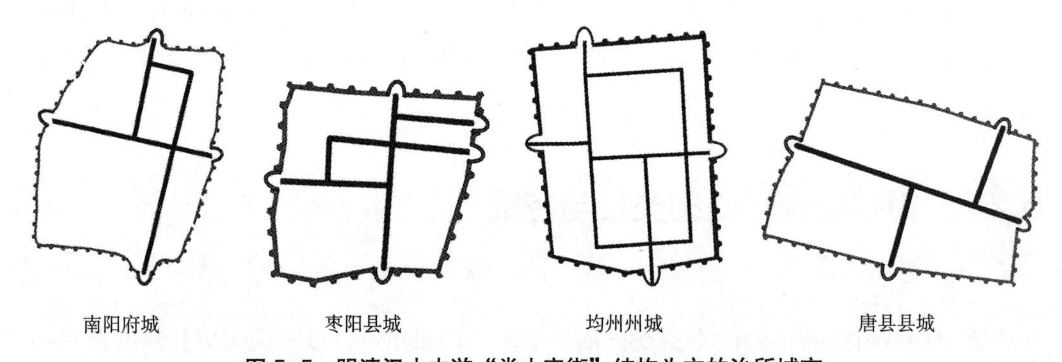

图 5-5　明清汉水中游“类十字街”结构为主的治所城市

3.“丁”字街结构

第三种街道的形式又与前两种不同，省去了南北向大道的北半部，所以街道从南门向北走，同东西大道形成“丁”字街型的街道结构。在多数情况下，这种街道式样

[1] 这种迷信涉及屋门、宫殿大门以及有些城门屏风的使用。见德梅拉·佩纳（J.O.de Meira Penna）:《心理学与城市规划：北京与巴西利亚》,（苏黎世，1961 年），第 1-19 页。转引自：施坚雅主编 . 中华帝国晚期的城市 [M]. 叶光庭，等译 . 北京：中华书局，2000：107。

同衙门和其他官署在中北部位置有关，在这样的例子中也往往没有或不开启北门，而当一个城市只有东、西、南三面城门时，一般意味着将不吉利的北门省去——中国古人相信妖魔往往是从那个方向出现的，如邓州州城与谷城县城（图 5-6）。

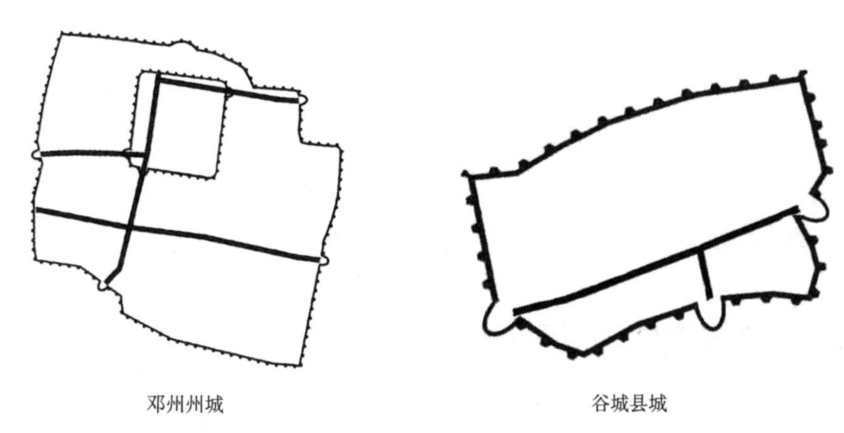

图 5-6　明清汉水中游“丁”字街结构为主的治所城市

4. 带状结构

第四种街道的结构形式，在这里特别要提到南漳与宜城县城，体现一种典型的带状城市的街道结构特征。这也充分说明了传统城市规划中，当理想模式遭遇复杂地形时所作的妥协与灵活处理方式——即以功能主义为主的倾向。以南漳县城为例，城市南面的蛮河滩涂与北面的岗地限制了城市形成一个方形的理想平面，从而选择了扁长形；另一方面，作为联系襄宜平面与大巴山区的交通型城市，城内设计了两条平行的东西向主街道——正街与后街，分别对应城市东西两面的各两个城门，并与城外道路相连。正街与后街之间由等级较低的五条支巷相连——城隍巷、易家巷、狮子巷、庵巷、梁家巷。南侧只有一个城门，而北侧未设计城门，形成了较有特色的典型带状交通型城市的结构特征（图 5-7）。

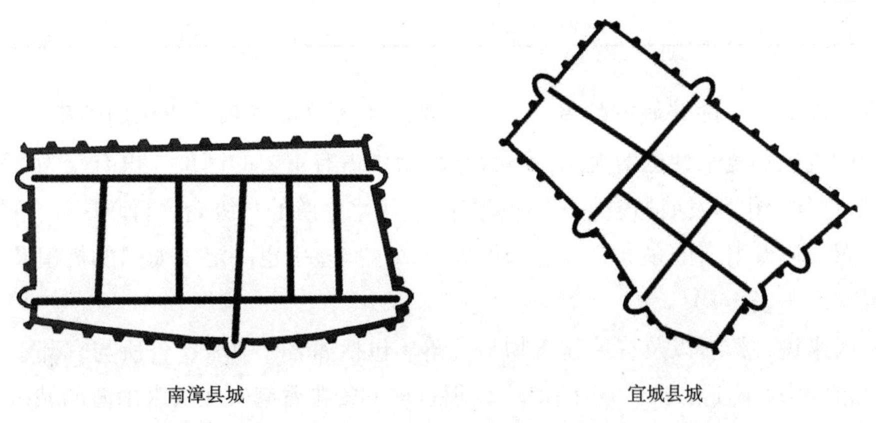

图 5-7　明清汉水中游带状街巷结构为主的治所城市

5.3 城墙内的主要功能区划布局及其形态特征

城墙内主要承担的功能是行政管理、文化教育、军事城防、居住等功能，相对应的功能分区及规模也比较明确，尽管这些功能区块的位置会经常发生变化，但是并不影响街巷结构关系。明清时期政府对城区内的功能布局的规划，更加注重交通干道及衙门、官方庙宇与干道之间的空间关系。

5.3.1 城墙内的主要功能区划布局特征

关于城内主要的功能区划，因明代至清代一些城市的衙署、试院等建筑群布局上有所变化，为了便于横向比较研究，总结规律，本节主要针对清代汉水中游治所城市公署建筑的布局来进行讨论。

1. 公署建筑群

公署是集中反映城市发展的组织特征和文化特征的实物例证。在清代，公署建筑主要包括衙门、公馆、卫所等文武职能办公场所（表 5-3）。这些办公场所往往尊崇礼制与习惯的安排，居于城市的重要位置，成为城市内部空间形态的主要象征。

清代府州县治所城市主要行政职能建筑类型　　表 5-3

城市等级	主要行政职能建筑类型
府城	府署、县署、捕署、都察院行署、按察司、税课司、医学 府儒学、县儒学、试院 卫所、城守守备署、游击署、校场
州城	州署、州儒学、试院、察院、州守备署、营署
县城	县署、县儒学、试棚、游击署

在清朝时期，随着城市的发展，特别是由于人口增长和商业化的结果，府、州、县衙门的规模和复杂性也增大了，不仅在城市中占有重要的区位，也有较为可观的占地面积，这种变化和发展加强了衙门的城市性。汉水中游的县级衙署行政区规模的大小、地理位置，以及财富的多寡有一定的差异化，这些差别也决定了衙门的规模及其内部的差异程度（表 5-4）。

一般来说，衙署以及有关建筑物与院落（包括捕署、卫署、公所与官邸）会首先位于城市的中心附近，或“居中而治”，但这样的安排看起来在汉水中游的城市中并不是多数——仅邓州、唐县、谷城与南漳县城这样安排衙署的位置。唐县县城将衙署建在南门大街中轴线的正北处（模仿唐长安皇城的布局），也主要是在唐州州城衙署的旧址上复建而成的，旧有城市的格局对于唐县衙署的位置选择影响较大。清乾隆五十二年（1787 年）《唐县志》记载：“（县署为）明右军千户兼县事程飞因元（朝）时旧基重建，正德十一年知县李籍更修。”

明清汉水中游府州县治所城市中公署建筑的分布图　　表 5-4

<table>
<tr><th>治城</th><th>公署布局</th><th>公署功能区块示意</th></tr>
<tr><td rowspan="3">襄阳府城</td><td>府署位于南门大街西侧；
校士馆位于府署北侧；
城守守备署位于府署府街南侧；
城守游击署位于府署西侧</td><td rowspan="3">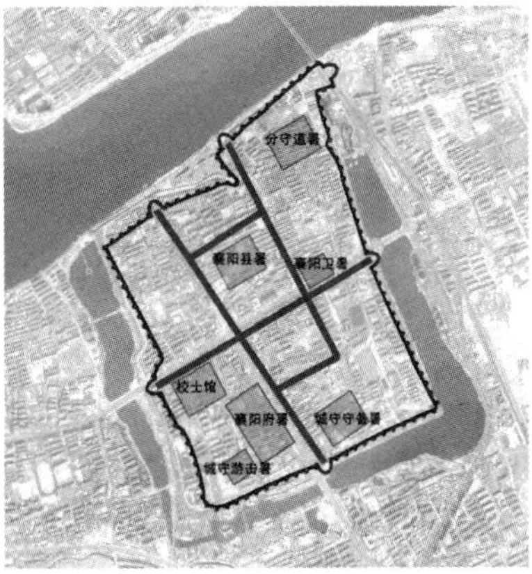
</td></tr>
<tr><td>县署位于北大街东侧，县街以北；
襄阳卫署位于县街南侧</td></tr>
<tr><td>分守道署位于城东北隅</td></tr>
<tr><td>南阳府城</td><td>南阳府衙位于城内西南隅；
察院位于南门大街西侧；
县衙位于西门西大街南</td><td>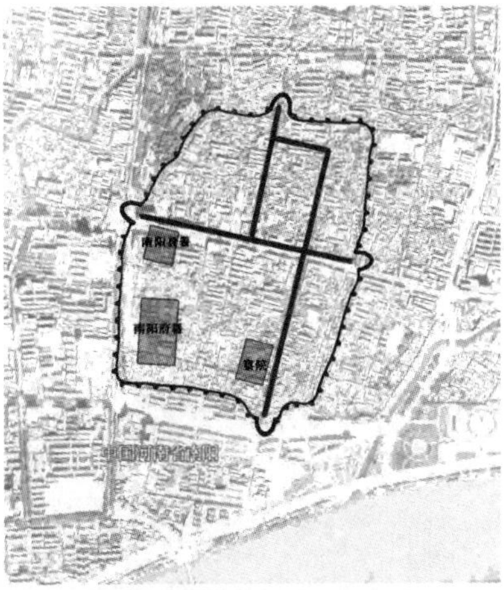
</td></tr>
<tr><td>均州州城</td><td>州署位于南门大街西侧；
捕署、吏目署位于州署西侧；
守备署位于州署及学庙街西北（西街）；
试馆（院）在大东街（东门内）</td><td>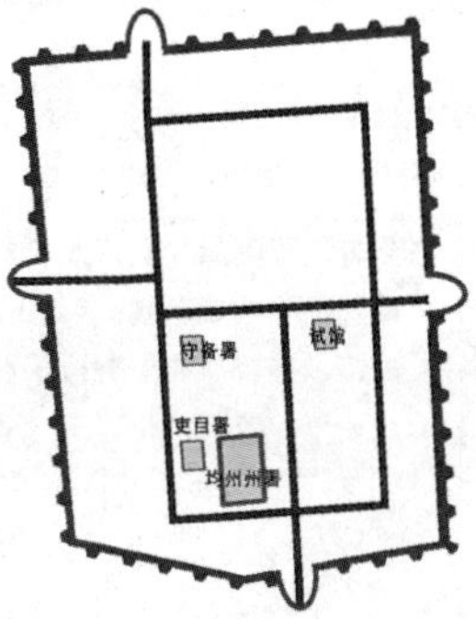
</td></tr>
</table>

续表

治城	公署布局	公署功能区块示意
邓州州城	州署位于子城东北隅； 察院在子城中北处； 守备署（新营守备）位于州署的东南侧	
光化县城	县署位于西门大街（阜成街）北侧； 捕署位于县署东侧； 守备营位于北门大街东侧	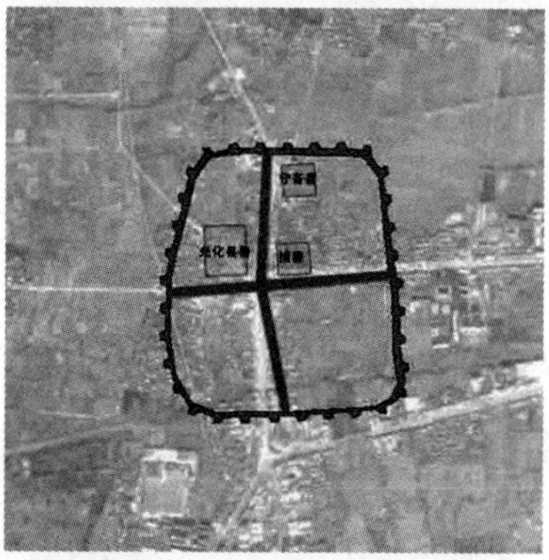
谷城县城	县署位于城正中北侧； 试院位于县署西侧； 中营游击署在县署西，中营守备署在西街后，前营守备署在西街	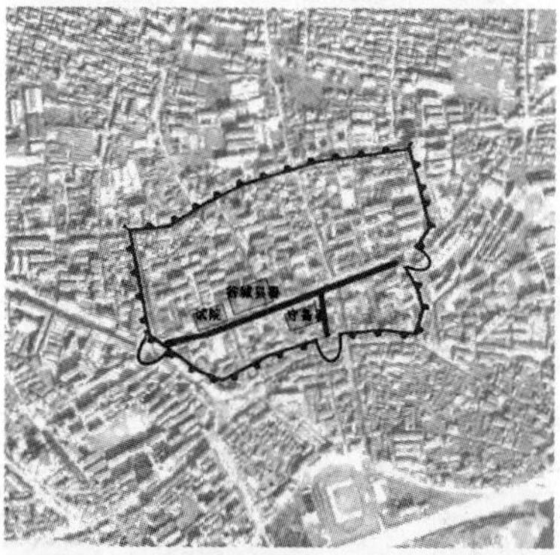
宜城县城	县署位于南门大街正北，与东门街交会处； 试院位于县署东侧； 公馆、捕署、典史署位于西门大街以北	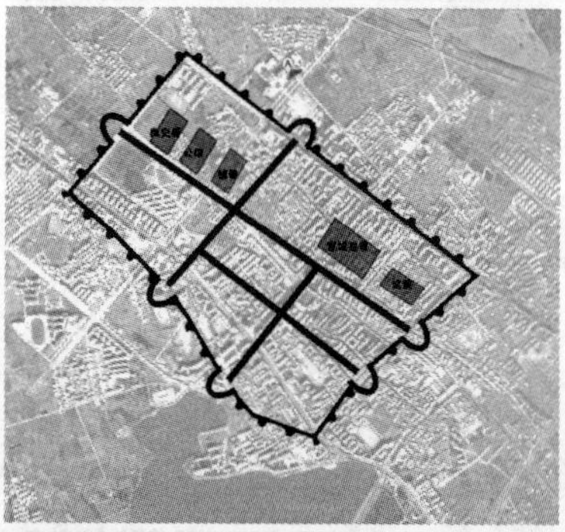

续表

治城	公署布局	公署功能区块示意
枣阳县城	县署位于城内西侧大横街以北； 捕署位于县署西侧	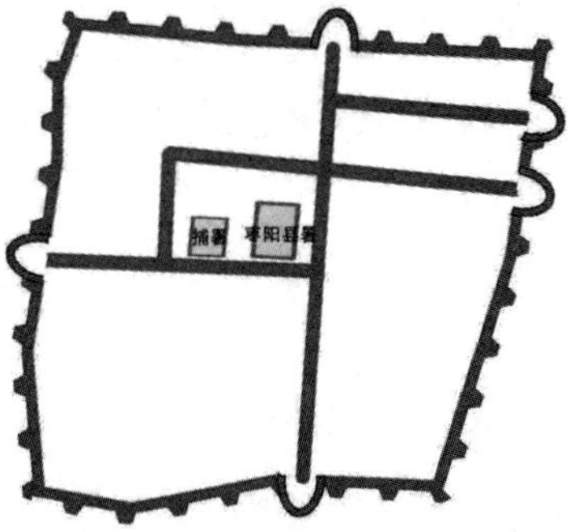 捕署 枣阳县署
南漳县城	县署位于正中狮子巷西侧； 试院、沮漳书院在县署的西侧； 游击署位于后街（北街）北侧； 卫署（守备署）位于游击署东侧	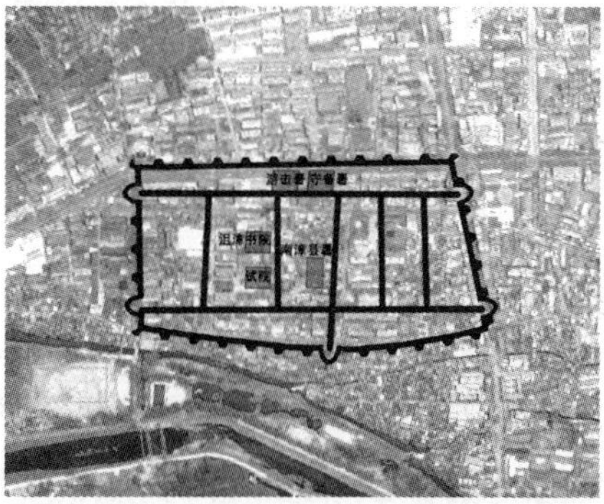 游击署 守备署 沮漳书院 南漳县署 试院
新野县城	县署位于城内子城西南隅； 捕署位于县署东侧； 守备营位于县署北侧	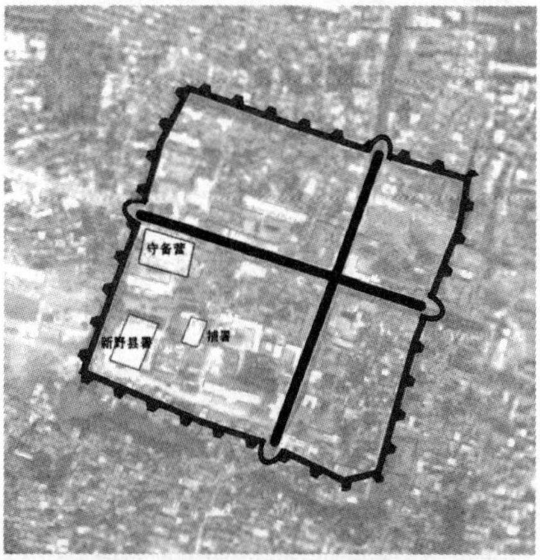 守备营 新野县署 捕署
唐县县城	县署位于城内南门大街正对中北侧； 西察院位于县署南侧； 公馆位于城内西南隅； 城守总司署（营署）位于东门大街北侧，菩提寺西侧	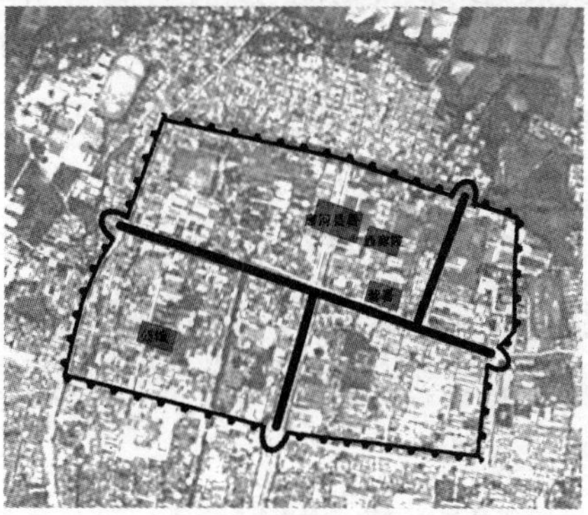

从表 5-4 的统计来看，对于明清时期汉水中游的治所城市来讲，大多数的治所城市会将公署建筑群安排在城内的西南部分，而且这种选址方式也应是公署建筑布置在治所城市中的首要选择。但是，这其中襄阳府城、南阳府城、均州州城中衙署的位置位于城内西南隅，除尊崇“左文右武”的习惯以外，也是对城内更重要的建筑群的避让——襄阳王府、南阳王府、净乐行宫。清光绪十年（1884 年）《均州志》中记载：“州署旧在城正中向南门，明永乐时敕修武当，改为净乐宫。知州陈清迁建（州署于）城西南隅。”

公署建筑大部分会有规划地集中布置，包括衙署、捕署等建筑，共同组成了公署建筑群。衙署是其中最大的建筑群，采用院落组合布局，建筑的规模也视其等第而定。清朝规定：“各省文武官皆设衙署，其制：治事之所为大堂、二堂。外为大门、仪门，宴息之所为内室、为群室，吏攒办事之所为科房。官大者规制具备，官小者依次而减。”[1] 衙署内的主体建筑主要集中在一条南北中轴线上，自南而北依次为照壁、大门、仪门、戒石亭。戒石亭的左右通常为六房。主体建筑由大堂、二堂、三堂等构成，是长官及其所属人员办公的地方，佐贰官、属官不能位于中轴线上，而只能居于东西副线上，以体现身份地位的差别。正厅的附属建筑为行政官员办理公务的处所。衙署内有架阁库保存文牍、档案，有的还有仓库。府、州、县衙署附设军器库、监狱等。此外，衙署建筑还要体现“文左武右”“前衙后邸”等设计思想。衙署一般在北部附设官邸，供官员和眷属居住。其他的行政建筑如捕署等，也和衙署形成组团布局，而守备署与游击署这样的行政结构往往布置于城市的东侧或北侧。

考试院是古代科举考试的考场，也是治所城市重要的功能区。《宋史·选举志二》：“自今乡贡，前一岁，州军属县长吏籍定合应举人，以次年春县上之州，州下之学，覈实引保，赴乡饮酒，然后送试院。”作为代表帝国的基层的文教行政管理区，特别强调在社会中的“养”与“教”的双重职能，在布局上也往往依附于衙署等重要的行政建筑。试院建筑为院落式布局，沿南北纵深轴线，东西对称的建筑格局，建筑自南向北依次为照壁、头门、龙门、东西考棚、大堂、后院。其中大堂与东西考棚是试院的核心功能区，后院为考试官员准备与休息的服务区。试院往往还和书院结合在一起布局，书院成为对试院功能的补充，如均州试院的东侧为太和书院。书院为考试的学生提供食宿与学习的便利，由于面向师生，书院也是人流量较大的区域，建筑为适应集聚人流的需要而设计了更为开敞的入口与前院空间。

2. 官方祭祀建筑

在明清时期的治所城市中，官方的祭祀建筑群主要包括城隍庙、文庙或学宫、武庙和城外（往往是北门外）的露天祭坛，这也是明清时期府、州、县治所城市的最低标准（表 5-5）。

---

[1] 托津等奉饬纂：《钦定大清会典事例（嘉庆朝）》卷 45，第 2142 页。

清代府州县治所城市中主要的官方祭祀建筑与活动　　表 5-5

地点	活动	时间
文庙或学宫	对孔子及其弟子、著名的官员、贤人以及节妇的礼拜	阴历二月和十月上旬的第四个日干
武庙（关岳庙）	对关帝的礼拜	阴历五月十三日
城隍庙（府城隍与县城隍）	对城隍的礼拜，神的官职，府县中分别为府城隍与县城隍	阴历八月的一个吉日和皇帝的诞辰
三皇庙	对先医或对皇帝、伏羲和神农的礼拜	阴历二月和十一月上旬第一个干日
城北郊或东郊露天祭坛（方形）	对地方社稷的祭祀	仲春和仲秋上旬第五个干日

资料来源：康熙二十三年（1690 年）《大清会典》，以及同时代汉水中游地方志。

这些被部分学者定义为“国定崇拜”[1]的官方庙宇，在地方志的“祀典”部分的记录中，被排在民间信仰和标明佛教或道教的段落的前面，或者与后者分开排列。官方庙宇的目的显然是在于控制民间信仰，在城市中的布局中更是如此，除重要的行政办公建筑群外，官方的信仰机构往往也被安排在城市相对重要的位置（表 5-6）。

学宫是古代治所城市中一个较为古老的机构，即历代王朝的官办学校，是崇拜贤人和官方道德榜样的中心，是官僚等级的英灵的中心，也是崇拜文化的中心。学宫分为府学、州学和县学，是府城、州城和县城的地方官办学校，在有些城市中也被称为“儒学”。明清时期，官学与地方孔庙共同组成了一个特殊的建筑群类型——庙学建筑：孔庙成为学校的信仰中心，学校成为孔庙的存在依据，这种二合一的庙学亦称为“文庙”。

明清汉水中游府州县治所城市中官方祭祀建筑的分布图　　表 5-6

治城	祭司建筑布局	祭司建筑功能区块示意
襄阳府城	府学宫、文昌宫位于城内东南隅； 县学宫位于城内东北隅，马王庙街以南； 武庙（武圣宫）位于东门大街南，府城隍庙南侧； 府城隍庙位于东大街南侧，县城隍庙位于北门大街东侧	马王庙 县学宫 武庙 文昌宫 府学宫

[1] 斯蒂芬·福伊希特旺．学宫与城隍 [M]// 施坚雅主编．中华帝国晚期的城市．北京：中华书局，2000：699。

续表

治城	祭司建筑布局	祭司建筑功能区块示意
南阳府城	府学宫位于城西大街北侧，南阳县署东侧； 县学宫位于城内西北隅； 武庙（关王庙）位于东门内北侧； 城隍庙位于城北大街西侧	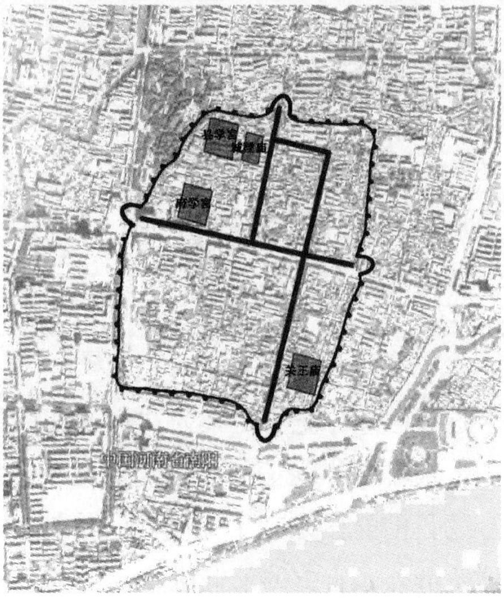
均州州城	文庙位于南门大街西侧，州学紧邻文庙东； 武庙位于东门入口处街北； 城隍庙位于西门大街以北	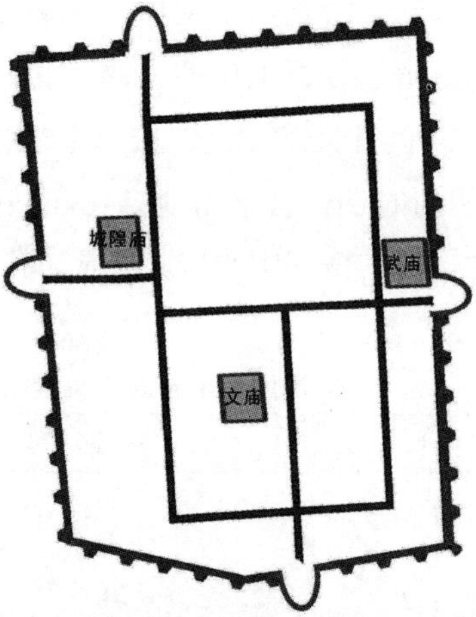
邓州州城	文庙、儒学位于子城西南隅，南门西侧（儒学位于文庙北）； 城隍庙位于子城西北隅； 武庙位于子城东门大街南侧	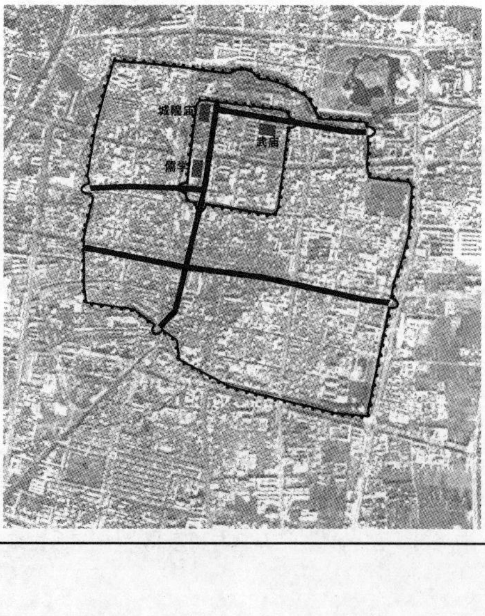

续表

治城	祭司建筑布局	祭司建筑功能区块示意
光化县城	文庙、学宫位于南门大街的西侧； 武庙位于东门大街北侧； 城隍庙位于北门大街的西侧	城隍庙 武庙 文庙
谷城县城	文庙位于南门大街西侧； 武庙位于县署东侧（正中偏北）； 城隍庙位于东门内北侧	城隍庙 谷城县署 武庙 文庙
宜城县城	文庙位于东门大街以北； 武庙位于东门大街以南； 城隍庙位于西门内北侧	城隍庙 文庙 武庙
枣阳县城	文庙位于大南门内东侧； 武庙（关岳庙）位于大东门内北侧； 光武庙位于西门内大横街以北	关岳庙 光武庙 城隍庙

续表

治城	祭司建筑布局	祭司建筑功能区块示意
南漳县城	文庙位于正中狮子巷东侧； 文昌宫位于后街北（游击署西侧）； 武庙（关岳庙）位于城东门外半里； 城隍庙位于西门内城隍巷西侧	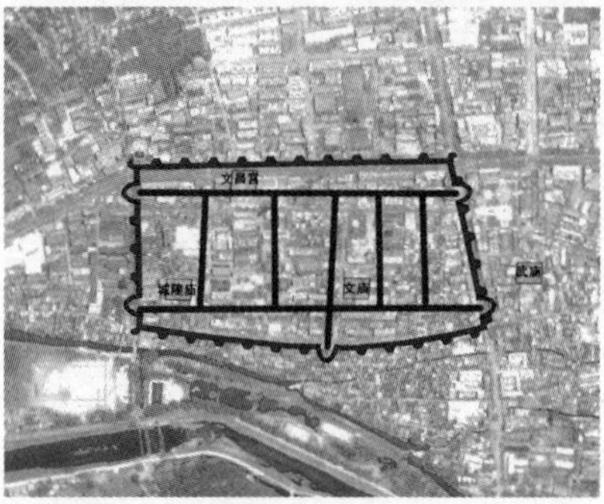
新野县城	文庙和学宫在县署东侧，古子城内； 关帝庙、马神庙在县城东南隅； 城隍庙在县城的西北隅	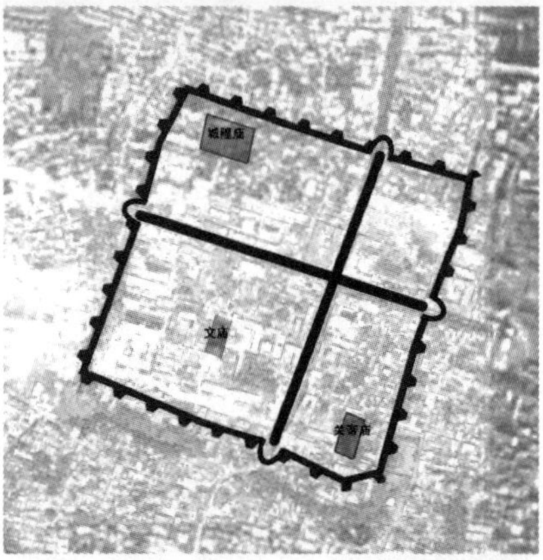
唐县县城	文庙、学宫位于城内东南隅； 武庙（东岳庙）位于城内东北隅； 城隍庙、火神庙位于城内西北隅	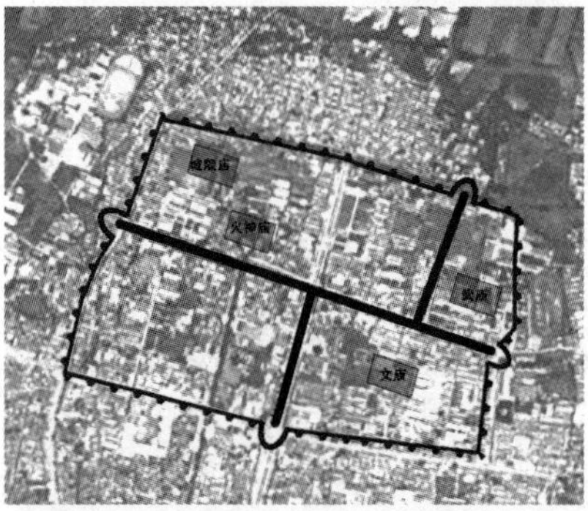

事实上，地方行政体系中每一个民政衙门都有一个附属文庙，和衙门一样，布置于城墙内的主要位置。在城市中，文庙的主要活动是一年一度的官方祭孔，以及与科举考试有关的管理任务。文庙建筑大多是孔庙与学宫相结合的建筑群组方式。其中孔庙呈南北向布置，最南端为影壁、棂星门牌楼，内有戟门与大成殿。棂星门内东西两侧建造有名宦祠、忠孝祠与乡贤祠、节孝祠；戟门北侧有泮池，大殿前配有宽阔的月台。孔庙沿轴线对称，纪念性强，而学宫附属于孔庙，其作为教学建筑的实用性更强。如均州城中文庙建筑位于南门大街西侧，州学紧邻文庙东，建筑毗邻城中最重要的南门大街的西侧。在清光绪十年（1884年）《均州志》关于文庙建筑的配图中，学宫的建

筑空间更为经济和紧凑，用于学习的小跨度建筑可提供较多的空间。

另一方面在筹集资金足够的情况下，还会建立一座武庙，即以祭祀关帝为主的庙宇。文武庙是城市中既定的官方信仰。从考察统计的汉水中游城市中文庙大多位于南侧或南门大街的东西两侧，而武庙大多位于城市的东侧或东门内。

城隍庙也是成熟的官方庙宇，是阳间治所长官在阴间世界的对应者。城隍是以自然力和鬼为基础的信仰中心，因而可以说是用来控制农民的神。汉水中游治所城市的统计中，城隍大多被布置于城内的西北隅，与大多数位于西南隅的衙署建筑处于南北呼应的布局。

文昌庙是传统祭祀建筑，除了传统宗教信仰，在地方祭祀习俗中，到文昌庙朝拜与祭祀者较多。关于文昌庙的崇拜既有法定性，又有民间性。

3. 城内居民区

城内的居民区，大多散布于官式建筑之间，一个显而易见的是居民区内的格局特征。在湖北农村社会常见的宗族与祠堂是否普遍存在于城市内？从在现场调研考察和地方资料来看，宗族很少见于汉水中游的治所城市，这也可能是经济方面的原因。农村的宗族实力在于它拥有以土地为基础的财富。祠堂作为宗族的公共服务设施，是宗族成员分享共有土地利润的经济利益，享有宗族福利的重要场所，只有与土地紧密联系的固定“在场”人员才能获得，而城市居民收入与居住的不固定性和投机性，使他们很难完成宗族力量的聚合。因此宗族在城市居民区中是少见的。如胡选青所说：“在大城市里，由于职业和社会等级的巨大差别，它（宗族）就不复存在了。”[1]

但是，由于城市中财富的集中与积累，形成大家庭的情况是普遍存在的。大家庭的形成与财富有着密切的关系，但是，如果说在治所城市里较大的财富使那里的大家庭多于农村，那么大家庭还可能存在于经济更为自由和发达的商业中心市镇，因为那里可以积聚更多的财富。

汉水中游的治所城市中是否有集中的商业区或中心商业区，从现有看到的关于商业区的记录非常稀少。中心商业区显然不在治所城市预先的规划范畴内，但从汉水中游城市的考察可以看到，商业活动极盛的地区往往偏于城市主要通商路线的一边。清代谷城的商业区集中于南面通往白河的城外。对于襄阳府城来讲，较为集中的商业区集中于北门的城门内外。西门通向檀溪的城门外交通要冲也是集中的商业区。但同时也注意到，同类批发商、特产零售商和同类手工业工人，都沿着某一条街或几条街集中分布。

在城墙内，服务于城市生活的商业应分散于大大小小的“街坊单位”中，每个单位既有商行市场，又有住宅，既有富户，也有穷户，同时散布庙宇与学校。这样的布局方式，将每一个坊中的工作和生活与城内别的“街坊单位”的接触减少到最低的限度。[2]

很多地方资料显示，城墙内的建筑密度并未达到饱和的状态，即当人烟稠密的城

[1] 转引自：施坚雅主编．中华帝国晚期的城市 [M]. 叶光庭，等译．北京：中华书局，2000：599。

[2] 宁越敏．中国城市研究 [M]. 北京：商务印书馆，2009。

下街区在城外扩展的时候，城内仍有部分空置的土地用于农耕。甚至在建成之初，城下街区的建设和扩展就与城内部分土地的闲置形成长期并存的状态。针对这一现象，也有学者认为，许多重要的城市，如都城、府城在设计时就考虑在城墙内预留大片的耕地，为了“万一被围困时可以为居民区生产粮食”。[1]而普遍的情况是，距离市中心区越远，建筑的密度就越下降。那么是否可以这样理解，较大规模的城市，尤其是府城，离中心愈远则居民的社会地位愈下降。

在治所城市内划分明确的功能区是没有必要的，城墙内除了符合礼制的功能单元外，其他建筑均体现出明显的功能上的复合性，商业与居住混合，以店屋的形式出现（前店后院），其中商店的售货房与手工业作坊的作场同时也兼作伙计（以男性为主）的餐厅和卧室。

5.3.2 各主要功能建筑群的形态特征——以均州州城为例

明代初修筑均州州城，城内主要建筑群的配置是按照行政级别与礼制规范规划的（图 5-8）。城内主要的建筑群是正北部的净乐宫。曾经有着“一座宫、半座城”之誉的净乐宫，被称为武当山八宫之首，始建于明永乐年间。城内的州治衙署及文教建筑群基本上布置于城内东西大街的南侧。州治位于城内南门大街西侧，州治东侧则为州儒学与文庙，而南门大街的东侧有文昌宫与南阳书院，使均州城的南侧形成了文教行政区，而城内北侧则集中了大部分祭祀建筑，包括城隍庙、武庙、龙神祠、报恩寺、马王庙等。

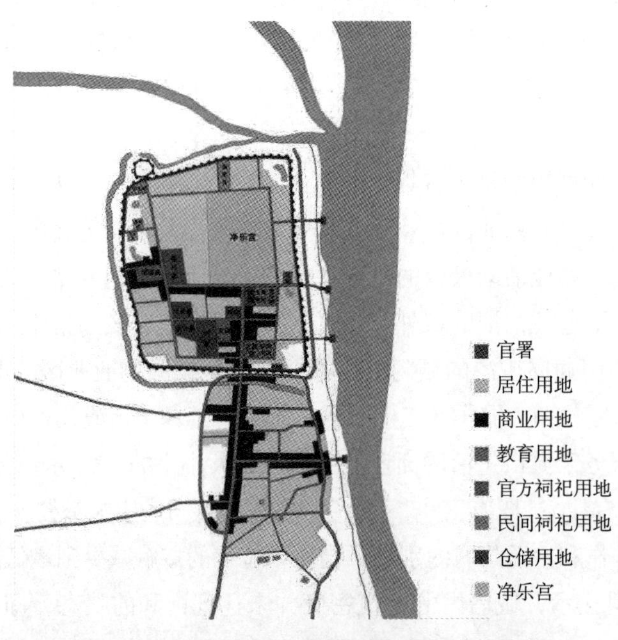

图 5-8 均州州城内公署建筑与祭祀建筑分布

资料来源：根据清光绪十年《均州州志》城池图绘制。

---

[1] 李孝聪 . 历史城市地理 [M]. 济南：山东教育出版社，2007。

1. 均州净乐宫——行宫建筑群

净乐宫是在原州衙署的旧址上修建的，为明永乐时期所建。净乐宫东西宽 353m，南北深 345m，面积达 121785m^2，永乐十六年（1418 年）落成，并赐“元天净乐宫”额。据旧图志载：净乐宫中轴线上为四重殿，一进为龙虎殿，二进为朝拜殿，三为玄帝殿，四为圣父母殿，各殿均耸于饰栏高台之上，宫门前是六柱华表式冲天大石牌坊。牌坊通高 12m，宽为 33m。穿过牌坊，是净乐宫山门，此建筑是单檐歇山式，开三孔大门，建造在高 1.5m，宽 41m，深 32.2m 的条石砌成的台基之上，砖石结构，门两侧是绿色琉璃“八”字墙。二宫门内是正殿，又名玄帝殿，其规模法式与紫霄宫现正殿相似。面阔 5 间，进深 5 间，上施绿色琉璃瓦，重檐歇山式砖木结构。行宫的北侧堆筑有紫金山，有模仿北京故宫格局的可能（图 5-9、图 5-10）。

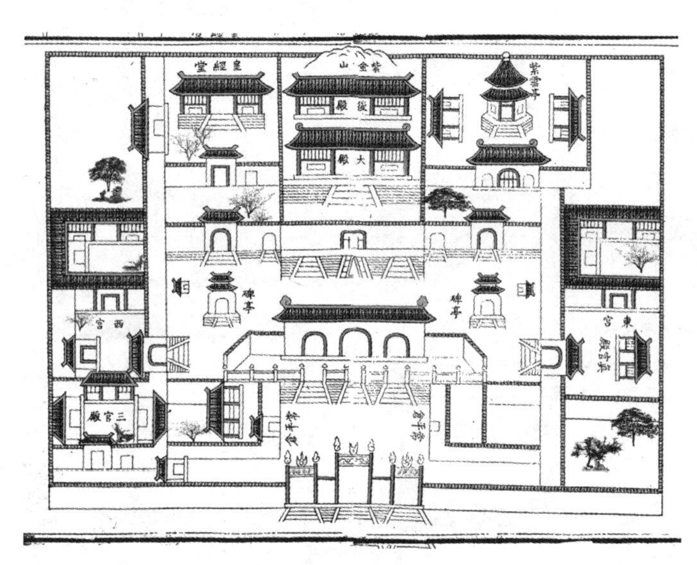

图 5-9　均州净乐宫形态示意

资料来源：清光绪十年《均州志》。

图 5-10　均州净乐宫复原工程

资料来源：http：//www.jj20.com/b2/2rfg/fgqt/6975.html

2. 均州州治——衙署建筑群

原均州州衙署在明永乐时期改为净乐宫，均州衙署则由知州陈清迁建至南门大街入口西侧。衙署位于城市西南，颇具规模，衙署沿中轴线布局，左文右武，入口为戒石坊、仪门、头门、申明亭与旌善亭。中心大堂面阔5间，进深3间，单檐庑殿式，是中轴线上主体建筑，也是第四进院落建筑。建筑群采用“前政后寝”的布局方式，大堂后为宅门，则进入北侧居室部分，居住建筑为工字形建筑，建筑正中连廊。后寝部分的东西两侧有花庭，厨房也布置在居住部分的东侧。监狱位于衙署建筑的西南侧，独立成院落。衙署建筑的西侧还布置了吏目署，下设吏目1人，主要辅佐知州协理州务和掌管军事、刑狱等事务（图5-11）。

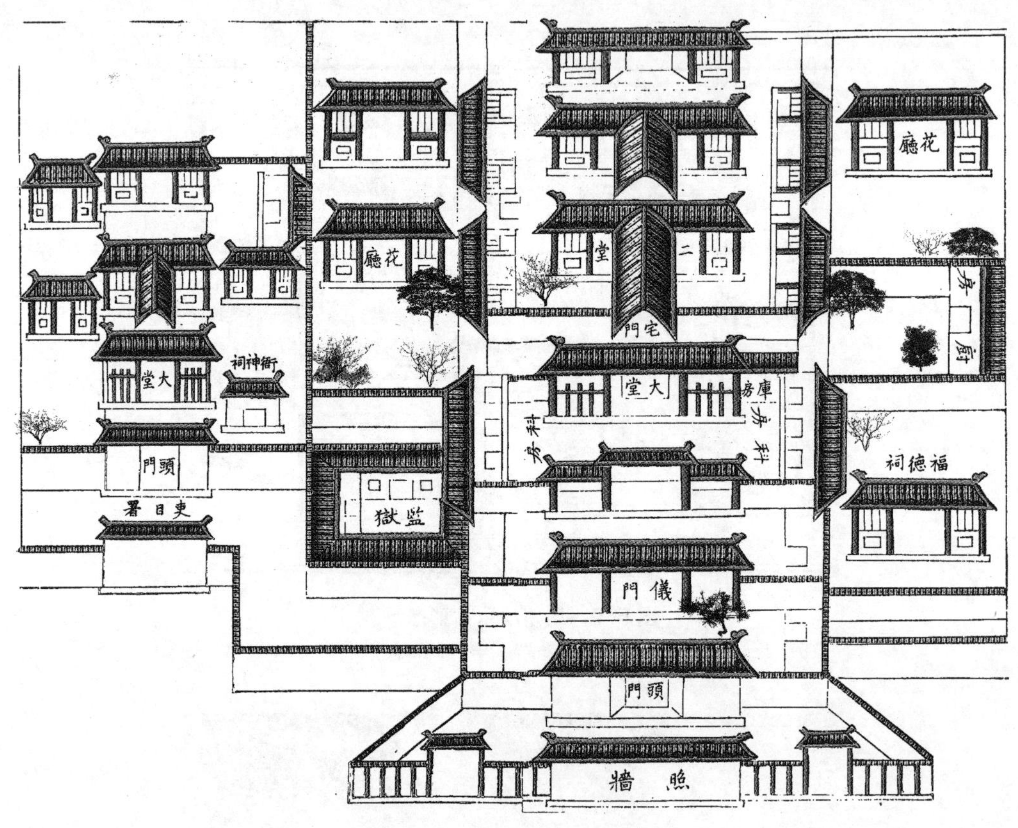

图5-11　均州衙署形态示意

资料来源：清光绪十年《均州志》。

3. 均州试院——文教建筑群

均州文庙位于净乐宫的东侧，试院与太和书院组成功能互补的文教建筑群，是均州文化建筑群的代表。试院布局严谨，东西对称，轴线上由南向北依次为照墙、头门、龙门、大堂、后堂等建筑。大堂建筑两侧为东西考棚，是举行科举考试的场所。

试院建筑的东侧为太和书院，书院在功能上是以读书学习与住宿为主。建筑与园林景观相得益彰，与严谨的试院建筑形成对比。正门进入后为园林式庭院，讲堂与书舍、宾兴馆组成中心建筑庭院，为读书创造很好的环境氛围（图 5-12）。

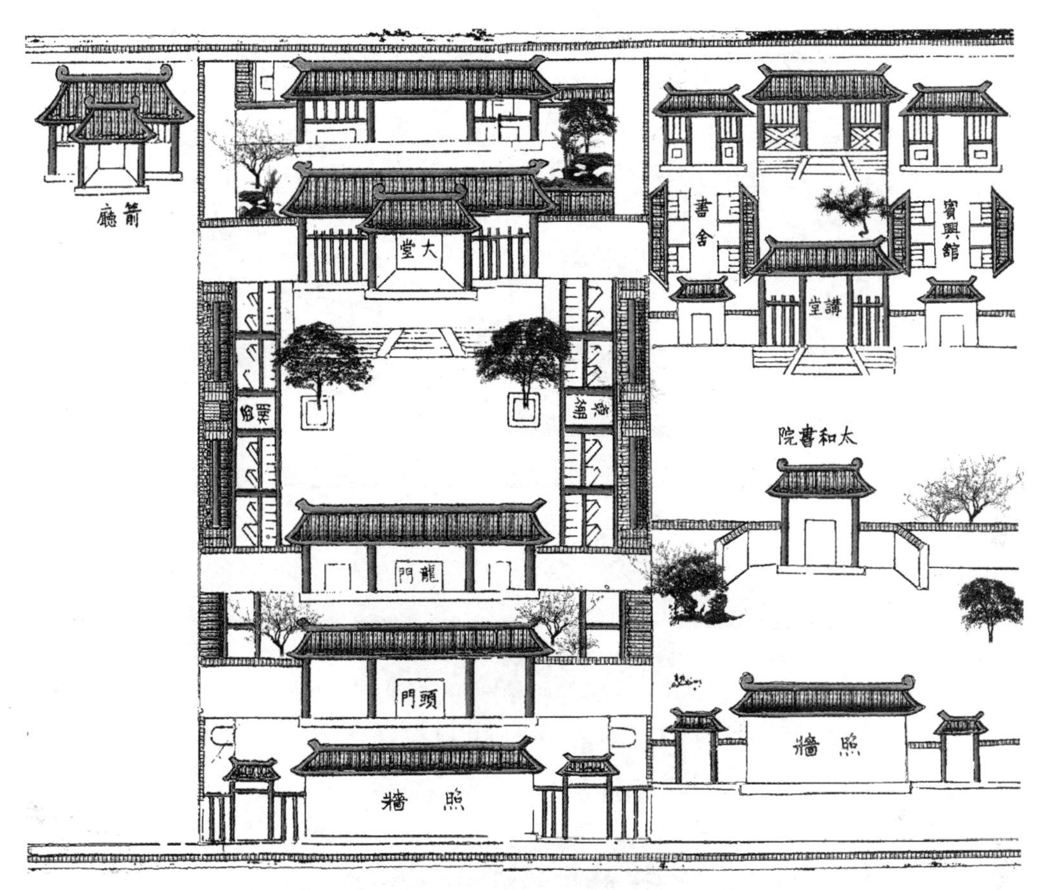

图 5-12　均州试院形态示意

资料来源：清光绪十年《均州志》。

4. 均州文庙、武庙、城隍庙——官方祭祀建筑群

（1）均州文庙：位于南门入口大街的西侧，儒学位于文庙的东侧，与文庙组合形成一组建筑群。均州文庙为四进院落，入口有照墙，进棂星门，棂星门内为戟门（牌坊）和泮池，两侧的厢房为更衣所和省牲所，这两进院落因牌坊的通透感而形成隔而不断的组合院落形态。第三进院落式进入大成门的中心地带，有大成殿、名宦祠、乡贤祠、忠义祠和节孝祠组成的围合感较强的廊院式庭院空间。大殿内有先师孔子像，正位南向，第四进院落主要由崇圣祠与学山组成。

文庙东侧的儒学有三进院落，是礼教的重要场所，包括仪门、时习斋、日新斋、文公祠与最主要的建筑明伦堂（图 5-13）。

（2）均州武庙：位于东门大街内北侧，规模较小，两进院落形式，第一进为主殿建筑与东西配房围合而成。大殿后为后殿。建筑布局严谨，东西对称（图 5-14）。

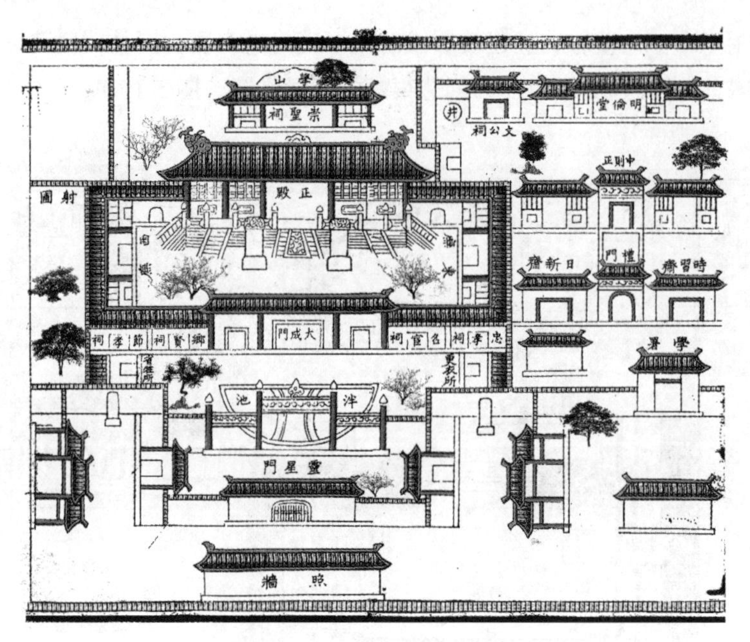

图 5-13　均州文庙形态示意

资料来源：清光绪十年《均州志》。

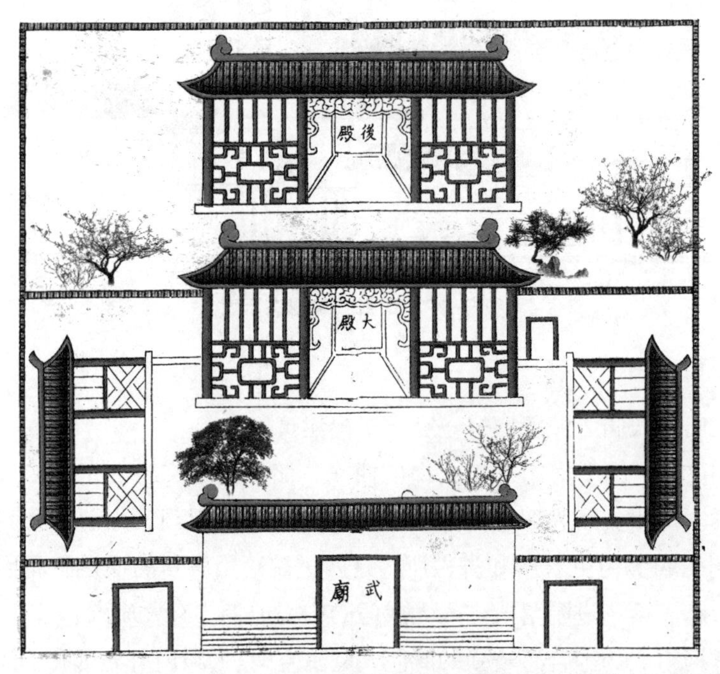

图 5-14　均州武庙形态示意

资料来源：清光绪十年《均州志》。

（3）均州城隍庙：位于西门大街内北侧，位于通向北门大街的交叉路口处。城隍庙为三进院落组合。照墙内为正门，门内为城隍庙大殿，正面三间单檐歇山顶，廊院式院落，大殿后为后殿（图 5-15）。

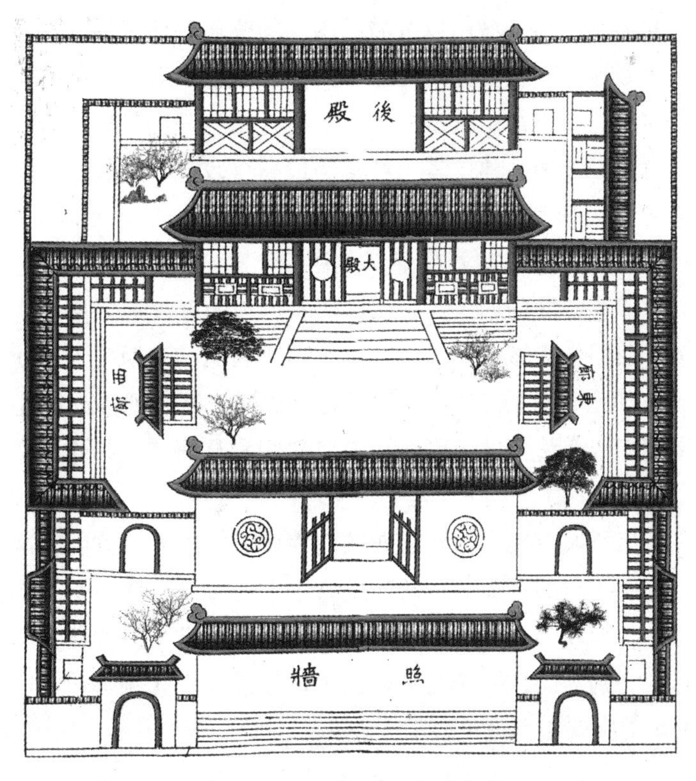

图 5-15　均州城隍庙形态示意

资料来源：清光绪十年《均州志》。

5.4　治所城市的节点与标志物形态特征

治所城市的标志性空间节点以及标志性建筑，也是本书辨析和确认城市总体平面形态的重要环节。在了解地方志中关于城池修筑、规模、官署等重要信息后，历史遗存的标志性建筑物，是在现代城市地图上辨析街巷方位时的重要依据。

本书中列举的标志物是这 11 个城市所共有的，往往是高大的，也是能够感受和识别这些城市的重要参照物。它可以在城内和边界上等一定距离内作为一种永恒的方向标志。如城门、城墙上修建的魁星楼、城中街心的钟鼓楼、寺塔等，都是明清治城中明显的标志点。

5.4.1　入口与城门

在讨论汉水中游治所城市的标志性节点空间，以及标志性的建筑形态时，不得不注意到一个现象：在所考察的所有汉水中游府州县治所城中，基本上都会有一个城门作为该城主入口的形态意向。城门以及城门内外的标志性建筑物，如塔、楼阁、跨越主街道的牌坊、沿街的石碑等共同组成了城市重要的空间节点，用于彰显城市的形象。

作为主入口的城门并不都是城市的南门，尽管相当一部分城市选择的是南门。主入口的选择应该是建城之初，建设者（经常是最高行政或军政长官）通过城市长距离交通中主要的人流方向来判断的，也应该是被判断为需要展示形象的城市入口方向。如清代的光化县城，城市主入口意向显然是西门（望江门），西门是连接明代部分被汉水淹没的旧城、通往谷城的西集街、汉江码头，以及新发展兴盛起来的老河口镇城的重要通道，选择西门作为城市的主要入口是理所当然的。西门入口处也集中了众多的纪念性名人碑（如伍子胥碑）、教化作用的烈女祠、妙元观等沿街建筑。由西门进入城区后，主街道中竖有跨街的名臣坊，入口北侧为县衙署，共同组成了标志性的空间节点。

当然，大多数治所城市还是选择南向城门为城市的主入口方向，这样的选择也和南门空间进入后，所正对的重要的行政建筑有很大的关系。往往南大街正对十字街的北侧是衙署或行宫，如均州州城南大门进入后正对净乐宫入口牌楼，唐县县城南大门进入后正对的是县署的大门，并作为县署的中轴线继续向北侧延伸。这样一来，南向入口的局部仪式化空间就变得很重要了（表 5-7）。

襄阳府城与南阳府城现存城门简况 表 5-7

<table>
<tr><td rowspan="3">襄阳府城</td><td colspan="2">北门——临汉门</td></tr>
<tr><td>始建年代：明洪武年间（1368—1398 年）。
历史沿革：明洪武初年，湖广行省平章邓愈依旧址复建，四角设角楼。城楼上“临汉门”三字为明万历四年（1576 年）之府万振孙所题。城楼内侧匾额“北门锁钥”四字为清顺治三年（1646 年）知县董上治所题。门上城楼乃道光六年（1826 年）襄阳知府周凯所建，为重檐歇山式建筑。1993 年曾进行过修缮。
保存现状：墙体高约 10m，厚 1.3 ~ 1.5m，基本上保留了临汉门原来的风貌。
城门位置：北侧临江面</td><td rowspan="2"></td></tr>
<tr><td>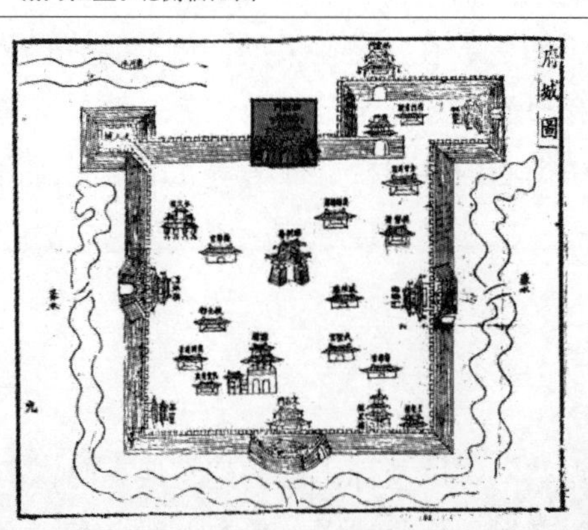</td></tr>
</table>

续表

<table>
<tr><td rowspan="6">襄阳府城</td><td colspan="2">东北门——震华门</td></tr>
<tr><td>始建年代：明洪武年间（1368—1398 年）。
历史沿革：明洪武初年，汉水南岸北移，为使北城与汉水紧连，加强城东北角防御能力，把城向东北扩展，修建了此门。明正德、嘉靖、隆庆和清顺治各代均重修、扩修。
保存现状：门楼，瓮城仍保存完好。
城门位置：东北角新城城门</td><td></td></tr>
<tr><td>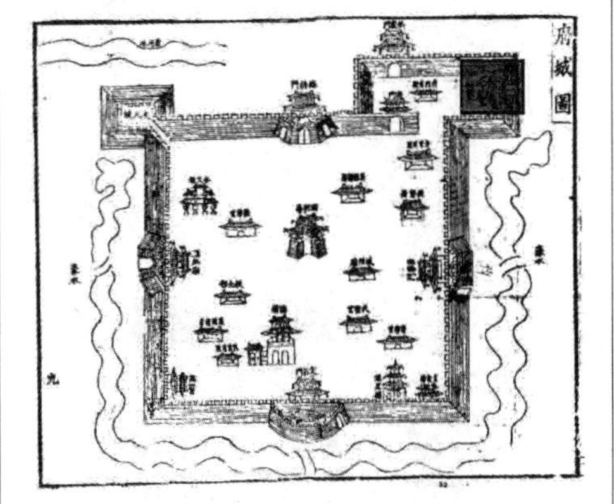</td><td></td></tr>
<tr><td colspan="2">东北门——拱宸门</td></tr>
<tr><td>始建年代：明洪武年间（1368—1398 年）。
历史沿革：明洪武初年，湖广行省平章邓愈依旧址复建，四角设角楼。明正德、嘉靖、隆庆和清顺治各代均重修、扩修。
保存现状：无门楼，瓮城仍保存完好。
城门位置：东北角临江面新城城门</td><td></td></tr>
<tr><td>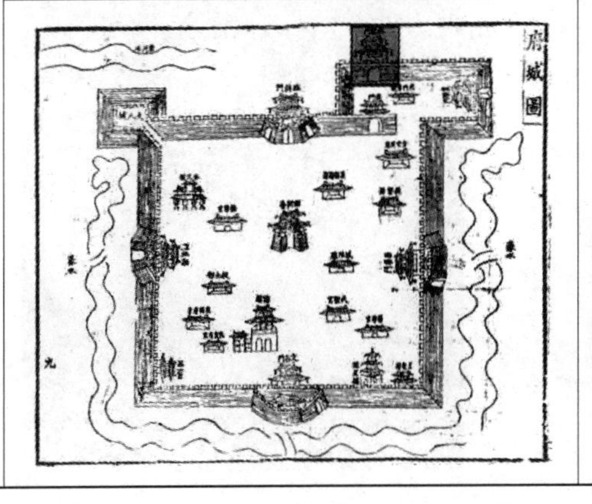</td><td></td></tr>
</table>

续表

<table>
<tr><td rowspan="6">南阳府城</td><td colspan="2">南寨门——琉璃阁</td></tr>
<tr><td>**始建年代**：同治二年（1863 年）。
历史沿革：是南寨墙最北端的寨门，顶部原有寨楼，20 世纪 60 年代拆除。现存为 2004 年修复。
保存现状：坐南向北，面宽 7.45m，进深 8.15m，通高 6.2m。门洞宽 3.55m，券高 4.12m。北侧门额为“光照宛南”，南侧门额为“文明四海”。
城门位置：东南角外寨城门</td><td></td></tr>
<tr><td>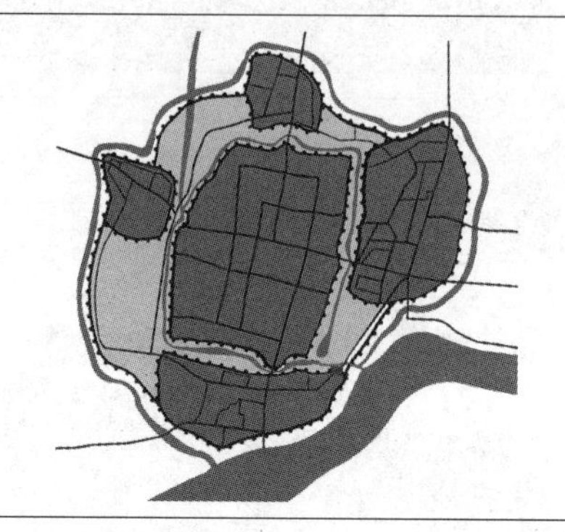</td><td></td></tr>
<tr><td colspan="2">南寨门——永庆门</td></tr>
<tr><td>**始建年代**：同治二年（1863 年）。
历史沿革：始建后的修复经历。
保存现状：仅寨门存，土城墙基本损毁。
城门位置：南面外寨城门</td><td></td></tr>
<tr><td>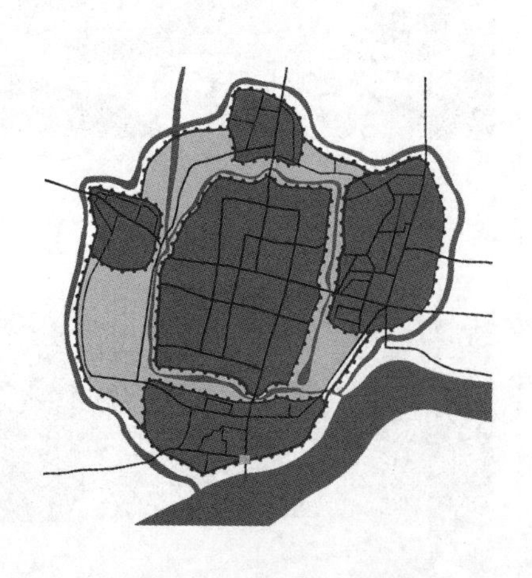</td><td></td></tr>
</table>

5.4.2 城中街心的钟鼓楼

1. 光化县城钟鼓楼

位于十字街心的钟鼓楼是城市中心的标志，也是通览全城的制高点，有预警报灾、兼顾防御的功能（图 5-16）。

图 5-16　光化县城十字街心市楼

资料来源：根据口述史自绘草图

2. 襄阳府城昭明台

明清襄阳府城十字街心北街入口处建有“市楼”（现为昭明台——襄阳博物馆）。该楼原为唐代“山南东道楼”，楼体于南宋理宗瑞平二年（1235 年）为蒙古兵攻占襄阳时所毁。淳祐十年（1250 年），在京湖制置使李曾伯“兵复襄、樊两城，越三年正月元日，铭于岘”的同时，复构市楼（图 5-17）。

明代将其更名"钟鼓楼"，明嘉靖时称镇南楼。明末，张献忠攻陷襄阳时，市楼再遭焚毁。清顺治元年（1644年），中都御史赵兆麟重建市楼，并定名为昭明台。建筑面南，青砖筑台，底层城台部分为跨街砖拱结构，中有条石拱砌券洞，洞高4.5m，宽3.5m。台上建三檐二层歇山顶楼房5间，高约15m，是古城的制高点。主楼东西两侧各建横房4间，台南有鼓楼、钟楼各一（图5-18）。史载："楼在郡治中央，高三层，面南，翼以钟鼓，为方城胜迹。"

图5-17　清光绪十一年《襄阳府志》山南东道楼图

图5-18　清代襄阳府城山南东道楼与现代新建昭明台（现为襄阳市博物馆）比较

资料来源：据清光绪《襄阳县志》绘制；http://blog.sina.com.cn/s/blog-13040cb150102vomd.html

1938—1939 年日寇轮番轰炸襄阳时，市楼再度遭到焚毁，仅残留下平面呈马蹄形或倒 U 字形的“市楼城台”。现在的昭明台是 1993 年于原址重建，为高台基重檐歇山顶式三层阁楼。台基券洞，横跨于北街入口处。重建的昭明台用现代建筑材料建造，台基上按魏晋风格建 3 层楼阁，整个建筑高达 34m，是集购物、游览、博物馆于一体的综合建筑（图 5-19）。

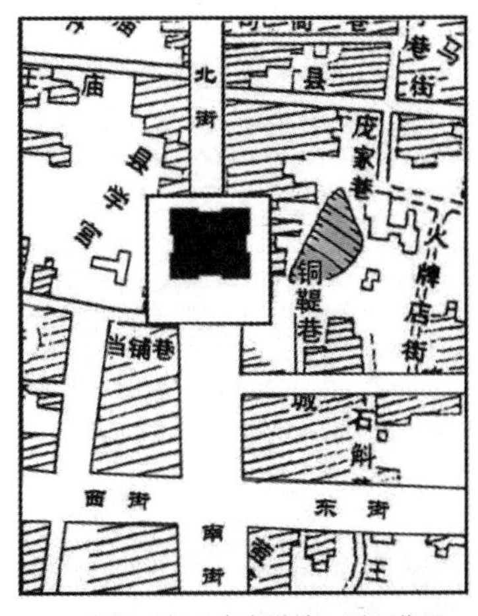

1993 年的“新山南东道楼”平面位置

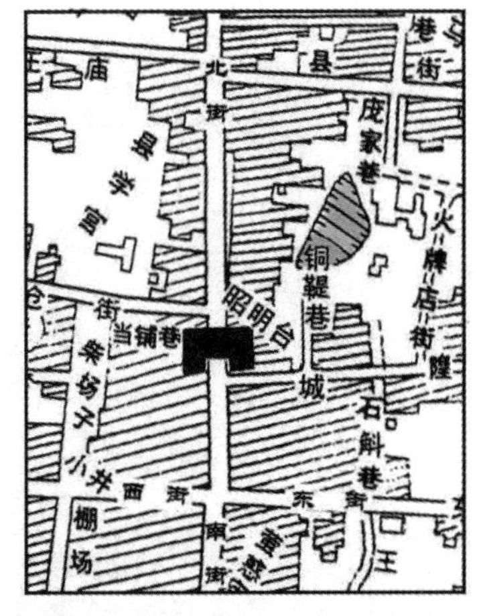

1973 年以前的“山南东道楼”平面位置

图 5-19　襄阳昭明台改造前后平面比较示意

资料来源：根据《襄阳古城“山南东道楼”（襄阳）钟鼓楼史话》（http：//www.xf.gov.cn/know/lsxyzy/tpxw/201210/t20121017-352272.shtml）附图 15 改绘。

5.4.3　楼、阁、塔等标志建筑形态

1. 魁星楼

在考察的所有汉水中游的府州县治所城市中，在城墙上的东南角几乎都建有魁星楼。魁星在中国古代的神话中是主宰文章兴衰的神，魁星楼则是为祭祀魁星所建。读书人在魁星楼拜魁星，祈求在科举中榜上有名（图 5-20、图 5-21）。

图 5-20　均州城魁星楼旧影

资料来源：丹江口市档案局提供。

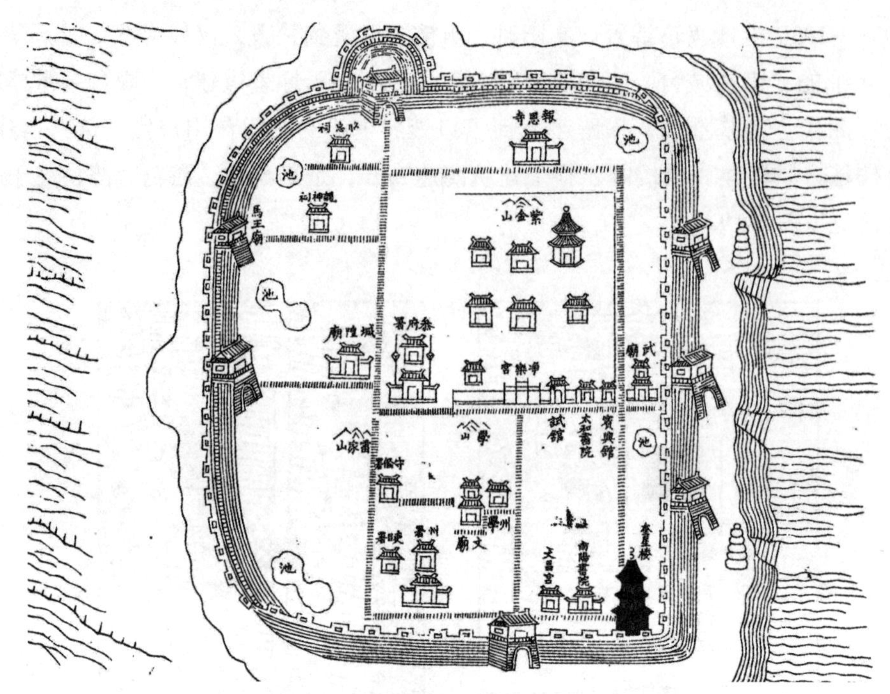

图 5-21　均州魁星楼在均州城墙上的位置示意

资料来源：清光绪《均州志》城池图。

在能够调查到的魁星楼中以均州州城的较为详尽，其楼为八角重檐六棱亭一座，亭柱为六根，木质结构，造型精巧，是富有人文色彩的经典建筑，也是旧时城墙上登高望远的标志性景观建筑。

襄阳仲宣楼是为纪念“建安七子”之首王粲而修建的，又称王粲楼。据《襄阳府志》记载，此楼毁于民国初年，其模样无人知晓，更无图可查。在重建时，只好参考毁于抗日时期的邻近该楼的魁星楼建筑结构。现在的仲宣楼，就是 1993 年襄阳市政府（原襄樊市政府）依据魁星楼修建的。整个仲宣楼高 17m，总面积 650m^2，可分为城墙、城台和主体楼三大部分（图 5-22）。

图 5-22　襄阳府城城墙上的魁星楼复建

资料来源：2012 年作者摄。

2. 塔——佛塔与文笔塔

如果将方形的城市看作一个以十字街为中心的圈层结构的话，居于圈层中心的往往是公署建筑群与官方祭祀建筑群组，而越往圈层的外围是等级越低的建筑，或是保留下来的空地。而作为民间祭祀建筑的寺庙、道观、庵堂等宗教建筑大多位于圈层的最外围。

唐河双塔历代以来一直是该县的标志性建筑——泗水塔和文笔塔，素有“一城担二塔，二塔抬一城”之说。

唐河县泗水塔，始建于宋绍圣二年（1095 年）。位于唐县菩提寺（位于唐县衙署东侧）大殿后。泗水塔系八棱圆锥形塔，内有螺旋台阶可登塔顶，共 9 层，高 49.75m，塔基地边长 5.86m，塔内有砖砌心柱，柱周围筑有螺旋台阶可登塔顶。塔内外壁有许多石雕佛像。

唐河文笔塔始建年代不详，从清康熙年《重修文笔塔记》推测，当建于明代晚期。文笔塔的修筑，是为了培植地方学风，振兴本地学运。塔为仿楼阁式砖塔，平面呈八边形，身分 9 级，直径 5.18m，周长 17.28m，高 30m。外形挺拔秀丽，塔第一至八级塔檐口下，以砖做出外栏头、补间斗栱及平座形象，第九级无平座。第一级塔身为实体，第二至九级塔身中空，其中二至五级为圆形，以上为方形（图 5-23、图 5-24）。

图 5-23　唐河县泗水塔

资料来源：http: //tieba.baidu.com/p/4903531930

图 5-24　唐河文笔塔

资料来源：http: //a6812483.blog.163.com/blog/static/75038569200911451540613

5.5 明清时期汉水中游治所城市空间形态的影响因素

5.5.1 中国古代建城理念的影响

明清汉水中游的府县治所城市具有中国古代治所城市的典型特征，也是对中国古代建设思想和规划制度的体现。吴庆洲教授总结影响中国古代城市规划的思想体系有三：①以《周礼·考工记》营国制度为代表的体现礼制的思想体系；②以《管子》为代表的重环境、求实用的思想体系；③中国古代追求天地人和谐合一的哲学思想体系，尤其是象天法地的规划意匠和阴阳五行的规划思想。[1]

《周礼·考工记》中关于都城的平面布局模式，应由商代都城总结而来。[2] 商代都城的规划为周代继承，《周礼·考工记》中记载都城规模是方九里，九经九纬，旁三门，这种理想的布局方式在东部中国一直到公元 493 年，北魏迁都洛阳时，在洛阳城市规划上得到实现。

虽然理想的都城规划初期并未付诸实践，但这种规划方法影响了历代治所城市的基本格局：治所城市基本上是以方形为主的总体格局，并强调择中立宫与城市中轴线；礼制的规划秩序，根据等级而决定各功能区划布局的方位；经纬正交网格的城市道路系统；城内每个 1 里见方的街区中可能有东西和南北向的街道各 1 条，相交于街区的中心，划分着基本的街区尺度；根据等级每边城墙有 1 ~ 3 个城门不等。

但当礼制的宇宙模式在汉水中游治所城市的地形地貌遭遇冲突与矛盾时，往往会从理想的建城理论落实到《管子》更为现实的建城思想中。汉水中游治所城市的选址基本符合了“非于大山之下，必于广川之上。高毋近旱而水足用，下毋近水而沟防省”[3] 的特色，依山就势有效利用地形防御洪水，回避低洼地减少排水工程。

5.5.2 在原有城址基础上新建或改扩建的影响

古代新筑城池和营建宫署，都需要事先有规划，并考虑旧城址改扩建的问题。《周礼·春宫宗伯第三》载：“太史掌建邦之六典，……大迁国，抱法以前”，所说的就是迁

[1] 吴庆洲．中国古代哲学与古城规划 [J]. 建筑学报，1995（8）：45。
[2] 米仓二郎．印度河流域与黄河流域城市——方格网城市道路网的起源 [J]. 赵中枢译．城市发展研究，1995（3）：58-61。
[3] 《管子·乘马》。

都之前太史要准备好建城的方法，即要有事先的规划。但即使皇城的规划也不是完全抛开已有的城区随意而行。《宋史·地理一》记载：“东京，汴之开封也……建隆三年，广皇城东北隅，命有司画洛阳宫殿，按图修之，皇居始壮丽矣。雍熙三年，欲广宫城，诏殿前指挥使刘延翰等经度之，以居民多不欲徙，遂罢。”可见，规划范围内的原有建筑和聚落是新城规划时不得不考虑的内容。

在原有的城址上建设新城，尽量利用现有的建筑，以减少建设量，从而达到最佳的经济性，应该是明初建城高峰期的一个重要的影响因素。而考证中相当一部分的汉水中游治城也是从寨墙、土城开始建起，逐渐更新城垣最后建成砖城的，时间跨度也是从明初至明代中期方才完成。这样的建设过程减少了一次性投入的人力物力，也符合经济性原则。事实上，明初修筑的汉水中游府、州、县治所城市，几乎没有一座不是在历史基础上建立起来的，其选址、城廓规模与街巷形态等各方面都不同程度地保留着历史的踪迹。

汉水中游大部分府州县治所城市是在宋元城址的基础上建立起来的，原有聚落对府州县治城的空间形态有着不可忽略的作用。一般说来，元代（1280—1368 年），在各地普遍推行了毁城和禁止修城的政策，特别是在蒙古军队数遭挫折的四川、襄汉、荆湖、两淮地区，毁了大量的城郭。[1] 元朝法律也曾禁止在汉人地区特别是南宋故地修筑城郭。[2] 因此，虽然元末一些地方曾自发兴筑了不少城垣，但总的说来，元朝统治时期，基本上可视作“毁城”时代。

明代以及清代头一个世纪，经历了广泛的构筑城墙的时期。明清时期，王朝比较提倡筑城，但这一政策的实施存在很大的阶段性与区域性差别。实际上，汉水中游大部分府州县治所城市是到明中叶以后，才普遍修筑起较为完整的城郭，形成土城向砖城的过渡，并建起城楼与角楼，而清代则主要是维修明代旧城。

在帝制时代的晚期，用于城墙砌面的材料也因地区而异。在黏土丰富的汉水中下游及长江中游地区，城墙通常是用烧制过的大砖块和石灰浆砌筑成墙面的。而在上游地区，容易取得便于加工的红砂岩，城墙往往用修筑过的石料砌成很规则的同等厚度石层的墙面。

[1] 《元史》卷九《世祖纪六》载：至元十三年（1276 年）九月丁未，“命有司隳沿淮城垒”；十一月庚申，“隳襄汉、荆湖诸城”；十四年二月壬午，“隳吉、抚二州城，隆兴滨西江，姑存之。”同书卷十《世祖纪六》：至正十五年三月丁酉，“命塔海毁夔府城壁”；八月甲戌，“安西王相府言：‘川蜀悉平，城邑山寨洞穴凡八十三，其渠州礼义城等三十三所，宜以兵镇守，余悉撤毁。”（第 185、186、188、199、204 页，北京，中华书局，1976）参阅：成一农 . 宋、元以及明代前中期城市城墙政策的演变及其原因 [M]. 北京：中国社会科学出版社，2004：160-173。

[2] 《大元圣政国朝典章》卷 59《工部二·造作》“修城子无体例”条记载：至元十五年（1278 年）十月，江州路申：目今草寇生发，合无于江淮一带城池，西至峡州，东至（杨）[扬] 州，二十二处，聊复修理，斟酌缓急，差调军马守御，似为官民两便。江西行省将此咨目移告上都枢密院，枢密院与中书省一同上奏世祖，得圣旨谓：“待修城子里，无体例。”见：大元圣政国朝典章 [M]. 北京：中国广播电视出版社，1998：2140。据此，元世祖以“无体例”为由拒绝了地方官修复城壁的请求。从今见史料看，元朝主要是禁止中原汉地和南宋旧地（所谓“南人”区域）修复城壁，毁城政策也是在这些地区实行得较为彻底。

此外部分城市的形态特征打破了汉水中游地区普遍的行政等级秩序与规律，显然是受到前朝旧城城址的影响。例如具有两重城垣的邓州州城在汉水中游地区显得较为突出，规模较一般州县城要大很多。邓州与同样是州城的均州比较起来，其城垣周长大了一倍（邓州州城外城垣周长为7.5km，均州州城为3.02km），甚至超过了府城的规模（襄阳府城城垣周长为7.4km）。

唐中后期以迄五代，由于各种原因，很多城市普遍增修或扩修了罗城（外城）。唐代汉水流域的14座州（府）治所城市中，金、商、郢、安、随等五州在唐中后期增修了罗城或外郭城；襄州于唐末拓展了罗城，梁州（兴元府）、均州原本也有罗城。邓州的外城当是在宋初增修的[1]，然整个北宋时期，宋朝当局因战略考虑也着意经营邓州城。出于对北方及西北方局势的担忧，宋廷将邓州与襄州作为战略转移的备用都城来考虑。

唐时期这些州城在增筑罗城后，不仅形成了子城、罗城两重城垣的格局，而且，原先附城而居的大部分居民被包括在城郭之内，这些州府城郭的功能与性质也因之而发生了很大改变；子城处衙署官兵（即所谓"衙城"），罗城居商、民，城郭遂成为官民之所共依，而非只围护官司署了。邓州两重城垣，内城在城中偏北，城垣周长为2.08km，规模较大。邓州城在金元时期毁于兵祸，在明代初年复建时，首先在旧址的基础上修建了内城，但其作为州城规模显然过小，直至明代中后期，方才增筑了外城，但此时邓州的战略意义，随着国都的东移已大不如从前，导致外城修筑的标准也在降低，与内城10m高的城墙比起来，3m多高的外城显然其修筑的目标更多是考虑对外城大量居民区的管理。

在城内的布局方面，原有城址的影响也较大，主要体现在街巷格局与主要建筑的布局方面。例如唐河东岸的唐县县城，县城是在唐州城的旧址上复建，不仅其城周规模比一般的县城要大，其内部街巷主结构也采用的是择中立宫、强调中轴线的较高行政等级的结构方式。南门进入后正对唐县县衙，仪式感较强，而北门则偏于东侧，其模仿唐代长安格局的痕迹非常明显。这样的格局特征也与唐宋时期唐州城作为拱卫京都的重要治所城市密不可分。明初仍为唐州，洪武二年（1369年）因人口稀少（据记载全县仅5000多人）即改为县，但原有城址中内部结构形态特征仍然延伸到明清时期，并没有因为城市行政级别的变化而重新规划建城。

5.5.3 行政等级与管理的影响

如前文城廓形态分析篇章中所述，治所城市的行政等级并不能决定城市规模的大小、城门的数量以及城市的结构尺度等，也就是说前者并不能决定和制约着后者。但是，从普遍的比较分析来看，地方行政等级与府、州、县城的规模、形制关系仍然是明显的。

[1] 鲁西奇．城墙内外：古代汉水流域城市的形态与空间结构[M]．北京：中华书局，2011：268–269。

治所城市作为地区的行政中心，其规模的规划与预设、内部行政职能建筑空间的布局，都是受着其行政等级与行政管理功能的影响。常理来讲，府县治所城市的筑城规模均有定制，设置的行政等级决定了城区规模的大小，城区规模的大小同时也代表了对未来城区人口容量的预想。

城的规模设计是以其周长为标准的，其规模的大小也侧面反映着城的行政等级：明代邓愈建城之后，襄阳“城周十二里一百三步二尺”，是一般府城的规模；同一时期的均州州城“城周六里一百五十三步二尺”，是作为新建州城一般规模；而县治城市光化县城“城周四里有奇”。这些数据反映了府、州、县治城规模的逐步递减。

另一方面，公署建筑与祭祀建筑的布局也说明了治所城市将城内的各职能建筑“各就其位”的想法。也就是说，对于不同类型建筑的布局分配，代表了城市的行政等级与管理的理念。总体来看，汉水中游治所城市的核心地带或南面区域是重要建筑功能布局的区块，区块内往往是以公署建筑与文庙等教化祭祀建筑群为主。而北侧往往是城隍、武庙、营署等功能建筑，将次一等级的建筑布置在城市的北侧或城市圈层的外围，这是在对于城市地块的行政等级辨析以后做出的相应的建筑功能布局。

5.5.4 军事控守功能的影响

治所城市在选址方面对于其自身军事控守的功能应非常重视，越是重要的城市，就越放置于多条主要交通的交会处（往往是水路和陆路）。从襄阳的交通条件来看，就能理解其军事控守功能方面发挥的作用。首先，汉水与一级支流唐白河的交汇处位于襄阳城北，这是水路交通的汇集点；由于大巴山与桐柏山的阻隔，南北陆路交通需穿越襄阳，否则就要绕行随枣走廊。两条区域间重要的陆路交通线也在襄阳汇集。其次，从交通汇集的优势来看，汉水的北岸优于其南岸，但是襄阳仍然选择汉水南岸建城，显然其军事防御的考虑要更多。襄阳选择汉水弯道处的西南侧方位立城，汉水的弯道使襄阳东北两面临水，砚山又使其西南两面临山，形成天然的外围防御地形（这一点与南阳相似，但襄阳自然地形的防御态势更佳）。但是，这种在局促空间中追求防御功能的城市区位，也使其牺牲了城市的开放性——商业码头更利于建在城市汉水北侧，即樊城的沿岸，在陆路交通方面樊城也免除了跨江换乘之苦。尤其是到了新中国成立后，襄阳城市的拓展，由于地形的限制显得非常有限，樊城作为新城市的中心，发展也由于襄阳一侧（图 5-25）。

军事防御方面也影响着城市内部的格局。治所城市城墙的内侧与建筑之间往往留有间距，甚至有成片的空地，以便于防守时城上城下的军事调度。而城市内部的建筑布局中，军事功能的建筑往往布置于城内的北侧，如襄阳城的军马坊位于城市的西北角，且呈 L 形带状布局；南漳的游击署与营署也位于城北的城墙下。这与地区内城市所受到的军事威胁通常来自于北方有很大的关系。非官方的祭祀建筑，如寺庙道观等，以及普通民宅也往往布局于城内的边缘区，这些也是考虑到城市被围困时，城墙的防守工具如滚木礌石等，经常通过拆除这些建筑而获得。所以城市出于军事目的的考虑，把主要的建筑布置于核心区，而次要的建筑布置于边缘区。

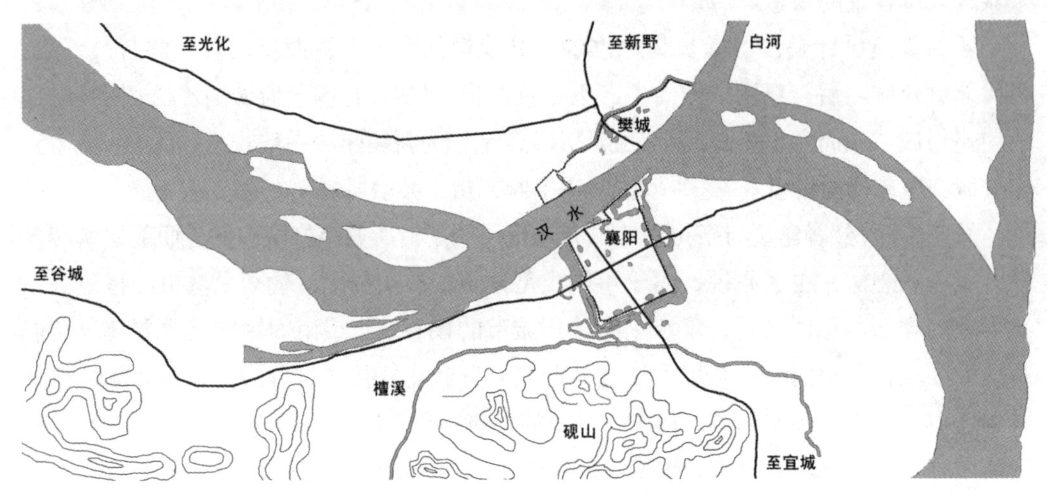

图 5-25　襄阳府城水系与主要陆路交通图

资料来源：根据民国时期美军测绘图绘制。

城墙的边界形态是最能体现治所城市军事防御性能的地方。城墙的建立基本上是为了保护公署、庙宇、粮仓、住宅以及某些自然资源。由于火炮的出现，迫使自明代起，城墙逐步由土城修筑为更坚固的砖城。在汉水上游地区，容易取得便于加工的红砂岩，城墙往往用修筑过的石料砌成很规则的同等厚度石层的墙面。而汉水中游地区更多的是烧制的砖作为城墙的砌面。城楼建立在城角和城门之上：角楼用砖筑起，外向面也筑有防御工事，开有炮眼；门楼，通常建成两层矩形塔楼，作为城门守兵的营房和围城时弓箭手的哨所，是一个城市建筑上最显著的形态特征。

城墙上的城防设施也是明清历届官员任期内的工作重点，不仅善加维护，当有条件的时候也会增筑城防。以襄阳为例，清光绪十年（1884年）《襄阳府志》记载的关于城壕的修葺工程颇为频繁："清顺治二年抚治徐起元，檄邑绅同知贾若愚，由西北至南门各险要处石筑码台二十有九。五年，抚治赵兆麟，檄巡道苏宗贵等重修城楼，并城外三桥濠岸敌楼。道光六年，知府周凯重修城楼。十二年，汉水冲城址，知府阿尔俸阿修复。咸丰四年，知府多山建城上兵房七十四所。八年，知府启芳浚濠由西门至震华门分段，督工檄知县梁照，丈量濠面（并）立石柱二十四处以清岸界。十一年，添建兵房八所，又于东西南及震华门外甃砖为垒。同治八年，西南隅（城）濠淤，知府恩联商请提督郭松林派兵挑浚，自西门至南门长五百丈，深一丈，广十丈。光绪元年，久雨城多圮者，知县吴耀斗与修。二年，知县劳庆藩积修。七年，知县梅冠林竣工。"

5.5.5　河道变迁与防洪设施的影响

汉水中游（湖北丹江口以下至钟祥市以上）是典型的游荡型河段，在历史时期，河道常在河谷内左右摆动。河道的变迁给城市的形态与格局带来了很大的影响，汉水中游地区在明清至少有光化、宜城、均州等城有迁城避水的记录（表 5-8）。其中光化在明代放弃旧城，整城迁建；宜城与均州均是放弃临水低洼地带的城址，向地势较高的岗地扩建。为了防止洪水泛滥，束水归槽，稳定河道，保护沿岸城镇、田地，自汉代始，汉水中游的个别河段即开始兴筑堤防；至明清时期，逐步形成了较为系统的堤防体系。

唐代以来汉水中游治所城市水患一览　　表 5-8

序号	朝代	年份	城名	水灾情况	资料来源
1	唐	德宗贞元八年（792 年）	襄阳	秋，自江淮及荆、襄、陈、宋至于河朔州四十余，大水，害稼，溺死二万余人，漂没城郭庐舍	《新唐书·五行志》
2		武宗会昌元年（841 年）	襄州（治所在襄阳县，即今湖北襄樊市），均州（治所在武当县，即今湖北均县西北）	辛酉秋七月，襄州汉水暴溢，坏州郭。均州亦然	《旧唐书·五行志》
3	五代	后唐明宗长兴二年（931 年）	襄州 均州	辛卯丰五年，襄州上言，汉水溢入城，坏民庐舍，又坏均州郛郭，深三丈。（旧五代史 . 五行志）	《旧五代史·五行志》
4		长兴三年（932 年）	襄州	壬辰夏五月，襄州江水大涨，水入州城，坏民庐舍	《旧五代史·明宗纪》
5		广顺三年（953 年）	襄州	癸丑夏六月，襄州大水，汉江泛滥，坏羊马城，大城内水深一丈五尺，仓库漂尽，居民溺者甚众	《文献通考》
6	宋	绍兴十六年（1146 年）	襄阳	襄阳大水，洪水冒城而入	《宋史·高宗纪》
7		绍兴二十二年（1152 年）	襄阳	壬申夏五月襄阳大水（按《通鉴续编》云：平地高丈五尺，汉水冒城而入）	《宋史·高宗纪》
8		淳熙十年（1183 年）	襄阳	襄阳府大水，漂民庐，盖藏为空	《宋史·五行志》
9	元	武宗至大三年（1310 年）	襄阳	六月，襄阳，峡州路、荆门州大水，山崩，坏官廨民居二万一千八百二十九间，死都三千四百门十六人	《元史·武宗本纪》
10	明	成化十四年（1478 年）	襄阳	四月，襄阳江溢，坏城郭	《明史·五行志》
11		正德十一年（1516 年）	襄阳	丙子，襄阳大水，汉水溢，啮新城及堤，溃都数十丈	光绪《襄阳府志》志余《祥异》
12			宜城（治所即今湖北宜城县）	夏，宜城大水入城	《湖广通志》

续表

序号	朝代	年份	城名	水灾情况	资料来源
13	明	嘉靖三十年（1551年）	宜城 光化 均州	辛亥秋七月，宜城、光化、均州大水坏城郭、庐舍、田禾	光绪《襄阳府志》志余《祥异》
14	明	嘉靖四十四年（1565年）	光化	（城因汉水泛滥）复圮	《读史方舆纪要》卷79《湖广五》襄阳府光化县
15	明	嘉靖四十五年（1566年）	宜城	新洪通城五里许，又有使风，龙潭二港冲洗南城楼	《万历湖广总志·水利》
16	明	嘉靖四十五年（1566年）	樊城	樊城北旧有土堤皆决，西江一带砖城尽溃	《万历湖广总志·水利》
17	明	嘉靖四十五年（1566年）	襄阳	洪水四溢，郡治及各州县城俱溃	光绪《襄阳府志》卷9
18	明	嘉靖四十五年（1566年）	均州（治所在武当县，即今湖北均县西北旧均县）	丙寅，湖广水破均州城	《续文献通考》
19	明	穆宗隆庆元年（1567年）	谷城	秋七月，谷城大水入城	光绪《襄阳府志》志余《祥异》
20	明	隆庆二年（1568年）	襄阳	堤复溃，新城崩塌	《读史方舆纪要》卷79《襄阳府》
21	明	万历三年（1575年）	襄阳	堤又大决，决城郭	乾隆《襄阳府志》卷15《水利》
22	明	万历十一年（1583年）	谷城	谷城大水，淹没万余家	光绪《襄阳府志》志余《祥异》
23	清	顺治十五年（1658年）	谷城	戊戌夏六月，谷城大水至城门外	光绪《襄阳府志》志余《祥异》
24	清	康熙十五年（1676年）	谷城	丙辰宜城大水。谷城大水至城门外	光绪《襄阳府志》志余《祥异》
25	清	康熙四十五年（1706年）	谷城	丙戌，谷城大水至城门外	光绪《襄阳府志》志余《祥异》
26	清	嘉庆十五年（1810年）	宜城	庚午，宜城大水灌城，平地行舟，乡村镇市坍没屋舍人畜禾稼无算 畜禾稼无算	光绪《襄阳府志》志余《祥异》
27	清	道光十年（1830年）	谷城	谷城六月初旬至七月阴雨二十余日，三河之水同日涨，溢东南，城门俱闭，稼禾伤损	光绪《襄阳府志》志余《祥异》
28	清	道光十年（1830年）	樊城	襄阳汉溢堤决，水入樊城	《襄阳县志》
29	清	道光十年（1830年）	宜城	夏秋，宜城大水，溃城垣，坏乡邑庐舍，人畜禾稼无算	光绪《襄阳府志》志余《祥异》
30	清	道光十年（1830年）	宜城	宜城县，七月初一日，汉江暴涨，蛟水四合。文昌门，操军场，泰山湖皆起蛟迹。决护城堤十余处，溃东南北城垣二百四十余丈，坏溺乡邑、庐舍、人畜、禾稼无算，至六月日始退	《宜城县志》

续表

序号	朝代	年份	城名	水灾情况	资料来源
31	清	咸丰二年（1852 年）	均州（治所即今湖北均县西北旧均县）	均州汉水溢入城，深六尺，坏民舍甚重	《续辑均州志》
32		咸丰二年（1853 年）	宜城 均州	七月，宜城汉水溢，堤溃，城垣圮一百五十丈；均州大水入城	《清史稿》卷 40《灾异志》
33		同治六年（1867 年）	均州	均州八月汉水溢入城，深数尺，越三日乃退	《续辑均州志》
34			宜城	三月，罗田大水。五月，江陵、兴山大水。八月，宜城汉水溢，入城深丈余，三日始退；襄阳、谷城、定远厅、沔县、钟祥、德安大水；潜江朱家湾堤溃	《清史稿》卷 40《灾异志》

资料来源：吴庆洲 . 中国古城防洪研究 [M]. 北京：中国建筑工业出版社，2009：131。

由表 5-8 可知，每一行中均有至少一城水患的记载，有的一次水患殃及两城或多城。以一城一次受水灾为 1 城次记，可以计算出本表总共记载了唐至明清时期汉水中游（主要是汉水两岸的）的 38 城次水灾（表 5-9）。

唐至明清汉水中游治所城市水患统计总表 **表 5-9**

朝代	年数	城市水患次数	频率（城次 / 年）
唐至五代（618—960 年）	343	7	0.020
宋代（960—1279 年）	319	3	0.010
元代（1279—1368 年）	89	1	0.011
明代（1368—1644 年）	276	15	0.054
清代（1644—1911 年）	268	12	0.045
唐至清（618—1911 年）	1294	38	0.029

唐以后汉水中游城市的水患频率，由唐的 0.002 城次 / 年到明代 0.054 城次 / 年，至清代的 0.045 城次 / 年，城市水患有越来越频繁的趋势。明清时期中国人口剧增，加重了资源和环境的压力，从明代开始，大量流民进入汉水中上游林区，上游大规模的毁林开荒造成水土流失，下游大量的围湖造“垸田”工程，使下游江湖的排蓄能力降低，致使整个汉水流域水患在明清时期激增。同时由于城址地理位置的原因，滨水型城市的水灾记录要较一般的平原型城市多（表 5-10）。

唐至明清汉水中游城市水患记录最多的是襄阳，有 14 次之多，然而在明代以后却再无水患，这是由于环城的堤防设施越来越完善，加上汉水改道的双重原因。汉水在明末时期由襄阳城东侧急转向南直流而下，改为绕过沙洲向东南方向，从而减少了对汉水南岸襄阳一侧的冲击，使襄阳水患减少。然而，另一方面，汉水的改道使北岸樊城受到汉水冲刷的压力变大，水患有上升的趋势。

唐至明清汉水中游两岸各府州县城市水患统计　　表 5-10

朝代	襄阳	均州	谷城	光化	宜城
唐至五代	5	2			
宋代	3				
元代	1				
明代	5	2	2	2	3
清代		3	4		4
唐至清	14	7	6	2	7

由于堤防没有得到妥善的管理和维护，唐代和五代襄阳有 5 次洪水犯城或灌城之灾。宋代，襄阳建了护城堤、救生堤与樊城堤防。但两宋之际，襄阳屡受战乱破坏，其堤防亦当失修。

明代襄阳城堤防在因袭、维修唐宋以来旧堤的基础上，亦多有创新：①元末明初邓愈重修襄阳城时，因增筑东北角之新城，故同时增修了一道自大北门（土门）至长门的截堤（即清代方志中的“长门堤”）。②正德十一年（1516 年），聂贤在截堤之外又加修子堤一道，形成双重堤防。③隆庆年间，徐学谟主持在襄阳城东、西、南三门之外约二里处各筑有子堤一道，形成环绕襄阳城西、南、东三面的护城堤防（即万历《襄阳府志》舆图上所绘的“新土堤”，清代方志中的“救生土堤”“襄渠土堤”）。④万历三十五年（1607 年）由乡绅冯舜臣等主持修筑了一道檀溪长堤。同时，老龙堤历经正统二年（1437 年）、成化二年（1466 年）、成化十八年（1482 年）、正德十一年（1516 年）、嘉靖三十年（1551 年）、隆庆初年（1567—1568 年）、万历三年（1575 年）等多次维修加固，均已建成石堤。由此可知，襄阳堤防设施影响了襄阳城市形态的格局，明初邓愈所建东北角新城，与其说是对城市的扩建，不如说是增建东北面城墙与其内侧“寡妇堤”的组成的双重防洪设施，共同用于约束汉水河道（图 5-26）。

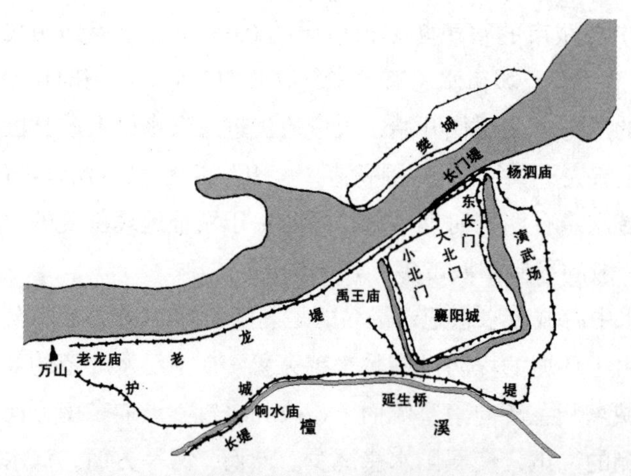

图 5-26　清代襄阳府城—樊城镇城堤防示意

资料来源：鲁西奇，潘晟 . 汉水中下游河道变迁与堤防 [M]. 武汉：武汉大学出版社，2004：209。

在城墙方面，也是经过明、清，不断改进，增强其防洪能力。襄阳城基用大块条石垒砌，城砖用大青砖垒砌，以糯米石灰浆灌缝，城墙内坡填黄土夯筑，底阔十余米，顶宽 5m 多，青砖铺面，平整坚实。

汉水中游水患较多的治所城市是沿岸的均州与宜城，有记录的水患为 7 次之多。均州城是水患频发的城市，《续均州志》记载：清咸丰二年（1852 年）知州殷序之（与城市北侧）重修了保均堤，长 30 丈，宽 3 丈，高 1.5 丈；同治七年（1868 年）均州人贾洪诏等人呈请署湖广总督郭柏荫拨款 7000 余缗修筑了护城堤，长 51 丈，宽 1.6 丈。北侧的护城大堤，制约了城市的北向交通与扩展，使均州城的城下街区主要集中于南门外。

宜城在明末时因汉水泛溢，举城西扩，将西面扩于岗地之上。方法是拆除容易被冲刷到的东侧城墙，在西侧修筑新城，并增加东侧护城河的排蓄能力，将护城河扩至 20m 宽。所以宜城县城内大部分的县署、学宫、试院、武庙等建筑多集中于城内东侧（在清初相当于是旧城区），而扩建的西城区则以寺庙与居民区为主。

5.5.6　风水理念的影响

风水思想对明清以来汉水中游的治所城市的影响也较为显著。从城市的整体格局到建筑的选址和修整，都有着风水的考虑。风水思想对于汉水中游府州县城市的影响主要有下：

（1）对城市选址的影响。山水结合之处是城市与聚落选址的理想地点，即“山环水抱必有气”，“山环水抱必有人发者”，是城市聚落选址的最重要的规律之一。汉水中游的城市选址方面多符合这个规律。

（2）对天际线的影响。风水思想对城市天际线的影响主要是通过风水塔来实现的。修建风水塔是为了弥补风水环境的不足，希望借塔形成风水宝地，带来地运。明清以来，汉水中游治所城市最常见的风水塔是文笔塔，文笔塔以笔锋比附浮屠，所谓“刑家言舆位，文笔琰文像也，其锋刺天，恬恬而上，是浮屠也”。修建文笔塔的目的是为了“成吾子弟之兴也”。[1] 希望借助文笔塔增加中举登科的机会。如唐县县城东门内的文笔塔，高度突出，成为城市天际线的控制要素。

（3）对建筑布局的影响。城内各功能建筑群组的布局与方位的选择也是受着风水思想的而影响。例如军事建筑与营署往往布置在城内的北侧或西北侧，因为军事主凶，应立于北侧。城市北侧也被认为是不利的方位，甚至有的城市取消了北门，只留有东西南面三侧城门。

[1] 民国《顺德县续志》卷 20《金石略二》，双塔碑铭（万历三十一年）。

5.6 本章小结

（1）明清时期，汉水中游治所城市的选址与形态特征更多的应是受到汉水河道及地形的影响，对营国制度的体现有限，无法像平原型城市那样，充分表现出传统礼制的理想模式。城市尽量选择在临河相对平坦的洼地，这样一来，城市临河面的防洪措施就变得非常重要。

（2）城市的城廓规模受到城市行政等级与城市旧址的影响。明初对于汉水中游城市的修筑与复建经历了较长的时间，城市的修筑也充分考虑了经济性与实用性。利用元代旧址的格局，有条件的情况下尽量利用弯曲的河道使城市两面临河，或至少一面临河以减少挖壕筑城的工程，这些都是对于经济性的考虑。

（3）这些城市的防洪措施，影响了城市的整体空间形态，也制约着城市未来的拓展，这一过程是值得归纳总结的。总体来说，治所城市都非常重视防洪保境：大多数城市不会选择在河道的受冲面立城（明初的光化县城除外）；同时，城市会首先考虑外围的防洪设施，以约束河道向内侧摆动，减少对城市的冲刷；城市不得不临水，或靠近汉水河道时，城市自身的防洪能力也是很重要的，襄阳与宜城拓宽城壕（或临水面城壕），增强城壕的蓄水能力，城墙也兼具防洪功能；但当河道变迁无法阻挡，迁城避水也是防洪的一种途径，光化县城、宜城县城、均州州城都有迁城的记录。宜城放弃东侧城市用地，举城西扩至岗地，避让汉水的侵蚀。

（4）越大规模的城市所受到地形的影响越大，小规模的县城容易形成方形的格局，其中有几个长方形甚至类似带形的城市显然是受到岗地地形的限制。治所城市由城墙所环绕的城市规模，显然不能代表城市真实的规模，城下街区突破了城市对于商业活动的禁锢，在地方部门的鼓励下，以体现商业活动规律的自由方式，呈现出与治所城市截然不同的形态特征。南阳府城因旧址的原因，规模甚小，但清末所修筑的“梅花城”将城下街区环绕，用以拓展城市的防御范围，其规模甚巨，是城下街区的面积超过治所城市本身的案例。

（5）明清汉水中游治所城市的街巷结构体现了行政型城市的特征：讲求轴线感和向心感。但是另一方面，也和城市中行政与文教建筑群的体量过大、纵深较长有很大的关系，使大多数城市东西方向的街巷密度较南北向的密度低。

（6）治所城市内主要包含有行政、军政、文教与官方祭祀建筑等，各功能区块的分布受风水思想的影响显著。东南与西南侧是行政与文教建筑的首选之地，东侧的军政建筑、武庙与东侧城外的演武场是相互配套的军事设施，城隍庙往往位于城市的西北侧，与衙署建筑西南侧的衙署建筑形成阴阳对应关系。

（7）治所城市的功能布局也体现出城市向心圈层的概念。靠近城市中心区的经常是重要的官方建筑，居民区处于官方建筑选择后的剩余地块或狭缝中。寺庙、道观、民宅作为次要建筑处于城墙内的外围，当城市遇到军事威胁时，次要建筑容易受到攻击，或被拆卸用于军事抵抗。

（8）治所城市内的标志性建筑，尤其是遗留的历史建筑，往往是考证辨析历史城市平面形态时的定位点，如城门、塔、礁楼等。魁星楼大多建于城市东南角的城墙上；城市十字街心大多建有钟鼓楼——位于跨街台基上的楼阁，是城市中心地带的重要标识。城市人流量较大，较为重要的城门入口区会成为标志性建筑相对集中的区域，会建有较多的跨街牌坊、碑亭等，因为大量的人流也是城市宣扬教化和信息通告的场所。

第6章

明清时期汉水中游两个典型复式治城墙内的空间形态研究

本章选取明清以来汉水中游两个特有的复式城市实例，在中尺度视角下探讨其空间形态特征，即襄阳府城—樊城镇城和光化县城—老河口镇城，这是两个拓展型复式城市的典型代表。两个原附属于治所城市的商业市镇，由于地理位置的优势逐步发展成为独立于其治所主城的商业堡城，并有着完整的城市格局。本章将考证论述明清以来直至近现代，商业市镇逐步突破治所城市的限制，形成独立于治城的商业堡城，并进而取代治所城市，成为现代城市的中心这一过程；总结其演变的动力机制。

6.1 明清时期复式城市的形成及其特征概述

明清时期，在同一地区出现双城并立的复式城市格局，是一种较为独特的城市形态特征。从形成过程和历史成因角度而言，复式城市的形成主要在于两个方面：首先是相距较近的两个或两个以上本来相对独立的城市，随着经济交往的不断增加，交通条件的改善或行政管理体制的调整，彼此间的联系逐步加强，最后形成拥有两个或多个中心、具有区域功能分划的统一城市，这种复式城市通常被称为“汇合型”。

以武汉为例。在明清时期，武昌与汉阳都是相对独立的两个府城，并无隶属关系，当时也不会将它们看作是一个城市。汉口实则是汉阳府城的附属市镇，就其功能性质及其与汉阳城的联系看，显然与汉阳城是一体的。直到近代，随着近代交通、通信工具的引进，特别是长江轮渡的建立和发展，武昌与汉阳、汉口间的联系才逐渐加强，最后于 20 世纪前期融合为一座统一的城市——武汉。

另一方面复式城市的形成是由一个城郭逐渐形成为两个或两个以上的相对独立的城郭，则被称为“拓展型”。无论是由于政治或行政管理的需要，还是由于商业的发展在原城郭之外形成了商埠，它均是由一个城郭逐步拓展而形成的，即先有一个城郭，然后在其附近营建另一个城郭，甚至是多个城郭，从而形成复式城市。

在这一类“拓展型”复式城市中，又有行政拓展型与商业拓展型之分。行政拓展型复式城市在清代较多，主要在华北和西北地区兴建的满城，靠近原有主要为汉人居住的汉城，形成满城与汉城并立的双子城格局，满汉城并立、府县分城而治大抵皆因为特殊的政治或行政原因而形成，具有其行政上的特殊性。但在汉水中游还有另一个特殊的例子，如明代的光化县城，其城址汉水河道变迁，发生较小变动后，旧城并未完全废弃，从而与新城并存，形成双子城。

商业拓展型的复式城市是由一个行政城市及其商埠组成的双子城，是经济发展特别是商业发展的结果，具有突破治所城市局限的意义。如长江中游的荆州府城与沙市、汉水中游的襄阳府城与樊城镇城和光化县城与老河口镇城等，均属于此类拓展型复式城市。

以襄阳府城与樊城镇城为例，事实上，至清中后期襄阳府城周边一度形成了以襄阳城为中心，邓城、樊城镇城、欧庙镇城为附属商业市镇的复式城市组群。由襄阳府城拓展而形成的商业市镇兴衰更替，最终形成近代襄阳府城与樊城镇城的双城格局。自南宋初邓城县废弃之后，樊城就成为襄阳县在汉水北岸所辖的商业市镇。在南宋时期襄阳历次守卫战中，襄阳与樊城唇齿相依，二城之间的联系得到广泛加强。元代襄阳府置有录事司，管理襄阳、樊城的坊郭户，很可能以此为契机，樊城正式被纳入襄阳城的附郭。明初编组坊厢，樊城镇编为樊城厢与黑门厢，与襄阳城西门外的西河厢一样，作为襄阳城的城厢部分，正说明樊城确是襄阳城的拓展部分。显然，由于襄阳城一侧汉水河岸不便停泊船只，上下汉水及来往唐白河的商船即主要停靠樊城一侧，所以樊城自然而然地形成为襄阳城外的商业区，是襄阳城城市功能的直接延伸和补充。

6.2 襄阳府城—樊城镇城的空间形态

6.2.1 襄阳的历史沿革

襄阳位于今湖北省西北部，汉水中游。古代襄阳为州、府治所城市，樊城为其所管辖（表 6-1）。今襄阳为湖北省地级市，是国家级历史文化名城。

襄阳府城建置沿革表　　表 6-1

时期	建郡制
后汉	初与邓县、山都县并属南阳郡，分置襄阳郡，荆州刺史治
魏	襄阳郡
晋	分置邓城县，郊县
	惠帝时以山都县属新野郡，余属襄阳郡
南北朝	雍州襄阳郡，邓属京兆郡
	宋，同属于甯蛮府（雍州）
西魏	雍州襄阳郡，废宏农郡，分置樊城、安养两县
后周	省樊城、山都两县
隋	废河南长湖两郡及旱停县，而以襄阳、安养、常平三县属襄阳郡
唐	贞观元年改安养为临汉，邓城与襄阳俱属襄州，山南东道节度治
宋	襄阳、邓城两县分治属襄阳府，绍兴五年（1135 年）省邓城入襄阳
元	襄阳路明，属河南行省
明	襄阳府，属湖广布政使司
清	襄阳府，属湖广布政使司
	康熙三年（1664 年），改为属湖北布政使司
中华民国	1912 年废襄阳府，初属安襄郧荆道，后改属鄂北道
	1914 年设襄阳道，治襄阳，领 20 县
	1932 年改设行政督察区，襄阳为湖北省第八区行政督察专员公署驻地，1936 年改为第五区
	1949 年，樊城、襄阳城第二次解放，首次组建襄樊市

续表

时期	建郡制
中华人民共和国	1950 年 5 月，复以襄阳县之襄阳、樊城两镇组建襄樊市，隶属襄阳专署
	1953 年 4 月，襄樊市恢复建制，改为省辖（县级）
	1979 年，襄樊市升为省辖市
	1983 年 8 月 19 日，其行政区域并入襄樊市。新组建的襄樊市 领襄阳、枣阳、宜城、南漳、保康、谷城 6 县，代管随州、老河口 2 市
	1999 年辖：襄阳县、枣阳市、宜城市、南漳县、谷城县、保康县、老河口市

资料来源：恩联等修，《襄阳府志》卷一，大清光绪乙酉年重修，第 47 页。

6.2.2 襄阳府城—樊城镇城的地理特征

襄阳市城区位于东经 112° 00′ ~ 112° 14′，北纬 31° 54′ ~ 32° 10′。海拔在 90 ~ 250m 之间。

襄阳地形为东低西高，由西北向东南倾斜。东部、中部、西部分别为丘陵、岗地、山地，约占襄阳总面积分别为 20%、40%、40%。

襄阳古城，今湖北襄阳市襄城区中心为明清襄阳府城旧址，其城墙与护城河保存完好（图 6-1）。汉江以北为樊城区，为樊城镇城旧址，现在的襄阳市即以古襄阳府城、古樊城镇城为中心。

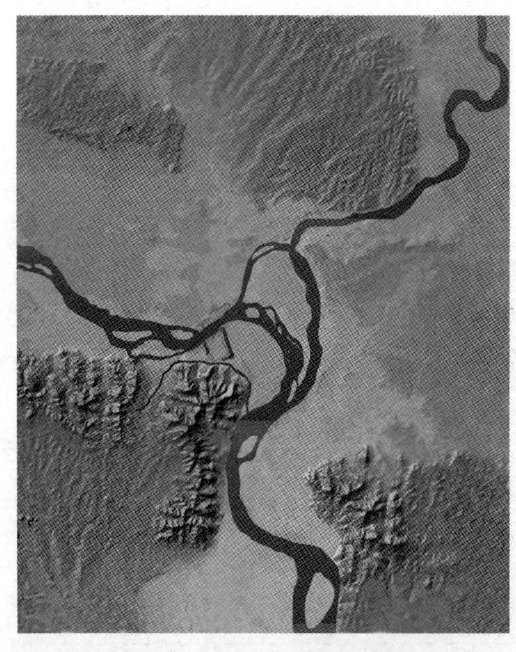

图 6-1 襄阳地形地貌及水系

资料来源：2007 年由襄阳市规划局提供。

襄阳市地貌多姿，属于中国地形第二阶梯向第三阶梯的过渡地带，地势由四周向中部缓缓变低，构成汉江夹道向宜城开口的不规则盆地。由于盆地地形，所有支流在此从四面八方汇集入汉水，其中重要的支流有唐河、白河、滚河、清河、沙河等。北部地处武当山、桐柏山之间，为波状土岗，素称“鄂北岗地”，西部为荆山山脉接武当山余脉的山区，南部为低山丘陵区，中部为汉江和唐河、白河、滚河、清河冲积的较开阔平原，东部为大洪山和桐柏山之间的低山丘陵区，全区岗地面积占 65.8%，低山丘陵面积占有 13%，沿江河冲积平原占据 21.2%。

襄阳自古即为交通要塞，素有“南船北马、七省通衢”之称，历为南北通商和文化交流的通道，区位优越，交通便捷。襄阳西接川陕，东临江汉，南通湘粤，北达宛洛，是鄂、渝、川、陕、豫五省市毗邻地区的交通枢纽。

6.2.3　明清以来襄阳府城—樊城镇城的空间形态演变

明清以来的襄阳府城与樊城镇城是典型的复式城市形态。宋代以前，襄阳与樊城划江而置，分属不同的郡县。宋绍兴五年（1135 年），襄阳与樊城合并，成为湖广一带的军事重镇与经贸中心，自此两城不仅联系紧密，而且无论在军事上、经济上皆相互依存。而明清之际，襄阳、樊城的城市形态由单一的治所城市拓展出多处商业市镇，再到商业功能的重组与合并，最终体现出治所城市与商业镇城两种截然不同的形态特征，也成为襄阳现代城市空间规划发展的基础。从整体上看，明清以来襄阳府城—樊城镇城城市形态的演化的阶段可划分为明代（1368—1644 年）、清代（1644—1912 年）与民国以来（1912—1981 年）年三个区间（图 6-2）。

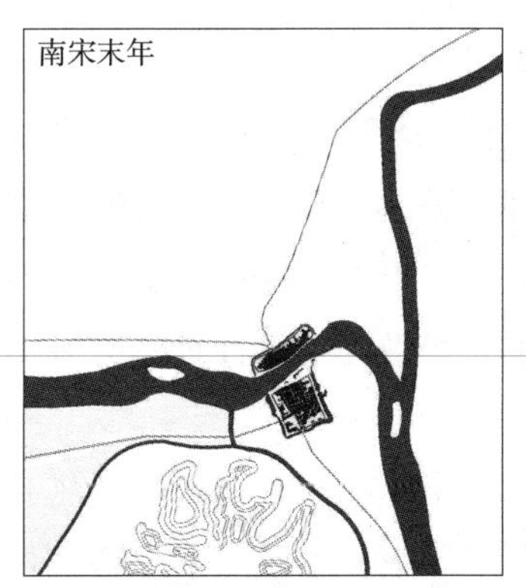

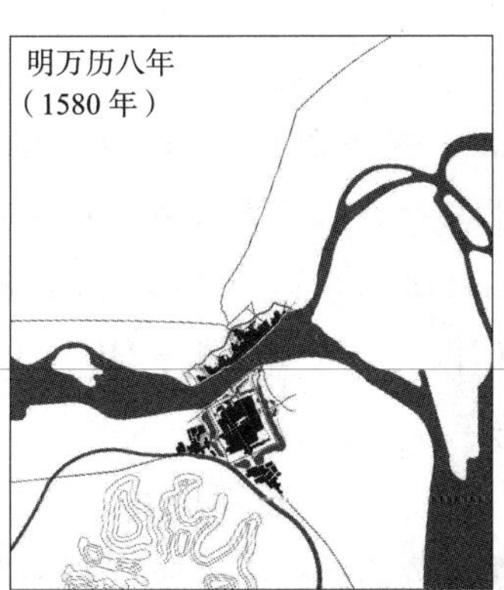

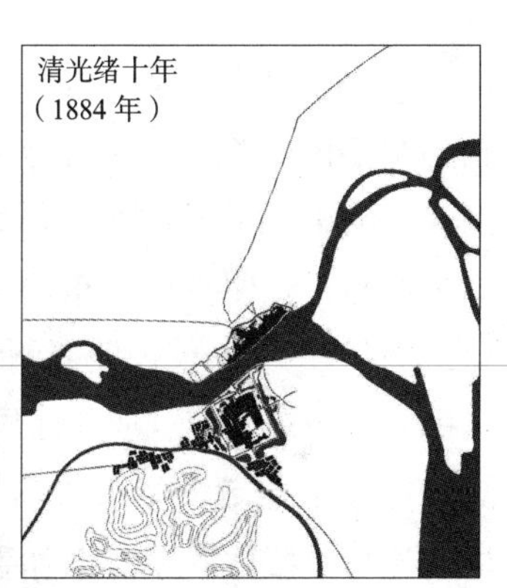

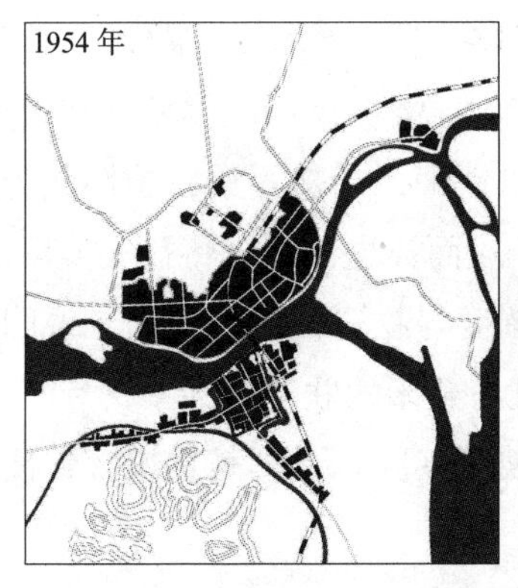

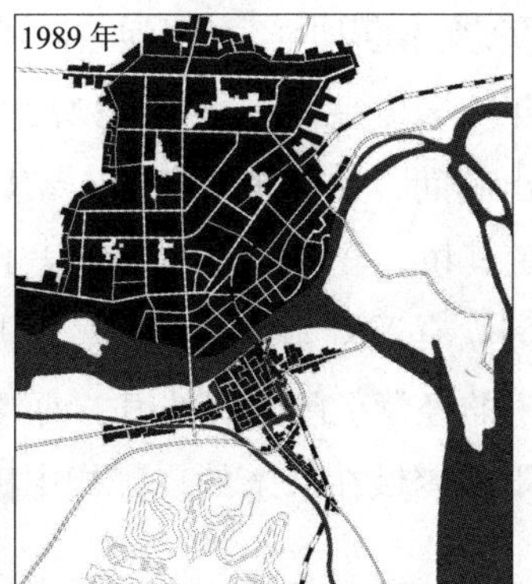

图 6-2　明清以来襄阳府城—樊城镇城城市形态演变示意

（1）明代（1368—1644 年）

1368 年，明初在宋元旧址的基础上修筑襄阳府城，府城城市形态与格局也在这一时期基本形成。

1436年，襄阳王府的介入，对襄阳府城内部的空间形态产生了较大的影响。

1560年左右，樊城镇城修筑城垣，樊城的形态与格局基本亦形成。

（2）清代（1644—1912年）

1645年，清代初年襄阳府城内部公署建筑进行了调整，文教区与军政区分区较为明确。

1860年，樊城始在原有城垣的基础上，修筑明末被破坏的城墙部分。商业市镇的发展中心偏移至汉水与唐白河交汇处。

（3）民国以来（1912—1981年）

1940年，襄阳、樊城遭到战争焚毁，破坏较大。

1975年，汉丹、焦枝、襄渝三条铁路汇集于此樊城旧城北，并修建完成跨襄阳、樊城的铁路公路两用大桥，使两城的联系更加紧密。

1985年，新建设的公路桥（现今的长虹路大桥）连接南北二环，形成跨江环路。

1. 明代——筑城与填充

1）明代之前襄阳与樊城空间形态

明代之初对于襄阳、樊城的营建是在宋元旧城的基础上进行的。南宋时期，襄阳地处宋金（以及宋蒙）对峙之前沿，南宋政府加大了对襄阳城市的营建，可能是襄阳较为繁盛的时期。明嘉靖《湖广图经志书》卷八襄阳府文类栏下录南宋末年尹焕所撰《习池馆记》云:“襄阳城北枕汉水，商贾连樯，列（肆）殷盛，客至如林。惟城南出关而骋，长驱直道，东通与日畿，然傍汉数里，居民鲜少，士大夫息肩解囊，率不免下榻茅舍。”不仅说明襄州城内人口繁盛，也表明其时襄阳城北门外滨江地带有城下居民区，而东、南、西三面居民稀少。

樊城则在南宋绍兴五年（1135年）废邓城县之后，即属襄阳县，虽隔在汉江北岸，然与襄阳之联系逐渐加强，特别是在南宋末年襄阳保卫战中，樊城与襄阳唇齿相依，二城之间的联系不断加强。《国朝名臣事略》卷二《丞相河南武定王（阿术）》记载：元世祖至元九年（宋度宗咸淳八年，1272年），蒙古军“破樊城外郭，重围逼之。襄、樊两城，汉水出其间，宋人植木江中，锁以铁絙，中造浮梁，樊恃此为固。我以机锯断木，斧絙，焚其桥。襄援既绝，公率猛士攻而拔之。襄守将吕文焕惧而出降”，则其时襄阳、樊城间立有浮桥相通，作为军事调度与物资供应的通道，说明樊城作为襄阳的屏障，在南宋的经营下已建有城垣，而且与襄阳的联系甚为紧密。

然而，襄阳与樊城在宋末的攻守战中破坏甚巨，尤其是樊城，致使元代有关樊城的记载甚少。

2）明代初期襄阳城与樊城市镇的空间形态

元代顺帝至正二十五年（1365年）四月，常遇春率部进取襄阳诸郡。五月己卯，“常遇春至襄阳，守将弃城遁，遇春追击之，俘其众五千，获马一千八百余匹，粮八百石”[1]。

[1]《明太祖实录》卷一七，第1页（总第228页）。

表明元末襄阳并非完全无城，只是城垣废弛已久，防御能力较差。七月，朱元璋令邓愈戍守襄阳，同时以王天锡为湖广行省都事，谕之曰："汝往襄阳赞助邓平章，设施政治，当参酌事宜，修城池，练甲兵，撙节财用，抚绥人民。"[1] 邓愈修筑襄阳城当即在此时。

明代天顺《襄阳郡志》卷一《城池》中记载了邓愈筑城的情况："本府砖城一座，在汉江之南，与樊城市对。前代创建修筑，旧志不存，无考。然晋羊祜、杜预、朱序，宋吕文焕所守，皆此城也。元季颓废。国初乙巳年，卫国公邓愈因旧址修筑，有正城，有新城。新城附正城旧基大北圈门，绕东北角接正城。通周回二千二百一十一丈七尺（7.41km），通计一十二里一百三步二尺（6.172km），（城墙）高二丈五尺（8.33m），上阔一丈五尺（5m），脚阔三丈（10m）。朵头四千二百一十个，窝铺七十座。城壕除北一面临江四百丈（1.32km），东、西、南三面通二千一百一十二丈三尺（6.97km），阔三十九丈（130m），深二丈五尺（8.2m）。门禁六座，俱有月城。东、南、西、大北、小北、东长六门角楼各一座，每座滴水三层。东门一座，毁于回禄；南门一座，亦毁未修。东南、西南各设角楼一座，每座滴水三层；西南毁，亦未修。东北角楼一座，滴水三层。花楼一十座，每座滴水二层。鼓楼一座，在城内大十字街北，跨街，台基之上，滴水二层；亦毁，未新。钟楼一座，在圆通寺内，天王殿前之左，滴水三层。"

此方志中记载的正城应当是宋元以来的襄阳城旧址。新城则是在旧城之东北角向外拓展，形成向东北部伸出的一个角。对此，乾隆《襄阳府志》卷七《城池》说得更清楚："明取襄阳，以平章邓愈镇其地，于至正二十五年修之，拓东北角，由旧城大北门外，东绕今长门，环属东城。"南宋时襄阳城周为九里三百四十一步（5.06 km），此次拓展后的正城与新城合计为十二里一百三步（6.172km），增加了二里余。新城修筑的主要作用是将镜湖及周边地块圈于城内，用于扩展治城范围。但更为重要的是，新城北侧临江城墙内还修有河堤，用以巩固城墙，以此来约束向东南方向的汉水河道，也起到了城市防洪的作用（图 6-3）。

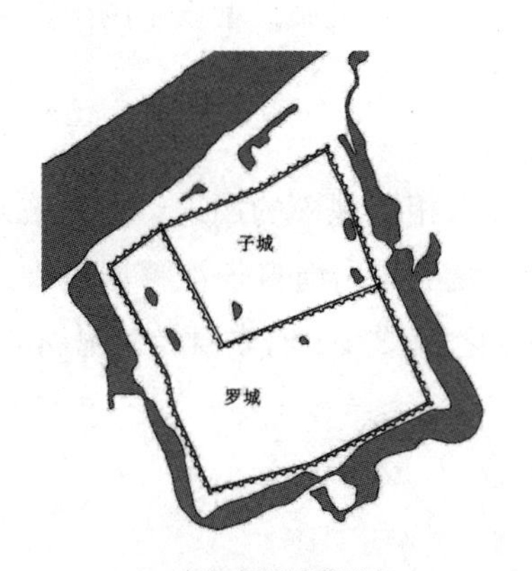

南宋襄阳城廓形态

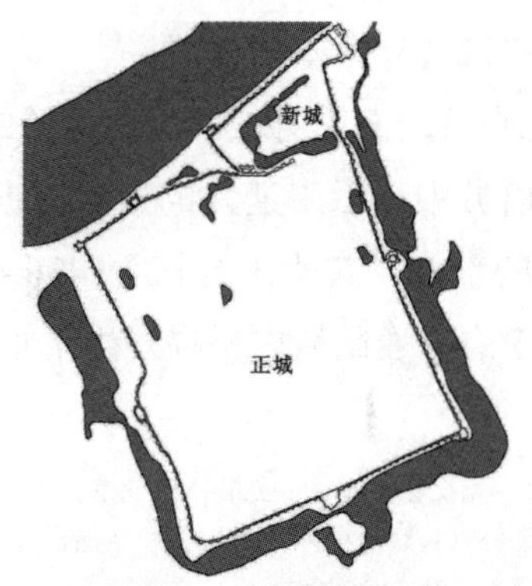

明初襄阳城廓形态

图 6-3　南宋、明初襄阳府城城廓形态比较示意

[1] 《明太祖实录》卷一七，第 5 页（总第 235 页）。

邓愈所修襄阳城奠定了明清两代襄阳城郭的格局，其后虽屡有维修，但城郭形态并无改变。今襄阳城垣保存基本完好，除临江部分内凹和东北角外凸之外，大致呈梯形，东西两面为上下底，分别长 2.2km、1.6km；南北为两腰，分别长 1.4km、2.4km。城墙为土夯筑，外砌大城砖，高约 8.5m，宽 5 ~ 15m，现保存的基本上是原墙体。城内面积约 $2.5km^2$。东、南、西三面有护城河环绕，河宽 130 ~ 250m，深 2 ~ 3m，被称为“城湖”。[1] 这一城郭形态，基本上就是明初奠定下来的。

明初襄阳城内的布局，襄阳卫、府衙署皆集中于城内的西南隅。从府城的南门进入后，在南门正街（今南街）之西即为襄阳府衙，明初的府衙是“洪武乙巳知府张善建，景泰中知府元亮重建。旧府门面东，成化间知府何源改面南”。[2] 其具体位置在今府街北，校士街一龚家巷东，南街西。府衙稍西北处为按察分司。南门正街之东为襄阳卫公署，其东为府学。这样，襄阳城内南半部分乃成为军政衙署区。至于襄阳县衙，则在城内西北隅，其具体位置当在今北街之西，马王庙街之北；县学则在县衙南，今北街西侧。[3]

在明代初期，樊城已经是襄阳府城外最重要的商业市镇。在洪武二十四年（1391 年）编组的襄阳县坊中，基本上可以推断属于樊城的市镇有樊城与黑门二厢（靠近城市的人口集聚区，如城厢、关厢）。据明天顺《襄阳郡志》卷一记载：樊城厢“在县北三里”，黑门厢“在县东北五里”，黑门厢与樊城厢相连，在樊城厢之东北。明代初期，襄阳府城划分有三坊，西门外街区编为西河厢，则说明拥有两个坊厢的樊城街区规模已甚大。

除了近城作为“厢”的街区以外，该卷中又有关于“市”的记载，如新街市“在县北樊城”，黑门头市“在县北樊城”，乾沟市“在县（北）樊城东”，表明樊城至少还有三个市。而襄阳府城的记录，只标有在西门外有马院口一个市。据此，至迟到天顺间，樊城的市场地位、规模已远超过襄阳城。故至弘治五年（1492 年），乃以樊城为“各处商贾凑集，流民杂处，故多盗贼，深为地方之患，乞增设巡检司于此缉捕”[4]，反映出樊城的地位已十分重要。明弘治十四年（1501 年），樊城又增设了两个附籍、寄籍里，说明其著籍户口也有大幅度增加。[5]

3）明代中后期襄阳府城—樊城镇城的空间形态

在襄阳府城中，后来迁入的王府占据了城市相当规模的用地，也对城市空间格局产生了较大的影响。在明正统初（1436 年），襄王朱瞻墡自长沙移居襄阳，以襄阳卫公署改建为王府。襄阳城内格局发生了很大变化：首先，王府本身及其附属的襄府护卫、

[1] 叶植主编 . 襄樊市文物史迹普查实录 [M]. 北京：今日中国出版社，1995：712-713。

[2] 嘉靖《湖广图经志书》卷八襄阳府公署栏“府治”条。

[3] 天顺《襄阳郡志》卷二《廨舍》。

[4] 《明孝宗实录》卷六八，弘治五年十月丙辰，第 6 页（总第 1327 页）。

[5] 弘治十四年，襄阳县增设十四个里，其中，樊城附籍里与河北寄籍里可以断定是在樊城，余裕、永兴、永定、永宁、永成、永丰、永安等七里无以考定其所在，推测有部分里是在樊城。见：嘉靖《湖广图经志书》卷八襄阳府“坊乡”条、万历《襄阳府志》卷一二《食货上》。

长史司、审理所等王府机构，占据了城内东南隅的大部分地区，南门正街之东、东街之南，几乎占全城 1/4 的面积为王府及其附属机构占用，原居其间的居民均迁居他处，王府之南、东、北三面也形成空旷了之地。正统四年（1439 年），巡按湖广的监察御史时纪奏称："比者，以襄阳卫为襄（阳）[王]府，府前避徙者千余家，其地甚旷。而府中官校旗军散据军民居第，恃强无赖，侵害良善，乞督令于府前旷地营屋以居。"❶虽然襄府护卫官校旗军多在王府周围营屋居住，然王府周围仍多旷地。其次，襄阳卫公署旧址既为王府所占，乃移建于城内东北隅城隍庙东故卫国公邓愈的官地（当即邓愈故宅），其具体位置当在今城隍庙街北，荆州街之西。与襄阳卫有关的军器局、武学街也都集中在卫署周围。❷

天顺《襄阳郡志》卷一《坊郭乡镇》于襄阳县下共记有三十六坊，基本可以断定属于牌坊。除此以外，在城外街区的记录中又有三坊三厢（表 6-2）。

明天顺《襄阳郡志》记载襄阳城内外坊厢情况　　表 6-2

区域	坊名	位置
城内街坊	澄清坊	在按察分司前，正统年间废，天顺四年知县李人仪新建
	旬宣坊	在布政分司前，天顺四年知县李人仪创建
	状元坊	在大十字街南，洪武戊辰，状元任亨泰立
	敷政坊	在县治东三百步许，临大街，东向，天顺二年知县李人仪立
	经魁坊	在大十字街南，为庚午科举人任春立
城外坊厢	东北坊	在县东北
	西北坊	在县（东）[西]北
	东南坊	在县东南
	西河厢	在县西三里
	樊城厢	在县北三里
	黑门厢	在县东北五里

资料来源：根据明天顺年间《襄阳郡志》卷二《街市》整理。

此三坊二厢与牛首河北里、枯河里、竹笆里等十五里并列，显然属于里甲系统的基层行政单位。其中樊城厢、黑门厢在汉水北岸樊城一侧，西河厢当在西门外，则襄阳城内分立东北、东南、西北三坊。此三坊既属于以户籍控制为宗旨的里甲系统，则可断定城内北半部居民较多，而其南半部居民较少（在襄王府迁入之后，很可能城内南半部基本没有编户齐民居住），这种里甲编组，显然与城内南部基本为衙署、王府所占据的情形相符。

天顺《襄阳郡志》卷一记有襄阳城内街巷之大致情形，谓有大十字街、东门街、

❶《明英宗实录》卷五一，正统四年二月癸亥，第 5 页（总第 981 页）。

❷《明英宗实录》卷二八，正统二年三月己酉，第 7 页（总第 565 页）；万历《襄阳府志》卷一五《公署》、卷二《兵政》。

西门街、小十字街等。大十字街当即东、西门之间的东西街和南门与小北门之间的南北街交叉而成，是城内的中心，状元坊、治安坊、经魁坊等均立于大十字街侧，鼓楼则在大十字街之北。南门内的小十字街当是南门正街（南街）与府前街、王府前街交叉而成。城内北半部街巷较少见于记载，当是居民区（图 6-4）。

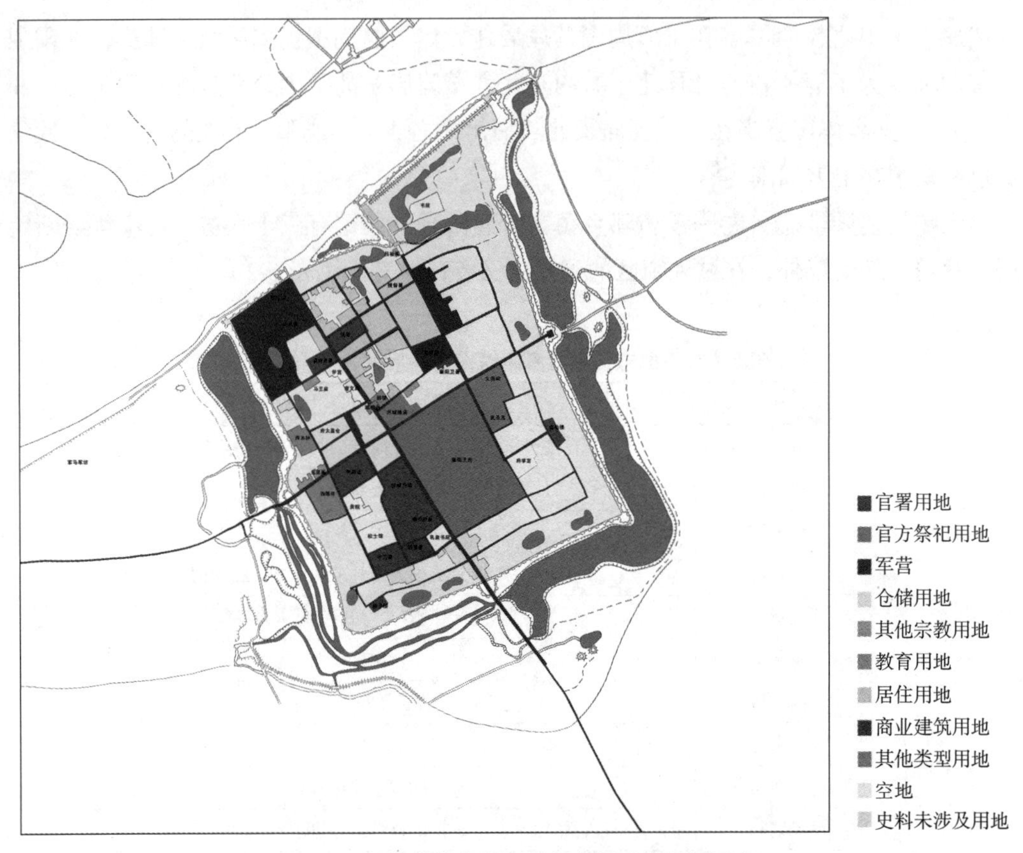

图 6-4　明中后期襄阳府城内主要功能布局示意

明代中后期，樊城镇方在旧址上修筑城墙，从有派驻机构的商业市镇形成完整的商业城市。明嘉靖初年成书的《湖广图经志书》卷八襄阳府“公署”条下仍见有樊城巡检司。[1] 直到嘉靖三十九年（1560 年），方根据抚治都御史章焕之请，“移襄阳府巡捕通判改驻樊城”。[2] 襄阳府巡捕通判移驻樊城，是樊城发展史上的大事，表明樊城商业之发展、户口之繁庶，已超过了襄阳城。很可能就在此前后，樊城也重修了城垣。据清代乾隆《襄阳府志》卷五《古迹》“樊城”记录：“(樊城位于襄阳）县北一里，南

[1] 明清时期县级衙门底下的基层组织，常简称为巡司。配置于巡检司的官员称巡检。明清之际，人口大增，而县衙数量并无增多，于是次县级的巡检司在数量上与功能上日渐增多，也多有通判等官职设置。主要承担社会治安和公共事务方面的职能。

[2] 《明世宗实录》卷四八二，嘉靖三十九年三月己卯，第 4 页（总第 8049 页）。

临汉水，与郡城对峙。”在其中关于筑城的记录有“以修城书者，惟嘉靖三十九年一见耳。城旧有九门，南三门已没于水，存者六门，曰迎旭，曰屏襄，曰定中，曰朝圣，曰朝觐，曰迎汉。鉴宋元往事而安不忘危，治不忘乱，当因时修筑，以固疆围者矣。屯军囤二，在樊城西北隅，皆附城，囤内可容兵。……今囤址犹存，相其形势，乃守樊屯军处耳。囤内今为里民田亩。”

在其筑城的时间推导方面，嘉靖三十九年（1560年）樊城虽然未见筑城事宜，但乾隆《襄阳府志》所言甚详，当是有所依据的。从考察到的典籍资料来看，嘉靖《湖广图经志书》卷八襄阳府《襄阳县图》中，樊城一侧尚未绘有城垣；而万历《襄阳府志》卷一《舆图》中，樊城一侧则绘有城垣。这也足以说明乾隆《襄阳府志》所言不虚。另外在万历《湖广总志·水利二》中的襄阳县堤考略记载：嘉靖四十五年（公元1566年）大水，“樊城北旧有土堤皆决，面江一带砖城尽溃”，则说明嘉靖三十九年（1560年）所筑之樊城城垣，至少其南面城墙为砖砌，其城墙兼具有防洪作用。

明代襄阳与樊城之间亦有浮桥联系的记载。万历《襄阳府志》卷一八《津梁》“汉江浮桥”条谓：“弘治间都御史沈口，副使王炫建。舟凡七十二只，霜降水涸则比之，而加板其上，以通行焉。”汉江上浮桥的营建，显然强化了襄阳、樊城间的联系，但明末浮桥毁坏之后，即未再设立。盖因浮桥虽方便了襄、樊间联系，但却对汉江上下船只造成阻隔，所以清代樊城商业更为繁荣，却未再铺设襄、樊间的浮桥。

2. 清代——重组与整合

1）清代襄阳城内格局的变化

（1）明时襄王府在明末被焚毁后，即长期废弃，直至清末形成城内旷地。

就康熙、乾隆、光绪三种《襄阳府志》及嘉庆、同治《襄阳县志》有关记载看，城内东南隅所存之公署机构只有府儒学；嘉庆、道光以后，在王府坪上渐次营建了关帝庙（三圣殿）、龙神祠（萤惑庙）、襄阳县城隍庙等四座祠庙。直到民国时期，城内东南隅仍颇显空旷。

（2）城内东北隅的军政衙署不断增加，形成城内的军政衙署集中之区。

首先，顺治二年（1645年），明抚治郧阳等处都御史徐起元归顺清朝，朝廷仍任为抚治，移驻襄阳，抚治公署即设于大北门大街东仁和坊、原明抚治都御史行署故址。至康熙元年（1662年）裁撤抚治，十七年（1678年），分守下荆南道杨素蕴将抚治公署改为道署。自此之后，这里一直是分守安襄郧（荆）道道署（新中国成立后，长期是襄阳地区行政公署机关所在地）。

其次，清初郧襄抚治驻襄阳时，其标下中、左、右三营并驻襄阳，军营皆在城内东北隅抚治公署周围。康熙元年（1662年），裁抚治后，改标下中营为襄阳府城守备营，移驻城内西南隅四牌楼西街思贤坊。顺治七年（1650年），又驻郧襄总兵于襄阳，总兵署在城内东北隅之新城湾临江堡，标下有左右两营；十一年（1654年），移总兵驻郧阳（十六年，又移驻谷城县，改称襄阳镇），其右营和前营仍留驻襄阳城内东北隅之大北门内和东门内，其中右营游击署设在大北门大街仁和坊，守备署设在仁和坊西新街口，与游击署的西辕门斜对；前营游击署设在东门大街阳春坊，守备署设在东门大街南直巷清宁坊。

第三，明景泰初，设守备司于襄阳卫署前，统管郧襄荆三卫、均房竹三所；清初裁撤，改为郧襄守备，旋并郧卫与三所归襄阳，改为襄阳卫。雍正十三年（1735 年），襄阳卫所属钱粮军政改归襄阳知府管核后，仍存襄阳卫守备署，总管屯地丁粮，任同州县。尽管如此，襄阳卫守备署仍然是襄阳城内的重要衙署之一，其具体位置仍在明时襄阳卫署故址。

第四，襄阳县衙也从北街西侧移至东侧，今县衙之北处，其所移动距离虽然不远，但已不在城内西北隅，而位于城内东北隅之西部了。[1]

这样一来，清前中期，襄阳城内东北隅就集中了下荆南道（安襄郧道）署、襄阳卫署、襄阳镇右营守备署与游击署、前营游击署等军政衙门，其所属官员吏员兵丁大抵也多居住于衙署附近。所以，城内东北隅特别是今荆州街两侧遂成为军政衙署集聚区。

（3）城内西南隅逐渐形成为相对集中的府级行政文教区。

襄阳府署仍在南门内旧址未有改动。康熙六十年（1795 年），守道赵弘恩以原在大北门街的提督学院行署浅隘，将其迁至西南隅红花园街西、故明兵巡道署废址，并“益买民地”，营建新署。此即所谓试院（贡院），俗称校士馆，其具体位置在今红花园街南、校士街与米花街之间。这样，由于府学所在之地甚为空旷，而校士馆临近西门，又与府衙相接，襄府学子遂多聚集于此，形成城内文人集中的地区。

综上所述，清代城内东南隅为旷废官地（王府旧址），东北、西南二隅又多为军政、行政文教生衙署所占据。这样一来，普通民居建筑往往只能散处于官署营房学校的间隙之中，其中以西北隅最为集中。如西北隅文选坊的县儒学周围，即多为民居（图 6-5）。乾隆《襄阳府志》卷八《学校》记县儒学，谓其地在“县治南文选坊西横街”；乾隆十九年（1754 年），购柯氏地二丈益建尊经阁，“全址前抵官街，东抵黄姜及徐罗各姓房地，西抵府常平仓址，后抵柯吴刘姓房地，其屏墙前旧为泮池，今平而敞之，南抵石姓墙，东抵罗姓墙，西抵小井直街”，则知县学东、北两侧均是民房。

清代襄阳府城城内的街道格局，基本与明代相同，且城内主要的道路结构仍然是大十字街型。乾隆《襄阳府志》卷一中《里社》记载的襄阳城内街巷：谓有南门大街，“经四牌楼、孝义井、昭明台通小北门”，即南北贯通城内的南街和北街，沿街有横巷十一；大北门大街，“经圈门、今道街口、右营游[击]府旁、旧守备司街，至东门大街”，当即今之荆州街，两侧共有横巷七；东门大街，“经前营游[击]府（今改都司）、十字街、小井通西门”，即东西贯通全城的东街和西街，两侧共有支巷四。这样，仍是由南、

[1] 据康熙《襄阳府志》卷二《公署》，乾隆《襄阳府志》卷一《公署》、卷一四《兵卫》，光绪《襄阳府志》卷六《建置志·公署》、同治《襄阳县志》卷二《建置志·公署》等有关记载。

图 6-5　清中后期襄阳府城内主要功能布局示意

北街与东、西街将全城分划成面积不等的四部分，其中东北隅面积最大，且东北区域内又有小十字街，同时由大北门大街分隔成东西两个区块。

乾隆《襄阳府志》卷一一《里社》另记有襄阳城内各坊，如德业坊、风声坊、文教坊、政泽坊，合称四牌楼坊，此种坊共有 26 个。其中大部分固然是牌坊，但也有一些坊，是指一定的街区。如乾隆《襄阳府志》卷一中《公署》记襄阳府署所在，即为“南门内，四牌楼西，政泽坊街”，显然是以政泽坊街作为一个街区。根据乾隆、光绪《襄阳府志》及嘉庆、同治《襄阳县志》的有关记载，可知襄阳城内诸坊基本情况（表 6-3）。

清光绪《襄阳府志》中记载襄阳城内外坊街情况　　　　**表 6-3**

方位	坊名	坊内街巷、衙署、庙宇等
东南隅	文教坊	府学、文庙、文昌祠
	清宁坊	襄阳镇前营守备署、南直巷
西南隅	政泽坊	襄阳府署、通判署
	思贤坊	襄阳城守营守备署、游击署

续表

方位	坊名	坊内街巷、衙署、庙宇等
西北隅	文选坊	县儒学、府大盈仓、西横街、小井直街
	县前坊	明县衙故址
	狮子旗坊	养济院
	军马军坊	又称军马军街
东北隅西部	铜鞮坊	府城隍庙、铜鞮街
	学校坊	县衙
东北隅东部	仁和坊	安襄郧道署、襄阳镇右营游击署
	阳春坊	襄阳镇前营游击署

资料来源:《古代汉水流域城市的形态与空间结构》。

以坊或坊街指称街区，大抵早在明后期即已出现。万历《襄阳府志》卷一六《坊市》所记三十余坊均是牌坊，然其末另记有四坊街，即治安坊街、仁贤坊街、学校坊街、文教坊街，则显然是指有一定规模的街区。康熙《襄阳府志》卷二《坊市》仍录有此四坊街，而其他牌坊除风声、政泽、德业、文章四坊外均毁于明末。说明以坊或坊街指称街区，在襄阳城内最少可上溯至明后期。

这些坊或坊街看来并非是经过规划而分设的，大抵也不会是保甲之类的基层行政区划，而只是约定俗成的街区称谓。因为没有资料表明全城均分划为坊，而只是部分街巷有坊或坊街之目，其他街区则多以街巷为称，如试院所在之红花园街但称为街，而没有坊目。称为坊或坊街之街区既多衙署，则显非为保甲或赋役征纳而置。

2）清代樊城城内格局的变化

（1）明代樊城的城垣，除城门以外，均在明末清初遭到毁坏。然而直至清中后期方才在明代旧址的基础上重建城墙（图 6-6）。也就是说，在清代相当长的时间里，作为商业市镇的樊城是以一种没有明确边界的有机模式在生长。

图 6-6 清末樊城镇城鹿角门影像

资料来源：襄州档案信息网，http: //www.xyda.org/index.do?method=index2

乾隆《襄阳府志》卷一中《里社》“樊城镇”条称:“在郡北门外,隔汉江。宋元有城,(后)废,(今)分驻同知一员。”樊城城垣在明代大部分为土筑，只有在南面临江一面为砖城,为防洪用。北面土城部分,既年久失修,在明末乃大部倾圮。故乾隆二十五年(1760年)成书的《襄阳府志》将其列入古迹栏。在记载中，明代樊城的城门，除临江的公馆门等所谓“南三门”塌入江中之外，其余六个城门在明末仍得以保存，并成为樊城镇的标志性建筑。其中,东门为迎旭门;北门有四,自东至西依次为屏襄门(今俗称“鹿角门”)、定中门、圣门、朝觐门;西门为迎汉门。

清代在明代土城的旧址上修筑了城墙，并复建了旧的城门，整个重筑过程经历了一个相当长的建设周期——跨越了清中后期。据乾隆《襄阳府志》卷一《公署》记载，襄阳府同知移驻樊城,是在雍正元年(1723年),署在雾巷。在此之前,顺治四年(1647年)，襄阳县县丞即已移驻樊城，说明樊城镇在清初即已引起朝廷的重视。

然而清代前期，樊城尚未修筑城垣。嘉庆元年(1796年)，白莲教起义发生，时任湖广总督、负责平定白莲教的毕沅才提议修复樊城旧城，并主张采用以工代赈方式，修筑砖城。然毕沅旋即受命驰往湖南镇抚苗疆,此事未果。[1]直到咸丰十年(1860年),安襄郧荆道毛鸿宾、襄阳知府启芳、同知艾浚美才开始主持“修城浚濠",首先加修土垣,整治城壕；咸丰十一年(1861年),“守道金国琛于米公祠截断旧城，增加砖垛炮位，由迎旭门外牐口引汉水入濠。同治元年，守道欧阳正墉添设炮台于米公祠后，更于朝觐门外开濠数十丈。三年，同知姚振镛于城上建瓦屋八十三间，以便弁兵栖止。同知张瀚添设南岸要隘”。[2]樊城的筑城工程断断续续地进行了十余年时间。现樊城正北门定中门门洞上存文字砖数十块，可辨识的有阴文“同治十二年城工”、阳文“光绪五年城工”等标识的城砖。

(2)樊城的商业街区在清代逐步向东段汉水与唐白河交汇处扩展，而相对繁华的商业中心地带，也同时向东转移，最终形成以中山前后街为中心的商业集聚区。

而西侧附郭内由明代的屯军囤，废弃为清代以田亩为主的旷地。据乾隆《襄阳府志·古迹》所记，知城内西北隅原为明代屯军囤，至清前期已废，成为“里民田亩”。

清代樊城的街巷空间，以平行于汉水河道的街道为主街，由西南向东北延伸。乾隆《襄阳府志》卷一《里社》附“市镇关梁”记樊城镇,谓其街市分为七:“日西河街，自大码头上至西敌台；日华严寺街，自大码头下至杨家巷；日上中正街，自杨家巷至大桥口；日晏公庙街，系通邵家巷及姜璜街、后沟、水星台；日中正街，自大桥口至回龙寺；日下中正街，自回龙寺至迎旭门；日丰乐街，自迎旭门外至王家台白河嘴。”

实际上，西河街、华严寺街、上中正街、中正街、下中正街五条街是自西南向东北连接、与汉江河岸相平行的一条主街，即后来的前街(今中山前街为其东半段)；

[1]《清史稿》卷三三二《毕沅传》。

[2] 同治《襄阳县志》卷一《地理志·乡镇》“樊城”条。

晏公庙街大致与西河街—华严寺街—中正街平行，即后来的教门街（今友谊街）、瓷器街（今中山后街西段）；丰乐街则已在东门迎旭门外（同治年间修城，将迎旭门略向东移，遂将丰乐街包括在城内，与下中正街相接）。据此，则知乾隆时樊城的重心乃在今中山前街一带，特别是瓷器街、邵家巷、陈老巷与前街至沿江码头一带，当最为繁庶，著名的山陕会馆即位于瓷器街西首。[1]今火星观、米公祠一带（即今沿江西路）则较为空旷。至清末道光年间，自大码头至西敌台间的西河街也因为持续受到汉江洪水冲刷侵蚀，西敌台塌入江中，西河街亦荒废。于是，樊城商业街区逐渐向今中山后街东段扩展。

3. 民国以来——拓展与连通

1）城市向樊城区拓展

民国时期，襄阳城街区仍以十字街为中心呈棋盘式布局，纵横相交，规整方直。衙署、寺庙、鼓楼等公共建筑及酒楼、茶肆分布于街道之间，均体现南北轴线，东西对称的规划思想。清代，襄阳知府掌握大型工程、公共建筑的筹划与监修。除少数官署、学堂、祭祀用地外，道路桥梁、堤防的修建费用主要采用向民间筹款和征集工匠的方式完成。民国时期，襄阳专员公署、襄阳县政府建设科承办城市建设工程。1933 年曾制定城市规划，但未能实现。民国年间，襄阳与樊城都屡遭水毁兵祸，1940 年又遭日军焚烧，几成废墟。至 1949 年两城面积仅存 3.2km^2，人口 5.4 万，建筑面积仅 58.6 万 m^2。[2]

1949—1969 年是新中国成立后，襄阳与樊城发展的第一个阶段。两城基本在旧有格局的基础上进行城市空间初步的梳理与改造。由于清末至民国时期城市的道路系统基本上是土路、石路和三合土路，多数不能通行汽车，这一阶段的建设主要是对旧有道路进行改造和兴建，此时的发展仍然以汉水为主轴，两城相对独立，基础设施各自配套。1951 年始，襄阳城的城市空间拓展主要是向西、南，但整体受到砚山的阻隔，城市拓展的空间有限。樊城因北侧地势平坦，沿汉水北岸向纵深兴建道路，以期逐步形成商业、工业集中区。延伸炮铺街出城与汉孟公路（现市区大庆东路）相接，延伸定中街接汉孟公路（现市区大庆西路与人民路相交处）。总体上樊城城市空间的拓展是以与汉水平行的干道（原为大庆路）为主，沿着旧樊城的道路格局，向汉水码头（后兴建沿江大道）区域规划南北向垂直于沿江大道的城市路网。

2）两城做环状连通

1970 年后襄阳、樊城发展进入第二个阶段。到 1975 年，汉丹、焦枝、襄渝三条铁路汇集于此，并修建完成跨襄阳、樊城的铁路公路两用大桥，使两城的联系更加

[1] 山陕会馆初建于康熙五十二年（1713 年），称山陕庙；乾隆三十九年（1774 年），又立三官庙；嘉庆六年（1801 年），重修山门及戏楼，后又增建花园、荷花池及僧房。其旧址现为襄樊市第二中学校址，仍存门楼（石牌楼）、拜殿、正殿各一。旧址现存碑刻十余通，对研究樊城商业发展与山陕会馆均有十分重要的价值。

[2] 湖北省襄樊市地方志编纂委员会 . 襄樊市志（卷一　建置）[M]. 北京：中国城市出版社，1994：45。

紧密。同时新建了旧樊城北侧与汉水平行的干道大庆路、人民路，襄阳向西面延伸的谭溪路等（图 6-7）。

1970 年建成的襄樊汉江铁路公路两用大桥把襄阳、樊城连为一体。此时市区内形成两条交通干线：一条为横贯樊城东西的主干道，包括今天的大庆路东段、中段和人民路；二为纵穿襄阳、樊城两城的南北干道，北起火车站，经丹江路、长征路、解放路、汉江大桥、环城东路、襄阳城东街、十字街至万山。这两条城市的主干道形成了 20 世纪 70 年代襄阳、樊城之间的大十字形城市结构。

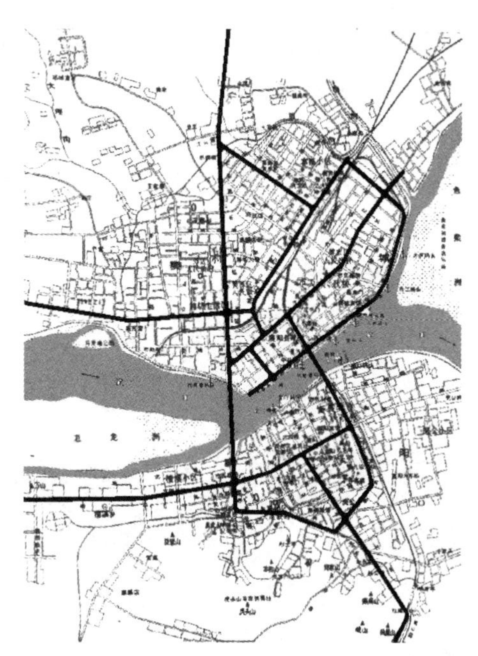

图 6-7　1985 年襄阳、樊城城市主街道结构
资料来源：根据 1989 年《襄樊市志》附图绘制。

进入 20 世纪 80 年代后，襄阳、樊城的城市主干道逐步完善，形成三个环的主结构方式，即樊城一环、襄城一环与联系两城的中间环。中间环是以公路铁路两用桥和新建设的公路桥（现今的长虹路大桥）连接南北二环，形成环路。在环路的主干道内，依照旧有城市的交通路网格局，形成回形和尽端式相结合的次干道。新建跨江主干道在樊城北侧与外围过境快速交通相连。

至此，初步形成樊城向北拓展，两城环形连接的格局。

6.2.4　清末襄阳府城与樊城镇城的空间形态比较

从城市形态的角度来看，清末，襄阳府城与樊城镇城已拓展成为两个有一定规模，并有明确城廓边界的独立城市（表 6-4）。两城跨江相望，但由于城市形成与发展的路径、城市设计的目标不同，也体现出迥然不同，但却又暗含一定规律性的城市形态特征。

清光绪《襄阳府志》中记载襄阳府城与樊城镇城城廓比较　　表 6-4

城市	城垣周长（km）	占地面积（km^2）	城垣高度（m）	城壕尺度（m）	城墙材料	城门数量
襄阳府城	7.41	2.54	8.33	阔 29.67 深 8.33	砖城	6 门
樊城镇城	6.67	1.68	5.32	阔 6.67 深 5.67	土城、砖城	9 门（明代临江南 3 门塌入江中）

从城廓形态来看，襄阳城廓边界形态方正，而樊城城廓形态呈扁长形。从城市规模来看，襄阳城垣周长比樊城略大，其城廓占地面积也相对较大（图 6-8）。襄阳规划

设计的痕迹显然大于樊城，作为府城，预先设想的建设与人口规模左右着城市的规模。而樊城正好相反，对于这个逐步在汉水北岸形成的商业市镇来说，后期修筑城墙的主要原因是：①加强繁华城市的防御能力；②便于对城市内部进行管理，包括税务等经济管理；③增加城市的防洪能力。

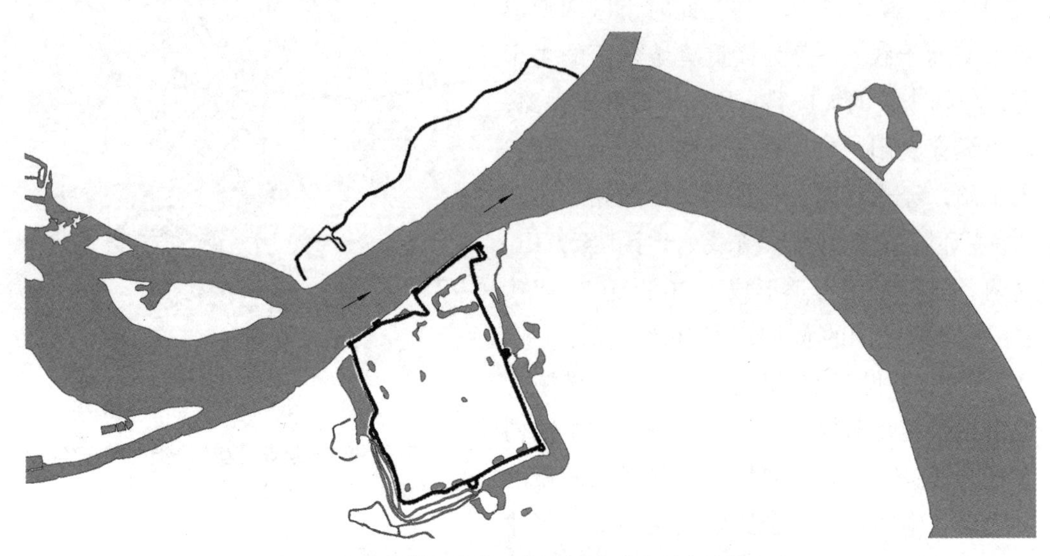

图 6-8　清末襄阳府城—樊城镇城城廓形态比较示意

在街巷结构上，襄阳府城的十字街结构清晰而且重心较为突出，是其街巷结构的主要特征（表 6-5）。十字街也是城市的主干道，大部分的次级道路都会与主干道相连接。十字街通向的城门也是城市的主要城门（都有瓮城与月城），十字街中心的制高点是昭明台与钟鼓楼——跨街的楼台。大部分重要的建筑也布置在十字街的两侧，十字街将城市划分为四个区块，而每个区块也都有自己的小十字街，以此形成结构关系明确、主次分明的街巷结构（图 6-9）。

樊城镇城的街巷结构也较为清晰，城内建设区以东侧靠近汉水与唐白河交汇处较为集中，这一区域的主街道是以沿西北 - 东南走向展开的中山前、后街为骨架，由陈老巷、瓷器街等小巷串接而成。垂直于汉水的支巷不仅连接几条平行的主街道，也与

清末襄阳府城与樊城镇城街巷结构比较　　表 6-5

城市	街巷结构特征	街巷数量	码头数量
襄阳府城	以十字街为主要结构，由东南西北街和守备司街（1929 年称中山街，现改为荆州街）等五条主要街道互相贯通	23 条街 5 条路 52 条巷	10 个
樊城镇城	呈鱼骨状分布，与汉水平行的街道为主；西河街、华严寺街、上中正街、中正街、下中正街五条街与汉水平行，形成主要街道。支巷垂直于汉水河道	9 条街 18 条巷	72 个

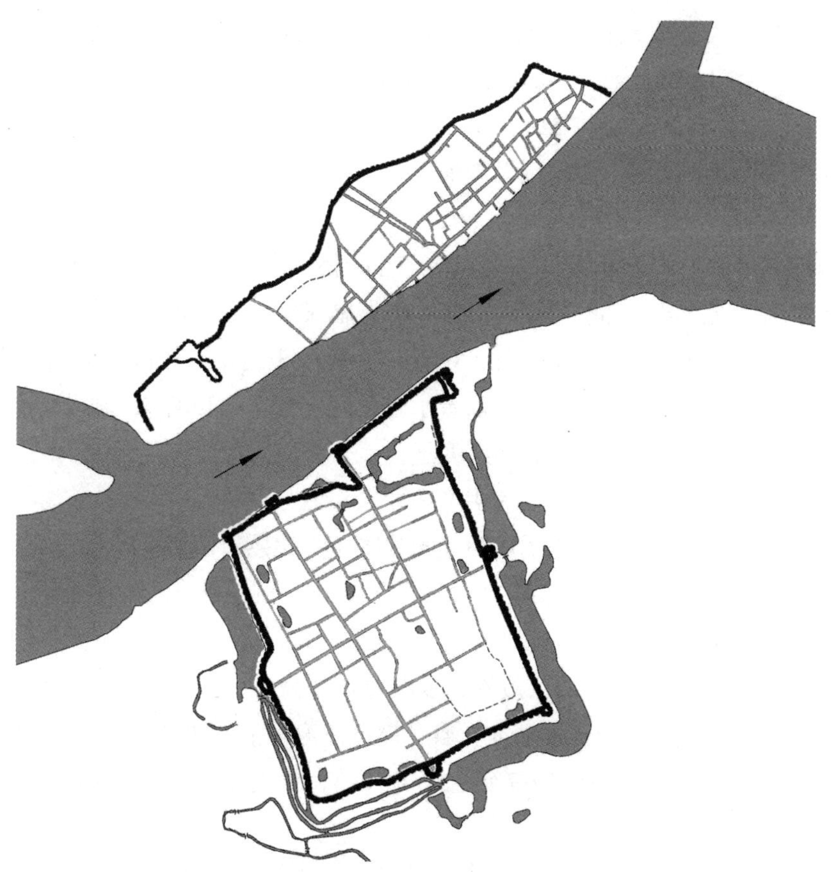

图 6-9　中华民国时期襄阳府城—樊城镇城街巷形态比较示意

资料来源：根据 1949 年测绘图绘制。

码头紧密联系（码头往往是支巷的终点），延伸至江边，这也是清末以水运贸易为主的商业繁荣发展的先决条件之一。两侧巷道呈枝状拓展，形成层次分明、脉络清晰的鱼骨状街巷格局，这种格局能够灵活适应地形地貌的复杂变化，因此也是汉江流域的滨水商业市镇街区最常见的构成形态。

6.3　光化县城—老河口镇城的空间形态

6.3.1　光化的历史沿革

现今老河口市（含光化县城）位于湖北省西北部边缘。其东北与河南省邓县接壤，北与河南省淅川县相邻，东、南连襄阳；西北接丹江口市，西和西南以汉水为界与谷城县相望。市境古为阴国，因位于荆山之北而得名。

春秋时期，为楚属地，鲁昭公“十九年（公元前523年）春，楚工尹赤迁阴于下阴”。[1]下阴城址应在今老河口市傅家寨附近。

秦始皇二十六年（公元前221年），实行郡县制，设酂、阴二县，酂县故城与下阴相近，约在今谷城县固封山北（已没于汉水）。

两汉沿秦制。高祖五年（公元前202年）封萧何为酂侯，“食邑八千户于此”。东汉光武帝封邓禹为酂侯，“食邑万户于此”。建安十三年（208年），曹魏得荆州，以南阳西为南乡郡，辖八县，酂、阴在内。南乡郡城临汉水，在县境内。

西晋太康十年（289年）十一月，以其地为顺阳王封地，改南乡郡为顺阳郡，辖酂、阴、筑阳三县，郡治设于酂城。西晋永嘉年间（307—313年），城没于汉水。

南北朝战争频仍，郡、县设置多有变迁。

唐初置酂州，旋废。改阴城县为阴城镇，入谷城县。

光化县最早置于北宋。宋以阴城镇建光化军（光化系唐昭宗李晔年号），设乾德县。北宋熙宁五年（1072年）改乾德县为“光化县”，取“光大王化”之意为名，属襄州。旋废，后又复设。

元至元十四年（1277年），又废军，复改乾德县为光化县。明洪武十年（1377年）入谷城县，十三年（1380年）复置光化县，属襄阳府。清因之。

1914年光化县属襄阳道。1937年置老河口镇，为光化县治。至1949年光化县属襄阳专区。

新中国成立后，老河口曾三度设市，形成市、县并立的局面。1951年以老河口镇置老河口市，1952年撤销，仍为光化县治。1960年均县并入光化县，1962年两县分治，属襄阳专区。1970年属襄阳地区。1979年划老河口镇及近郊置老河口市；1983年撤销光化县，并入老河口市，属襄樊市（表6-6）。

光化、老河口城建置沿革表　　表6-6

时期		建置名	隶属关系	备注
周	春秋	阴国		
	战国	阴	楚国	阴国在春秋时绝，为楚属邑
秦		酂县 阴县	南阳郡	
汉		酂县、阴县	南阳郡	
魏		酂县、阴县、南乡县	南乡郡	
晋		酂县、阴县、顺阳县	顺阳郡	

[1]《春秋左传·下》。

续表

时期		建置名	隶属关系	备注
南北朝	宋、齐	酂县	始平郡	
		阴县	广平郡	
		南乡县	南乡郡	
		顺阳县	顺阳郡	齐改顺阳郡为枞阳郡
	梁	酂县、阴县、南乡、湖里龙泉、白亭	酂城郡 左南乡郡	
	西魏	酂县、阴城	山都郡	
		阴县	左南乡郡	
	陈、北周	阴城、清乡 南乡县	顺阳郡 南乡郡	西魏改南乡郡为秀山郡，北周复名南乡
隋		阴城县	襄州	大业三年（607 年）罢州置郡，阴城县属襄阳郡
		酂县	淅州	
		南乡县	淅州	
唐		阴城镇	襄州	贞观八年（634 年），阴城县并入谷城县，为阴城镇
宋		光化军 乾德县	京西南路 光化军	乾德二年（964 年）以阴城镇建为军，析谷城县三乡置乾德县隶军。熙宁五年（1072 年）废军，改乾德县为光化县，隶襄州。元祐初复为军治，领乾德县
元		光化县	南阳府 襄阳路	至元十四年（1277 年）置县，属南阳府，十九年（1282 年）属襄阳路
明		光化县	襄阳府	洪武十年（1377 年）并入谷城县，十三年（1380 年）复置
清		光化县	襄阳府	
中华民国		光化县	襄阳道、湖北省第八行政督察专员公署、湖北省第五行政督察专员公署	1948 年，人民革命武装建立光化县爱国民主政府，隶属桐柏区行政公署
中华人民共和国		光化县 老河口市	湖北省襄阳行政区专员公署、湖北省人民政府襄阳区专员公署、湖北省襄阳专员公署、湖北省襄阳地区革命委员会、湖北省襄阳地区行政公署、襄樊市	1948 年 9 月—1949 年 9 月、1951 年 8 月—1952 年 8 月、1979 年 11 月，老河口由镇三度划为市。1983 年 11 月市县合并为老河口市，撤销光化县建置

资料来源:《老河口市志》。

6.3.2　光化县城—老河口镇城的地理特征

光化县城区位于东经 111° 30′ ~ 112° 00′，北纬 32° 10′ ~ 32° 38′之间。地处秦岭支脉伏牛山南支尾端，位于汉水中游东岸，南阳盆地边缘，地貌形态多姿，地势北高南低，由西北向东南倾斜，呈若干条状丘岗伸向东南，形成丘陵、平岗、平原三种地形。平岗地高程在 100 ~ 150m 之间,其面积占总面积的 42.94%;丘陵地高程在 150 ~ 450m 之间,其面积占总面积的 39.17%;平原地高程在 100m 以下,其面积占总面积的 17.89%。

县境北朱连山东西横断,与河南省淅川县、邓县相隔,为境内最高山脉;朱连山以南之岗岭均为自北向南走向。其主岭自二劈山向南入襄阳县境,岭长 57km,沿线岭高在(159 ~ 186m)之间。这道岗岭将境内水系分为东西两片:岭西地形起伏较大,属丘陵地带,其间大小河流均直接汇入汉水;岭东属平岗地带,其河流则分别汇入排子河、黑水河,再入小清河,至襄樊市北入汉水。自赵岗区傅家寨以下至仙人渡镇崔营乡沿汉水为一狭长冲积平原。朱连山主岭以西的支岭,均为自东向西南走向,由主岭直至汉水边(图 6-10)。

图 6-10 光化、老河口市地形地貌

资料来源:Google 地图。

汉水为县境内最大河流。汉水在境内曾数次改道。牛头山背后,牛崖山脚下,曾为汉水故道。据记载,山腰"石上篙迹犹存"。客落湖(又名疙瘩湖),宋、元时期在汉水西,明代汉水改道,遂在河东。老县城西南 15 里,符凹西有涓水,自口入,为上涓口。清嘉庆时汉水西徙,上涓口溃于水。今为涧口滩,其地名尚存。

汉水以其交通之便,促进了老河口的兴起发展。但也带来过严重灾害,据县志记载:在两千多年间"汉水溢"的灾害,就有 56 次,严重者如"沿江居民漂没者半"。

6.3.3 明清以来光化县城—老河口镇城的空间形态演变

明清以来的光化县城—老河口镇城是典型的拓展型复式城市形态,也是汉水中游县级治所城市拓展变迁的典型案例。明清以来光化县城与老河口镇城的兴衰更替，是汉水中游乃至于整个汉水流域社会经济发展的缩影，也是滨水城市与江河若即若离关系的明证。透过其兴衰能映射出比城市空间形态的变迁更加丰富的社会经济内涵。总体来讲，明清以来光化县城—老河口镇城的空间形态演变的阶段可以划分为明代光化县城迁建、清代新镇（老河口镇）兴起、民国以来废县立镇三个阶段（图 6-11）。

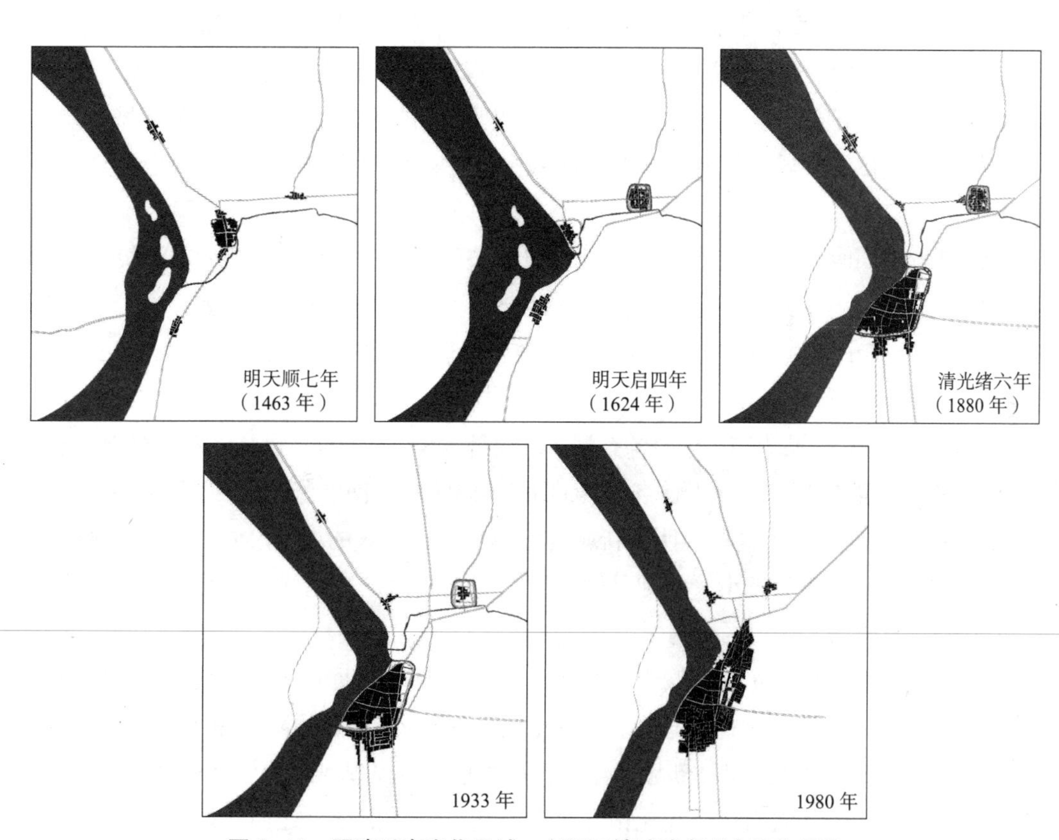

图 6-11　明清以来光化县城—老河口镇城城市形态演变示意

（1）第一阶段（1368—1572 年），光化县城在明初修筑，旧城屡遭汉水侵蚀，在明隆庆六年（1572 年）迁建新城，并形成新城与旧城（冲毁过半）并立的格局。

（2）第二阶段（1573—1820 年），新镇（老河口镇）逐步兴起，并于 1820 年形成完整的堡城。

（3）第三阶段（1821—1983 年），新镇在经济与社会发展方面逐步取代县城的地位，最终撤县兴市。

1. 明代光化县城的迁建

1）明中后期光化县城的迁建过程与明初旧城的空间形态初探

明代的光化县城经历了明初建（土）城，后为避汉水侵蚀而举城东迁，并与旧城形成双城格局的演变过程。明洪武年间，光化县城为土城，在汉水东岸。明正德年间，筑砖墙，修护城堤，后被汉水冲毁，城址内迁至今韩家巷附近，后复被汉水冲毁。隆庆六年（1572 年），不得不在旧城东三里桥建新城，即老县城，明代时老县城原为土城。清嘉庆二十五年（1820 年），方修为砖城。

关于明初光化县城的迁建过程在方志中已有较为详细的概述。万历《襄阳府志》卷一六《城池》“光化县”中，首先记载了明代初年所筑光化县城的情况，文中记载：“国朝洪武间创筑土城。正德九年（1514 年），知县黄金始甃以砖，（城）周回九百六丈（3.2km），（城墙）高一丈八尺（6m）。又濒汉水造五象鼻，立登云、通济、迎薰、朝京四门。又为五石矶于西城水涯矶下。”说明明代初年的旧光化县城原为土城，规模亦不甚大，是标准县城的规制。旧城濒临汉水而建，屡次遭受水患的威胁，以至于不得不迁城以避水。

该府志中同时记录了这次迁城的过程与新城的情况：“（汉水）厥后水溢堤崩，知县魏杰徙筑内地。未几，又圮。隆庆六年（1572 年），本府通判马昌署县事，请于都御史凌云翼、御史李栻、兵使杨一魁、藩参 [李]（季）日强、郡守黄思近，卜地三里桥，依阴城镇为新城，延袤（与旧城相比扩大）一千六百步（118m），（城墙）阔一丈二尺（4m），高一丈八尺（6m）。城为四门，门各有楼，曰迎辉、登云、通江、拱辰。四隅各有小楼，日揽翠、思贤、曙光、挹汉。东西濠各长四百五十步（30m），南北濠各长四百步（26.67m），阔二十五步（1.67m）。”这里说明了新城的筹建过程与新城的城周尺寸，新城的规模并不算大，在县城中属于较小。一则是因为建设周期较短，二则建城主要以行政机构的搬迁为主，旧城仍然用于居民的使用。

宋元时期的乾德、光化县城（阴城镇）在今老河口市西北光化老城（光化镇）之稍西处。明隆庆末、万历初所迁光化新城，是根据旧城东侧的阴城镇（即今北集街）而建，新城在旧城之东三里。新城时至今日虽也废弃，其基址尚在，而由此可以推测，洪武初所筑之光化县城当在今光化镇（今老光化县城的旧址）之西三四里处，宋家营一带。至于明代初期所筑的光化县城西濒汉水，“春夏弥漫，辄冲啮，居民屡徙”。至明正德九年（1514 年）始修筑砖城，乃于其濒临汉水的西城墙着意经营，“审要害处甃五石矶，以杀其势，城益坚，可久然”。[1]

然而时隔不久，由于城池位于汉水在此弯道处的受冲面，汉水向东侧偏移，光化县城仍频繁受到汉水的冲刷，县城乃不断向内退缩。明嘉靖三十年（1551 年），“汉水泛溢，城坏”[2]知县郑曼复修。万历《襄阳府志》卷四七《文苑五》录何迁《文忠书院记》中记录了这一事件：“郑侯至，问民所思，即慨然念之。适障江堤成，取其地祠焉，而书院遂因以复。邑故濒汉，汉涨，城必啮。先是，率缩城以避。侯患之，乃筑为大堤障焉。堤以内，地迥而岸谷幽，书院临其上，北揽泰岳，南接江流，袤然为邑名概。”

[1] 正德《光化县志》卷二《城池》附王从善《修砖城记》。

[2] 《读史方舆纪要》卷七九湖广五襄阳府光化县“汉江”条。

上文可以表明，在明嘉靖三十年（1551年）郑曼维修光化县城之同时，曾修筑护城堤防，文忠书院即坐落在堤上。但这一堤防显然不够坚固，嘉靖四十四年（1565年）、隆庆六年（1572年）洪水复冲毁城池。故明隆庆六年（1572年），乃决意将光化县城迁建，至万历三年（1575年）——三年以后，选址旧城东三里的三里桥（即北集街）建成新县城。

清光绪十一年（1885年）《光化县志》卷七《艺文志》中收录了的明万历三年（1575年）胡价的《迁城记》，其中对于迁建的过程，尤其是新城的选址情况记录较为详尽："光化一县，则水陆辐辏，尤为西北舟车之门户，而襄之藩蔽也。其故有城，西面迫临汉水，屡遭横涛冲突。其沙流而土浮，虽事堤筑，曾不经年，百姓疲于奔命。当事者重以为忧，议迁之善地。因相山川所宜，离故城三里许，曰北集街，其地夷旷绵衍，后山拥倚，左山秀出，环向其前；北有溪水，合流入汉，而绕其右，地势形便，盖天地间一奥区也。且其土坚，不苦于版筑，而民居联络其间，无烦徙易，水陆交通如故，鱼盐布菽，贩鬻凑集，各得其所，以为生活，民咸称便，遂定议。"

解读上文，说明明初修筑的光化旧城堤防虽屡经修筑，却屡筑屡溃；新城在旧城之东北，距汉水稍远，故不再有汉水冲刷溃决之忧。此后，新的光化县城城址未再迁动，一直沿用隆庆时所筑城垣，虽有维修葺补，然"皆随缺随补，未尝动大役"。[1]

光化县城的旧城位于汉水河道的受冲面，屡次遭受侵蚀，城墙颓坏，在明中期城内居民已向城外东侧转移，城内空间已相当凋敝。但后来迁建新城以后，旧城很长的一段时间内仍旧在使用，主要用于居民和商业码头使用。

明正德九年（1514年）光化县城在未筑砖城之前，虽然上引万历时期《襄阳府志》谓洪武时光化曾创筑土城，然而天顺《襄阳郡志》卷一《城池》下却并未记有光化县城池，说明其时光化城垣或已倾圮，或本不足道，无所谓城垣。同书同卷《坊郭乡镇》下所记十二坊中，有九坊已废。无论这些坊是牌坊还是街坊，都说明旧的光化县城在明中期已相当凋敝。由王从善《光化砖城记》所述看，正德九年（1514年）所筑砖城实为创筑，并非因袭旧土城而来，其规模比临汉水的旧城大（图6-12）。

正德《光化县志》成稿于正德十年（1515年），恰是砖城修筑完毕之时，故其所反映者当是修筑砖城之后的情形。据其卷二《公署》所记，县衙及布政分司、按察分司均在城内西南隅，所有公署均为新建；儒学在县衙东南，当在城内东南隅；县衙东又有福岩寺巷。同卷《坊市》下所记街巷，有北集街、大西河街、大东后街、曹家巷、艾家巷、柏树巷、新街巷、后街巷、小张家巷、郭家巷等。

北集街与大西河街不在城内，应是城外街区。北集街当即隆庆六年（1572年）所迁治之新县城；大西河街当即万历《襄阳府志》所见之河街，显然是濒临汉水的街道。新街，据嘉靖《湖广图经志书》卷八襄阳府"坊乡"条所记，在北集街之东北，应当是北集街的拓展部分；后街（巷），据万历《襄阳府志》卷一六光化县"坊市"条所记，

[1] 清光绪十一年《光化县志》卷二《城池》。

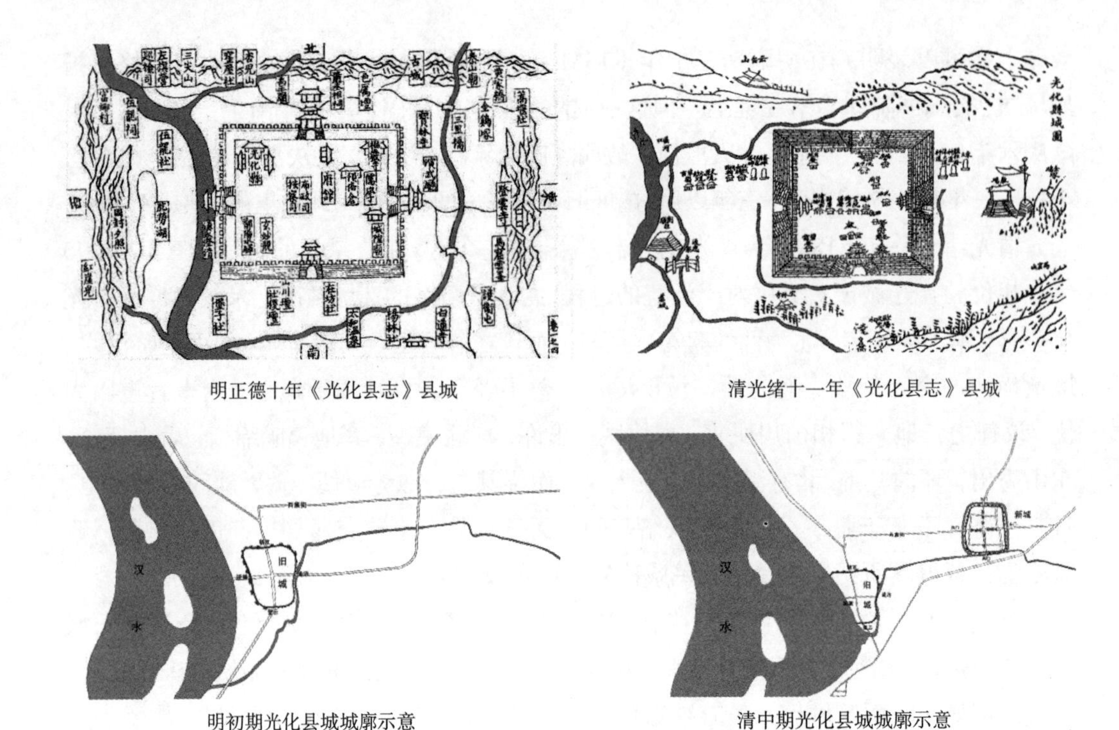

明正德十年《光化县志》县城　　清光绪十一年《光化县志》县城

明初期光化县城城廓示意　　清中期光化县城城廓示意

图 6-12　明代光化县城旧城与新城的比较

“在水府庙东”，而河街在“水府庙南至耿家河口”，然则，后街是与河街平行而稍东的街道。又据万历《襄阳府志》所记，知后街西北又有蔡家巷，因此，在正德间修筑砖城之后，县城稍东处有北集街（距县城三里，当与县城北门相连）、新街，当是依靠北上陆路而形成的商业集镇；城西（偏南）临汉水处有河街、后街、蔡家巷，其地筑有水府庙，显然是临河的码头商业区。

2）明代迁建后光化县城的空间形态特征

明隆庆六年（1572 年）光化县城迁至北集街，并重立城垣，新县城城内之格局乃与旧城有不同。新县城的规模并不大，在汉水中游区域内是县城规模最小的，但新城经过较为周密的规划，格局相当规整：城内是典型的十字街型街巷结构。

城内重要的行政建筑建于西门大街的两侧，在十字街心建有谯楼，为跨街拱楼。衙署建于十字街城内西门大街以北，明万历《襄阳府志》卷一五《公署》“光化县”中记载：“县治旧在古酂城内，洪武元年知县程聪建。万历元年（1572 年），因迁城，改建阜成街北，中为正堂……大门外为土地祠，为狱，为申明旌善亭。又东为谯楼（鼓楼），置四道中，通四门大街。”则县衙当在城内北部偏西，谯楼在县衙之东，处城内中心位置。

城内的街巷结构以十字街为主要特征。据明万历《襄阳府志》卷一六《城池》“光化县”条下所记，知阜成街是西门至鼓楼的东西街；其鼓楼至东门的街道称为迎辉街，鼓楼至南门为登云街，至北门为拱辰街。这样，迎辉街—阜成街与登云街—拱辰街就构成了城内的主十字街结构。除此之外，围绕十字街心又形成环形街道：东门内迤南为居仁街，迤北为由义街；西门内迤南为齐礼街，迤北为道德街；南门内迤东为聚奎街（儒学在街北），迤西为宣化街（按察分司、公馆均在宣化街）；北门内迤东为景福街（福岩寺迁建于景福街），迤西为保障街（城隍庙在保障街）。

万历《襄阳府志》卷一六所记光化县城内外的“坊市”，在列举城内街巷之后，又记有“西集街”，注称“古阴城镇”，且列举了旧县城及其城外的街巷。显然，隆庆末、万历初营建新城后，旧县城并未完全废弃，大部分街区仍得以保存下来，城垣大抵除临汉江部分被冲毁后，也有部分保存。又据乾隆《襄阳府志》卷一《里社》所记，知万历中曾将原驻左旗营的巡检移驻旧城，则旧城仍有重要地位。这样，新城与旧城（西集街、河街等）并立，即形成“双子城”城市形态：新县城是行政为主，旧县城、西集街、河街部分则是以居民区与商业区为主。

光化旧城之完全废弃，大约是在明清之际，西集街可能也于同时期废弃。

2. 清代老河口镇城的兴起

在光化旧城、西集街在明清之际遭到破坏之后，康熙年间，在旧县城之西又兴起了城下街区——新集，在清雍正三年（1725 年）正式将其建镇，名“新镇”。清嘉庆二十五年（1820 年）筑砖城，南北长 7km，城内会馆、书院、庙宇 30 余座。光绪二十八年（1902 年）改名老河口，因地当汉水故道之口得名。光绪时老河口镇商业极盛，港口停泊船只常达千支以上，城区人口达七八万。

光绪十一年（1885 年）的《光化县志》卷一《乡镇》“古阴城镇”条云：“在今治西西集街，明季屡经兵燹，遂成邱墟。国朝康熙初，兴于旧城之西，名新集。至乾隆中，汉水东徙，冲没逾半，后移今镇（即老河口），距县治（西）南八里。（其镇）商贾辐凑，烟火万家，诚为富庶之区，沿河甃以石堤，镇后筑土堡围之，移驻左旗营巡检一员，均光营右哨千总一员，外委千总一员。成丰甲寅，设厘金局一所。”

此新集既在旧县城之西，实与西集街毗邻，很可能也就是西集街故址，或其附近。至乾隆中，新集被洪水冲没逾半，乃移至当时的县城东南八里处，今老河口市区，另建新镇。乾隆二十五年（1760 年）成书的《襄阳府志》卷一《里社》附“市镇关梁”载：“新集镇，县（西）南十里，即老河口。万历时改设左旗营巡检于旧城内，城址崩，今驻此，有塘。”据光绪《光化县志》卷二《官署》记载，左旗营巡检司于康熙二十八年（1689 年）移驻“旧城南之新镇市，即老河口”。则老河口在康熙中期即已兴起，至乾隆中期，已成为“商贾辐凑，烟火万家”的大镇。

嘉庆五年（1800 年），湖广总督姜晟按临光化县，“见河口人烟稠密，商贾辐辏，为汉江北岸要隘，无城堡为保障，何以备不虞”，遂谕光化知县孙锡劝捐赶筑，于“是年动工，至六年冬月告竣。堡身长一千三百六十六丈（4.54km），高一丈五尺（5m），砖垛二千七百有奇，炮台二十四座。为门八，上各建敌楼，堡顶马道砖铺，宽三尺。

门用铁叶裹钉。总费银五万余两”。❶ 此即所谓的“河口土堡”，其城堡周长比光化县城周长还要多五百余丈（1665m）。

河口堡城临汉水而兴，也常受到汉水的威胁。至道光十二年（1832年），汉水溢冲，土垣大半塌毁。咸丰十年（1860年），太平军尚未平息，捻军又继之而起，湖北巡抚胡林翼严令催修。“襄阳知府启芳亲至光（化），（会）同知县吉临暨邑绅并客帮首士，丈量基趾，自回澜门至利涉门，长一千三百七十余丈（4.56km），议于阖镇房租抽费。九月开工，冬大雨雪止；十一年季春动工，堡身成，高一丈二尺（4米）。同治元年，堡垛成，高五尺，厚一尺五寸，凡三千六百有奇。炮台二十四座。堡外护堤二千一百五十丈（7.2km）。为门九，日临江、安澜、通济、溥宁、文治、丰注、导源、恩湛、利涉。”❷

此次筑堡，也持续了数年，直到同治七年（1868年），临江、安澜、文治、丰注、导源五门城楼工毕，才终告完成。值此动乱之际，老河口土堡之修筑、修筑方式及其规模之大均值得注意，特别是同一时期光化县城并未有大规模维修，说明当时老河口镇的重要性已超过光化县城（图6-13）。

图6-13　从老河口镇城天主堂钟楼朝北拍摄的两张照片（摄于1918年）

资料来源：老河口档案信息网；http：//www.xflhk.org/index.do?method=siteMap1&netId=76

老河口镇城的城垣环绕原有已发展起来的市镇街区，摆脱了规制的束缚，平面城廓形态呈三角形。城市为了便于水上交通运输，濒临汉水，临水一侧筑有堤防与码头，而背水一面则修筑土城墙。城门的数量也较多，土堡共设九门，盖因其为土堡，不是正式的城垣，故不受规制约束。堡垣西、北、东三面各有二门：安澜门即水西门，在堡垣东南隅；临江门即新码头城门（在今老河口市第一医院西至江边处）；恩湛门为北门（又称化城门），利涉门为小北门（在花城门东一里）；导源门为小东门（在今光化街办事处附近），丰注门为大东门（在今老河口市粮食二库大门前）。堡垣有三座南门，自东至西相继为文治门（即洪城门,在今老河口市人武部门前约十余米处）、溥宁门（即

❶ 光绪《光化县志》卷二《城池》“河口土堡”条。

❷ 光绪《光化县志》卷二《城池》“河口土堡”条。

玉皇阁，在今普宁街南首)、通济门(即洞滨楼，在今下仁义街南首)。城内主要街道均与汉江河道相平行，显示出其作为水运商业市镇的布局特征。

3. 民国以来——县城向市镇的转移

民国以来，尤其是抗日战争之后，光化县城与老河口镇城都遭受了很大的破坏。而之后光化县城日渐颓败直至废弃，最终被老河口镇城取代，成为老河口市。老河口市为适应现代的交通生活方式，拆除堡垣并在原有街巷结构的基础上翻新，向东侧拓展新区。

老河口镇城在清末已是汉水流域一大商埠，城市建设颇具规模：城区面积 5.4km^2；建有 72 条街、83 条巷，城内有 40 多座会馆、寺、庙、庵、堂，还有一部分近代折中主义建筑(原同济医院，现为市政府办公楼)。但是老河口镇城在 1935 年遭洪水冲刷，花城门、通济门、水西门等处城段被洪水冲垮。1939—1945 年驻军拆用城砖，仅余残垣，后又遭战乱的严重破坏。至新中国成立前夕，已是满目疮痍。1950 年前后对旧城墙因地制宜利用、改造，逐渐削平。现今，镇城的土城仅剩望江楼至小城门(今酒厂南段)约 500m。

老河口镇城是商业发展带动城市形态产生与发展的典型代表：同类型的商业业态因长期发展而集聚在一起，商业服务设施布局在重要交通街道及节点处，不同类型的建筑杂处而体现丰富性等。在新中国成立前，由于商业物资运输依旧主要依赖汉水，旧城区的布局亦沿汉水由北而南发展，逐步向东侧旷地扩展。水运物资集散及加工服务业主要分布在沿江上起竹牌场，下迄朝佛街 10 多条街巷。竹牌场街地处城西北江边，便于上游放来的竹木筏停靠、拆卸堆放。此街设有竹木行(场)以便客商成交。竹牌场以南的篾匠街有多家从事家具、制箱、制篓、制伞、木屐等手工业户。在竹牌场以南、篾匠街以西的兴隆街主要停泊均(县)、郧(县)、淅(川)及陕西帮船只。上游运来的山货、柴草、干鲜果多在此卸货上岸。

湖南街为南帮码头所在地。湖南籍船多在此停靠卸货。“丁”字街临近“米帮”码头，主要经销下游运来的“乡户”米，开设“萝行”的粮店较多。朝佛街码头，是豫南、鄂北等地赴武当山朝圣者往返必由之所。太平街、正兴街、开泰街、新街、路家巷等街巷，设有山货、油漆、药材、桐油等货栈。沿江有十余家船行，经营船舶买卖和办理货运业务，还有为航运服务的船篷店、链锚店等作坊，其中白家班道子为码头工集居地。

陆运物资的集散和交易，多集中在南关、北关。大东门内的东启街、小东门内的秋丰街、花布街均为农副产品集贸市场。小东门内的街巷还设有为行商运输服务的大把车店、骡马车店、马车场、骆驼场。城区有 3 处榨油作坊，其街道因此得名为上、中、下油坊道。其他还有以酿酒得名的烧锅道，以染布业得名的染坊道，以纺绳得名的打绳场，又制作木屐得名的木屐巷，以轿行集中得名的轿坊口等。

以商业、金融、行政和社交为中心的闹市区，主要分布在长盛街、新盛街、牌坊街、南街、五福街、谭家街，这一环形街市，店铺林立，商业繁荣。环形区内分布着 10 座较大的会馆。外籍客户在此设有旅鄮同乡会，作为社交活动场所。简家道、火星庙巷、大巷子、小巷子4条巷道为环形圈内东西向的走廊。火星庙巷有裱画铺、刺绣店、油漆店等。大巷子、小巷子以生产铜器著称。居住区大部分分布在主要街道的临近巷道。城内东部（堡垣内西侧与两仪街之间）为蔬菜生产区。

这种因汉水航运而形成的城市布局一直延续到民国后期。抗战时期，老河口镇城和光化县城均遭日本侵略军飞机轰炸，毁坏惨重。1942年县政府组建城市建设筹备委员会，起草组织章程，编制《老河口市三十一年度整理计划》，向省府汇报，要求对老河口道路、房屋、市容卫生设备加以整修，未被批准而搁浅。1945年秋，鄂北行署、第五区专员公署和光化县政府要求省派测量队赴鄮勘测规划，也未被省府同意。1946年,成立老河市政工程处,在城区测量、规划,绘制《老河口建设计划图》进行局部维修、扩建，之后也因为经济枯竭，规划流产。

新中国成立以后，因为陆路交通与铁路交通的发展与分流，光化县城与老河口镇城的发展整体受限。新中国成立初，老河口镇城建设缺乏整体规划，1958年编制《光化县工业区规划》因脱离实际，未能付诸实施，导致造成建设盲目，功能布局不合理。有的工厂建在城区上风、上游和居民混在一起，造成环境污染，道路狭窄，基础设施不能配套发展；施工未严格按规律办事，地下管道工程未敷设即兴建地上工程，北京路等主干道两次扩建、改建，都因此拆了新路面，重修地下工程；成荫的行道树挖掉重种等等，造成不应有的浪费。

1979年，老河口市开始进行城市建设总体规划设计，正式弃用光化县城，城市的规划发展围绕老河口镇城进行。1985年，《老河口市总体规划》经省人民政府批准，确定老河口的城市性质为以机械、轻工、化学工业为主的工业城市和鄂西北重要的农副产品集散地。调整铁路和公路线形,使其集中于城东一线,以减少城市道路过境交叉，尽早留出较大腹地。在汉江公路大桥上下游，设置600 ~ 700m岸线作为货运码头；其下游为化学工业区服务，上游为城市服务及货物转运码头。利用护城河和沿江大道建环状绿化带，同时，开辟东西两条林荫大道，把绿化和江风引入城区。

6.3.4 清末光化县城与老河口镇城的空间形态比较

老河口镇城的规模堪比樊城镇城，在清末已是汉水流域一个重要的商埠堡城，其面积已是光化县城的3倍有余（表6-7、图6-14）。但由于是堡城，城墙的尺度较光化县城要矮小，城墙的厚度据方志中记载也只有1m左右，使其对外的防御能力下降，反观其城墙的修筑意义更像是为了加强对内的管理。城门数量突破了治所城市关于城门规制的要求，达到9个之多，显然是为了适应商业运输的需要。堡城城垣修筑时也充分考虑到为市镇的发展留有备用地，据笔者在现场的走访，东侧堡垣至城内南北主街道两仪街之间一直都是旷地，而两仪街西侧至汉水河岸则颇为繁华。

清光绪《光化县志》中光化县城旧城与老河口镇城城廓形态比较　　表 6-7

城市	城垣周长（km）	占地面积（km^2）	城垣高度（m）	城壕尺度（m）	城墙材料	城门数量
光化县城	2.67	0.33	8.33	阔 2.1 深 5.0	土城、砖城	4 门
老河口镇城	4.56	1.38	5.0	阔 2.0 深 4.67	土城、砖城	9 门

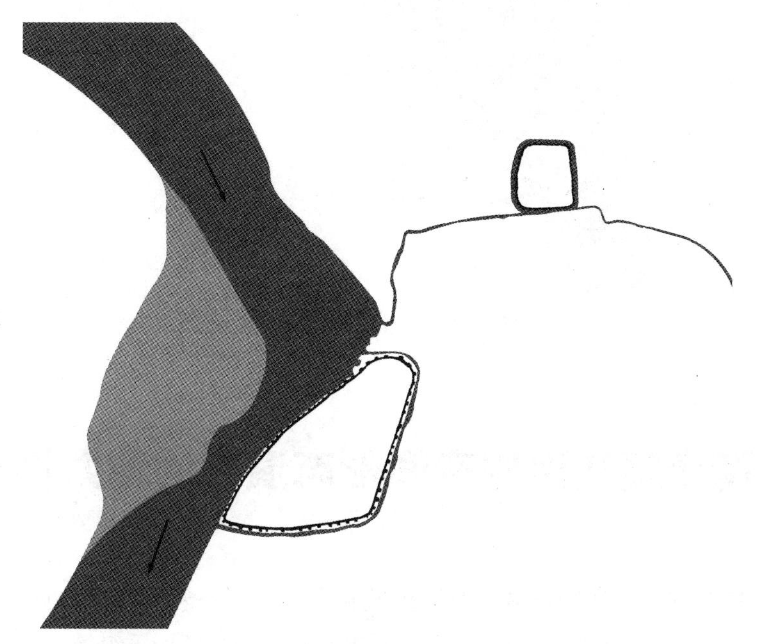

图 6-14　光化县城—老河口镇城城廓形态比较示意

光化县城与老河口镇城的街巷结构关系对比体现了治所城市与商业市镇的强烈反差（表 6-8、图 6-15）。县城的街巷关系明显表现出主次分明、中心突出、标识性强的特征，街巷结构乃至于功能区块的划分，也无不暗示着作为权威的核心的存在，以及井然有序的秩序感。反观老河口镇城的街巷关系，没有先入为主的规划意图，更多的是为适应商业活动而产生：一条贯穿南北向的过境型主街道——两仪街；与主街道相连接的东西向街巷密度显然高很多；东西向街巷直接与河岸的码头相连接，体现出便于运输与贸易的特点。

清末光化县城与老河口镇城街巷结构比较　　表 6-8

城市	街巷结构特征	街巷数量	码头数量
光化县城	以十字街为主要结构，连通 4 个城门；由十字街划分的 4 个区块内有小十字街，并环绕十字街心的礁楼形成环形回路，从而划分了核心区与非核心区；街巷主次分明，规划较为严整	12 条街 42 条巷	无
老河口镇城	呈梳状分布，以正南北向的两仪街为主要街道；由东西向连接两仪街与汉水河岸的街巷为之路，形成梳状街巷结构	32 条街 82 条巷	34 个

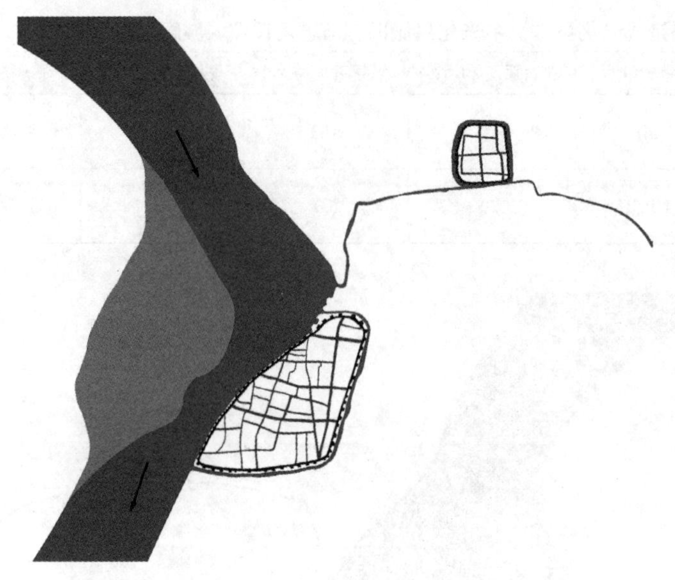

图 6-15　光化县城—老河口镇城街巷结构比较示意

6.4　两个复式治城空间形态演变的动力机制分析

明清以来汉水中游襄阳府城—樊城镇城和光化县城—老和口镇城的空间形态演变受到多种因素的影响，从其表征来看，是城市空间拓展和结构重组等有形物态的表现，然而就其实质而言，它是城市政治、经济、社会、文化活动在历史发展过程中交织作用的物化，是人类各种活动和自然因素相互作用的综合影响，是技术能力与功能要求在空间上的具体表现（图 6-16）。因此，研究明清以来这两个治所城市形态的发展，在

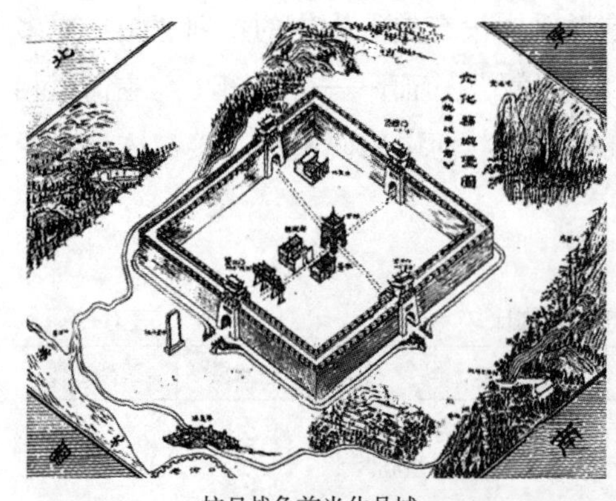

抗日战争前光化县城

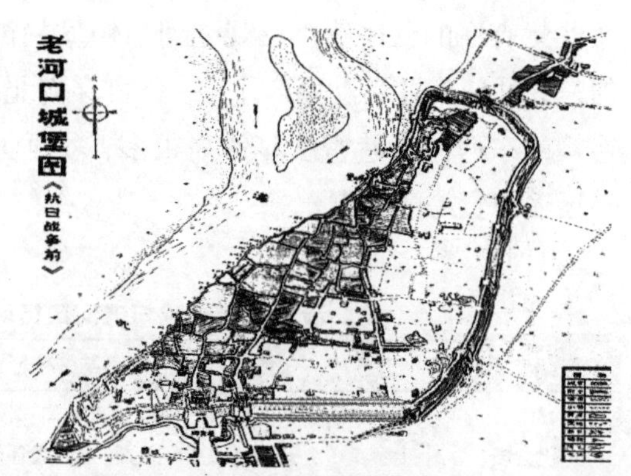

抗日战争前老河口镇城

图 6-16　清末光化县城与老河口镇城的空间形态比较

资料来源：老河口档案信息网；http：//www.xflhk.org/index.do?method=siteMap1&netId=76

总结其演变特征的基础上，还应深入认识发展演变的动力机制。在众多的影响因素中，城市经济的发展与人口的变迁是推动城市空间形态演变的根本动力与内生动力，而社会政治、军事战争、自然环境与河道的变迁等则是城市空间形态演变的外生力量。内生动力与外在动力共同作用，不断改变着城市的空间形态。

6.4.1　内生动力

1. 经济发展的主导力

明清时期和过去很多王朝一样，长期采取抑商政策，这主要反映在对治所城市管理的制度和规定上。例如明初为防止逃避税役和外出经商，规定远行者，必须持有路引，明正统时，湖广襄阳府宜城县知县廖任记载，这里“诸处商贾给引来县生理”，以此限制人员流动。当国家政策背离经济发展方向时，就能给经济的发展造成极大的损害，并能引起大量的人力和物资的浪费，这些政策客观上影响了治所城市的发展与繁荣。同时由于“重农抑商”的传统思想,治所城市筑城的出发点是为政治及军事服务的，经济因素在两个府县治所城市的空间形态演变中所发挥的作用是有限的。

然而，商业的繁荣与发展势不可挡，尤其是清代对于农业赋税的政策刺激，以及地方官员对于商业的开放态度，最终使城市用地突破了城墙的限制，形成了沿水运线布局与拓展的城下街区，并发展为独立于治城的商业镇城。

以老河口镇城形成的过程为例，当明前中期光化县城紧邻汉水之时，其城下濒临汉水的码头区域形成一定的街区，即河街、后街与北集街等。这种情形，与本书 6.2 节和 6.3 节所考察的治所城市城郭外街区的发展是相同的。至隆庆末年迁城后，新城与旧城并立，表面上似乎是行政干预导致的结果，但因为旧城及其河街仍然发挥着居住区与商业区的作用，实际上，可以将旧城及其河街视为新城的城下街区。旧城及其河街废毁之后，又在其西兴起了西集街；西集街被冲毁之后，新镇（老河口）复继之而起。光化县城外、汉水岸边的商业市镇屡废屡兴，正说明这里存在着商业发展的强大需求；而这种需求显然越来越逾越了光化县城的行政引力，最终导致老河口镇取代了光化县城——20 世纪 50 年代，光化县府及所属机构均迁入老河口镇，光化旧城遂彻底废弃。

2. 人口变迁的原动力

人口的变迁是城市形态变迁的原动力。在明清时期，农业经济的发展、军事战争等社会环境都与人口的变化休戚相关，而人口的增减也直接影响到城市发展的兴衰。

从表 6-9 中可以看到襄阳县整体人口的变化规律，明代襄阳的人口增长缓慢，变化基本上不大。然后清代雍正朝提出“永不加赋”的国策，国家的税收按当时的既定人口，新出生的人口可以不用交税，加之玉米、番薯等农作物的引进，使粮食产量大增，直接导致人口在短期内急剧增加。人口的繁盛带来了农业与商业的进一步繁荣，也为城市的扩展带来了直接的动力，这些也成了樊城镇城扩展与筑城的动力。

明清以来襄阳县的人口变迁　　表 6-9

年份	户数	人口
明洪武二十四年（1391 年）	3270	16900
明永乐十年（1412 年）	2625	15620
明天顺四年（1460 年）	2836	23788
弘治十七年（1504 年）	5458	39273
雍正六年（1728 年）	2054	11048
乾隆二十四年（1759 年）	43056	133359
同治十一年（1872 年）	125786	509746
光绪二十四年（1898 年）	141755	626747
民国 17 年（1928 年）	165467	734779
民国 36 年（1947 年）	86794	429965
1949 年	154919	602953
1960 年	171013	732212

资料来源：湖北省襄樊市地方志编撰委员会编 . 襄樊市志 [M]. 北京：中国城市出版社，1994。

6.4.2　外在动力

1. 自然环境的基本力

明清以来，自然环境的变化也在影响着城市的格局，是城市演变的基本力。首先地形地貌特征影响着城市的选址、规模、布局与形态，乃至于城市拓展的方向。例如在汉水西岸的均州州城，地处谷地，是典型的河谷型城市，城下的街区也主要集中在南门外，主要的陆路交通也向着谷地的南向延伸。另一方面，光化县城原在汉水东岸，立城于汉水的受冲面，后迁建至旧城东三里处，呈现典型的平原型城市特征。

其次，在明清之际，经济繁盛、人口膨胀，大量的流民涌入上游地区，在上游开荒辟林，发展农业，下游则大量形成垸田经济，百姓围湖造田。由于过度的开发与人口的压力，直接造成汉水流域水土流失严重，而下游排蓄能力降低，致使整个汉水流域水患增加，威胁汉水两岸的治所城市。在考察的 11 个城市中，防洪设施是城市重要的工程，也影响着城市的格局，更有几个城市迁城避水，向岗地转移。

2. 政府决策的控制力

明清时期的地方政府在执行国家城市发展与建筑规制的同时，也会从自身利益出发，利用其控制的财力物力，推行有利于自己政府或城市发展的政策和措施，或投资于基础设施（如汉水中游治所城市的水利防洪设施），或投资于宫室衙署的建设（如各治所城市衙署的建设），或投资于公共事业（如各地的书院建筑），这些方式都会对古城的城市形态发生作用。从方志的资料也可以看出，城防设施是官吏上任后的首选。

应该指出的是，地方政府某一时期的管理者、规划者的素质与喜好也会影响城市的空间形态，例如清代光化县城的几任知县对于商业的发展都采取了颇为开放的态度，也一定程度上促进了老河口商业堡城的兴起，甚至其规模大于樊城镇城。

3. 军事战争的作用力

明清以来，尤其是朝代更替和社会局势动荡时期，汉水中游都会首当其冲地遭受战争的波坏，其中不乏毁灭性的打击。明清时期，汉水中游也是面对大巴山区的要冲之地，流民之乱与商贾繁盛几乎并存。明代初年，在经历了宋元的破坏后，汉水中游的城市基本上在原址的废墟上重建。可见，汉水中游的城市形态演化经历了一次次崩溃和修复的周期性振荡过程。这种战争的破坏固然会对城市演进带来一时的挫折，但也应看到，战争破坏每每成为新的建设前奏，城池变得更加坚固，城市形态也得到及时更新和完善。

从政治政策角度分析，中央政府的作用力虽然有时是间接的，但拥有的资源和政策控制权远远超过地方政府，因而对古城的结构变迁和形态演化更具决定性。另外，大小不断的军事战争贯穿了汉水中游城市的演变过程，使城市空间形态演化具有断续和渐进的特点。其中邓州州城就记录了外城城垣修筑的直接原因是将城市的防御扩展到城下街区的外围，以防止匪患。而南阳府城在清代晚期修筑的著名的“梅花城”，其城中套城的形态也是应对捻军之乱的结果。

对于襄阳和光化来说，其商业堡城的形成，其基本原因也是因为市镇在经济上越来越重要，需要防御匪患而建。军事防御对城市内部的格局也有较大的影响，堡城和治所城市的内部都预留有空地，也是为军事防御作准备。

6.5　本章小结

明清以来汉水中游襄阳府城—樊城镇城和光化县城—老河口镇城是两个拓展型复式城市的典型代表。两个原附属于治所城市的商业市镇，由于地理位置的优势逐步发展成为独立于其主城的堡城，并有着完整的城市格局，说明在明清时期社会经济发展迅速，商业突破传统礼制城市格局的限制与束缚，这些是镇城发展的基础。商业镇城抛弃礼制与防御地形选址的束缚，使其具有了现代城市所追求的城市活力。这种活力最终成为促进城市在近代以来不断发展的动力，近代以来商业镇城都因其优越的地理条件，持续成为城市空间拓展的重心。樊城镇城与老河口镇城都是如此，樊城镇城作为 20 世纪 60 年代后襄阳拓展的主要区域，甚至老河口镇城在 1979 年取代光化县城，成为老河口市政府所在地。这两个复式城市从明清直至现代的演变过程，以及其迥异的空间形态特征都是耐人寻味与值得深入研究的方向。

两个治所城市与商业市镇形态的演变过程与比较分析，说明以下几点：

（1）治所城市是在一种理想模式的主导下，向传统礼制的复归，是人为的、先入为主的规划模式；而商业镇城是一种自由发展模式的主导下，为适应商业活动与水上贸易的需要而逐步生长起来的滨水城镇。商业堡城的形成与发展，构成了对治所城郭的挑战，也反映出商业经济的发展必然会引发商业势力的政治诉求。治所城郭代表着传统的政治与行政力量，而商业堡城则代表着新兴的经济特别是商业势力。规模巨大、户口繁庶、经济实力雄厚、自治能力较强的商业堡城，已经显示出超越治所城郭的趋势。

在城市的形态方面，也体现出不同的规划格局。以光化县城与老河口镇为例，可以说存在着两个基本上是背道而驰的变化方向：一方面，隆庆末年迁址新建的光化县城，规整的十字街格局、县衙东侧十字街口的谯楼、合乎礼制规定的衙署坛庙，都鲜明地显示出这个县城向传统城市礼制的复归；另一方面，九个城门的老河口镇堡，无论是在城市形态上，还是在城市经济与社会活动上，均表现出强烈的商业化色彩。这两个看似矛盾的变化方向，正是明清时期地方城市发展史的缩影。

（2）由于形成方式不同，也决定了城廓形态的不同。两个治所城市城垣方正，城周规模符合城市的行政等级，在礼制与实际地形特征的共同作用下形成城廓形态。而商业镇城的城垣是在商业市镇发展繁荣起来以后，用城墙对其进行包裹，以防御侵扰和加强管理。所以商业市镇的城垣形状相对自由，樊城镇城为扁长形，而老河口镇城的城垣则为三角形。而近代城市通常将城廓改为街道，形成城市的环形线路，同时作为再次扩展的基础。

（3）对于明清时期的街巷空间，治所城市与商业镇城也表现出不同的结构形式。一方面，治所城市利用统率全局的十字街作为向心感极强的主轴，主次分明；而商业镇城利用平行于汉水河道的街道作为穿越城市长线交通的主轴，通往河道的街巷密布，并与码头直接相连。当然，街巷的间距尺度也受到建筑形式的影响，治所城市中官式建筑为主且进深长，因而街巷间距尺度大，而商业镇城由于以前店后寝的商业居住建筑为主，因而街巷（尤其是通往汉水河道的支巷）间距较小且规则，道路密度大。不同的建筑类型尺度反过来决定了街巷的尺度关系。**另一方面，治所城市与商业镇城的空间形态演变也体现出两者的共生关系。作为附属于治所城市的城下街区，商业市镇初始的发展与格局应该受到治所城市的影响**——两个商业镇城的主要朝向都和主城的朝向相同。樊城镇城的朝向和襄阳府城一样，都是倾斜23°，如果说这是因为汉水河道走向的控制的话，老河口镇城则放弃了与汉水河道平行的关系，选择了与光化县城一样的正南北朝向（光化县城东迁后由一个滨水城市成为一个平原型城市），这样一来，有倾角的汉水河道与街巷城廓形成了三角形的城市形态。这也是笔者在现场考察时，对老河口镇城留下的较为深刻的印象。东西向的街巷在汉水岸边也形成了很多三角形的地块，很多建筑要在三角形的地块中建设，甚至很多滨水居住建筑的后院也是三角形的。也就是说，治所城市的空间形态在一定程度上影响着其商业镇城的空间格局。

第7章

明清时期汉水中游治所城市典型功能性街区的空间形态

本章在小尺度视角下分析汉水中游治所城市典型街区的空间形态，以及街区与城市的空间关系。选取的3个不同功能的建筑群是治所城市中街区空间形态的典型代表，3个功能性街区的主题功能都非常明确，是治所城市中政治经济文化在空间形态中的具体体现。襄阳王府是明代府城中所特有的藩王府，其对治所城市的格局乃至于近现代的城市空间格局都产生了巨大的影响；南阳府衙是中国现存唯一完整的官署建筑群；谷城老街则是谷城县城繁盛一时的城下商业街区。

7.1 治所府城的典型街区 ——明代襄阳王府的空间形态

7.1.1 明代王府的形成与制度

1. 明代封藩制度的形成

皇子分封建藩是明代的重要制度，与明王朝相始终，对明代政治、经济、社会的影响广泛而且深远。湖广（今湖南湖北两省）是明代分封建藩最多的行省之一，有“宗藩棋布”之称。

明代在经历了元代的残暴统治、元末格局势力的纷争后建立起来的王朝，同时又是中央集权高度集中的封建王朝。地方割据和叛乱给明初朝廷造成的威胁，尤其是元末河北军阀察罕帖木儿等拥军割据的事实，让洪武皇帝朱元璋考虑依靠宗室子孙对地方军政官吏加以限制和监督。这样，在朝廷，有皇帝直接掌管和统领，在地方，有宗室子孙协理的管理方式。

1）封藩制度的设立

洪武二年（1369年），朱元璋编定祖训录，设置封建诸王之制，先追封已去世的祖父、兄弟等亲支，而后大举分封诸子。

明太祖以“遵古先哲王之制”的名义分封其子。洪武九年（1376年），明太祖在诸子将到各地封国就藩前，告祀天地的内容中，表现出对诸子的种种期望：“……诸子各有茅土之封，藩屏王室，以安万姓，此古昔帝王之制也……诸子秦王樉等亦已受封……将次第之国，许修武事以备外侮……”。[1]从中可知朱元璋分封诸王的目的很大程度上是希望将诸子分封为亲王，镇守于北部边境要塞和内地重镇要冲，以达到“上卫国家，下安生民”[2]的目的。各王府“置相傅，设官属，定礼仪，列爵而不临民，分土而不任事，外镇边困，内控雄域”[3]，以拱卫朱家王朝的长治久安。

[1] 有关此次封建之礼《明太祖实录》卷五十一记载如下：（洪武三年夏四月己未朔）辛酉。以封建诸王告太庙，礼成，宴群臣于奉天门及文华殿。上谕廷臣曰：“昔者元失其驭，群雄并起，四方鼎沸，明遭涂炭。联躬率师徒以靖大难，皇天眷佑，海宇宁谧。然天下之大，必建藩屏，上卫国家，下安生民．今诸子既长，宜各有封爵，分镇诸国。朕非私其亲，乃遵古先哲王之制，为久安长治之计。”群臣稽首，对日：“陛下封建诸王以卫宗社，天下万事之公议。”上日：“先王封建，所以庇民。周行之而久远，秦费之而速亡，汉晋以来莫不皆然。其间治乱不齐，特顾施为何如尔。要之，为长久之计，莫过于此。”

[2] 娄性：《皇明政要》卷二十，“固封守第三十九”。

[3] 陈梦雷编：《古今图书集成》官常典一，第十七卷，“宗藩部·汇考九·明一”。

明代诸王分封制度，严格承袭前代嫡长子继承皇位余子分封王爵的旧制。“国家建储,礼以长嫡,天下之本在焉。”“居长者必正储位,其诸子当以封王爵。”[1]即“兄终弟及，须立嫡母所生者。庶母所生，虽长不得立。”[2]

2）封藩制度的完善

明代分封同姓，在《明会典》卷五十五《王国礼一·封爵》中记载：

“国家稽古法，封同姓，王二等，将军三等，中尉三等，女封主，君五等，具载祖训职掌诸书。其后宗庶日蕃，禁防浸备，诸凡奏封等项，稽核尤严。嘉靖末年，定为宗藩条例。万历十年，删定画一，钦定名曰《宗藩要例》，今见行。”

王分亲王、郡王二等，将军分镇国将军、辅国将军、奉国将军三等，中尉分镇国中尉、辅国中尉、奉国中尉三等，宗女分公主、郡主、县主、郡君、县君、乡君五等。洪武年间是整个明代典章制度建设的高峰期，藩封制度也不例外，其中涉及亲王、郡王的名封、婚姻、采禄、册宝、冠服、车格、礼乐、仪仗、官属、护卫、宫殿、宗庙、丧葬等等各个方面。

明太祖朱元璋根据明代实际情况，在行政上对典制改革，罢中书省，废丞相，分政于六部，将大都督府一分为五，罢行中书省而立都、布、按三司，封建中央集权变得更加集中和强化。事实上,在洪武一朝,从三年(1370年)始行分封,到二十八年(1395年)《皇明祖训》的颁布，其间赋予诸王的权力、寄予诸王的期望，多有所改变。这说明，朱元璋所推行的诸王分封制度，随着明代政治、军事形势的变化而变化，而且也是对前代旧制的改革，使之更加适合明代封建中央集权高度发展的需要。

对明代藩王之国，官署的规定在太祖朝基本定制，后世沿用。宗室的报生、请名、请封、请婚、岁禄、宫室、冠服、仪仗、丧葬、坟茔等各种生活用度按等级虽明初均有明确的规定，但后世随着宗室人口增多、经济日益困难。

2. 明代王府形成和发展

明代共有85位皇帝的儿子被封“王”，真正新建的明代王府共计约40座左右，典籍中称明代王府所在地为“国”，称王府的砖石城墙为“宫城”，内为“宫殿”，外置“宗庙社坛”，王府规划设计以明代皇宫为摹本，是明代紫禁城的缩影，它们分布在明代的省、府、州等重要城市，其中在我国首批24个历史文化名城中占有10个（约合42%）。明代王府在不同时期也出现不同的发展，与国家的政治、经济联系紧密。

1）明代王府不同时期的发展

（1）洪武朝时，处于明代开疆扩土的时期，明太祖将诸子分封在边塞军事重镇，明代初年的亲王拥有地方军政大权。开国后朱元璋着力把军权从武将手中转移到诸王手中，此时亲王为各地的政治军事代表。王府的文官及首领官可由亲王选择。

（2）永乐一朝大多数亲王军权受到制约。明成祖利用内地丰厚物产笼络诸藩王，

[1]《太祖洪武实录》卷二一。

[2]《皇明祖训·法律篇》。

并削弱其军事势力，此时明朝的分封举措已经失去了原有的政治和军事意义。藩王从军政大员转化为地方权贵，便于中央的监控。

（3）永乐朝以后亲王军权削弱，种种限定使得藩王军事和政治地位成为中央的附属，难以有所作为，亲王多自请封于物产富足之地。到此时亲王在军事上对朝廷的威胁减少，但同时分封守边的积极一面也丧失了。

2）王府的分布

明代亲王分封之地或为边陲要塞，或为名都大邑，对明代的政治、军事、经济和文化等均有很大影响。明代行政区划为南、北直隶[1]和十三个布政使司，南、北直隶不封王国，十三司中浙江、福建、广东、云南、贵州无长久的亲王藩国，其中浙江是由于明初朱元璋认为江南一带为供养朝廷的财税富足之地不可封王，遂成为定例，广东、云南仅短暂时期有分封亲王，不久后迁封，贵州多为少数民族地区实行土司制度，因此无分封亲王。明代王府主要分布于山东、山西、河南、陕西、四川、湖广、江西、广西，共计八司，以湖广、河南、陕西、山西、山东数量较多。湖广在明朝时先后曾有 19 府亲王，隆庆年间郡王府共计约 90 府[2]，河南曾有 14 府亲王分封在该地（表 7-1）。

明代王府分布表　　表 7-1

十三司	藩国持续到明末的亲王府	数目	曾有藩国的亲王府	数目
山东	鲁王府 1370 年始 德王府 1457 年始 衡王府 1487 年始	3	齐王府（1370—1406 年） 汉王府（1415—1426 年） 泾王府（1491—1537 年）	3
山西	晋王府 1370 年始 代王府 1392 年始 沈王府 1408 年始	3	谷王府（1371—1403 年）	1
河南	周王府 1378 年始 唐王府 1391 年始 赵王府 1404 年始 郑王府 1443 年始 崇王府 1474 年始 潞王府 1571 年始 福王府 1601 年始	7	伊王府（1391—1564 年） 卫王府（1424—1438 年） 秀王府（1457—1472 年） 徽王府（1466—1555 年） 汝王府（1491—1541 年）	5
陕西	秦王府 1370 年始 肃王府 1392 年始 庆王府 1393 年始 韩王府 1424 年始 瑞王府 1601 年始	5	岷王府（1390—1393 年） 安王府（1391—1417 年） 郑王府（1424—1443 年）	3
四川	蜀王府 1378 年始	1	雍王府（1487—1490 年） 寿王府（1491—1506 年）	2

[1] 明初北平为燕王府，那时明朝尚无北直隶。

[2] 楚王系郡王 15 府，辽王系郡王 20 府，岷王有郡王 25 府，襄王系郡王 9 府，荆王系郡工 6 府，荣王系郡王 6 府，吉王系郡王 4 府，另有华阳（蜀王系）、永明等郡王。

续表

十三司	藩国持续到明末的亲王府	数目	曾有藩国的亲王府	数目
湖广	楚王府1370年始 岷王府1424年始 荆王府1443年始 襄王府1443年始 吉王府1457年始 兴王府1487年始 荣王府1491年始 桂王府1601年始 惠王府1601年始	9	潭王府（1370—1390年） 湘王府（1378—1399年） 辽王府（1404—1568年） 谷王府（1403—1417年） 郢王府（1391—1414年） 梁王府（1424—1441年） 岐王府（1495—1501年） 雍王府（1490—1507年） 寿王府（1506—1545年） 景王府（1541—1565年）	10
浙江		0		0
江西	淮王府1436年始 益王府1487年始	2	豫王府（1370—1374年） 宁王府（1403—1519年）	2
福建		0		0
广东		0	淮王府（1424—1436年）	1
广西	靖江王府1370年始	1		0
云南		0	岷王府（1393—1424年） 滕王府（1424—1426年）	2
贵州		0		0

资料来源：《明代王府形制与桂林靖江王府研究》。

3. 明代王府的营造制度

明代王府的营造制度是明代分封制度的一部分，早期王府有些利用原有城市宫殿、寺庙等大型建筑群改建，有些开辟新基地兴建，王府建筑制度在规划和营建中逐渐形成完备。

1）初定亲王宫殿制度

洪武三年（1370年）七月，明太祖令营造王府必须有制度遵循，才能有序有度地建造。洪武四年（1317年）正月，工部尚书议定王府制度，主要包括了：①王城、城河截面尺寸；②正门、殿，宫门、寝，廊等建筑台基高度；③城楼宫殿彩绘文饰、门钉类型；④社樱、山川坛及宗庙的位置、彩画的形制。这些制度由于明朝中期制度松弛，并没有严格执行，在不断发展过程中，营造制度也有更改。

2）颁定王府殿门名称

《明太祖实录》卷八十七记载："（洪武七年春正月丁卯朔，乙亥）定亲王国中所居前殿曰承运，中曰圆殿，后曰存心；四城门南曰端礼，北曰广智，东曰体仁，西曰遵义。上曰：'使诸王能睹名思义，斯足以藩屏帝室，永膺多福矣。'"

明太祖认为自己能得天下是顺应天意，自称"奉天承运"。南京宫城主殿因此称"奉天殿"，一则示以对天的敬畏，二则标称其统治来自天的授意。后来明成祖夺了侄子建文帝的皇位，自称"奉天靖难"，故而北京宫城主殿也称"奉天殿"。王府的主殿之名则取自“奉天承运”后两字，王府主殿在明朝二百多年中一直保持“承运殿”之名未有改动。

“端礼”“广智”“体仁”“遵义”等作为警语让诸王能以礼、智、仁、义等儒家道德来约束，得以长久统治。现在保留使用的名称多用东华门代替体仁门、西华门代替遵义门，后宰门（厚载门谐音）代替广智门。

3）弘治年间的王府制度

《明会典》卷一百八十一记载，弘治八年（1495年）定王府制：“前门五间，门房十间，廊房一十八间。端礼门五间，门房六间。承运门五间。前殿七间，周围廊房八十二间，穿堂五间。后殿七间，家庙一所，正房五间，厢房六间，门三间。书堂一所，正房五间，厢房六间，门三间，左右盝顶房六间。宫门三间，厢房一十间。前寝宫五间，穿堂七间，后寝宫五间，周围廊房六十间。宫后门三间，盝顶房一间。东西各三间，每所正房三间，后房五间，厢房六间，多人房六连，共四十二间。浆糨房六间。净房六间。库十间。山川坛一所，正房三间，厢房六间。社稷坛一所，正房三间，正房五间，厢房六间，养马房一十八间。乘奉司，正房三间，厢房六间；承奉歇房二所，每所正房三间，厨房三间，厢房六间。六局，共房一百二间，每局正房三间，后房五间，厢房六间，厨房三间。内使歇房二处，每处正房三间，厨房六间，歇房二十四间。禄米仓三连，共二十九间。收粮厅，正房三间，厢房六间。东西北三门，每门三间，门房六间。大小门楼四十六座。墙门七十八处。井一十六口。寝宫等处周围砖径墙通长一千八十九丈。里外蜈蚣木筑土墙共长一千三百一十五丈。”

这是迄今明代亲王府宫殿房所等建筑数量开间最详细的规定记载。弘治八年（1495年）的亲王制度，一方面代表性地反映出宪宗诸子王府建筑大体的数量和规模；另一方面由于它是王府完工时的描述性文字，是对王府建筑规制的一般性总结。

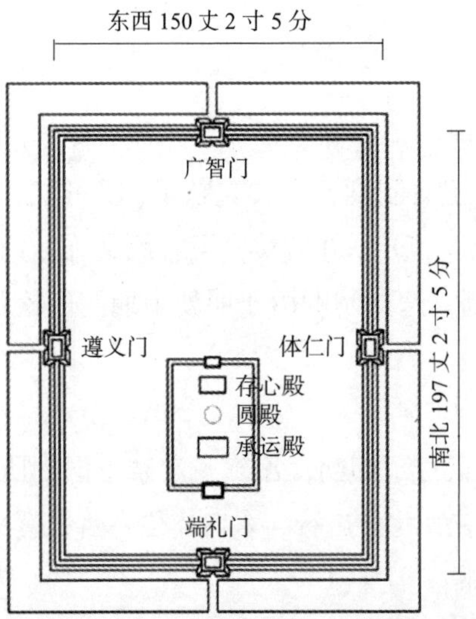

王府基本的营造制度可以概括为：王府一般为两重墙，内称砖城，外称萧墙。萧墙四门，四面各一门。王府的主要建筑群位于砖城内。砖城四门，南端礼门，北广智门，东体仁门，西遵义门。由端礼门入城内，有承运门，门内便为王府的正殿承运殿，承运殿后有圆殿或穿堂，堂后为存心殿，存心殿后为王府寝宫部分，有寝宫宫门和宫室。中轴左右另配置世子府、家庙、书堂以及其他服务设施等。社稷坛、风云雷雨山川坛和王国宗庙按照左祖右社的布局，分列砖城南，端礼门外东西。王府建筑布局体现明故宫的布局特征（图7-1）。

图7-1 明代洪武朝亲王府城垣及三殿规制推测图

资料来源：摹自《中国古代城市与建筑基址规模研究》。

7.1.2　襄阳王府的历史沿革

襄阳王府是襄宪朱瞻墡，仁宗第五子的分封王府。永乐二十二年（1424 年）朱瞻墡封为亲王，宣德四年（1429 年）就藩长沙。正统元年（1436 年）襄王上奏“长沙卑湿，愿移亢爽地”，英宗准许其迁往襄阳。[1]襄阳王府是在襄阳城东南处襄阳卫公署的基址上改建的，襄阳卫公署因此移至襄阳城北。[2]正统元年（1436 年）七月甲辰，襄阳王府工程完毕，英宗因书告襄王：“令择日起行迁移，仍敕湖广三司量遣人船护送，毋有稽缓。”（图 7-2、图 7-3）当时的襄阳城垣，府北直接比邻十字大街的东门大街，南入口为“八”字大门，红墙高筑。现在的城中心十字街附近还有南北走向的王府口巷。

正统元年（1436 年），襄王迁往襄阳之后又进行了多次维修。正统八年（1443 年）二月，襄王又上请建造朝堂、中路门及左右厢房，获得许可。[3]故而襄王府不是在一个阶段内修建完成的，是在不断地修复和加建。

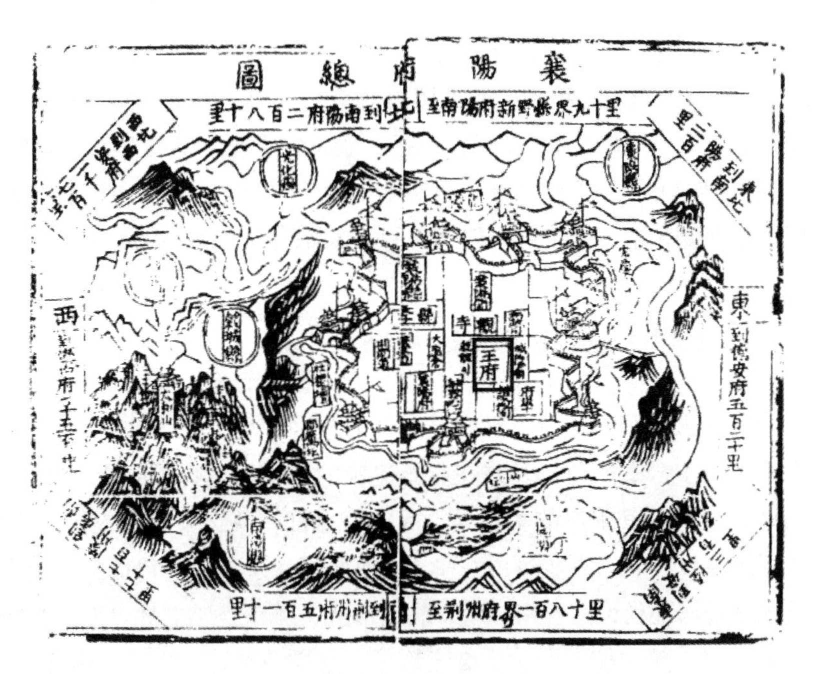

图 7-2　襄阳王府在襄阳府城中的位置

资料来源：明天顺《襄阳府志》城池图。

---

[1] 正统元年七月，命襄王瞻墡自长沙迁居襄阳。先是，襄王奏长沙卑湿，愿移亢爽地。上命有司于襄阳度地为建王府。至是有司以工备来告。上书与襄王，令择日起行迁移，仍敕湖广三司量遣人船护送，毋有稽缓。《明英宗实录》卷二十，390-391 页。

[2] 正统二年三月，湖广襄阳卫奏：本卫公署改为襄王府，城内稍北有卫国公邓愈没官地闲旷，乞以为卫公署。许之。见：《明英宗实录》卷二十八，565 页。

[3] 《明英宗实录》卷二十，390-391 页。

图 7-3　襄阳王府在襄阳城中的位置示意

资料来源：根据 2004 年襄阳城区航拍图绘制。

明末崇祯十四年（1641 年）张献忠攻陷襄阳，乾隆《襄阳府志》卷五《古迹》载“襄忠王翊铭被害，故府焚毁殆尽，惟存府前照壁一座”。崇祯十五年（1642 年）十二月，“李自成陷襄阳，谋以襄阳为根本，改襄阳曰襄京，修襄王宫殿居之”。而后“乾隆间的关壮缪庙乃故殿遗址也”。清乾隆间，襄王府地面的遗迹仅遗留下照壁（即今之绿影壁）、府东万历中建造的石坊，昔日豪华的府邸荡然无存。1993 年，据明代的建筑风格，襄樊市在绿影壁北侧仿造了襄王府大门和大殿。

7.1.3　襄阳王府与襄阳府城的关系

襄阳王府在迁入襄阳府城后，对府城内部的格局产生了很大的影响。首先，襄阳王府占据了原襄阳卫公署的位置，并在府衙建筑的基础上进行了改造。原有的卫公署迁建至城内的东北处，其附属的军器局、武学街也都转移至卫署的周围。[1] 其次，襄阳王府除了卫公署以外，占据了城内几乎 1/4 的面积。这其中也包括王府的附属机构，原有城市居民则迁居他处，王府东、南、北面形成了城市空旷之地。而空旷之地的东、南两侧，又有很多王府的护卫所、从属建筑等，这样一来，城内的东南区域几乎都是王府及其附属建筑的用地（图 7-4、图 7-5）。

与汉水中游的南阳府城中唐王府相比较，唐王府在城市中的布局相对独立，按照规制设置了两重城墙，外城为萧墙，内城为砖墙（襄王府并没有设置完整的萧墙）。唐王府的规模及其附属设施接近南阳府城面积的一半，且居中布置。可以推测，唐王府的营建规模受制于南阳城池的狭小限制，小于一般亲王府规制。

[1] 《明英宗实录》卷二十八，正统二年三月己酉，第 7 页（总第 565 页）；万历《襄阳府志》卷一五《公署》、卷二十《兵政》。

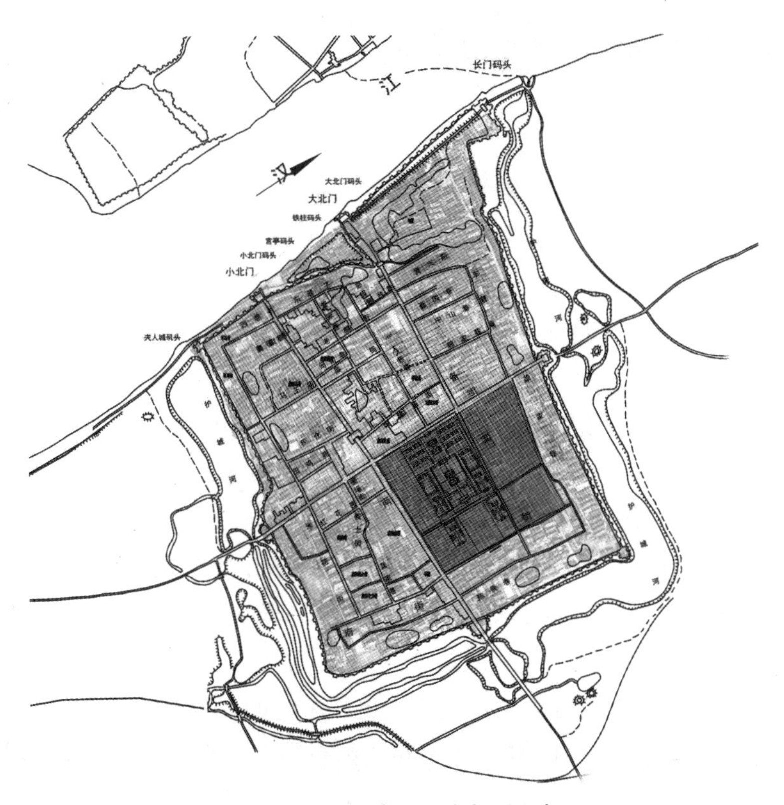

图 7-4 明代襄阳王府复原示意

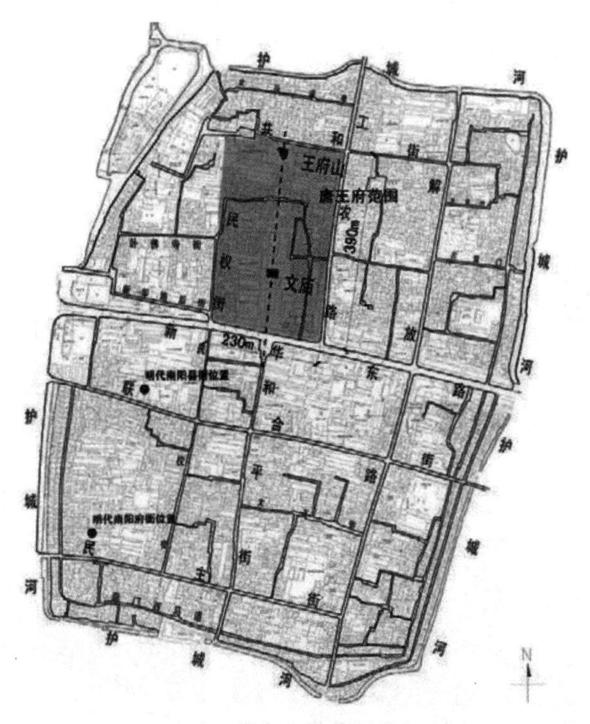

图 7-5 明代南阳唐王府范围推测

资料来源：《明代南阳城与唐王府初探》。

7.1.4 襄阳王府的建筑空间形态特征

1. 总平面布局特征

明代襄阳王府的总体布局因相关史料和考古资料缺乏，对其完全复原有一定困难。根据文献记载，我们可以初步推断各建筑布局的大致方位。同时，根据明代王府建筑布局的一般特征，可以对其进行初步的复原研究。

在明代王府规制中，正殿一组的建筑，除了承运殿之外，还有其后的穿堂（明初为圆殿）与存心殿，殿后为宫。在万历《襄阳府志》中，提及了襄王府的承运殿与圆殿，一般来说明代王府规制中圆殿下为“穿堂”，其后当连接存心殿，虽然万历府志未提及存心殿，但推测应当存在，否则穿堂无法结束。这样一来，王府中的核心建筑应为由承运殿、穿堂、存心殿所组成的工字形建筑群组。

三大殿其后轴线上当为宫门与寝宫，寝宫内亦有工字形的三大殿与前殿相呼应。轴线左右还有东书堂、中和轩、东府、西府等。王府周围有门，南为端礼门，东西有东门与西门，按照一般王府的惯例，也应当有北门，临着城内东街。一些属于礼制象征的直观内容，往往会被比较严格地遵守，比如王府的前朝后寝制度、正殿制度、左祖右社制度，还有王府前门的等级序列都在总体布局中给予了考虑（图 7-6）。

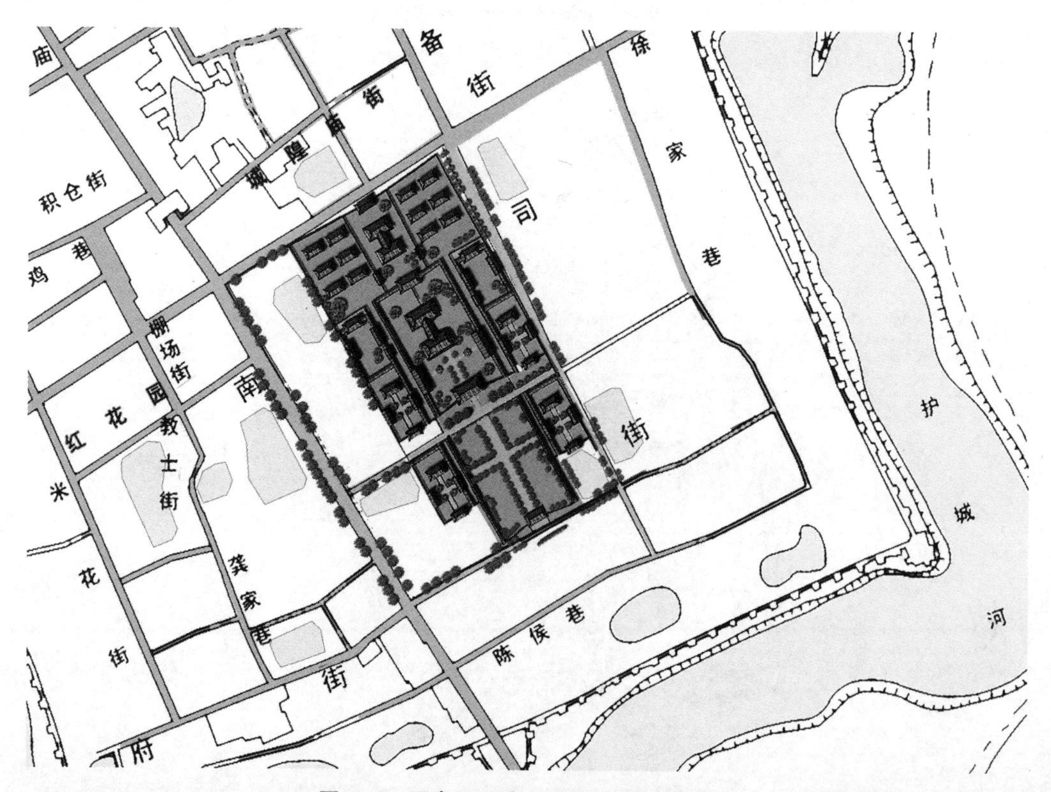

图 7-6 明襄阳王府总平面布局复原示意

2. 主要建筑形态特征

1）绿影壁

绿影壁是明代襄宪王朱瞻善府邸前的照壁，因照壁由绿色泥片岩的石质材料构建而成，所以又称为“绿影壁”，它是我国现仅存的四大龙壁之一（图 7-7）。与其他龙壁不同之处在于故宫九龙壁、北海九龙壁和大同九龙壁均为琉璃材料制成，长矩造型。而襄阳王府绿影壁是石质制作，其造型为仿木建筑结构四柱三楼庑殿，目前是全国重点文物保护单位（图 7-8）。

图 7-7　明襄阳王府绿影壁保存现状

资料来源：http://blog.sina.com.cn/s/blog_56315a4701000alc.html

图 7-8　明襄阳王府正前门复原现状

资料来源：http：//photos.nphoto.net/photos/2008-05/30/ff8080811a1c8e96011a3981ce09712b.shtml

影壁由壁座、壁身、壁顶三部分组成，壁身面北而立，分三堵，呈凸字形，长 62.2m，高 7.6m，厚 1.6m，用 62 片绿色泥片岩拼嵌而成。中堵高为 7.6m，由 26 片绿色泥片岩拼镶构成，壁心为巨幅浮雕二龙戏珠，壁珠直径为 35cm，四边共有 26 条游龙飞舞；左右两堵高为 6m，壁心各雕一巨龙舞嬉戏于惊涛之中。上下槛也用汉白玉镶边，每槛各雕有飞龙 5 条，左右抱框各雕流云飞龙两条。

2）主殿

关于明王府正殿的间数，明初的规定与后期又有不同。洪武、永乐年间的王府承运殿多为 9 间，如秦王府、周王府、韩王府等，而弘治八年（1495 年）的王府规制规定王府正殿 7 间。总体来说，明代建筑的尺度有规模减小的趋势。正统元年（1436 年）建造的襄王府，正殿应该为 7 间或 9 间（图 7-9）。

图 7-9　明襄阳王府承运殿复原现状

资料来源：http://blog.sina.com.cn/s/blog-694a83110100riyo.html

7.1.5　襄阳王府的现状与改造

1. 襄阳王府的现状

今襄阳城内明代王府所遗留的历史建筑，只有绿影壁，围绕影壁北又于 1993 年修建了一组复原的仿古建筑，包括王府大门、承运殿等。但是无论建筑样式还是基址规模均非明代襄王府原貌。至今，明代襄王府的保护范围在襄阳城格局中仍很不清晰。2007 年 1 月，因建设开发项目的基础工程，襄樊市考古所在四七七医院工地上发掘出一大型的建筑基址，“该基址与现存的明绿影壁处于同一条中轴线上，在土层内发现了大量的明代中期的青花瓷片，基址距绿影壁有 350m，推定为襄阳王府主殿的台基”。[1]

2007 年 7 月，受襄阳市政府的委托，华中科技大学民族建筑研究中心承接了襄阳王府保护的调研与概念性规划项目。在对襄阳王府保护与周边建设使用现状进行系统调查的基础上，提出保护范围、保护策略与措施，以及预期的保护设计成果等。

[1] 2007 年 1 月 9 日《襄樊日报》新闻稿。

2. 襄阳王府的改造

2007 年襄阳王府的保护规划是建立在充分调研的基础上，以保证王府历史风貌的完整性和延续性为原则，充分利用现有资源，保护文物，完善配套功能。全面贯彻“保护为主，协调为先，合理利用，加强管理”的方针，坚持历史文化遗产的历史真实性、传统风貌的完整性，遵循历史文化遗产保护优先的原则，处理好保护改造与城市现代化建设的关系。

对于襄阳王府的保护规划原则：①保护与开发相结合，与区位和周边环境相适应的原则；②遵循明代王府的历史线索，传承王府建筑文化的原则；③协调的原则；④有机结合的原则；⑤可持续发展，提升区域景观的原则

通过史料分析，按照明代王府的建制与规模，王府的占地范围将远大于现有王府遗址保护区域。对襄阳王府的保护，完全恢复王府原有的规模不太可能且没有必要。襄王府保护区在明代襄王府遗址上规划建造，形式与规模在参考史料记载的明代王府建制的基础上，根据现有用地环境规划而成。尽力在保持王府应有形制的前提下充分利用现有地域空间恢复王府建筑群体。建筑群体沿王府原有的建筑中轴线向西北延伸。

将襄王府周边对王府内文物有直接或间接影响的周边建筑环境进行整饬。对王府东侧以及西北侧对绿影壁有化学污染功能的建筑进行拆除。针对王府南侧及东南侧对视线有影响的建筑做了相应的檐口及屋顶处理。经过规划整理，襄王府区的主要功能为历史古迹博物馆，供游客参观游览。王府内展示内容包括：国宝绿影壁、王府历史与沿革、古代王府生活用品等。

规划除了重视对其的保护和利用，还能帮助我们更清晰地把握城市格局发展的脉络，融合及弘扬其历史文化内涵，给城市带来特有的魅力，对此改造规划建议：

（1）明代是中国汉民族复兴的重要时期，是中华文化的发展成熟期，繁荣时代也较长久。明代王府宫殿集中了当时辉煌的建筑文化艺术与技术，在名城规划中应重视明代王府事实调查，在史料和考古中给予足够重视，突出其在城市发展中的作用。

（2）不少历史文化名城是在明代规划发展起来的，在规划中要特别注意明代王城原先规划形制的研究，保护规划中要重点保护原有城市的肌理，保护其原有脉络构架。

（3）已毁无遗迹的明代王府虽无可恢复，但可在其范围中利用道路和公园绿化来显示其存在，以城市艺术小品作其标志，利用文献资料和遗址来表达其历史缩影。

（4）现今有些明王府城墙遗址尚存，在规划中宜进行修复，最大限度地烘托明代古朴风韵，利用其作为名城重要景象。

（5）对现存的王府遗物和遗址应给予保护，应做清理、整饬，可考虑修复和适度重建，在其内重现王府风貌，在其四周以协调景观、旅游和展览观光为主要内容，尽可能显示明代文化，留下历史环境的印记。

7.2 衙署建筑的典型代表——南阳府衙的空间形态

在汉水中游治所城市的官署类建筑中，位于南阳府城中的知府衙门是目前我国唯一保存完整的府级官署衙门，该建筑群规模宏大，布局严整，主体建筑群仍然保存着明清时期的格局和风貌，造型上又兼具南北交融的建筑风格特点，是第五批国家级重点文物保护单位，也是研究汉水中游官署建筑的典型实例。

7.2.1 南阳府衙的历史沿革

据记载，南阳府衙始建于元世祖至元八年（1271 年），后历经明、清和民国时期，新中国成立后曾作为南阳地区行政专员公署所在地。现存的南阳府衙为清代的建筑，后经修葺，成为南阳城中著名的旅游景点。

《元史·地理志》中记载:“元至元八年升（金申州）为南阳府，以唐、邓、裕、嵩、汝五州隶焉。二十五年改属汴梁路后直隶行省，户六百九十二，人口四千八百九十三。领县二、州五、州领十一县。”至明代初期，全国设布政司使 13 个，河南布政司居其一，使下设南阳府，地处南阳盆地，与襄阳府接壤。《明嘉靖·南阳府志》中记载“南阳府治（衙署）在城内西南，国朝洪武三年同知程本初即元故址修建”，说明明代的南阳府衙是沿用了元代的旧址。

直至清代，南阳府衙仍沿用为府治处所。《清史稿·地理志》中记载:“南阳府（冲、繁、难、隶南汝光道南阳镇总兵驻）清初尚明制，领州二，县十一。”《清嘉庆·南阳府志》中对于府治衙署的空间格局与建筑形制的记载较为详细:“府治在郡城内西南，创建未详，明成化间太守陈锰重修。首大堂，堂左为承发司、吏户礼诸科，右为永平库、兵刑工诸科，……大堂后为寅恭门，次思补堂，堂左为书简房，右为招稿房。次二堂，……规制严备，经明末变乱颓纪。国初知府辛炳翰始修思补堂，继修仪门、榜房;张献捷重修大堂并六曹房、承发司、永平库，嗣后相继修葺完备。”由此可知，南阳府衙经过了元、明、清三代的不断重建和修葺，直至清朝末年，已修筑形成了一处规模巨大、布局严整的府级官署衙门建筑群，该建筑群占据南阳府城的西南区域，加上其北侧的县衙署、东侧的迎宾建筑等，形成了官署建筑区，并成为城中之城。

民国初年,南阳仍为南阳府,直至 1914 年废置南阳府,直属于河南省。1933 年，南阳府衙建筑群得以修葺,并增建了一些新建筑。中华人民共和国成立后至 1965 年，南阳府衙为南阳专员公署所在地。到目前为止，府衙中轴线上建筑保存仍然比较完整。

7.2.2　南阳府衙与南阳府城的关系

南阳知府衙门位于南阳府城的西南隅。从衙署的区位上来讲，治所城市的西南角似乎是首先之地，包括襄阳府城、均州州城、新野县城在内的众多城市，都将衙署布置在城内的这个区域。南阳府衙以及其附属的行政管理机构共同组成了城市西南隅的行政办公区：府衙的东侧为捕署与训导署，甚至还有衙署接待用的迎宾署；西侧靠近城墙部分，则建有衙神庙和两重狱墙环绕的监狱部分。这组建筑与位于北侧的县衙署，以及南侧用于办公配套的设施（约 1/4 的占地面积）共同组成了南阳府城的官署行政区（图 7-10）。

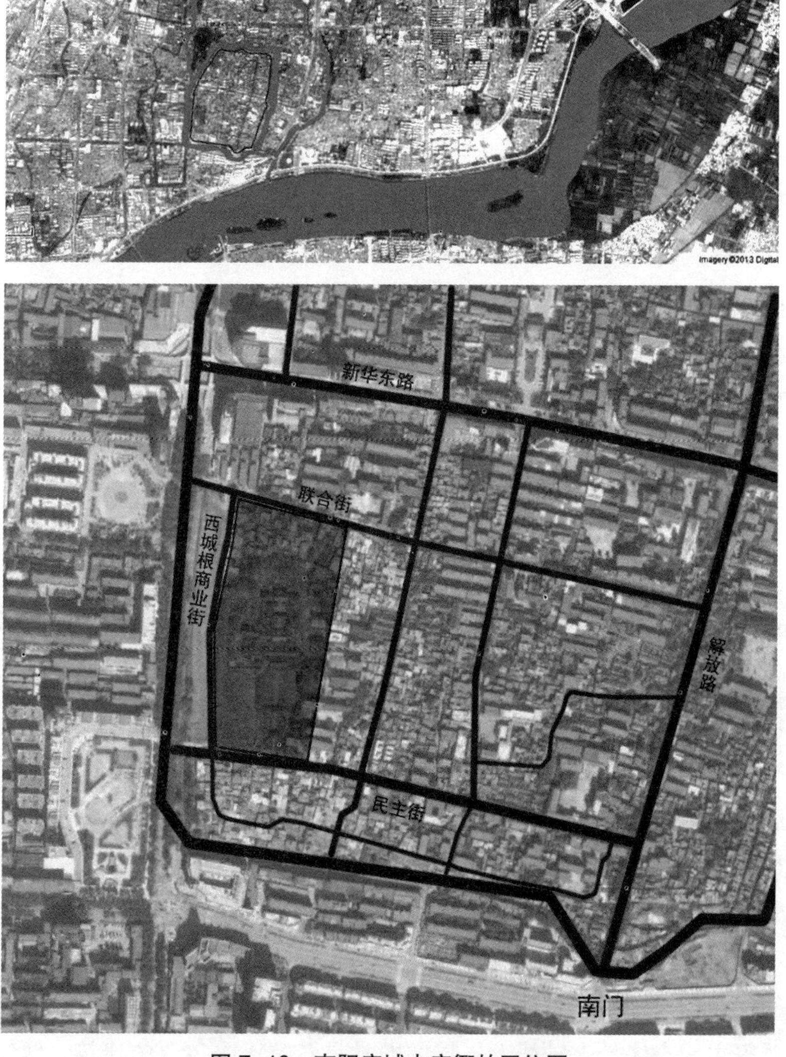

图 7-10　南阳府城中府衙的区位图

资料来源：根据 Google 地图绘制。

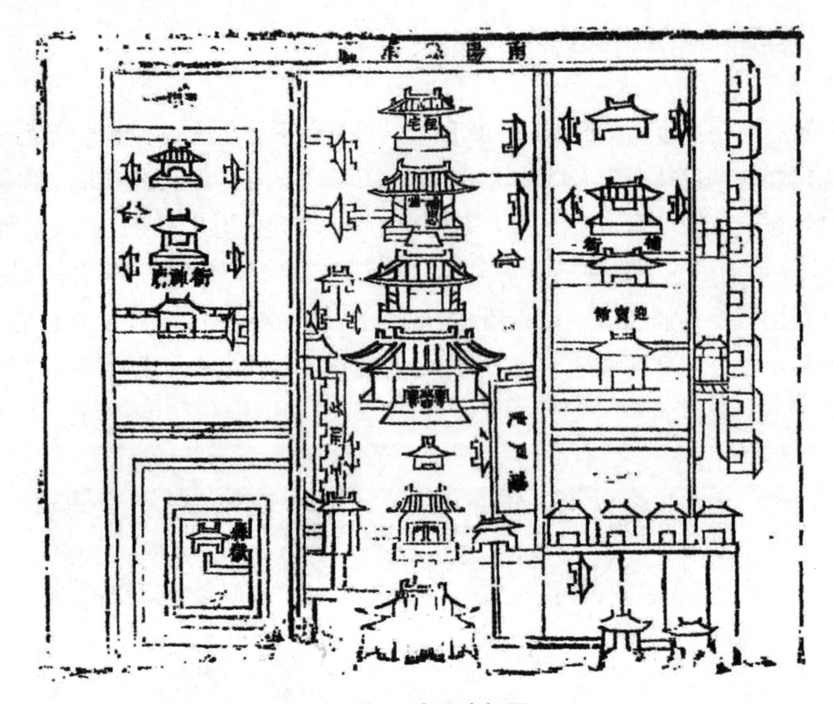

图 7-11　南阳府衙图

资料来源：清康熙三十二年《南阳县志》府治图。

南阳府衙所在区域自然地势西南低东北高，且西侧紧邻城墙和护城河，排水通畅。衙署既是官吏们处理公务的办公场所，又是官吏日常生活居住的官邸（居住建筑），是封建统治的权力象征，其在城市生活中也起着主宰作用（图 7-11）。

7.2.3　南阳府衙的建筑空间形态特征

1. 南阳府衙的总体平面布局特征

南阳府衙建筑的总体布局，在不同朝代呈现出不断变迁的建筑布局。衙署建筑的格局在时间轴上也发生着不断变化，这种变化与地方政权的行政结构有着密切关系，因此随着不同时期地方政权结构的调整，府衙的内部行使权力的空间格局也在改变。南阳府衙作为衙署建筑的代表，其空间形态与总体布局是权力制度的空间体现，府衙总体的布局，基本上是轴线对称、左文右武、左尊右卑、前堂后寝等这些典型的官式建筑思想和规制（图 7-12）。

现今南阳府衙除了整体建筑布局保留明代的建筑规制和清代的建筑风貌外，大部分建筑已不复存在，包括东西两侧的捕署与衙神庙，以及北侧的后花园部分尽皆毁坏。目前保存的府衙古建筑群在总体布局上坐北向南，沿主轴线东西对称，在沿进深的空间节奏上显得主从有序，中轴线上层层的殿堂是各院落中主要的建筑，两侧建有办公辅助性的建筑，院落数进，沿纵轴展开。中轴线两侧的建筑遵守着左文右武、左尊右卑、前堂后寝的建筑规制要求。建筑均为单檐硬山式建筑，偏北方建筑风格。

目前府衙得以保存的部分，是南北长240m，东西宽150m，总占地面积36000m^2，现有房屋140余间。位于中轴线的现存建筑从南至北筑依次有：主轴线上是照壁、大门、仪门、大堂、寅恭门、二堂、内宅门、三堂；位于两侧的附属建筑有东公廨，西公廨，永平库兵、刑、工诸曹房，东厢房，西厢房等。

其建筑空间的布局特征总结如下：

1）平面布局结合自然地势

南阳府衙的布局充分利用了其西南低东北高的自然地势，并按照功能不同的需要，结合空间层次的需求，充分考虑府城西南隅的自然地理条件，将其与建筑场地的竖向设计结合一起，使人从中轴线上南侧进入衙门，向北侧前行时有步步登高空间感受。从大门到三堂整个轴线纵长187.7m，地坪相差约167cm，塑造了高峻雄伟、威严肃穆的府衙形象。

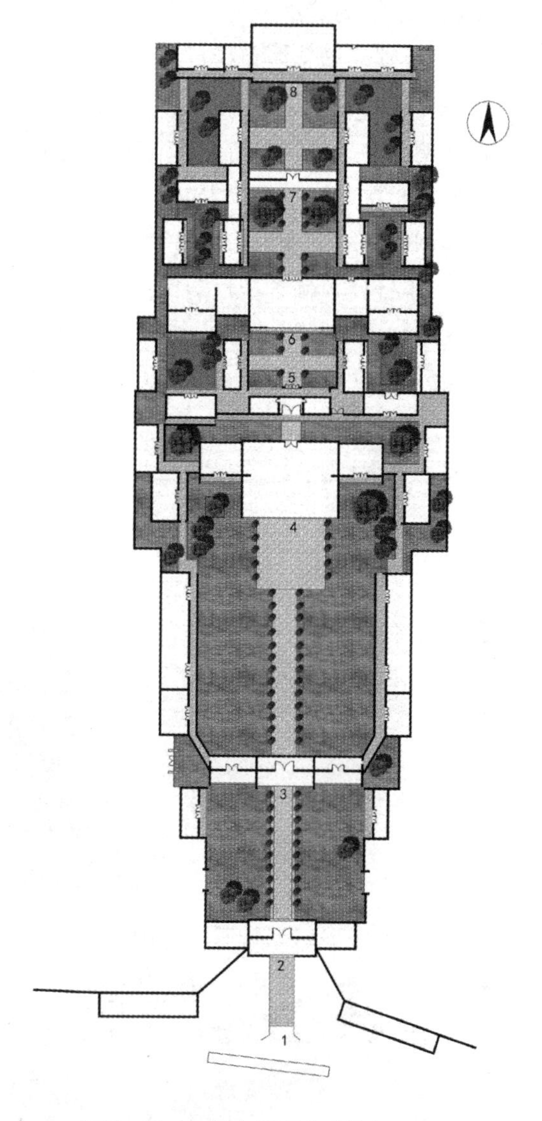

图7-12 南阳府衙现存建筑总平面

1-照墙 2-大门 3-仪门 4-大堂 5-寅恭门 6-二堂 7-内宅门 8-三堂

2）中国礼制等级的集中体现

府衙作为中国封建社会统治阶级权力的象征，其象征意义也表现在建筑的总体布局上。南阳府衙中主体建筑形式上轴线对称，主次分明；在办公与居住的总体功能关系上，采用前堂后寝；在建筑的行政功能布局上，则注重左文右武、左尊右卑的规制，从建筑空间上体现了明代文官体制的权力结构特征。府衙的总体平面布局也通过采用东西对称、坐北向南的布局方式，以展现出府衙的庄重威严。

南阳府衙建筑为明清时期社会政治与文化制度留下深刻的历史印迹。明初卢熊撰洪武《苏州府志》时记载：“洪武二年（1369年），奉省部符文，降式各府、州、县，改造公廨，府官居地及各吏舍皆置其中。”说明明清治所城市中，行政管理采用集中办公的方式，也由此可见，南阳府衙建筑群是严格按照官署建筑的制度要求修筑的。总体布局上来讲，主要建筑均布置于主轴线上，其他以主轴线上建筑为中心对称分布，形成大小不同的院落。

3）廊院式的总体布局特点

在南阳府衙的总体结构上，各建筑物之间的连接与照应，高低错落，主体突出，院落分明。在南阳府衙在建筑与建筑之间，注重廊道的连通功能，各建筑单体之间皆有连廊，自前入后，院院相连，风雨无阻，通过廊道，各主要建筑之间畅通无阻。这种廊院相通的布局在府衙建筑中并不多见。

4）中轴线上的院落空间层次

南阳府衙建筑群根据行政办公的功能需求，将主轴线上的主要建筑依次分布在六个院落空间中（图 7-13）。

图 7-13　南阳府衙整体空间鸟瞰模型

资料来源：根据河南大学艺术设计学系建筑测绘资料绘制。

第一组空间序列是属于前导性空间序列。由临街的照壁、大门，与大门两侧的“八”字墙，以及榜房共同组成了府衙的第一个空间序列。入口的“八”字墙处理，与临街道空间，共同形成一个开敞的开放性前导空间，是治所城市中难得一见的小型城市广场。仪门是府衙内的第二道门，大门与仪门之间是府衙的第二个开放性的聚集空间。

第二组空间序列是属于半开放性办公空间序列。通过仪门,进入到由左右六房（文武值房）与南向的大堂构成的第三个空间——大堂院落。由于衙署办公、公开审讯、颁布政令等功能需要，此院落面积较大，是府衙内部最大的一个公共空间，便于人流的聚散，也是属于广场级别的空间形式。大堂后的寅恭门是府衙内的第三道门，穿过寅恭门之后，由主轴线上的二堂建筑及其东西厢房围合而成了二堂院落，是第四个公共空间，此院落较大堂院落而言稍小。二堂与内宅门之间形成第五个公共空间。

第三组空间序列是属于私密性居住空间序列。穿过内宅门，即进入了府衙的生活空间，由南向的三堂及其东西厢房围成了三堂居住院落，构成了第六个内向型的空间。

府衙中轴线上的院落空间，根据府衙内部功能的需要，以主轴线上的建筑为主体将院落各个空间紧密地搭接在一起，相互之间联系紧密。这六个院落空间在中轴线上由南至北形成了完整的府衙空间序列。

2. 南阳府衙建筑形态特征

南阳府衙中轴线上的主体建筑，依功能来区分是典型的前朝后寝时的分布，其自南向北依次是：照壁、东西两侧的召父坊、杜母坊；与照壁对应的是大门及其两侧的榜房，照壁与大门之间形成了半围合感的前导空间；仪门与戒石坊；大堂及其东、西配房；吏、户、礼、兵、刑、工东西六曹房；寅恭门；二堂及其东、西廊房，招稿房，书简房；内宅大门（暖阁）；三堂及其东、西配房；架阁库，北侧府衙花园等。

在目前府衙主轴线建筑群的东侧也是沿南北轴线形成的建筑群，其功能附属于主体建筑，建筑自南至北依次是：申明亭，宾兴馆和捕署，萧曹庙和龙神庙，税课司和经历司，军厅、粮厅二幕等。

位于主轴线建筑群的西侧建筑群，多以府署的祭祀建筑和监狱司为主，自前至后依次是：旌善亭，府财神庙、衙神庙，监仓、狱神庙和监狱司，照磨所、理刑厅，以及西花厅包括师竹轩等。

本书以主轴线上的建筑群考察为主，其重要建筑形态考察如下：

1）第一组空间序列——前导空间

（1）照壁：在目前民主街南侧，其平面呈凹字形，主要建筑材料是由青砖砌筑，宽 22.5m，高 4.89m，东西两端各向北出 2.26m 的短墙，基座为须弥座（图 7-14）。

（2）大门：距照壁 22m，是府衙内外空间的过渡，呈门屋型，建筑的面阔 3 间，通宽 12.6m。大门进深 2 间，通进深 7.4m，高 7.6m。南阳府衙大门采用了硬山式建筑，三间五架，屋面覆盖灰筒板瓦。

图 7-14　南阳府衙照壁

资料来源：2012 年秋作者摄。

府衙的大门设置在明间的中柱上，为双扇板门，通高 3.6m，两扇共宽 3m。两次间砌墙壁，不开门。大门是整个府衙的主要出入口，也是府衙建筑行政等级的象征。从帝王宫殿的大门到九品官员的府门依次等级分明。[1] 明清南阳府衙是四品官，府衙大门用的是黑底锡环（图 7-15 ～图 7-17）。

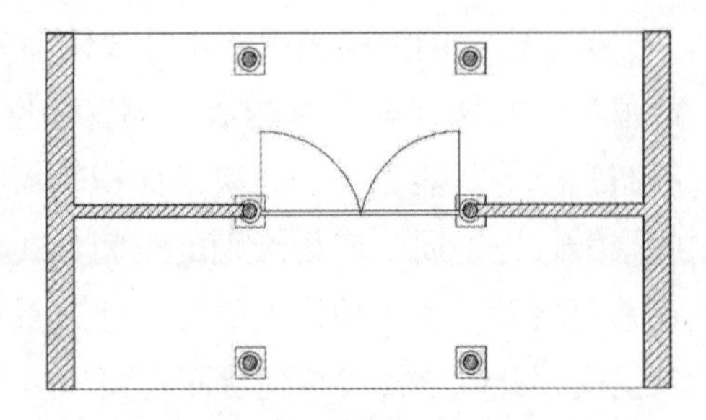

图 7-15 南阳府衙大门平面

资料来源：河南大学设计艺术学系测绘。

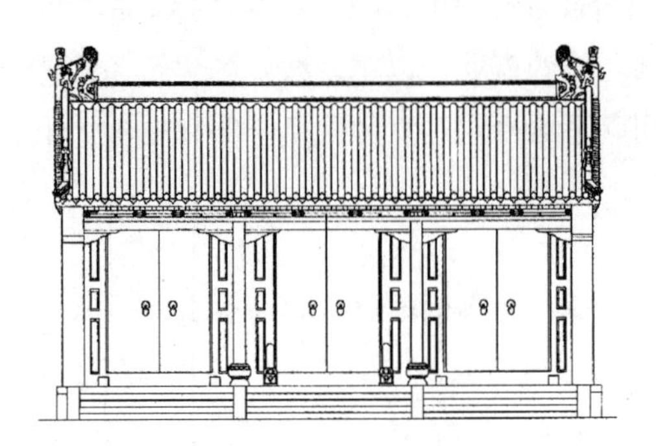

图 7-16 南阳府衙大门立面图

资料来源：河南大学设计艺术学系测绘图。

图 7-17 南阳府衙大门

资料来源：2012 年秋作者摄。

大门两侧现存东、西“八”字墙，向内端接大门山墙，呈 30° 斜出，外端轴线对称，相距 26m。“八”字墙并不是沿正门左右对称，而是尊重街道的走向与形态，通过“八”字墙的调节，将建筑群的主轴线调整为正南北朝向。东、西“八”字墙体内现嵌立有“奉旨遵守”“总督漕运部院张示”“万古流芳”“流传百代”“德政碑”“革弊碑”等内容的石碑 7 通。

（3）仪门：在古代也称为桓门。宋代以后改为仪门，取义为礼仪之门。仪门平时并不开，其两侧设有旁门，东侧称为“人门”（也是“生门”），是经常出入的门；西侧称“鬼门”（“死门”），经常关着，是为死刑犯被判刑时使用的。

南阳府衙的仪门距正门有 26m，面阔 3 间，通宽 12.2m，进深 2 间，通进深 6.66m，高 7.4m，为单檐硬山建筑形制（图 7-18 ～图 7-20）。

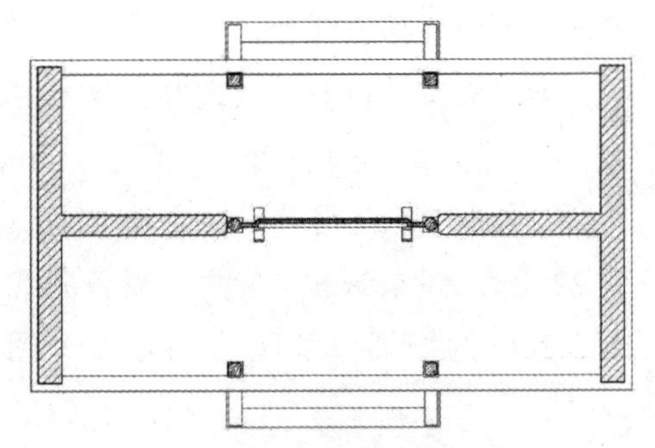

图 7-18 南阳府衙仪门平面

资料来源：河南大学设计艺术学系测绘图。

[1] 明史记载：“亲王府大门丹漆金钉铜门环，门钉用九行七列共六十三枚；公王府大门绿油而铜门环，门钉九行五列共四十五枚；百官府第中，公侯门用金漆兽面锡门环；一二品官府门绿门兽面锡门环，三至五品官府门用黑门锡环，六品至九品官府门用黑门铁环。”

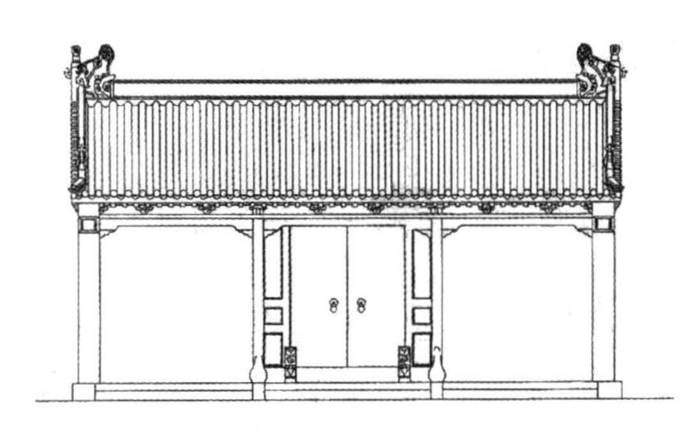

图 7-19 南阳府衙仪门立面

资料来源：河南大学设计艺术学系测绘图。

图 7-20 南阳府衙仪门

资料来源：2012 年秋作者摄。

2）第二组空间序列——办公空间

（1）大堂：知府办公的建筑。府衙大堂距仪门有 54.5m，作为府衙主轴线上的主体建筑，其南向面临的围合空间也是最大的广场空间，也是府衙中最重要的办公场所。建筑面阔 5 间 20.23m，进深 3 间 10.28m，单檐硬山顶，为适合于大堂的功用，内部减掉了前排金柱。大堂前有卷棚一座，面阔同大堂，进深 1 间。二者均建在高 0.6m 的台基上。大堂无前墙，呈开敞式。堂中央置暖阁，设知府公案。东西稍间分别为堂事房和招房（记录堂谕口供用）。

大堂东西两侧各有一间耳房，与大堂共用山墙，是大堂的配套办公建筑。耳房均设置有 1.7m 宽的前廊。前廊两端和其后寅恭门东西厢房以及廊房相通。东西耳房的两侧，有大堂的东西厢房。厢房与东西耳房相配套组成次级院落，是府内制作文书，并使之能够上呈下达的地方。一般六房的行政事务，先在这里汇集，然后转至后堂处理。大堂里要审理公开案件，宣布相关的政令也要在这里做好准备工作（图 7-21 ~图 7-23）。

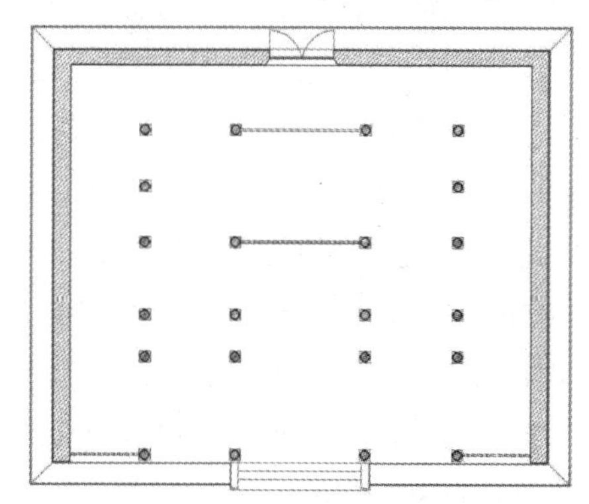

图 7-21 南阳府衙大堂平面

资料来源：河南大学设计艺术学系测绘图。

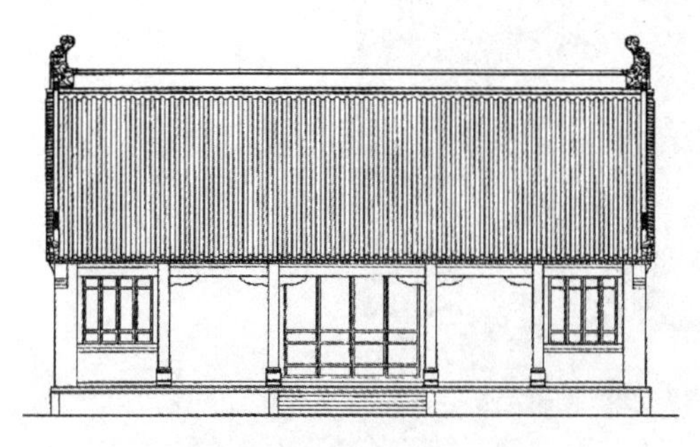

图 7-22 南阳府衙大堂立面

资料来源：河南大学设计艺术学系测绘图。

图 7-23 南阳府衙大堂

资料来源：2012 年秋作者摄。

以廊道前后连通一体的建筑，总体布局具有江南建筑的设计风格，这也显示出汉水中游地区作为中国南北过渡地带，其建筑技术相互交融的地域文化特征。

（2）三班六房：位于大堂前的东西两侧，是衙门内吏役办事办公的两组对称的建筑。三班，是指的皂、壮、快三班，其人员基本都是衙役，办事的建筑也称民皂房。六房，则是指吏、户、礼、兵、刑、工六曹房，是府衙的职能办事机构。南阳府衙目前现存的六房中，功能分配较为明确，其东为吏、户、礼，西为兵、刑、工，各8间，通面宽28m，进深7m，为前坡出廊建筑，所以也称为东、西廊房（图7-24）。

图7-24 南阳府衙兵、刑、工三房

资料来源：2012年秋作者摄。

（3）寅恭门：为二堂之门户，意为恭恭敬敬迎接宾客的门，表明寅恭门的后面即官宅，此门是衙门的咽喉之所，一般人不得随意进入。门通面阔5间18.65m，明间宽3.93m，次间宽3.45m，通进深3间带前后廊，通高5.9m。单檐硬山建筑，前廊为四架卷棚。寅恭门距大堂3.15m，明间前金柱之间设板门，后檐柱之间又设了四扇屏门。与其东西厢房、东西配房和两侧的廊房组成了府衙的第四进院（图7-25）。

图7-25 南阳府衙寅恭门

资料来源：2012年秋作者摄。

（4）二堂：也称“思补堂”，是衙署中处理一般公事的建筑场所。现存的南阳府衙二堂重建于清初顺治四年（1647年）。一般来说，重大的案件都退至二堂审理。二堂是府衙主体建筑之一。

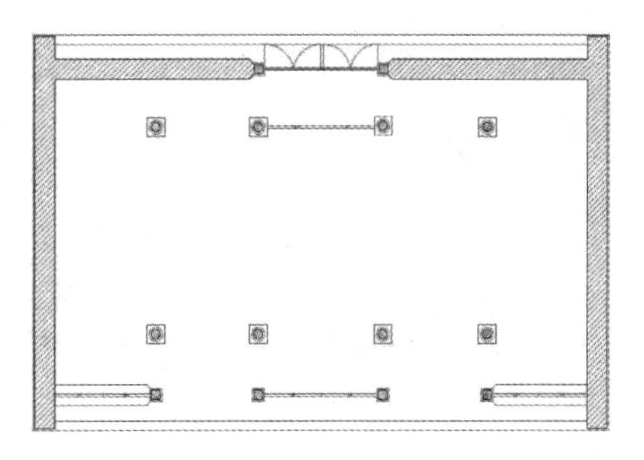

图7-26 南阳府衙二堂平面

资料来源：河南大学设计艺术学系测绘图。

二堂东西厢房各5间，前后出廊，建筑屋顶为硬山式，明间为过厅。宅门与二堂，以及东西厢房所组成外衙的第二进行政办公院落，是知府行使权力的重要场所。二堂建筑其面阔5间，通面阔19.07m，进深3间，通进深12.57m，其面阔略小于大堂，但进深却又比大堂深些（图7-26～图7-28）。

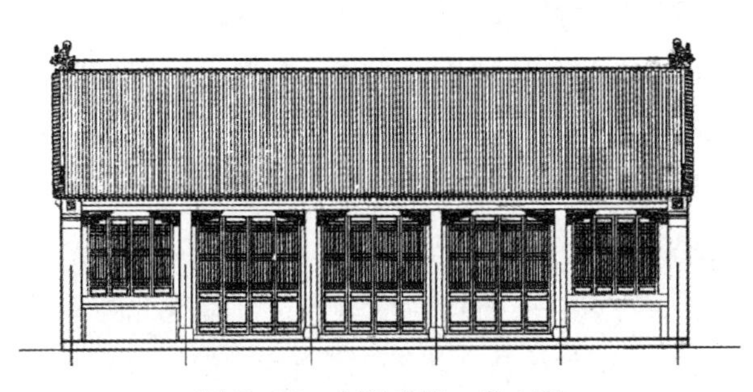

图7-27 南阳府衙二堂立面

资料来源：河南大学设计艺术学系测绘图。

图7-28 南阳府衙二堂

资料来源：2012年秋作者摄。

3）第三组空间序列——生活空间

三堂：与大堂和二堂相比，三堂的装饰较为奢华，也更带有一定的生活气息。三堂又称为官邸，是知府处理内务的办公场所。其主要的功能是接待上级官员或在此处理隐私的案件。三堂距离内宅门20m，面阔5间，通面阔18.78m；进深3间，通进深12.33m，前后有檐廊。单檐硬山式建筑，顶覆以灰筒板瓦。正脊的两端设置龙形正吻兽，左右四条垂脊，其下端做垂兽。三堂规模略小于二堂。三堂的左右两侧是东西花厅院，也是知府宴请宾客和眷属居住的地方。

三堂南侧的内宅门所组成了府衙的第六进院落，内宅门同样为单檐硬山式建筑。内宅门面阔5间，进深1间。明间装门板2扇，后排柱子中间设4扇屏门，有北方民居的建筑风格。内宅门的东西两侧都有左右门房，使出入内宅的交通也很便利（图7-29～图7-31）。

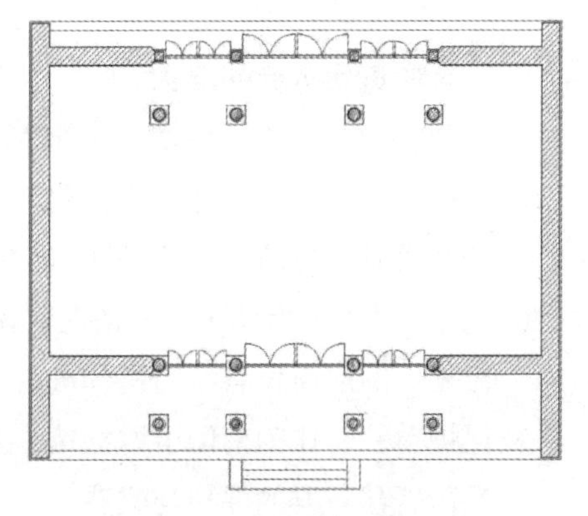

图7-29 南阳府衙三堂平面

资料来源：河南大学设计艺术学系测绘图。

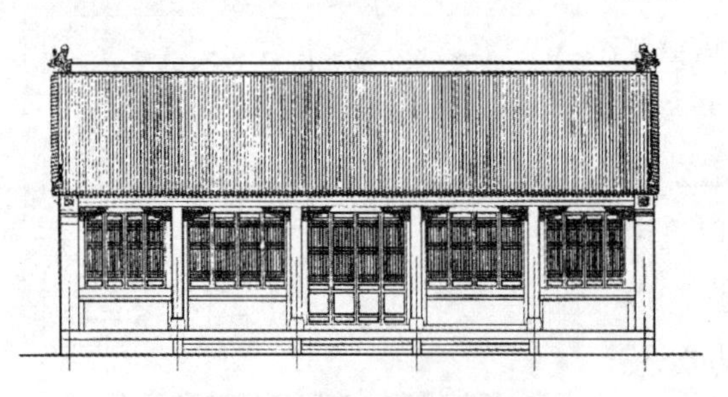

图 7-30　南阳府衙三堂立面

资料来源：河南大学设计艺术学系测绘图。

图 7-31　南阳府衙三堂

资料来源：2012 年秋作者摄。

通过以上对南阳府衙主轴线上建筑的列举，可以总结如下：

（1）南阳府衙是严格按照明清关于衙署建筑等级要求而建，朴实而威严，符合“洪武二十六年定制，官员营造房屋不许歇山转角重檐重拱及绘藻井”之规定。府衙内主要轴线上的办公建筑如大堂、二堂等全部面阔 5 间，并依次递减其面阔。清代南阳知府品级为四品，由此大堂、二堂等房屋皆为五架梁，遵从《清律列》中关于“三品至五品厅房五间七架”“正门三间三架”的规定。

（2）府衙的单体建筑体现简洁而实用的特点。府衙均为硬山建筑，呈现北方建筑风格。斗栱经济而实用，而且平身科多以花墩构件代替斗栱，不见重栱，不逾制。

（3）府衙大堂建筑，前扩进深 2 间的卷棚廊房，同时内部减掉了明间前排金柱，显示了大堂的威严也增加了内部空间。大堂前的广场空间较为开敞，是大堂的外部集聚空间。

（4）南阳府衙大堂以后的所有建筑，几乎都带有前（后）廊，并通过游廊与周围建筑的有机组合与联系。

7.2.4　南阳府衙的现状与改造

1. 府衙古建筑群的现状

至 20 世纪 80 年代中期，南阳府衙院内被民居楼房所占用。府衙杂处于现代住宅楼群之中，周边交通与建筑类型也较为混乱。2001 年南阳市政府对府衙的旧址进行修复，修复后府衙规制完整，东西宽 150m，南北长 240m，占地约 60 余亩，总体建筑 140 余间，基本上保留了明、清两代南阳府衙主体建筑的格局和风貌。

修复后的府衙设有专门机构进行日常的维护管理，并在 2002 年被公布为全国重点文物保护单位，作为南阳市博物馆，对市民开放。

2. 衙署建筑群的保护与改造

2001 年府衙修复工程完成后，南阳政府制定了《南阳府衙区域规划改造方案》，方案是以府衙为中心，继续改造其南侧和北侧区域（旧居民区）。同时，府衙南侧照壁至南侧城垣的护城河区段，修筑了明清建筑风格的商业街区，“照壁后街”至中州路的则设计了文化走廊与广场。近年来，南阳市也为府衙的保护问题做了大量的工作。严禁建任何违章建筑，有效遏止了在城市现代化进程中对府衙环境风貌的新破坏。

然而，从现场调研与在南阳市规划部门网站上看到的关于府衙的规划来看，府衙周边的保护与开发似乎过于商业化。目前其西侧紧邻府衙建筑群区域，已建成南阳府衙的配属建筑财神庙，是一个集拜佛、餐饮、娱乐于一体的仿古建筑群，三进院落，占地近 3000m^2。另一方面，至 2012 年起，在毗邻南阳府衙至中洲路交叉口区域将拟建鸿德购物公园，也是一个明清建筑风格的建筑群，整个项目占地 110 亩，总建筑面积 10 万 m^2，建成后是中原地区最大的一站式购物公园。围绕府衙，将形成集休闲、旅游、观光、餐饮、购物于一体的商业街区。

府衙被植入一个与其历史氛围截然不同的仿古区域，商业效益似乎成为急于摆脱旧城区的最有效途径。那种曾经令人神往和遐想的儒家经典文化的代表不得不让位于世俗的商业原动力，着实是一件令人惋惜不已的事情。

7.3　城下街区的典型代表——谷城老街的空间形态

7.3.1　谷城老街的历史沿革

谷城老街历史地段位于谷城县城南城门外东南部，地处汉水支流的南河北岸，是明清时期县城南城门（主城门）外，通道南河码头的城下街区（图 7-32）。街区以居住和商业为主要功能，北至后街、鸭子坑，西以中华路为界，东、南至南河。1994 年谷城老街被列为湖北省文物保护单位；2002 年老街古建筑群列入了湖北省文物保护单位。

明清时期，谷城老街因南河的物资水运码头而兴盛起来。在宋朝以后，水路运输随着商品经济发展而逐步兴起，南河码头也随之繁荣。明洪武二年（1369 年），南河码头至城市南门之间形成沿主街道的居民区，商市也逐渐形成。随后历经明、清直到民国，逐步发展成为依附于谷城治所城市南侧的城下经济区，其繁荣超过治所城墙内本身。

清朝中期，这里已成为鄂西北较大的山区贸易集散市场，谷城面对西北山区，是汉水中游河谷地带的边缘区，主要收集山区盛产的茶叶、山货、木材、桐油等商品。繁荣时期来自全国各地的客商，在这里建立会馆，进行林区产品的贸易。这一时期，老街的街道格局已基本形成，前店后寝式的建筑沿街而设，商贸集市沿码头而设。

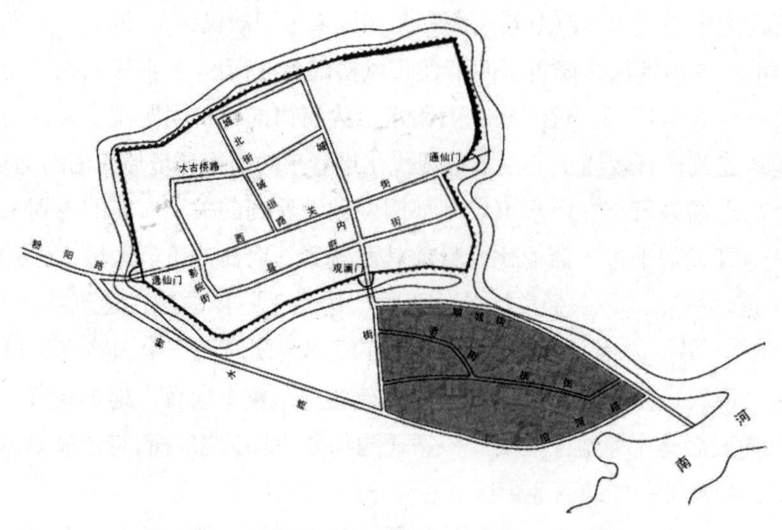

图 7-32　谷城县城城下街区——谷城老街位置图

改革开放以后，高速陆路交通在城市的北侧发展起来，打破了原有水路运输的交通系统。随着社会的发展和城市中心的西扩，老街经济地位的失去，使街区内的街巷功能由原来的商业街市逐渐转变成城市旧居住区。

7.3.2　谷城老街与谷城县城的关系

谷城县城及其城下街区三面环水——北河、南河以及汉江围城，水路交通便捷繁荣，地理位置有很大优势。谷城老街的主干道是县城南向主要道路的延长线，南向道路出南城门后，转向东侧，从地势较为平坦的通道接往南河码头区域。另一方面，通过西侧山区的通道在进入西城门前，也可直接向南，接通谷城老街，也就是说，山区货物不必进入县城，可直接通过老街进入码头。由此，通往码头的通道应是逐步形成，成为后来并列的若干条主干道，干道之间由支巷连接，共同组成商业街市。

综上所述谷城老街起初只是作为码头通往县城的交通线路而出现。随着明清时期经济的发展，码头的运输业也不断发展。老街沿着线形道路两侧发展，逐渐形成多条街巷并行的带状街道空间格局。社会经济发展鼎盛时期，谷城老街由线形发展转变为面的发展，成为商住混合型街区。谷城老街位于谷城县城前往南河码头的必经路上，而南河—汉江这一重要航道，又连通着整个鄂西北与汉江流域的贸易往来。

7.3.3　谷城老街的空间形态特征

1. 谷城老街街巷空间形态

老街的街道是随着谷城城下街区的发展逐渐形成的，街、巷、节点等结构要素塑造了老街层次丰富的街巷格局。老街功能空间的丰富性、宜人的尺度，都体现了老街传统商业街道商住合一的特色。这一点与作为治所城市的谷城县城的“丁”字街结构形成鲜明的对比。

1）适应商业活动的街巷结构

谷城老街道路结构基本适应了明清时期商业活动的特点，整体呈带状结构，有 6 条主要街道。由于南河在这里形成了河道转角型的天然码头，老街向东伸向南河，是联系南河的枢纽，五发街向县城方向延伸，米粮街与五福街横向连接着中华路(图 7-33)，沟通了地段与外部交通系统；三神殿巷子则在短向连接了通往南河的交通干道中码头街，与米粮街构成了老街带状的道路骨架。老街从上码头、中码头和下码头三个方向县城延伸，与道路两边的建筑结合紧密，是自发结合自然地形、逐步成型，并符合商业活动特点的街巷结构。

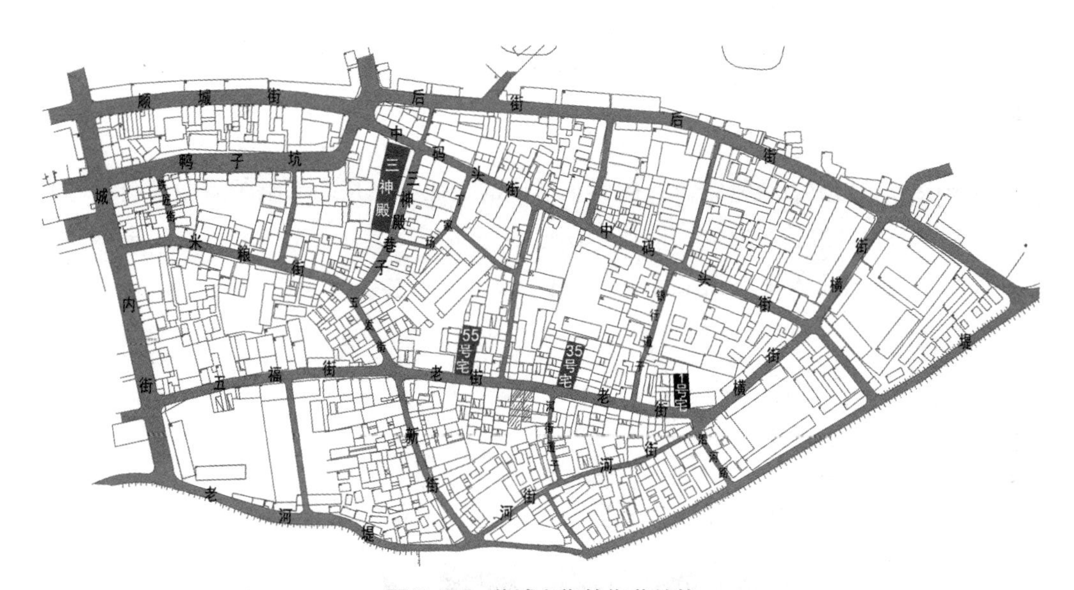

图 7-33　谷城老街的街巷结构

资料来源：根据华中科技大学建筑与城市规划学院 2000 年 5 月测绘资料绘制。

2）功能复合型的街巷空间

老街的街巷不仅仅承担交通功能，是一定意义上的各种商业与居住功能的综合体。有机的街巷结构中并没有使用与聚集的广场空间，因此街巷承担了日常交往、洽谈等多功能的互动。街巷中有些道路和节点聚散空间界限模糊，是多种空间类型的融合，包含了不止一种空间功能，构成了多功能的复合空间，丰富了空间层次感。

老街临街界面层次丰富，两侧有许多店铺，铺面空间作为商业活动和邻里交往的主要场所。白天铺面的活动门板打开时，铺面成为半开放的交往空间，与开放的街巷空间融为一体，扩大了临街的公共空间。夜间门板关闭，公共空间与私密空间有效隔开（图 7-34）。

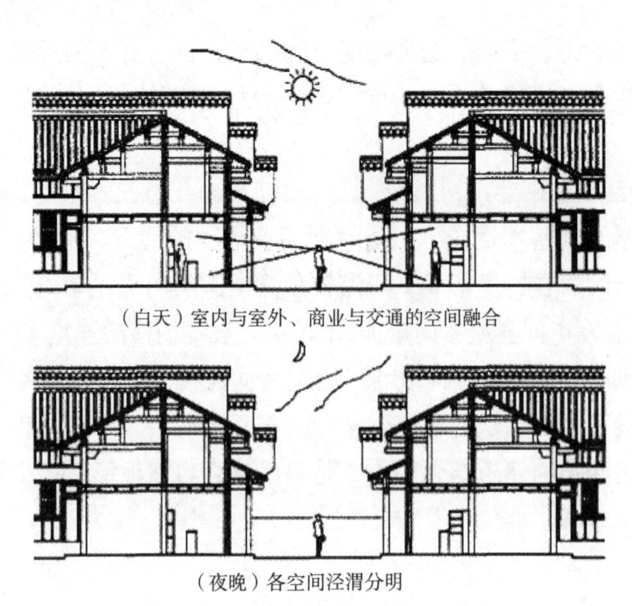

图 7-34　谷城老街街巷空间剖面示意

资料来源：《湖北谷城老街历史地段研究》。

老街中房屋与街道紧密结合，屋檐下形成的交往空间是老街临街界面最具特色的地方，是户内外过渡的灰空间，既属于街道的一部分，也有一定的私密性。很多交往活动都发生在屋檐下及道路交叉口（图 7-35）。

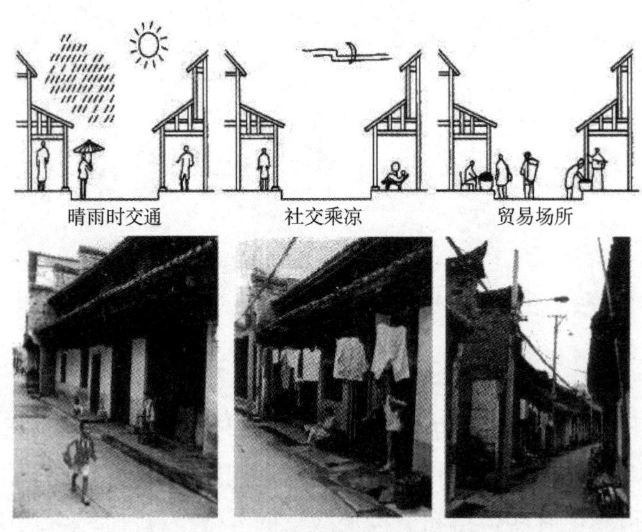

图 7-35　谷城老街对于屋檐空间的利用

资料来源：《湖北谷城老街历史地段研究》。

3）尺度宜人的街巷

谷城老街内部的几条传统街巷，如老街、五发街等主要街道不仅是联系码头的交通枢纽，也是商业与生活的主要场所。主要街道两侧由店铺或住宅围合成临街三维界面，街道宽度与两边建筑高度比一般约等于 1，尺度宜人。

老街巷道利用街道线形空间的特点，形成尺度宜人的交通空间。街道两边的建筑临近并置，既能相互照应又不影响各自独立经营。街道中间略高于街道边缘，有利于排水，同时给顾客提供一个较高的视点，方便逛行。街道顺应地形，局部曲折变化，也有效控制了人流和物流速度。

2. 谷城老街建筑形态特征

老街现存建筑中，民居建筑共 200 余座，大部分建于明清时期，层数均为 1 ~ 2 层，保存较好的宅院有 21 处，总建筑面积约为 24800m^2（图 7-36）。主要文物建筑三神殿，1994 年被列为湖北省文物保护建筑。老街中现存的历史建筑类型分为神庙建筑和街屋建筑，对其中的典型建筑进行分析，总结其建筑形态特征。

图 7-36　谷城老街俯瞰

资料来源：华中科技大学建筑与城市规划学院 2000 年 5 月测绘资料。

（1）三神殿：是老街目前尚存的唯一寺庙建筑，也是唯一的公共建筑。历史上它是水陆码头的门户。门前北侧的中码头街由河边直通城内，应是较早起形成的街道。建筑为坐南面北，整个建筑由山门、戏楼、前殿、中殿、后殿组成。后殿建在高台上，三座殿宇为三进两天井封檐硬山式三开间的木构建筑。前殿主要作为摆酒宴和演戏的场所，中殿供三神（中为雷神，左为水神，右为财神），后殿建筑两层。山门和戏楼连在一起，戏楼为单檐歇山顶，保存完好（图 7-37）。

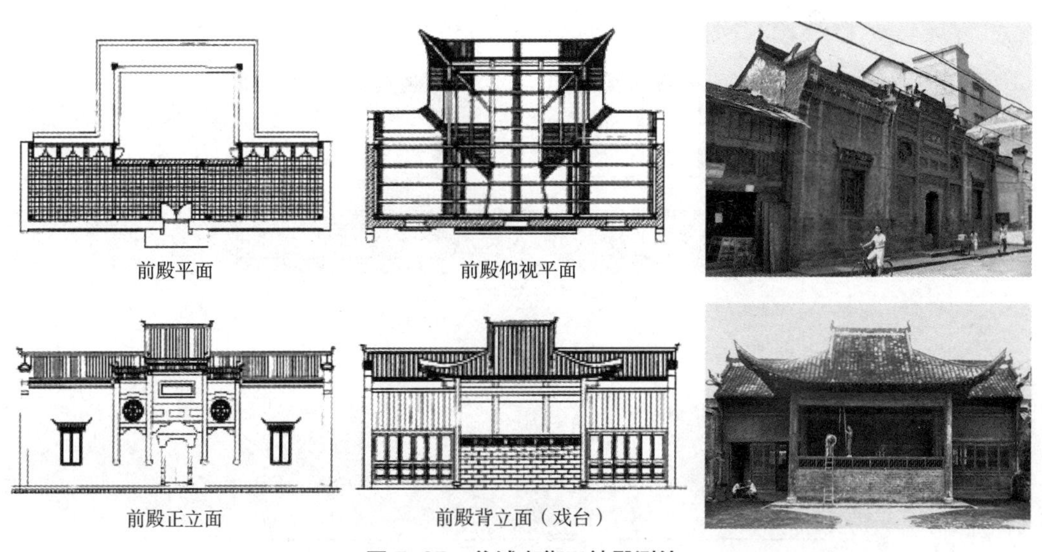

图 7-37　谷城老街三神殿测绘

资料来源：华中科技大学建筑与城市规划学院 2000 年 5 月测绘资料。

（2）老街 1 号宅：为天井院式住宅。建造年代据推断有 150 年以上历史。宅院为胡姓祖业，后转让给李姓。宅院临五福街正南北向布局，面宽 12.1m，长 27.2m，平面为矩形，轴线对称，正面有三开间，前后两天井，有后院，总建筑面积 320m^2 左右。

建筑采用抬梁式木结构，前半部分与后半部分在结构上分离。整个建筑流线明晰，风格简朴。雕花及彩画均未发现，檐口及大门两侧有简单的装饰线。据推测为大青石铺地，天井内檐设有落水管。东西两侧屋顶为单坡顶，厅、堂为南北双坡顶。较有特色的为入口门楣的处理：入口向内凹形成过渡空间，两侧高处有特殊的墙头做法加以强调，顶部为流线型木板加以引导，整个建筑整体风格朴实（图 7-38）。

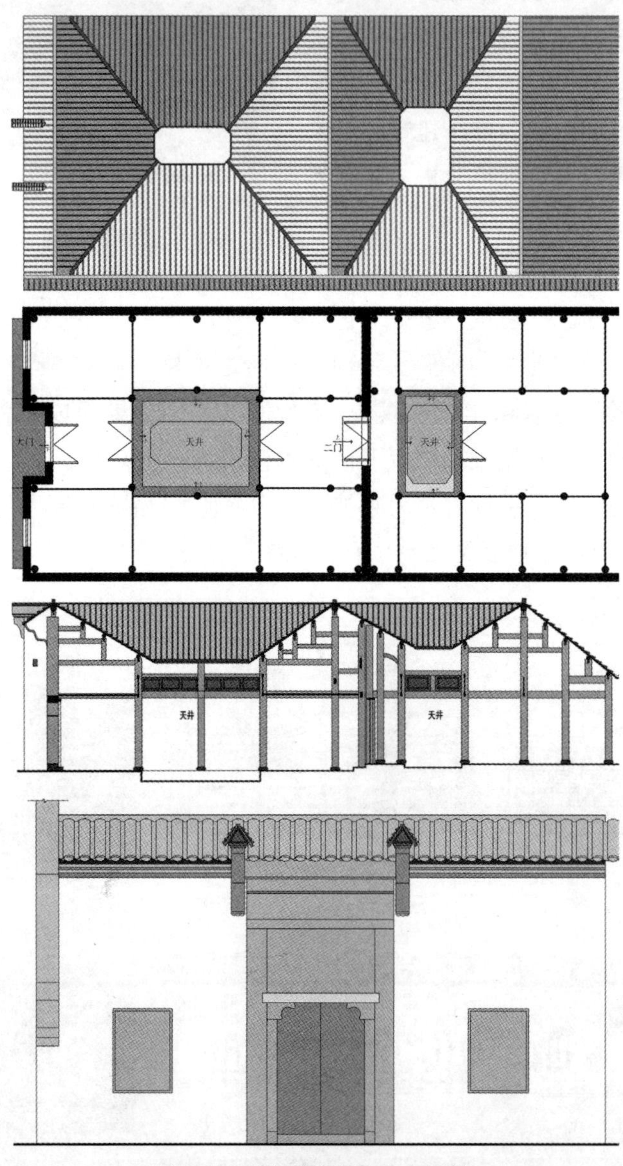

图 7-38　谷城老街 1 号宅测绘

资料来源：华中科技大学建筑与城市规划学院 2000 年 5 月测绘资料。

（3）老街35号宅：该建筑原为商户人家，新中国成立前曾为国民党老街税务局，后经改建，由当地居民居住。建筑为抬梁式木构架，民国时期在正前方加建一面墙作为临五福街立面，采用了欧式风格，但其间仍不乏本土民宅的细部处理手法，内部经搬入的居民多次改建，格局与原来的迥然不同。

住宅正面三开间，中间为正屋，两侧为厢房，上有阁楼，可住人。从一进天井角落处可登梯而上，与二进中间用塞墙相隔。每一进自有天井，房间环绕天井布置，围绕天井的屋顶采用"四水归堂"的做法。在功能上，前一进因沿街原为店铺，后一进原为大厅，现已拆除，改为过道（图7-39）。

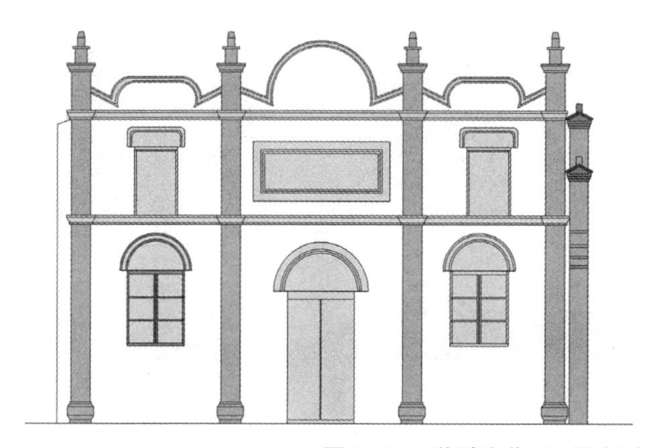

图7-39 谷城老街35号宅测绘

资料来源：华中科技大学建筑与城市规划学院2000年5月测绘资料。

（4）老街55号宅：为一套较完整的三进式院落，木结构保存完好，基本形式较易辨别。建筑临五福街，正南北布局，前两进院采取对称布置，沿街原为店铺，此处的梁跨较大，层高较之后建筑略高，且与第三进院落有门分隔（现仅存门框）。

第一个天井较小，与第二进院落由高大的砖墙——塞墙区分，高墙下设门，现门枕石等部件保存较好。第二个天井较大，铺地尚可分辨，两侧厢房形制规整，再向后的两侧房屋经过加建，原室内划分不可考，其后为砖墙收头。第三进院落估计为后来加建，厢房结构与前后均脱开，后门位于尽端靠左（图7-40）。

通过对谷城老街典型建筑的考察得知：老街的建筑大部分为前后多进的砖木结构民宅。街道两旁民宅并置，建筑布局多为前店后寝式，进与进间设有天井，两进院落中用塞墙相隔。民宅也多是明间小、次间大，建筑古朴典雅，具有湖北传统民居建筑特色。其建筑形态的特征总结如下：

1）前店后寝式

老街建筑适应商业街的活动特点，前堂置铺，后堂住人，中间以砖墙分隔，功能分区简洁明确。临街门面称为前厅，大多是三开间，前厅门板称铺板，可拆卸。第一进天井依附前厅，两侧厢房多为雇工居所。第一进天井正对着塞墙上二门。进二门有

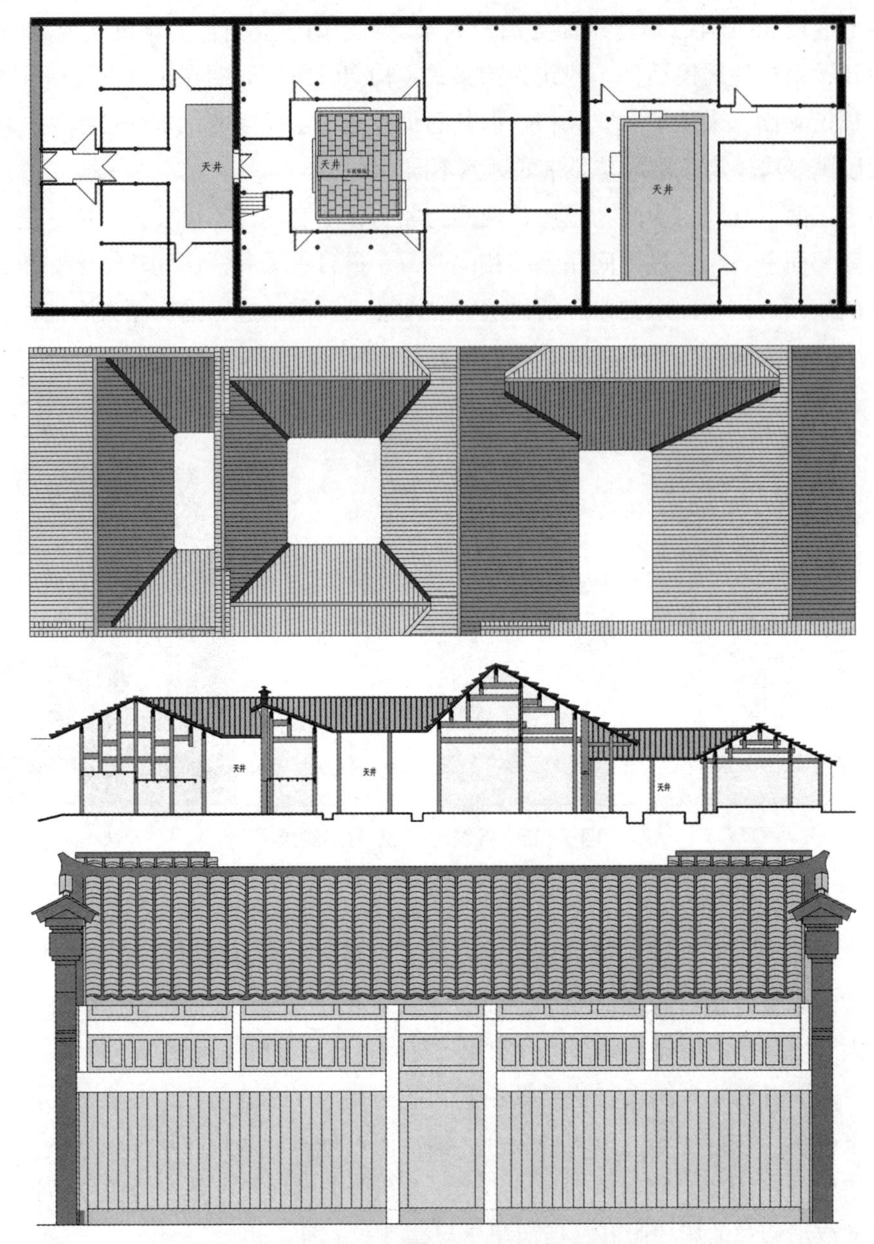

图 7-40　谷城老街 55 号宅测绘

资料来源：华中科技大学建筑与城市规划学院 2000 年 5 月测绘资料。

小厅，小厅多为两层披屋形式与而进厢房和大厅形成二进天井院。大厅及两厢的铺板均为灵活隔断。大厅有门通往第三进院，三进院多为子嗣及家眷居所，楼上为闺阁。

2）塞墙相隔，内外有别

第一进院与第二进院之间有一道隔墙，称为塞墙（图 7-41）。它将公共活动的店堂与私密空间的寝宅隔开，是前店后勤的分界。塞墙一般突出屋脊形成封火墙，其墙面开一门，即二门。二门为双扇平开，门板用来防盗防匪和防火用。

图 7-41　谷城老街塞墙门楣

资料来源：华中科技大学建筑与城市规划学院 2000 年 5 月测绘资料。

3）建筑明间小、次间大

中国传统建筑的规制为奇数开间，明间大、次间小。谷城老街民居为了提高土地利用率，尽可能扩大商业使用面积，反其道而行，将仅起家庭通道作用的明间缩小，而扩大用于商业活动的次间面宽。这是商业规律影响下的产物，体现了老街民宅建筑形态的灵活性和平民化。

7.3.4　谷城老街的现状与改造

1. 谷城老街现状

谷城老街保存有 6 条主要传统历史街道，特别是三神殿巷子、五发街、老街一线，传统民居保存较为完整。民居建筑共 200 余座，保存较好的庭院有 21 处。老街的建筑保存下来的较多，但都存在如下问题：

1）建筑质量持续下降、个体改造行为加剧

老街的民居主要是砖木结构，年久失修，建筑的结构和设施有不同程度的腐朽、损毁、荒废的现象，有的甚至有倒塌的危险。以前独户居住的房屋，现在通常是多户居住，打破了建筑的秩序。使用方式转变了，居民根据自己的需要自行改造房屋以适应他们的生活。天井很多变成了大杂院，以前从店面到后寝的秩序被破坏。

另一方面，不少经济条件好的居民已经开始或正在改造他们的住宅。新建民房在高度、布局、材料各个方面都与传统建筑不协调。还有部分住户将原有的店面的门板铺面直接改作砖墙。直接影响了老街沿街立面的景观。居民这种自发的改造行动，脱离了有组织的管理，丧失了大的方向的把握。因此改造的效果太过随意，破坏了老街的传统风貌（图 7-42）。

图 7-42　谷城老街临街现状

资料来源：2012 年夏作者摄。

2）基础设施陈旧

老街的基础设施陈旧落后，缺少公共服务设施。老街的市政设施年久失修且供水和排水管径小，供水量不足，排水管容易引发淤塞。街道的垃圾管理也不妥当，卫生条件恶劣。电线在空中随意架设，线路老化，造成了安全隐患又破坏了街道的景观。如 2000 年 2 月的大火，在防火设施欠缺的情况下，烧毁了 50 间民居。基础设施陈旧落后，严重影响着居民的生活品质。

2. 谷城老街的改造意向

在华中科技大学 2000 年对谷城老街进行测绘后，也提出了保护规划设计的意向。设计从考虑空间格局、文化传统、历史地段功能复兴等方面展开，本着保持和延续历史格局，继承和发扬文化传统，实现功能复兴，推动公众参与，增强群众保护意识，建立完善法律体系，实现依法保护与更新的原则，使用城市形态学的理论与类型学的方法对老街的建筑和布局进行分类，将老街的风貌特征运用到老街的保护和开发中。对老街的改造内容主要包括保护老街的历史风貌代表性、完整性、地域性。重点突出三神殿巷子、五发街、新街、老街四段传统风貌街区的“传统商业集镇”的商业特性。保护中应充分保证：

（1）沿街面历史风貌的完整性。谷城老街，重点保护区段是从文风亭至三神殿巷子、五发街转至老街一线。沿线街道两侧的民居均需作保护整治处理，建筑风格、装饰均需同老街历史建筑风貌相协调。

（2）尽力保证老街的道路尺度和断面形式。老街的道路尺度宜人，不能通过拓宽道路，拆除或移迁沿街建筑。

（3）加强对重点建筑的保护。对重要建筑进行全面细致的测绘和鉴定，并确保重点建筑修复的全面性、可行性。

（4）其他建设用地的保护与开发。在划定的保护范围内的其他建设用地，允许适度的保护性开发，对那些质量较差，保留价值不大的建筑可以拆除，拆除下来的建筑材料可以作为保留建筑修复所需的部分原料。应该运用类型学的方法，对谷城历史街区的风貌特征进行分层、归类，从中还原抽象出类型，再将类型结合具体的场景还原到具体的形式。

7.4　本章小结

本章所选取的三个不同功能建筑群是治所城市中街区空间形态的典型代表，是城市中政治文化在空间形态中的具体体现，也是传统礼制与权力塑造空间的典型。襄阳王府是明代府城中所特有的藩王府，其对治所城市的格局乃至于明代以后的城市空间格局都产生了巨大的影响；南阳府衙是中国现存唯一完整的官署建筑群；谷城老街则是谷城县城繁盛一时的城下街区。

如今位于城市中心区的三个历史街区，都面临着旧城改造与复兴的问题，其建设的现状也代表了现今中国旧城改造的三个不同方向。襄阳王府更倾向于历史片段的复原，使之作为城市文化的一张名片；南阳府衙除保留旧貌，功能置换为博物馆外，毗邻的周边地区，则被如火如荼的商业区开发所包围，是借助于传统风貌商业街区兴建，来恢复历史街区活力的典型措施；谷城老街则因为城市中心区的北迁，老街房屋结构与人员结构日趋复杂，使老街的改造陷入了困境。

（1）襄阳王府是按照明代藩王府制度修筑的，对襄阳府城的内部格局产生了巨大的影响，但同时王府的建设又不得不受制于原有的城市空间结构。襄阳王府迁入时，是在原有襄阳卫公署的旧址上改建的，王府对于旧址和周边地区进行了大刀阔斧的改造，迁徙了众多的民宅与公署，使城市的东南隅约占 1/4 的区域，成为王府及其附属机构的建设用地。但是由于城市东大街与南大街干道的影响，襄阳王府的整体空间有所压缩，并未完全按规制建设萧墙与城壕。而在选址方面，北侧城市区域需要应对汉水威胁的现状，也影响了王府的位置选择。

（2）南阳府衙是明清治所城市传统礼制与权力在建筑形态与空间结构方面集中体

现的典范。府衙面临有倾斜角度的南街，利用正大门前的“八”字墙与前导空间，将建筑的主轴线扭转为正南北朝向。采用前政后寝、左文右武的整体布局，并结合以小衬大的空间效果和渐进递高的竖向设计，体现了衙署建筑群威严庄重的整体风格。另一方面，空间的递进与开合，也充分考虑了功能的适用性：由前两进的开放空间，过渡到大堂前的半开放空间，同时也是集聚人流适用于听证的大空间，最后过渡到后宅的私密空间，空间层次分明；主轴线上体现威严的离散型空间，与两侧适用于办公交流的聚合性空间，两者相互搭配使用。

（3）谷城老街是突破了城墙的局限，在城市南门通往南河码头的路径上，依照商业活动的规律，逐渐发展起来的城下街区。街区的形成体现了现代城市有机模式的特征。为方便运输，增加商业界面，街巷主结构呈带状布局，主街道之间由支巷连接，主街道的间距直接受制于前店后寝式住宅的进深尺度。

第8章

结论与展望

8.1 主要研究结论

本书针对明清时期汉水中游地区 11 个治所城市，从尺度的视角构建了研究理路，选取了大、中、小三个尺度，从城镇体系与群组空间发展、治所城市的整体空间与内部空间结构、城市主要功能街区三个方面，研究了治所城市的空间形态特征。本书将治所城市的整体空间与内部空间形态作为研究的重点：通过众多史料的分析整理，结合实地考察与测绘资料，分别辨析了这些城市的总体格局；在此基础上，横向比较研究了这 11 个府州县城市的城廓、街巷、功能布局等方面，总结了城市空间形态的影响因素；最后，以襄阳府城与光化县城为例，研究了明清以来城市空间形态的演变过程与动力机制。通过研究发现，明清时期的当政者基于礼制的需求和强化权力与制度需要，来设计和安排治所城市的空间形态，但在实际操作中又不得不与客观物理环境相协调，最终形成汉水中游的城市形态。另一方面，汉水中游的干支河流，以及河道两侧形成的陆路交通是促成不同尺度下城市空间过程相互联系、相互影响、相互作用的基础，深刻地影响着这一地区城市空间形态的演变。据此，本书所得到的具体结论如下：

1. 在明清汉水中游城市发展的背景研究方面

（1）汉水中游不同于上游的峡流型与下游的漫流型，是属于游荡型河道，城市聚落的临河低地面需要充足的防洪措施，应对主干河道的左右摆动，防止河道含带泥沙对滨水城市的冲刷。河道的这一特征对于河道两侧的城市格局，都产生了深远的影响。

（2）由主干河道与最大的支流唐白河形成了汉水中游地貌，为城市与农业经济基础提供了三种地形特征：襄阳至宜城段的襄宜平原地形、均州至襄阳段的鄂北岗地地形、南阳至新野段的盆地地形。不同的地形产生了水稻生产区、水旱结合的生产区，以及旱地作物为主的生产区，也成就了汉水中游丰富的城市形态类型。

2. 在大尺度视角下城镇群组发展研究方面

（1）明清时期，汉水中游的政域范围比较稳定，城市的行政等级没有大的变化。但是，从更大的历史背景来看，宋元至明清，汉水中游的政域格局发生了很大的变化，由于国家的政治中心北移至北京，加之宋元汉水中游激烈的军事冲突，南阳盆地的治所城市的行政等级与地位有所下降。而下游武昌的兴起，却带动了主干流域城市的经济发展。这样产生了两个方面的影响：虽然行政等级下降了，但原有的城市旧址对于新城的建设仍起着制约作用；城市经济的兴起，使商业突破了治所城市的限制，尤其是处于多条长距离交通交会点的治所城市，逐渐形成了独立于原有城市之外的商业堡城。

（2）对于明清时期汉水中游城镇群组关系这样大尺度的空间形态，其发展的驱动力主要来自于政府以及交通骨架、产业空间等结构性因素。汉水中游处于要冲地段，直接面向上游的山区与南侧的大巴山区林地，明初流民的涌入，使很多城市成为应对流民问题的军事前哨，城市的军事控守功能被强化。但另一方面，山区丰富的物产，又使军事堡城发展成为山区经济与流域经济的贸易集散地，军事功能逐步弱化，取而代之的是经济功能。在这条商业贸易流线中，不仅兴起了附属于城市的中心市镇，处于城市交通之间，连接乡村经济的中间市镇与集市也繁盛起来。

3. 在中尺度视角下城市空间形态的研究方面。

（1）中国传统社会礼制和制度，仍然是明清时期汉水中游治所城市形态和空间布局的主导因素。权力制造了城市，而制度安排了城市的空间。汉水中游的治所城市基本上是在明初至明中期修筑起来的，城市的城廓形态与规模皆受制于新建城市或旧有城市的行政等级。城市内部的功能组成与布局也与城市的行政级别有很大的关系，城市除了常用的十字形街巷结构将城市分为四大区块外，与城垣平行的回字形街道结构也同样令人印象深刻，回字形结构在城市内部划分了核心区与边缘区，重要的建筑被安排在核心区，次要的建筑安排的回字形街道以外，而最外围往往还预留有城市旷地。

（2）河道的变迁与两岸的地形特点，是城市整体空间形态的另一大影响因素。大部分城市采用长边平行于河道的城廓形状，这样有利于城市的防洪，尤其是处于河道受冲面的滨水城市，其城墙不得不担负起防洪的重任，甚至城垣内加筑护堤以增强稳定性。这样一来，城墙起到了约束河道的作用，那么河道的边界特征自然演化成了城市的城廓形态。

（3）风水和神明崇拜体系一样，影响着治所城市空间形态的方方面面，是一个值得深入研究的城市文化课题。在城廓形态方面，很多城市没有设置北门，或北门并不开启使用。在街巷结构方面，连接城门的南北或是东西向的街道并不常是直接贯通的。在功能布局方面，大多数衙署及文教类建筑群布置在城内的南侧，并以西南侧居多，而军事类建筑则布置于北侧。值得注意的是，衙署建筑往往和城隍庙相对布置，起到风水中阴阳呼应的效果。

（4）在襄阳府城与光化县城的城市空间形态演变的研究中发现，商业市场对于城市演变的驱动力作用不容忽视。明清时期，尤其是进入清代，政策上的推动与鼓励，使农业经济与商品经济的发展迅速，然而治所城市因为出于礼制与军事控守功能的考虑，很多城市从选址到空间格局都不利于城市商业活动的展开。追求商业利益的原始动力，使城市突破了固有的格局，向着有利于商业运营的方向拓展，也使城下街区与中心市镇呈现出不同于治所城市的空间形态特征。另一方面，附属于城市的中心市镇与城下街区的空间形态，不同程度上又受到主城的影响，两者在功能上形成互补的同时，相互之间也在不断地加强联系。

4. 在小尺度视角下街区空间形态的研究方面

研究中的街区体现出与治所城市空间结构的同质化，两者相互关联，相互影响。王府与府衙是官府威权的象征，其空间形态是权力运作与政治因素共同作用的产物。

王府更倾向于北京紫禁城微缩简化版的格局，其在府城的布局也尽量模仿故宫；南阳府衙在空间层次分明，建筑威严庄重的主轴线两侧，配套了人性化的廊院式办公空间，两者在功能上相得益彰，互为补充。谷城老街的空间形态中，街巷的密度与尺度是值得注意的部分：街巷的密度高于治所城市，和居住建筑的进深尺度小于官署建筑有很大的关系，而高密度的街巷空间不仅有利于商品的流通，也增加了商业界面；街巷的尺度小于治所城市，运输型街道与生活型支巷平行关系，且相错布置，适用于前店后院式商住建筑的功能特点。

8.2 创新点

1. 研究领域的创新

目前，从流域的整体性与系统性出发，探讨明清汉水中游城市的发展脉络，并从建筑学专业的角度分析其城市空间形态特征的研究还很薄弱，有关的论文专著更少，历史上汉水中游乃至于汉水流域城市空间形态的研究都还有待开展。

另一方面，近年来农村聚落的研究逐渐成为关注的对象，而城市研究目前还多偏重于大城市的研究，对于介乎于农村和大城市之间的中小型“市”和“镇”的研究还比较缺乏。本书选此研究方向，既是国家自然科学基金项目“汉江流域文化线路上的聚落形态变迁及其社会动力机制研究”的子课题，也是该领域的基础性研究，重在研究构架构建与研究方法的探索。

2. 研究视角的创新

基于对城市空间尺度层次性评析方法的认识与理解，尝试从大、中、小尺度视角构建了明清时期汉水中游治所城市空间形态研究的分析框架，形成了并列式的结构，用以分析不同尺度下治所城市的空间形态。

本书作为汉水中游城市的基础性研究，可资参考的研究与资料很有限，这一点决定了本书难以对城市空间形态研究的各个方面做出全面系统而详尽的探讨。根据所掌握的资料，本书侧重于中尺度视角下对明清汉水中游治所城市，整体空间形态与内部空间形态两个主题进行探讨，并进行 11 个城市空间形态要素的比较研究。这一分析框架适用于依赖方志等史料记载而现今仅残留历史片段的城市空间形态研究，研究展示了一个虽不甚清晰，但却相对完整的有城市“形状”与“结构”的“空间形态”，因而具有一定的借鉴意义与创新成分。

3. 研究方法的创新

在花费大量篇幅的中尺度视角下，本书着重对 11 个府州县治所城市空间形态的推演，作为形态类比分析与典型城市演变研究的基础。限于史料记载的内容偏重于城廓与官方建筑，本书结合实地调研历史遗存的基础上，辨析并构建明清时期汉水中游的11 个府州县治所城市的整体空间形态与内部空间形态，并在同一比例下绘制治城的总平面图，为下一步的分析作基础。

本书依靠对散乱、片段的史料记载进行整理，结合实地遗留建筑和旧城街巷的定位，再现并构建明清时期汉水中游 11 个治所城市的空间形态。系统梳理与明清汉水中游治所城市形态相关的各种材料，把能够找到的各种文字与简图材料，尽量与现代城市图景中印证归位并使之图形化。这种研究带有一定的新历史主义色彩，意味着历史城市的形态研究，并不仅是像历史地理学科那样对客观材料的考据，而是含有研究者自身的认知和体验在内的叙述建构。

4. 研究结论的创新

总体来说，明清时期汉水中游这 11 个府州县治所城市的发展过程，是中国传统城市向近代商业城市过渡的过程。其城市空间形态特征也体现出礼制与竞争、封闭与突破的双重特性。而汉水中游很多治所城市也正是体现出这种双重空间形态特性的综合体（例如均州州城）。

原本附属于治城的樊城镇城超越了襄阳府城而不断发展；老河口镇城历经百年，逐步取代了原有的治所城市——光化县城，而成为近代城市。自由与竞争逐步突破了礼制的传统，成为城市空间形态的主导因素，即便是没有清末外国商业势力的介入，这一发展过程由于汉水中游的运输中转型的地理区位特征，也将在这一地区继续进行，势不可挡。

8.3 不足与展望

（1）对于流域内治所城市相关背景的一般规律研究还需要进一步加强。史料的获得、整理与考证客观来说并不是建筑专业的强项，这样一个跨学科的研究方向，应尝试不同学科专业的组合作业。

在历史城市发展中至关重要的背景基础是人口的流动与变迁情况，然而，史料与相关论著对于明清这一地区人口在城市中的状态与变迁情况涉及很少，无法较为准确地把握。另一方面，对于汉水自身在中游段的特点认识也并不充足，相关的水文、径流、河道的运动规律等，这些因涉及水利专业知识而无法企及，然而在论述到城市变迁过程中，这些却是急切想了解的方面。如果对于这些背景方面资料能够详尽掌握，会对城市的形态特征与演变的研究与认识更加深刻，这也应该成为后续汉水流域聚落研究努力的方向。

（2）对于明清汉水中游治所城市的形态研究需要向更小与更大的尺度拓展。本书对于城镇群组空间发展、城市整体与内部空间形态、城市典型街区空间形态的三个尺度上的研究，重点研究的空间范围实际上是“城廓与城中的区域”。受到有限目标的限制，本书没有对更小尺度水平上的治所城市街区内部形态特征做深入的探讨，在以后的研究中，可以针对汉水中游的单一行政城市，开展更小尺度的街区内部的空间形态、演变过程与作用机制的研究。

另一方面，在以后的研究中，也可以放大尺度的范围，深入研究区域层面城市空间格局特征与演变过程。特别重要的是，要对不同尺度之间城市空间形态及演过过程的相互关联与耦合机理展开深层次的研究，这些都需要在以后的研究中继续努力。

（3）史料中关于城市形态与建设的记载在数据与尺度方面并不精确，方志中关于治所城市的平面图示也偏向于意向性。而将这样的论述与图形记录，落实到城市形态的图形化表达中，其精确性会受到一定程度的影响。这样缺少了测绘数据资料支持的历史城市形态推测图，也难以进行有效的定量分析。

另一方面，三维空间也是城市空间形态形成与发展的重要影响因素，首先直接影响到城市的选址，在筑城后又影响到城市空间的拓展、排水、道路交通运输等各个方面。本书对于城市空间形态分析流转于城廓形态、街巷结构、功能区划等，大多属于平面化的分析，较少论及高度等三维的内容，也是由于三维地形关系等资料获取不易，所以分析也较少，将在后续的研究中加强。虽然这并不影响反映明清时期汉水中游城市空间形态的总体特征，也不会影响到对具体的城市的空间形态演变与规律的分析，但还是会影响空间形态分析的精确性水平。

（4）本书中引用了大量基础性史料文献和地域环境基本数据资料，大量而繁杂的史料辨析与整理，原本有别于日常设计实践工作，常常让笔者因跨专业领域而感到力不从心，直接造成了史料工作难以围绕研究内容进行运用，并对于研究做出必要的跨学科的学术性探讨，史料的引用与研究内容之间尚缺乏清晰的关系。这一点在后续的研究中将进一步进行探讨。

附录 A

调研考察报告与附表

调研考察报告

题目：明清时期汉水中游治所城市的空间形态研究

学　　　号________________________

姓　　　名________________________

专　　　业________________________

指 导 教 师________________________

院（系、所）________________________

考察内容

一、考察的主要地点

襄阳——樊城古城区；光化——老河口古城区；谷城古城区。

二、考察的主要目标

古城区的城市轮廓，典型历史街区空间形态，典型历史建筑空间形态。

三、考察的目的与内容

1. 资料收集内容

序号	资料对象	资料内容	采集对象
1	文史资料	有关历史城市建设与发展的记录； 有关历史城市商业管理、城市管理方面的记录； 有关城市与建筑形态、建设背景、演化过程的口述记录	地方文史馆、档案馆，采访对象
2	图像资料	历史城市的老照片等； 有关历史城市的图纸记录、平面图或意向图	
3	规划资料	城市现状地形图； 历年城市总体规划图	地方规划管理局

2. 现场调研内容

现场的调研与测绘主要在三个层级的尺度下进行：古城区边界轮廓，以及城市主要街道空间结构；典型历史街区街巷及节点的空间形态；典型建筑及建筑群组合的空间形态。

考察对象与主要内容：

序号	考察对象	主要内容
1	城墙及边界轮廓； 城市主要街道与空间结构	有关城市选址、移址、城市轮廓及主要街道空间结构演变的口述历史记录； 城门、码头、角楼、城墙的位置轮廓，以及典型形态尺寸； 城墙、护城河及河道护堤的局部平面、截面尺寸； 城镇主要街道路网结构； 控制街道的标志性建筑形态意向

续表

序号	考察对象	主要内容
2	典型历史街区街巷及节点的空间形态	街区建设的历史背景、街巷结构演变的口述历史记录； 街区的街道网格； 街区的周边交通，以及内部街道与外部交通的连通与走向； 街区的平面布局及尺寸图； 街道、巷道的截面尺寸图； 节点空间平面布局图； 节点空间透视
3	典型建筑及建筑群组合的空间形态	典型建筑位置及主要历史沿革的口述记录； 街区主要建筑功能布局； 典型建筑平面图、立面图、剖面图； 典型建筑及建筑群透视图（最好是鸟瞰图）

考察方法与目标参考：

考察对象一	城墙及边界轮廓； 城镇主要街道与空间结构
方法手段	
定点：首先确定古城镇轮廓中城门、角楼在地图上的位置。现场确定，同时了解其形态意向，以摄影、手绘的方式记录。 连线：在平面地图中将以上确定的点连接成线，截取不同形态特征的城墙与护城河、河堤，图示其剖面关系。 标示标志性建筑位置：城镇内部标志性建筑的位置确定，形态意向。 图示街道空间结构关系	
考察对象二	**典型历史街区街巷及节点的空间形态**
方法手段	
首先，在地图上（淡显的 Google 图）图示街巷的结构关系，用不同的颜色代表不同宽度与等级的道路，做街巷平面图。 截取一条街道中三个断面，图示截面尺寸图，同时辅助摄影照片，填写该街道的历史沿革与背景的街区记录表。 测绘街区节点的平面布局图，摄影照片（含鸟瞰图）	
考察对象三	**典型建筑及建筑群组合的空间形态**
方法手段	
首先，选定具有代表性的建筑类型，如商业会馆、宗教建筑、典型居住建筑等，所选建筑最好是组群关系。图示选定建筑在街区中的位置，做区位图。 测绘所选建筑群的平面图、立面图、剖面图（结尾简图），辅助建筑外观、内部空间、建筑节点细部的摄影照片。 填写建筑历史沿革与背景资料，尤其是使用功能变化的建筑记录表	

目标参考详见附表。

附表一：

<table>
<tr><td colspan="4">口述历史记录表</td></tr>
<tr><td rowspan="2">姓名</td><td rowspan="2"></td><td>性别</td><td></td></tr>
<tr><td>年龄</td><td></td></tr>
<tr><td>主要职业背景</td><td colspan="3"></td></tr>
<tr><td>主要生活范围与相关经历</td><td colspan="3"></td></tr>
<tr><td colspan="4">口述内容记录</td></tr>
<tr><td colspan="4"></td></tr>
</table>

附表二：

<table>
<tr><td>街道名称</td><td></td><td>街道编号</td><td></td></tr>
<tr><td>照片编号</td><td colspan="3"></td></tr>
<tr><td>历史沿革</td><td colspan="3"></td></tr>
<tr><td colspan="4">图纸内容（截面尺寸及其他）</td></tr>
<tr><td colspan="4"></td></tr>
</table>

附表三：

建筑性质		建筑编号	
照片编号			
主要历史沿革			
目前使用情况			
图纸内容（平、立、剖面简图）			

附录 B

11 个府州县地方志中附图

B1 襄阳府

本府磚城一座在漢江之南與樊城市對前代創建
脩築舊誌不存無考然晉羊祜杜預朱序宋吕文煥
所守皆此城也元季頹廢國初乙巳年衛國公鄧愈
因舊址脩築有正城有新城新城附正城舊基大北
園門繞東北角接正城通周迴二千二百一十一丈
七尺通計一十二里一百三步二尺高二丈五尺上
闊一丈五尺脚闊三丈朵頭四千二百一十箇窩鋪
七十座城壕除北一面臨江四百丈東西南三面通
二千一百一十二丈三尺闊三十九丈深二丈五尺
門禁六座俱有月城東南西大北小北東長六門角
樓各一座每座滴水三層東門一座燬于回祿南門
一座亦燬未脩東南西南各敵角樓一座每座滴水
三層西南燬亦未脩東北角樓一座滴水三層花樓
一十座每座滴水二層鼓樓一座在城內大十字街
北跨街臺基之上滴水二層亦燬未新鐘樓一座在
圓通寺內天王殿前之左滴水三層
均州
均州磚城一座洪武五年守禦副千戶李春脩築周
迴六里一百五十三步二尺高二丈五尺闊一丈二
尺壕深三丈闊六丈門禁四座曰大東門小東門北
門南門

明天顺年间《襄阳府志》城池部分文字

襄陽府志卷第六
建置志一 城池 公署
城池
襄陽府
城周一十二里一百三步二尺兆二千二百一十一丈七
尺高二丈五尺上闊一丈五尺下倍之門六東陽春南文
昌西西成北臨漢俗呼小北門又北曰拱宸俗呼大北門又北而東
曰震華俗呼長門門各有樓堞四千二百一十窩鋪七十有四
礮臺二十有九池北以漢水為之北四百丈東西南壘濠
凡二千一百一十二丈三尺闊二十九丈深二丈五尺為
閘四曰南關北關一在城西九宮山下引襄渠之水以達於
濠北司入南司出濠得三為渠得七焉曰震華門外閘俗
呼閘口以通漢於濠曰震華門右閘以通濠於鏡湖 案後漢
獻帝初自宜城移荊州刺史來治即今治前代建置無考
明初鄧愈築舊城別拓東北角由舊大北門外東繞今長
門環屬東城為新城今舊大北門襄門僅存尚是故蹟正
德十一年夏漢溢破新城三十餘丈巡道聶賢築城並捐
甃岸隄稍堅通舊隄別詳嘉靖三十年漢溢巡道陳紹儒守
道雷賀修復三十九年大水知府汪道昆繼修隆慶二年
隄潰壞新城巡道徐學謨檄知府陳袾同知高持益築土
門子隄萬歷元年巡道楊一魁甃老龍石隄成自爾城居
始安崇禎十四年春獻賊寇襄城燬撫治袁繼咸督標兵

清光绪十一年（1885年）《襄阳府志》城池部分文字

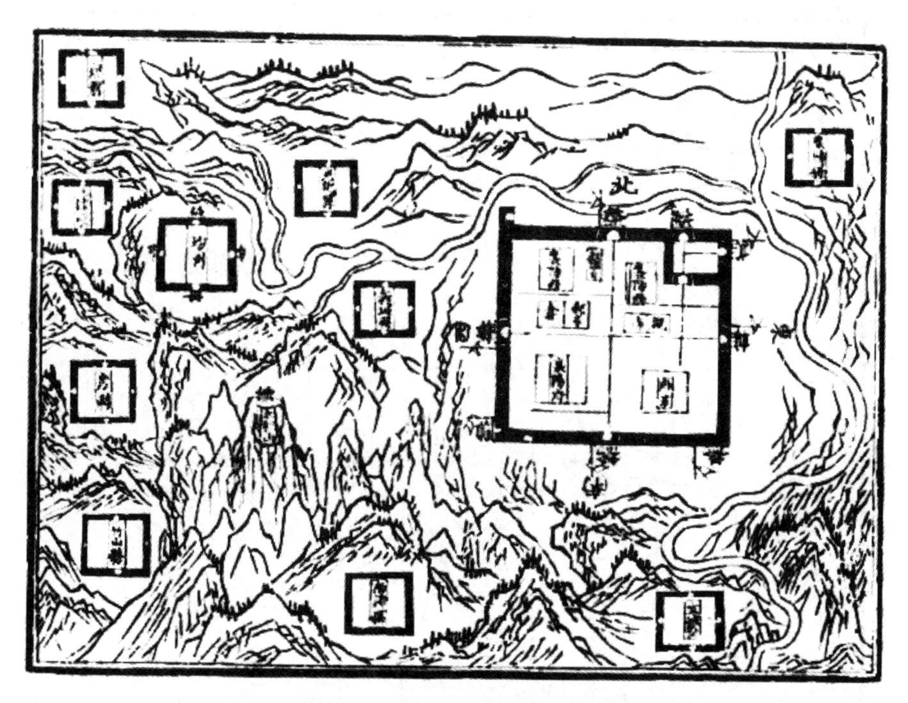

明天顺年间《襄阳府志》中襄阳城池图

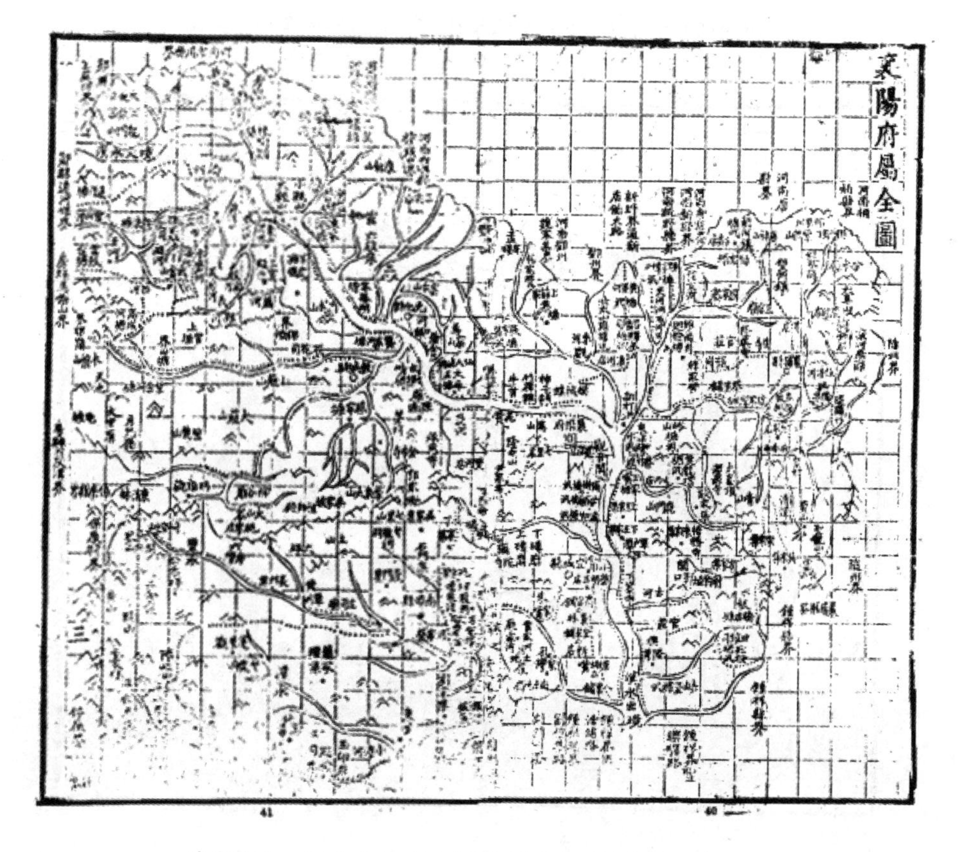

清光绪十一年（1885 年）《襄阳府志》中襄阳府署全图

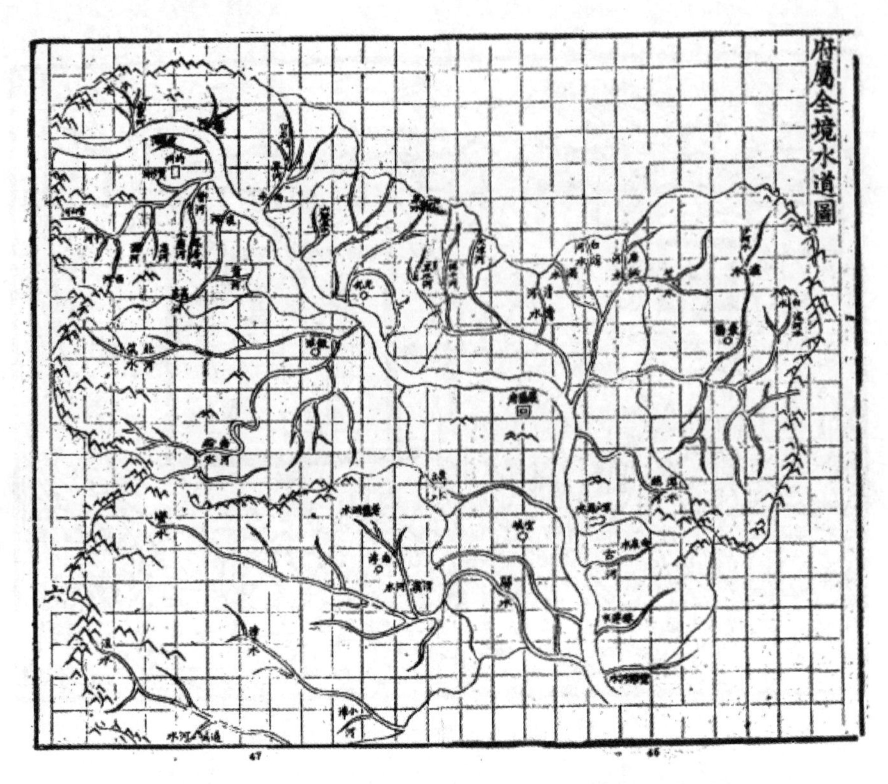

清光绪十一年（1885 年）《襄阳府志》中府署全境水道图

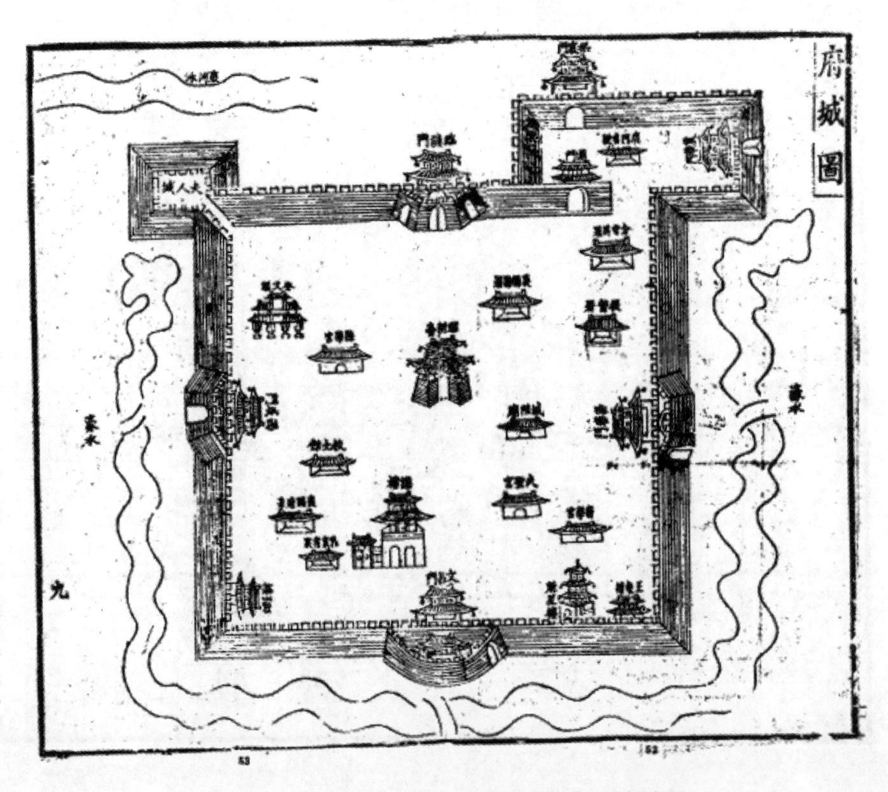

清光绪十一年（1885 年）《襄阳府志》中府城图

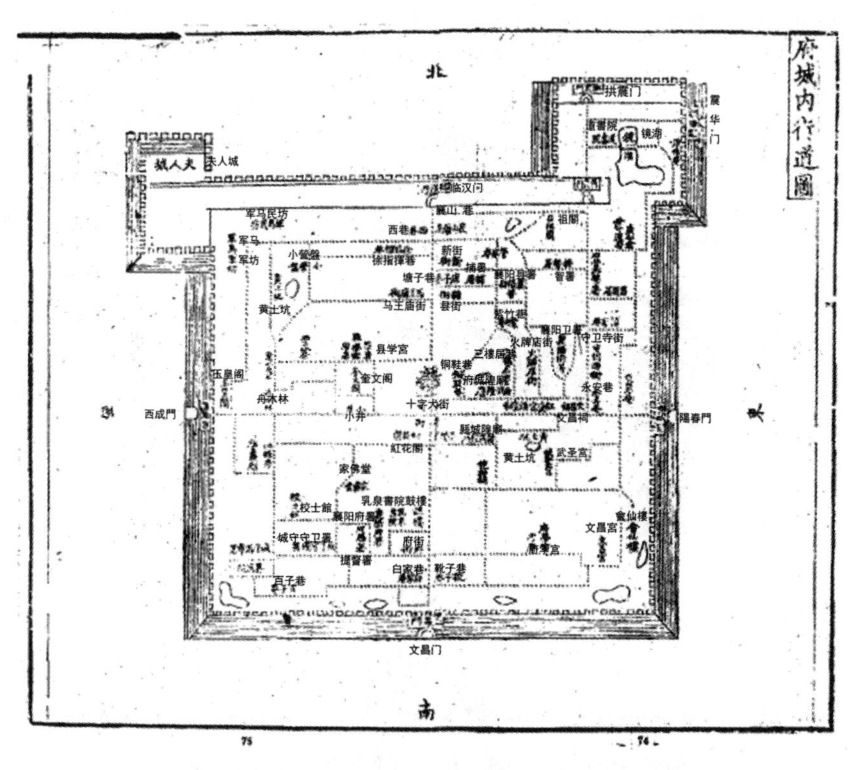

清光绪十一年（1885 年）《襄阳府志》中府城内行道图

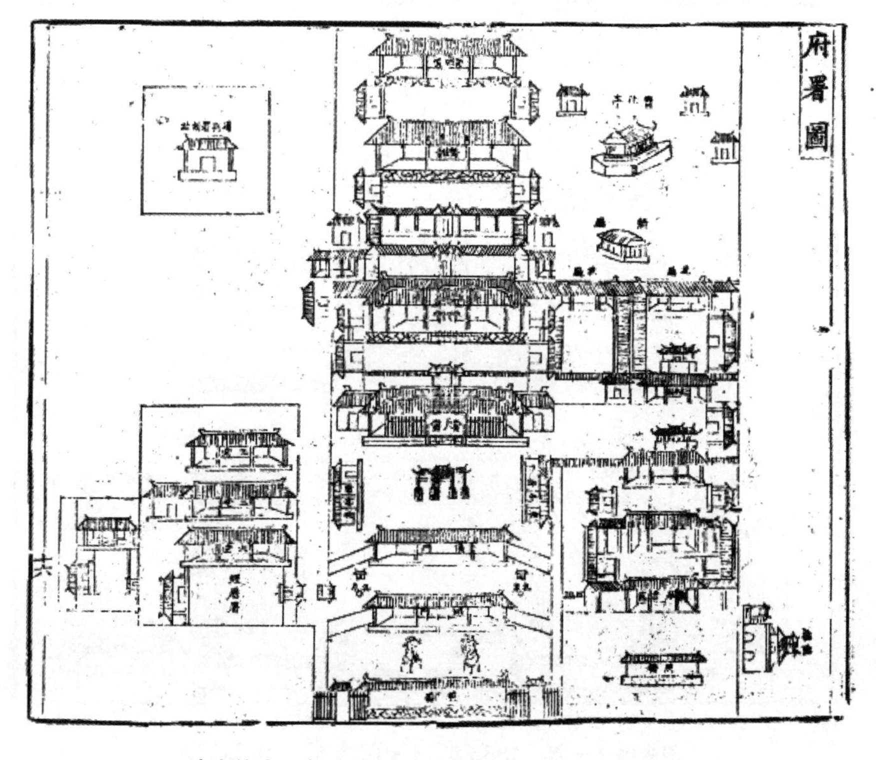

清光绪十一年（1885 年）《襄阳府志》中府署图

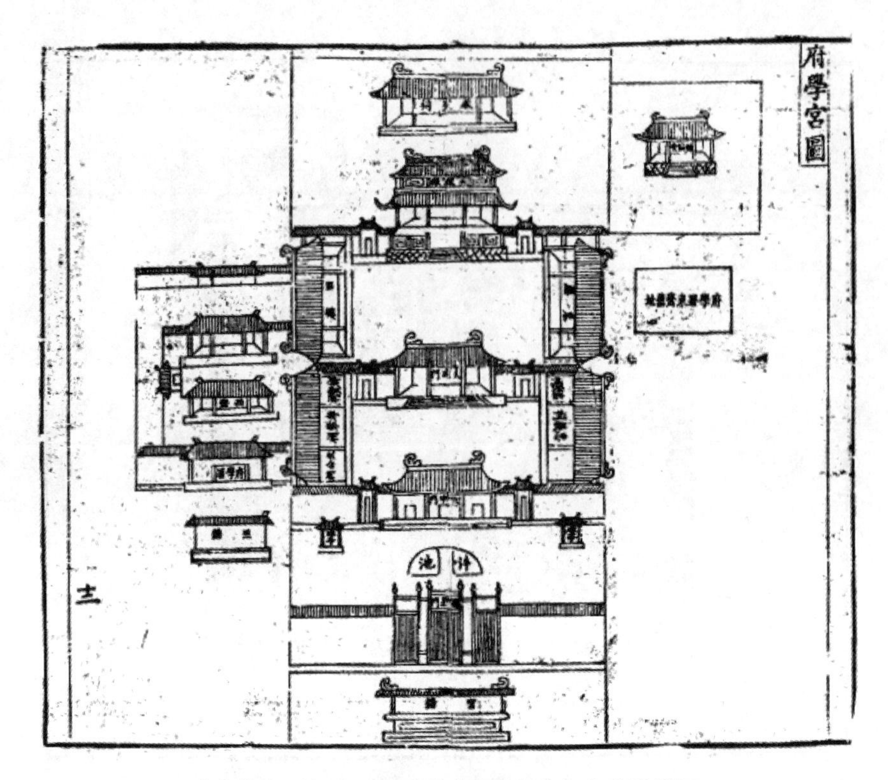

清光绪十一年（1885 年）《襄阳府志》中府学宫图

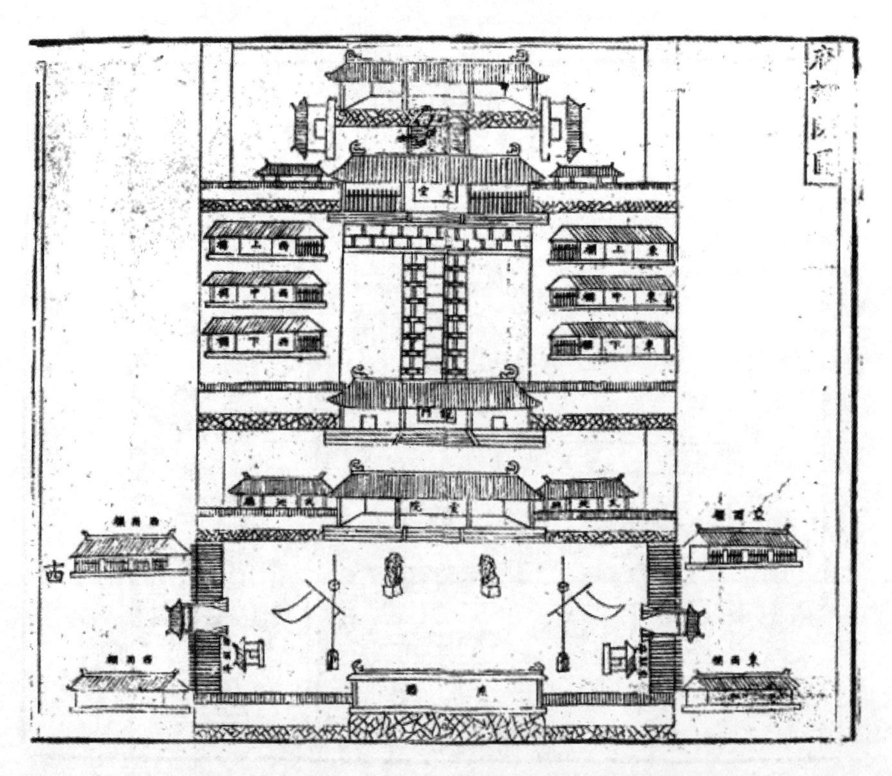

清光绪十一年（1885 年）《襄阳府志》中府试院图

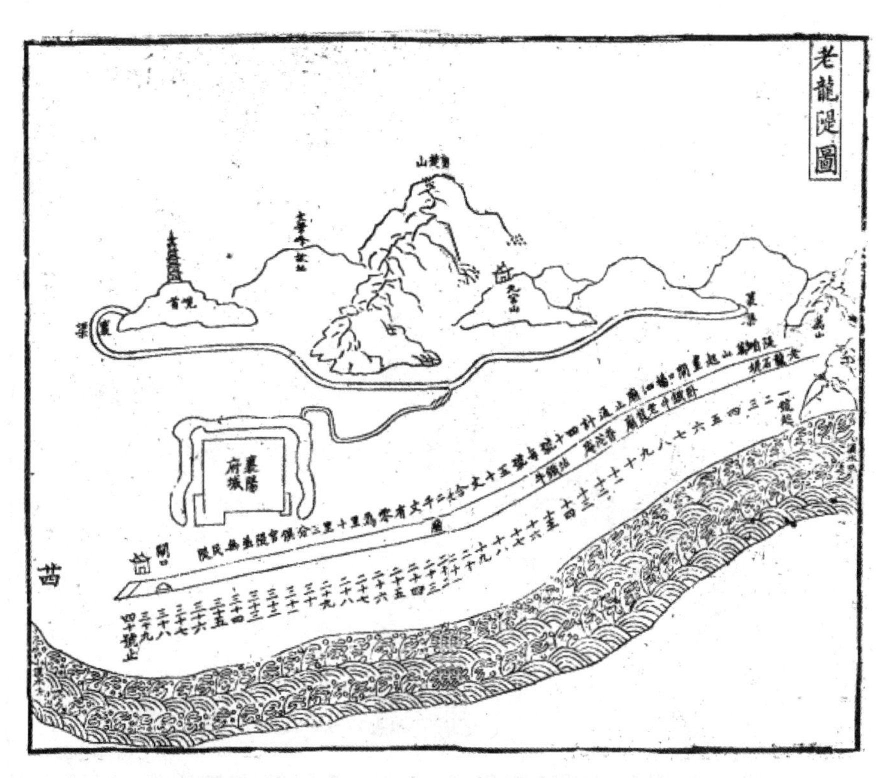

清光绪十一年（1885年）《襄阳府志》中老龙堤图

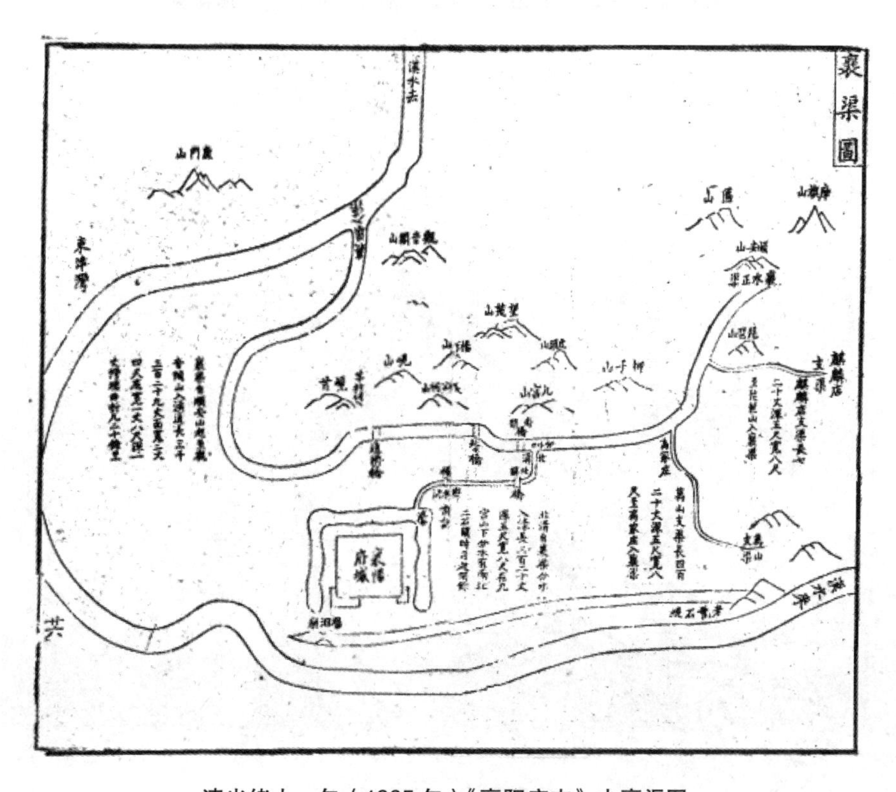

清光绪十一年（1885年）《襄阳府志》中襄渠图

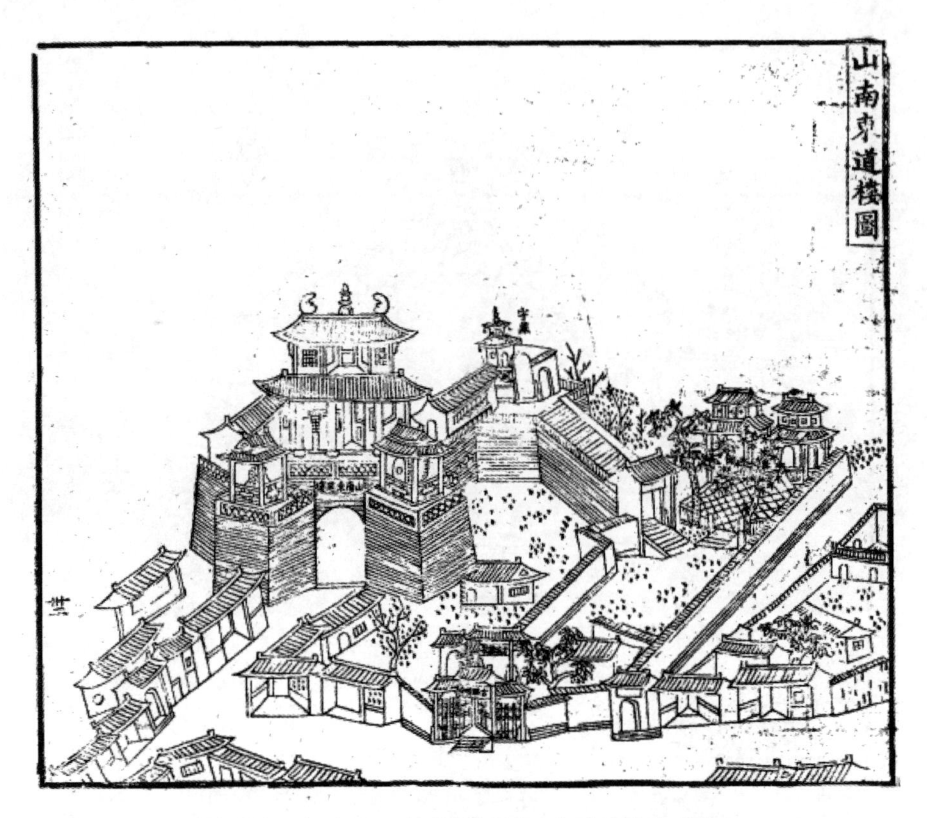

清光绪十一年（1885 年）《襄阳府志》中山南东道楼图

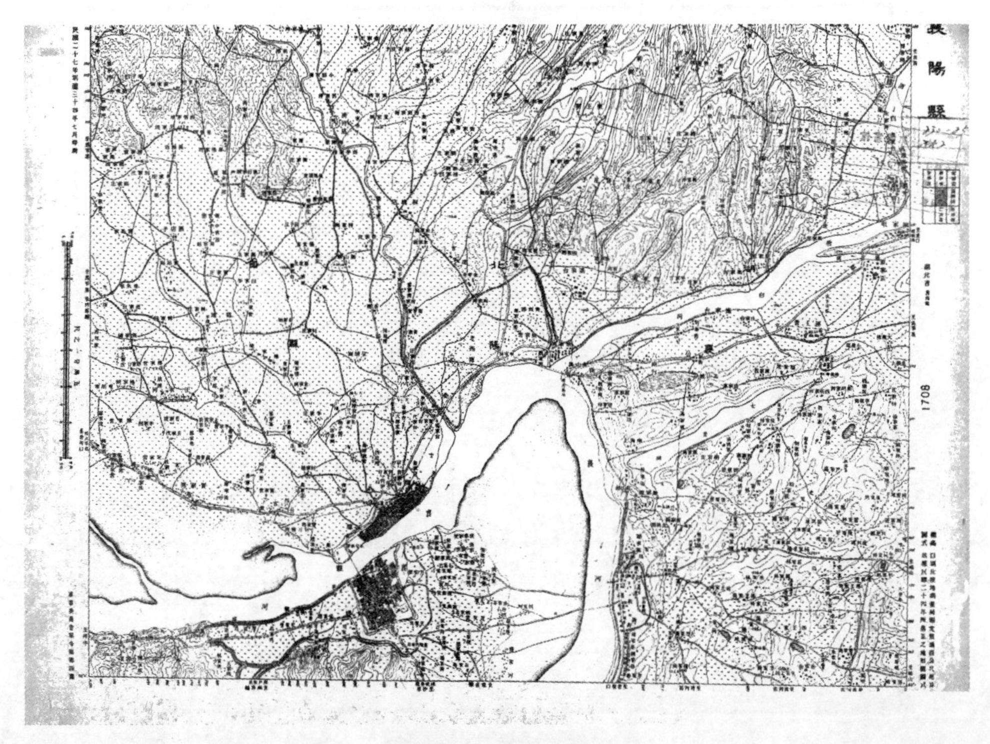

襄阳县（日军测绘图）

B2　南阳府

南陽府

秦置宛城南陽郡荆州記曰郡城週三十六里至唐移郡於鄧城漸圮止存西南隅元置府治不復改作明洪武三年指揮郭雲因元之舊址重修甃磚週圍六里二十七步高二丈二尺廣如之池深一丈七尺濶二丈門四東曰延曦南曰淯陽西曰永安北曰博望建角樓四敵臺三十警舖四十三成化十九年重修至明末流寇蹂躪樓櫓廢缺門闕敗壞

國朝知府王燕翼設東南城門各四扇順治四年知府

南陽府志　卷之二　建置　二

辛炳諭重建南門樓康熙二十三年知府張在澤重修女牆

南陽縣　附郭

南召明成化十二年置縣南陽府同知任義南召知縣張珙始築城週圍三里四十步高二丈五尺廣一丈六尺池淺一丈七尺濶二丈門三東曰東興南曰博望西曰永豐上各建樓正德十三年知縣彭倫增修建窩舖八角樓四嘉靖甲午知縣馮畝重修易東門曰通汴南曰近宛西曰連嵩各增建戍樓隆慶庚午知縣李蘧甃以磚石更于北城建樓題曰望京其東南西樓改作高大亦如北樓南陽方九功記

清康熙三十三年（1694年）《南阳府志》城池部分文字

南陽城池即唐南陽縣舊址元和郡縣志云鄧州南陽

南陽縣志　卷二　建置

縣西南至州一百二十里者是也元始爲府城明初甃以甎石成化中嘗一修之崇禎初嗣唐王聿鍵鐲金重修明末燬於寇　國朝順治康熙中知府王燕翼辛炳翰張在澤乾隆二十七年知縣魏涵暉皆有增葺道光末城浸圮咸豐四年知府顧嘉蘅始大修之城周六里二十七步高二丈門四皆用舊名東曰延曦西曰永安南曰淯陽北曰博望其上皆有樓門之外皆有月城城隅皆爲屋又起閣東南隅城上曰奎章凡置礮臺二十警舖四十三堰梅谿爲池水入自永安門外環城而左置石壩時其蓄洩以城之高爲池之濶有嘉蘅自爲記近池起女牆其高得城三之一同治二年始議環城置四圩狀若梅萼已改爲郭周十有八里附郭建空心礮臺十六其後時有修葺光緒二十三年梅谿溢圮城東南隅壞奎章閣知縣潘守廉重修之有守廉自爲記二十七年又增修土郭斷爲四圩從初議也

公署十餘所知府署在城西南隅經歷署在府治東教授訓導宅在府文廟左右皆詳府志以非縣所專置不具書

知縣署在府署北舊志引明舊志云即古宛縣治所然無記可考唐徐方回有南陽縣廳壁西壗記今佚宋時縣署蓋有馬臺見

246　247

清光绪三十年（1904年）《南阳县志》城池部分文字

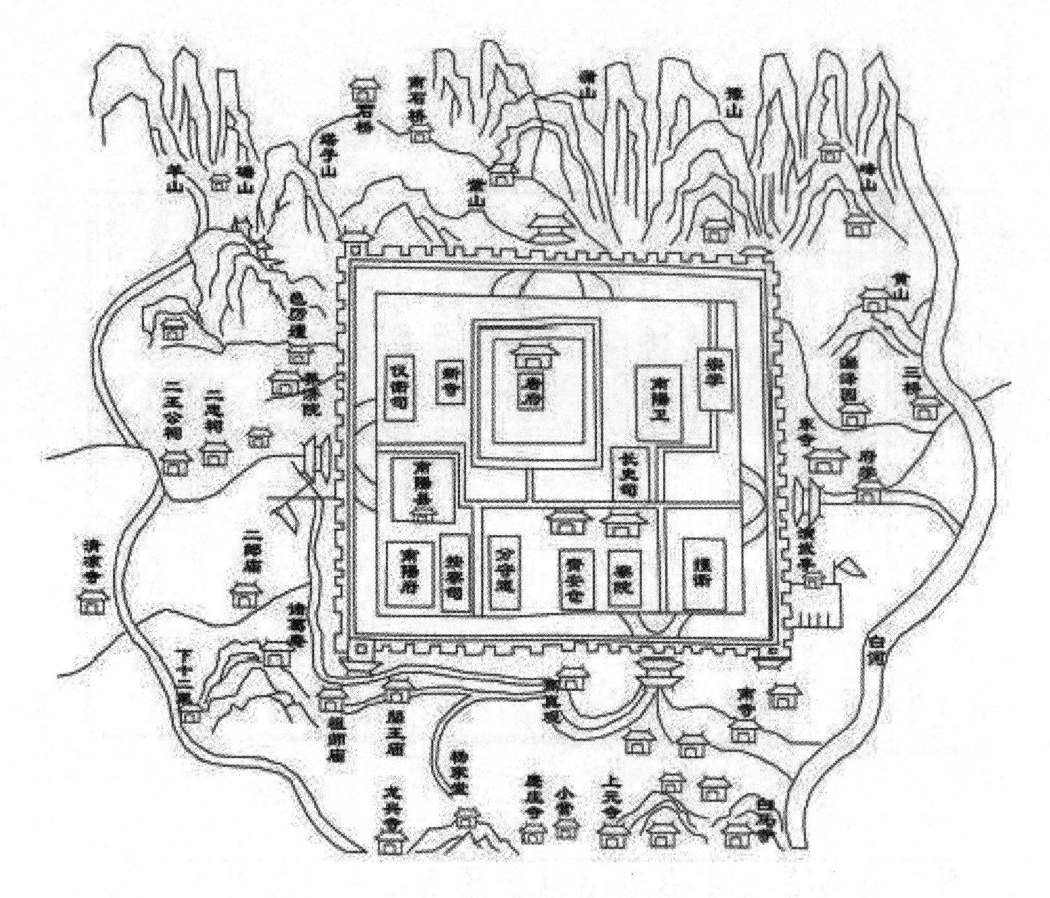

明万历年间南阳县图

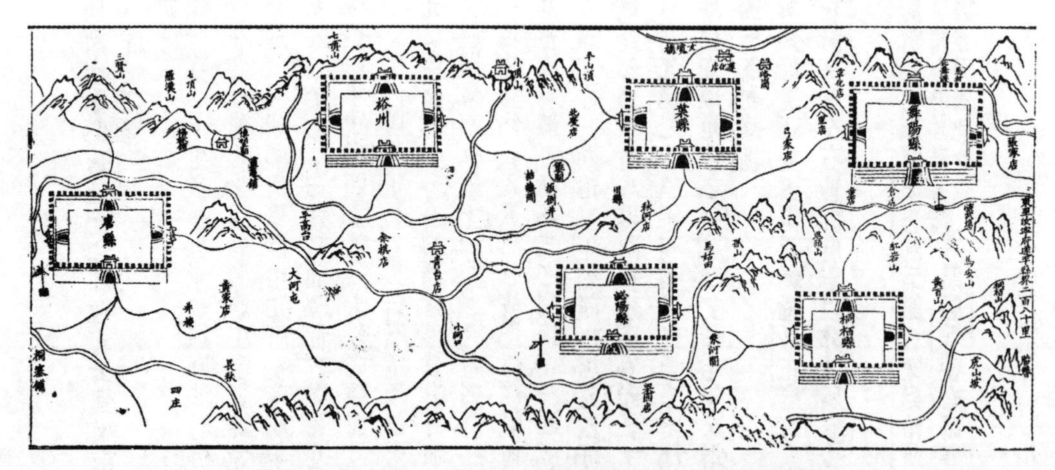

清康熙三十三年（1694年）《南阳府志》的南阳疆域图

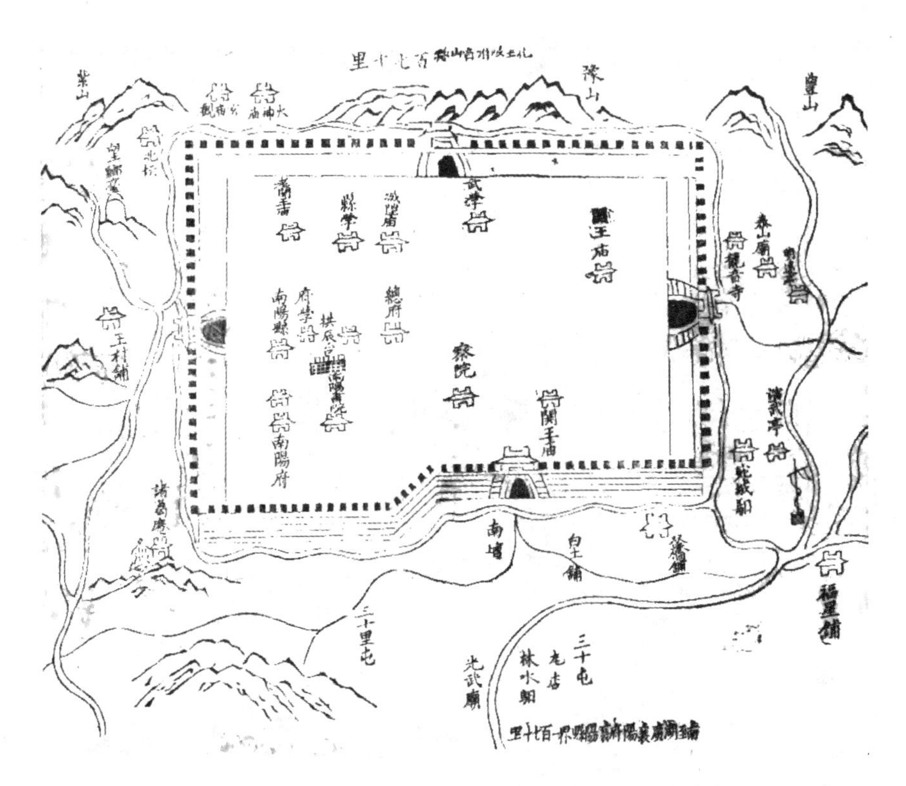

清康熙三十三年（1694 年）《南阳府志》的南阳府城池图

清康熙三十三年（1694 年）《南阳府志》的南阳县境图

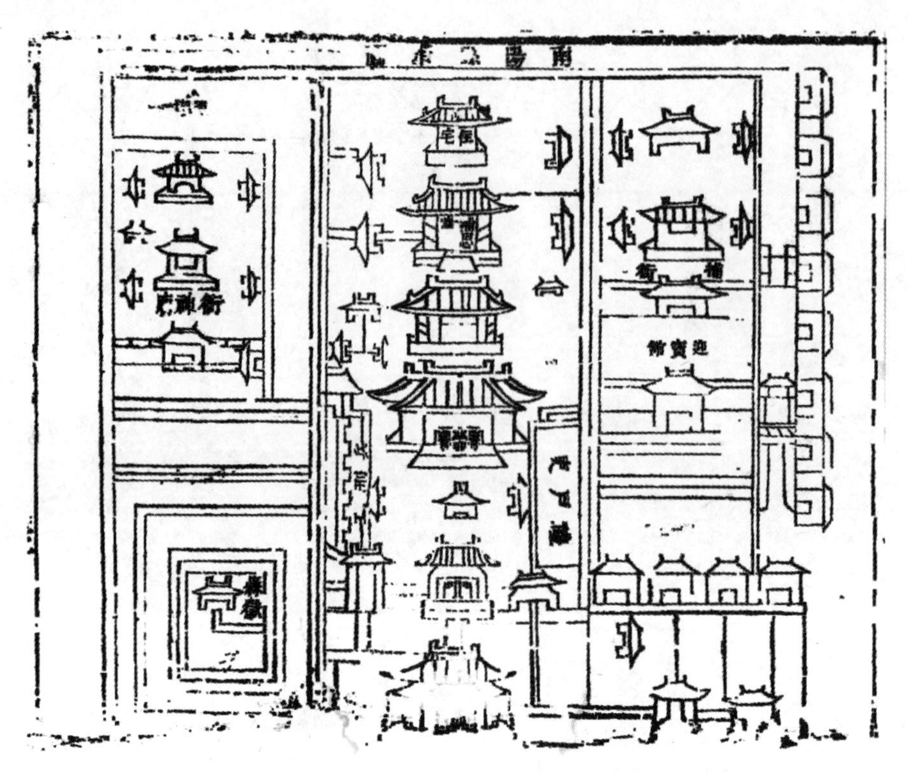

清康熙三十三年（1694 年）《南阳府志》南阳县衙图

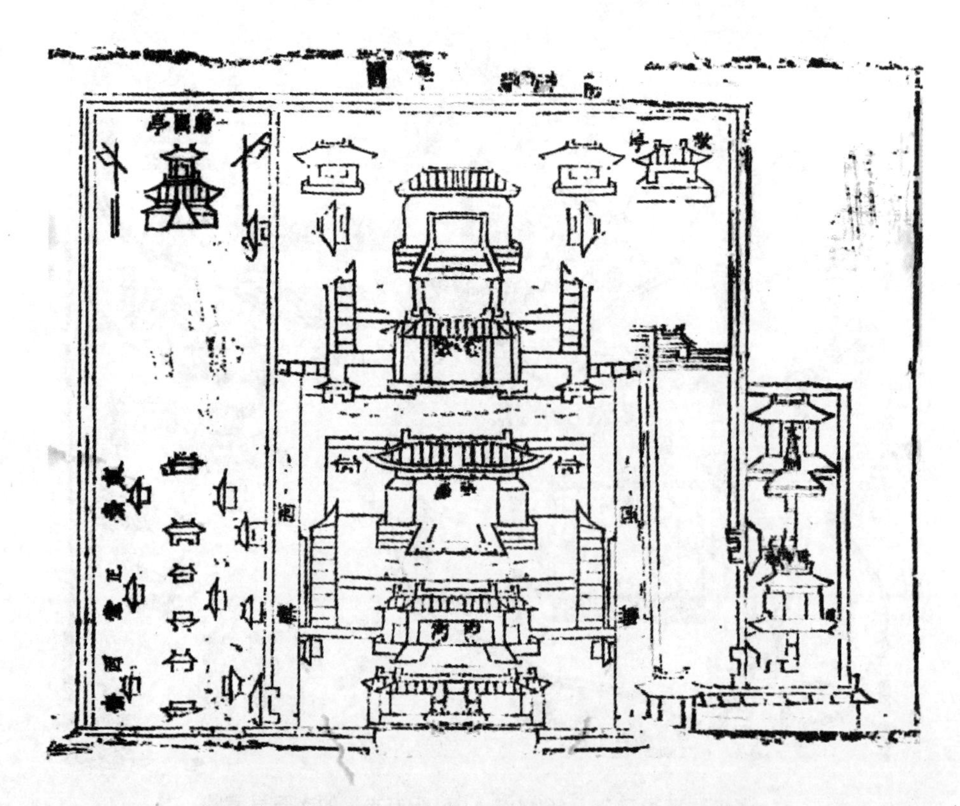

清康熙三十三年（1694 年）《南阳府志》的南阳学宫图

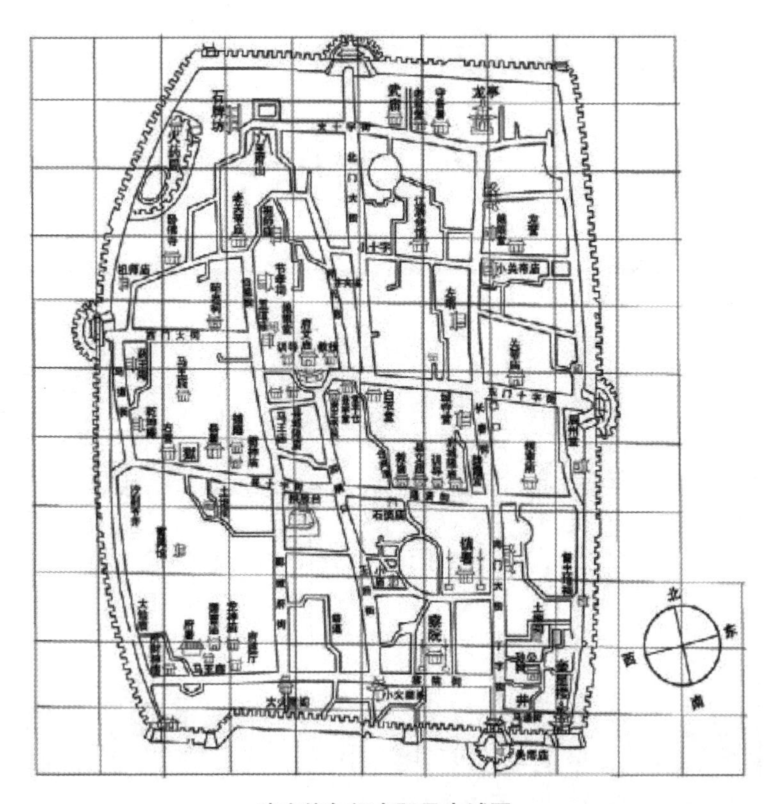

清光绪年间南阳县内城图

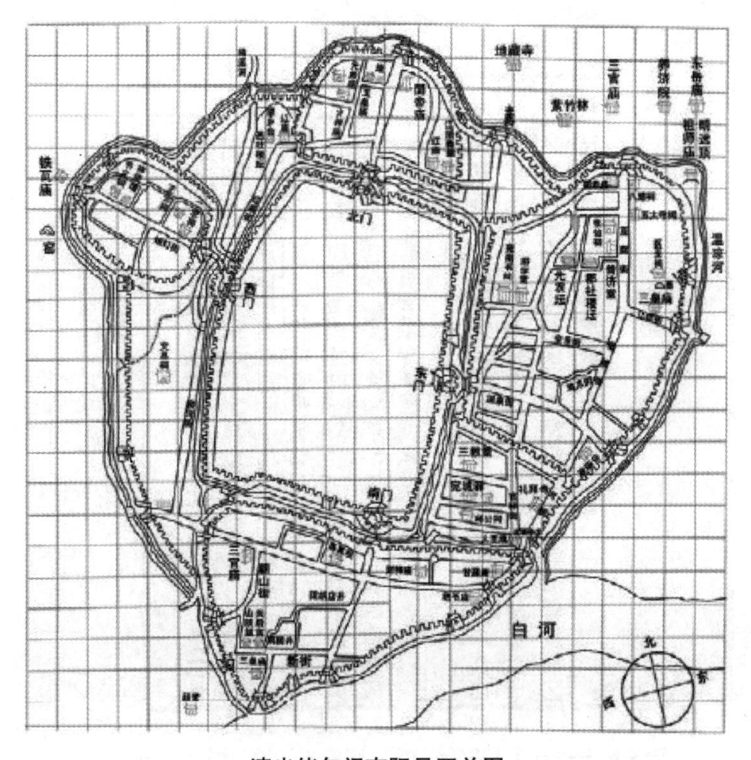

清光绪年间南阳县四关图

B3 均州

續輯均州志卷之四
營建志敘
四井曰邑五鄙爲縣相度經營保民是先繕城浚
池以資捍衛立署嚮明勿俾幽蔽有備無患成憲
是遵凡百所建利我人民於是首城池次隄防次
公署倉庫附以坊表義地志營建
城
州城東北襟帶漢水南屏武當西枕黃峯關門諸山
城小而固亦襄陽上游屏障也周一千八十八丈
續輯均州志 卷之四 城 一
高二丈五尺上濶一丈二尺下倍之雉堞凡七百
有九十門四東曰宗海南曰望嶽西曰啟秀舊名夕照北
曰拱辰自唐迄元修築無考明洪武五年守禦
千戶李春重修永樂中甃以甎石東門左右設門
二以便樵汲毗南曰平安毗北曰保安崇正時知
州胡承熙因舊城卑陋增築之四門各建譙樓勢
極雄峻後遭惠副將南逃樓悉爲賊燬
國朝康熙二年流寇餘黨郝永忠竄均城復陷三年知
州佟國玉署知州程塤重事修築二十四年知州

清光绪十年（1884 年）《均州志》城池部分文字

均州
城周六里一百五十三步二尺高二丈八尺厚一丈二尺
門四東宗海左右有水門以便樵汲南望嶽西夕照門久塞北拱宸門
各有樓池東依漢水西南北俱鑿濠深一丈五尺濶稱之
今濠盡淤塞 案隋改豐州爲均州唐天寶初改武當郡
後復爲均州並治武當縣州冊謂有兩城誤 本延岑築城顯慶四
年移北去舊城三里即今治明洪武五年千戶李春築永
樂中甃以甎石天啟中知州胡承熙修浚設四門城樓崇
禎末燬
國朝康熙三年同知程塤知州佟國玉重修二十三年江聞
增修雍正二年高澤闕七年許大壯相繼繕葺乾隆二十
四年張炎請帑增修道光中傾圮大半咸豐二年殷序之
補修六年吴嗣仲增築西南
511

清光绪十一年（1885 年）《襄阳府志》均州城池部分文字

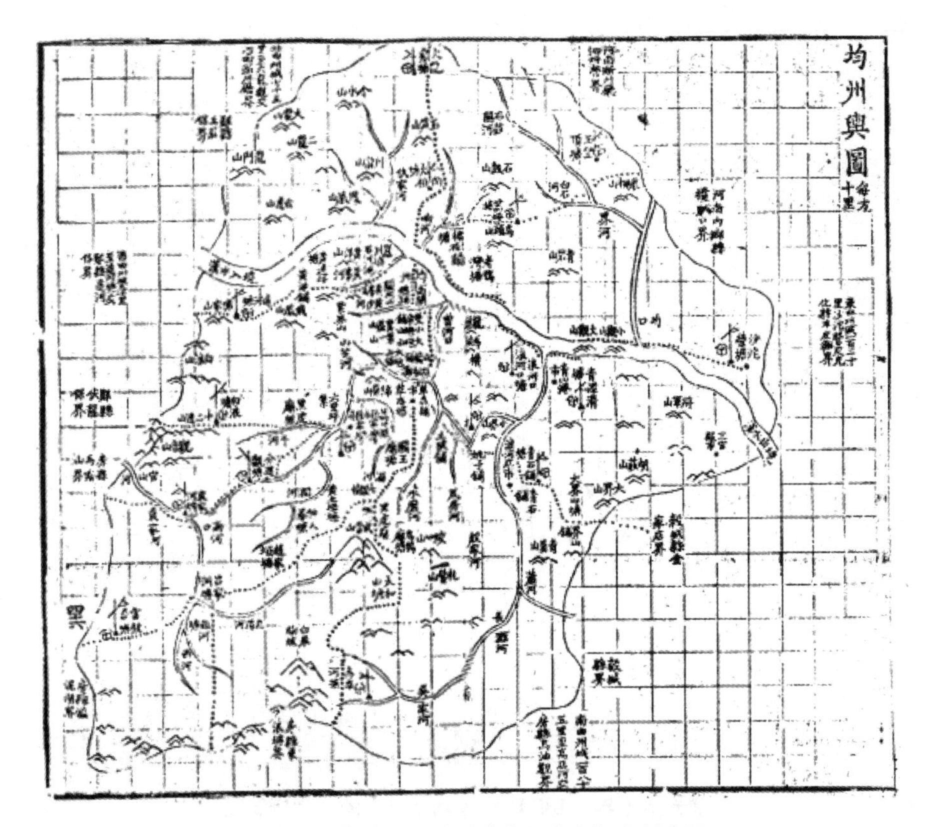

清光绪十一年（1885年）《襄阳府志》均州舆图

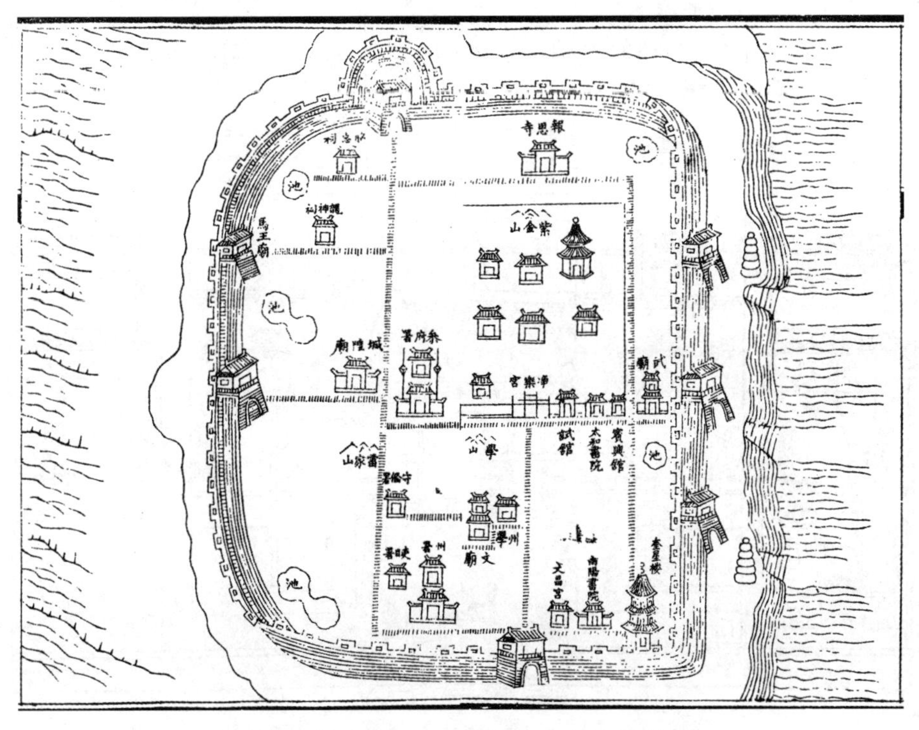

清光绪十年（1884年）《均州志》的均州城池图

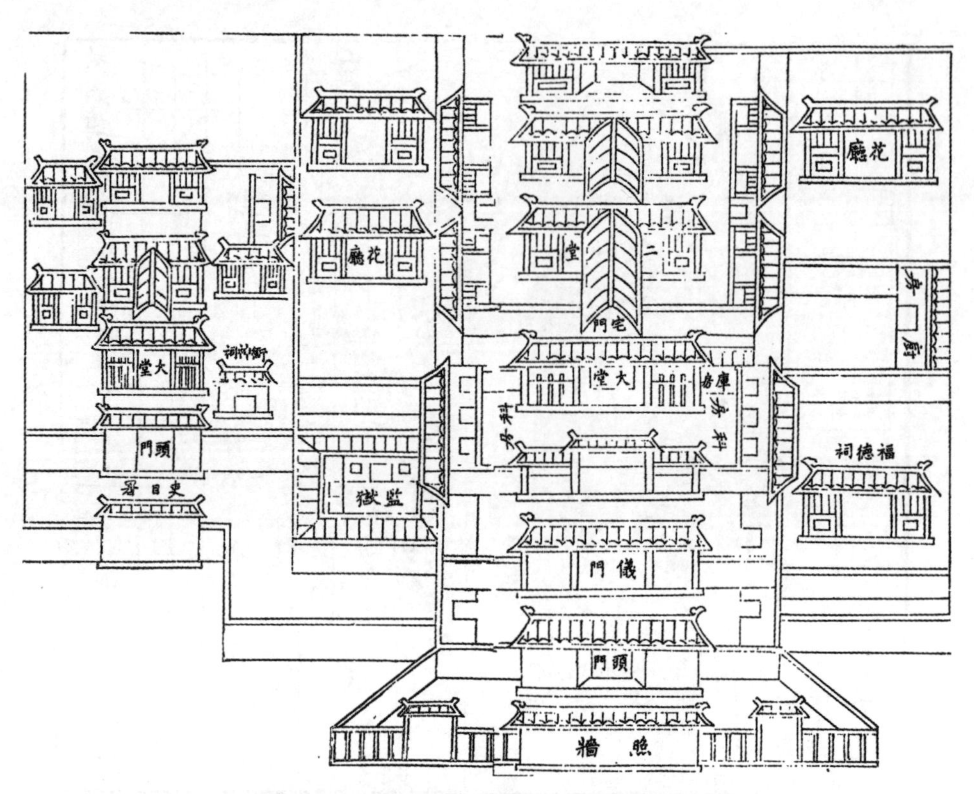

清光绪十年（1884 年）《均州志》的均州府衙图

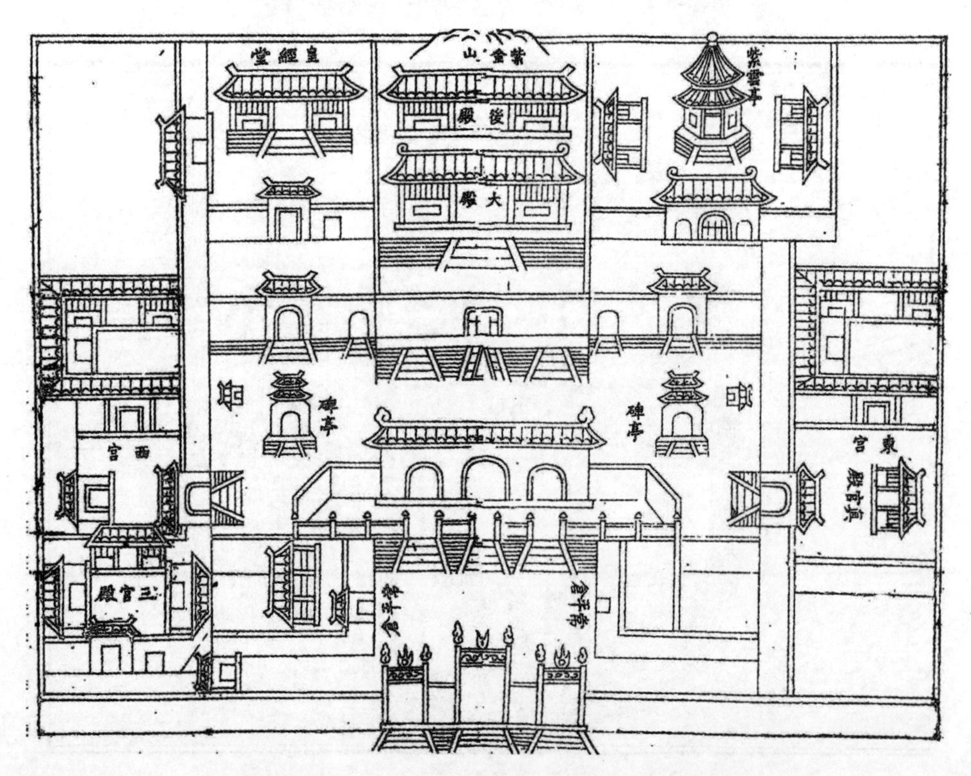

清光绪十年（1884 年）《均州志》的均州净乐宫图

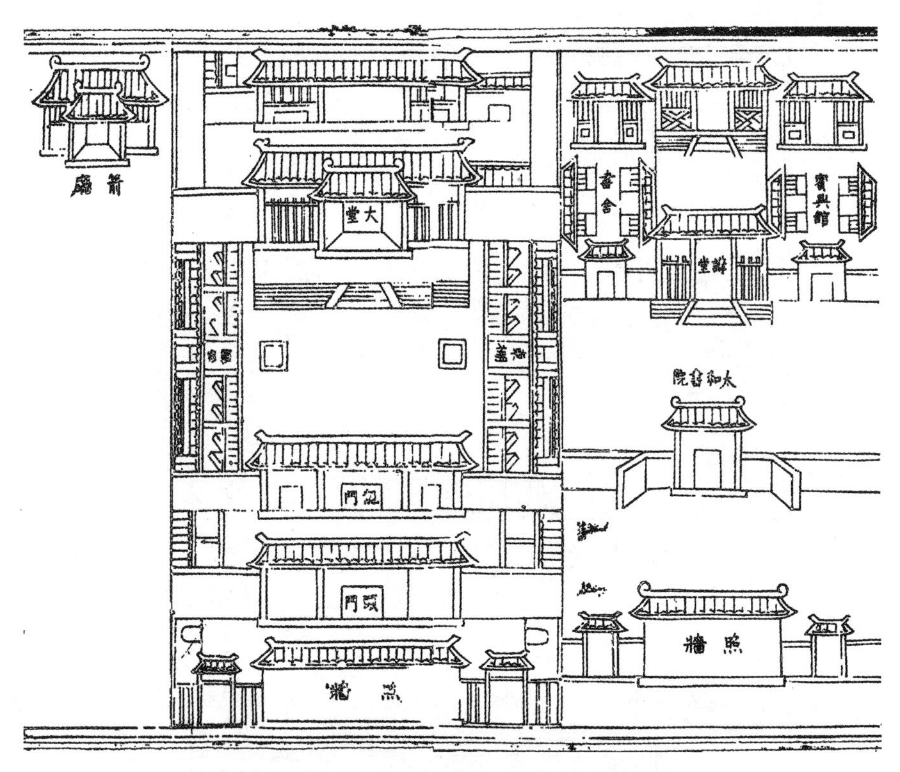

清光绪十年（1884年）《均州志》的均州试院图

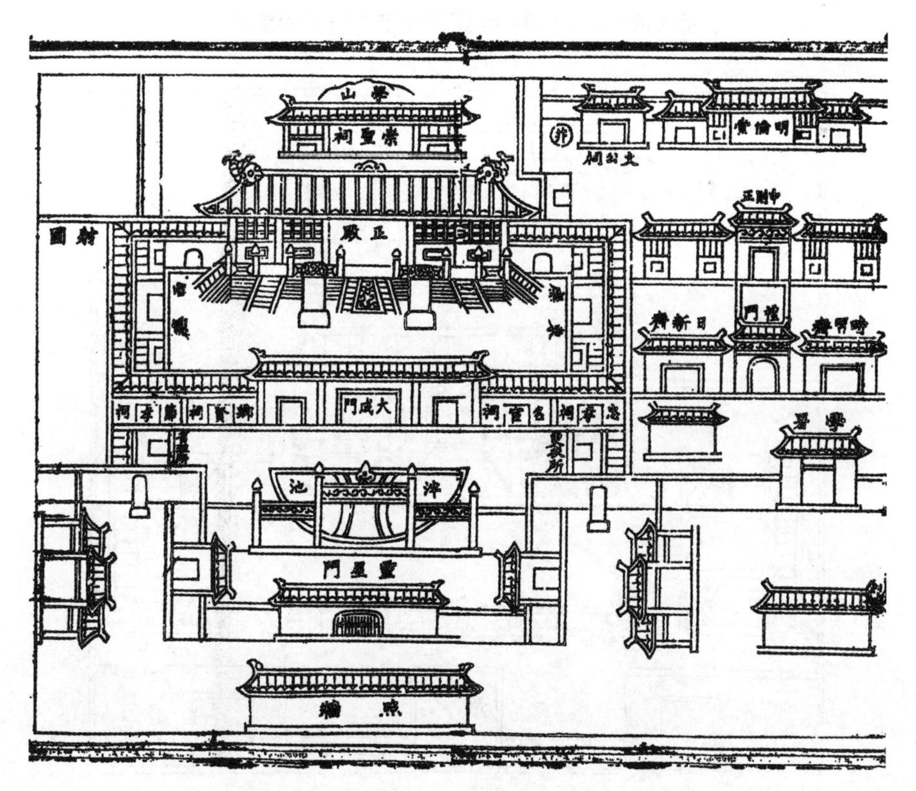

清光绪十年（1884年）《均州志》的均州文署图

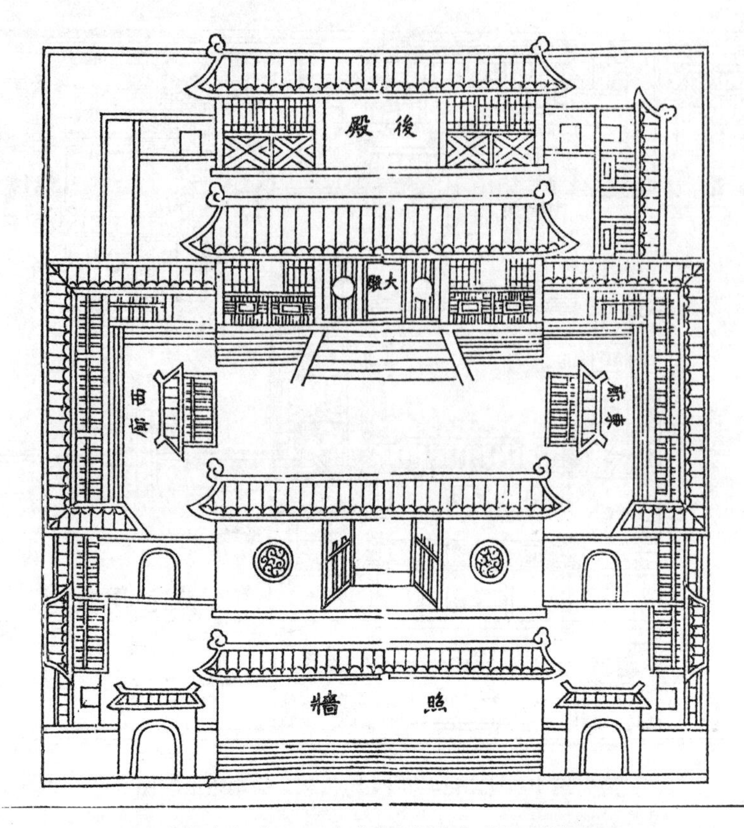

清光绪十年（1884 年）《均州志》的均州城隍图

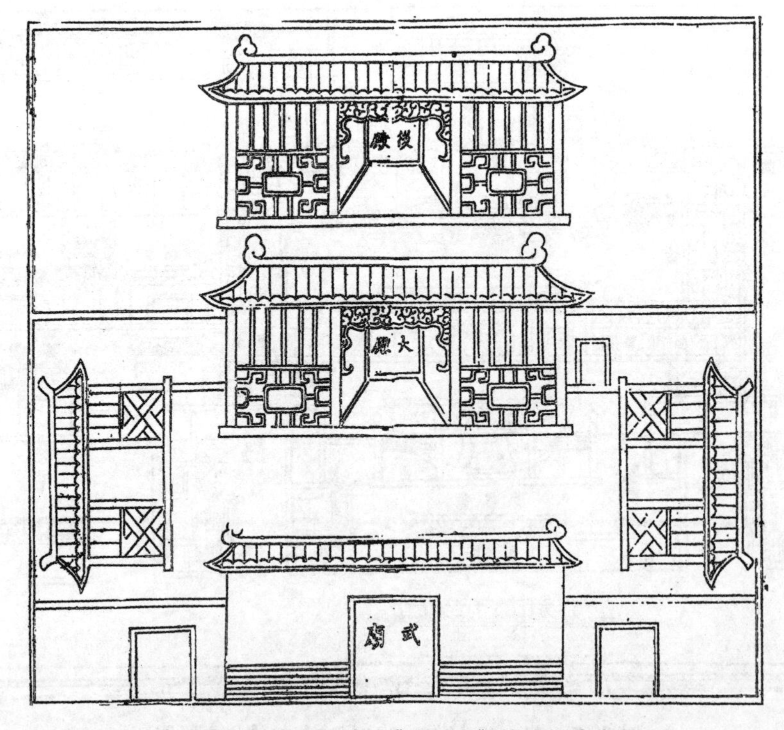

清光绪十年（1884 年）《均州志》的均州武庙图

B4　邓州

城池

鄧州有内外二城内城　國朝洪武二年金吾衛鎮撫知鄧州事孔顯築週肆里叁拾柒步高叁丈基廣叁丈伍尺池深壹丈伍尺廣伍尺内馬道廣壹丈伍尺闢肆門東迎恩南拱陽西平夷北忌閉無名六年始甃以磚建門樓四角樓四月城小樓四甕城小樓三窩鋪三十三女墻一千三百九十一架池橋東西南三　鄧人王誼記畧鄧在禹貢豫州南隅面荆驅雍三王之化存焉境以禹湯名山皆有皇周公之廟祀周綱不紐數伯鄧侯朝魯錫邑恩秦邑爲穰嘗封魏冉曰穰侯漢隸南陽郡隋唐以來復鄧州又曰武勝軍置節度觀察等使宋金因之風厚土沃名賢牧守載籍可稽也元初都督史公以其境接襄漢更築外城貳拾肆里以威宋時河南北山東西兵駐於此從兵商賈亦家焉因目今城曰子城南邢平子城曰北元末有王權據是城殘甚酷遺民蕩折及元兵至韃茸外城以抗敵糧盡自潰元將失刺把都恐復據而不能就毀其城火其廬無居守者貳拾年鞠爲茂叢區矣　皇明啓運掃除群兇蕩民懷土來歸者復以西境弗靖率皆逃匿山野猶庶豕然洪武貳年冬拾壹月　上命金吾右衛鎮撫孔侯顯守禦是州兼知州事集軍民理郡邑仍以文史張居岱兵士湯明董伍拾人從之抵襄詢鄧流寓得耆耋兼撫者導至刁河還得耆民劉孝先諭之來意謀及所止乃曰先是官惟居此他無往也前訪古蹟至梵塔之左指林莽蕭翳處曰此舊市之中阜也侯即駐節斬木通道除地爲營令衆士撤貳縣分方招集民始附之西鄙強暴之氣沮矣時復饑歉軍士餒之侯規畫百至已而相令城之址除治如法坑者平而缺者補然後計繼糧具畚鍤度丈數揣高低板之築之陝陝登登弗亟弗徐其城乃成遂辟闤闠畫市井創廨宇樹居廬移軍署士民之附者曰益衆馬四年冬籍軍千人民千七百户六年秋　朝廷以功擢侯千夫長掌印專軍不煩州政蓋優之也且調南陽衛千户李侯德副之同寅協恭經營益力竅膏煉灰甃周遭浚濠池架輿梁砌女墻通馳道兵廬碁布樓觀翬飛旌旗鼓拆日豪夜警戢暴防姦城民衛衆之

明嘉靖年间《邓州志》城池部分文字

鄧州

舊有内外二城元末俱頹明洪武二年金吾衛鎮撫知鄧州孔顯始築内城週四里三十七步高三丈廣二丈五尺池深一丈五尺門四東曰迎恩南曰拱陽西曰平成北門以形家言不啟因不名六年始甃以

南陽府志　卷之二　建置　五

磚建門樓四角樓四月城小樓四甕城小樓三窩鋪三十三女墻一千三百九十一鄧人王誼記外城元史天澤築後廢明弘治十二年知州吳大有重築週一十五里七分高一丈廣五尺因舊爲五門曰大東門小東門南門小西門大西門門各建樓大有自記正德六年知州于寛增修外城重建門樓五月樓五浚池深二丈闊六尺引刁河水灌之學正華綸記嘉靖三十二年知州王道行又增修外城角樓四窩鋪二十一梁口一千七十引嶺山水灌池内鄧人盧瑞

清康熙三十三年（1694年）《南阳府志》

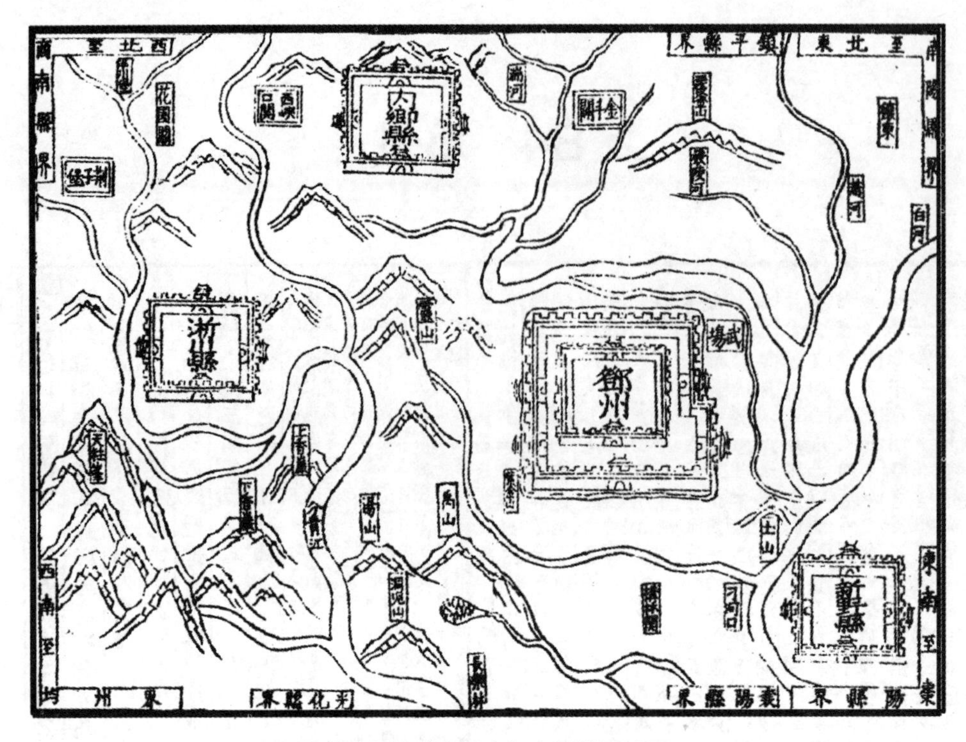

明嘉靖年间《邓州志》中邓州疆域图

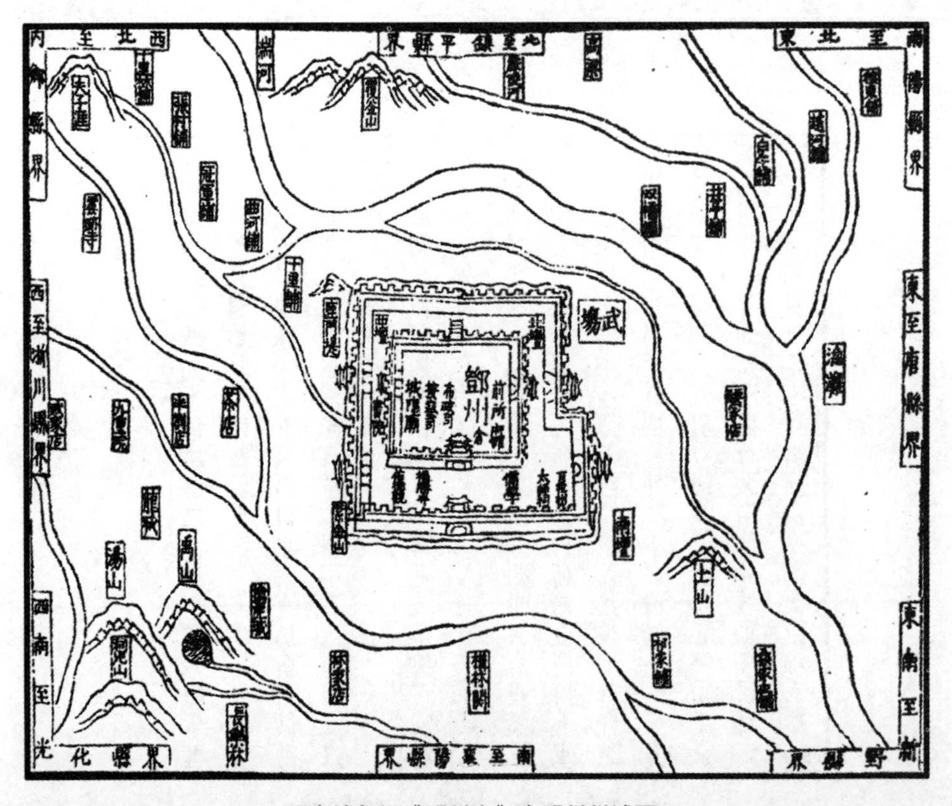

明嘉靖年间《邓州志》中邓州州城图

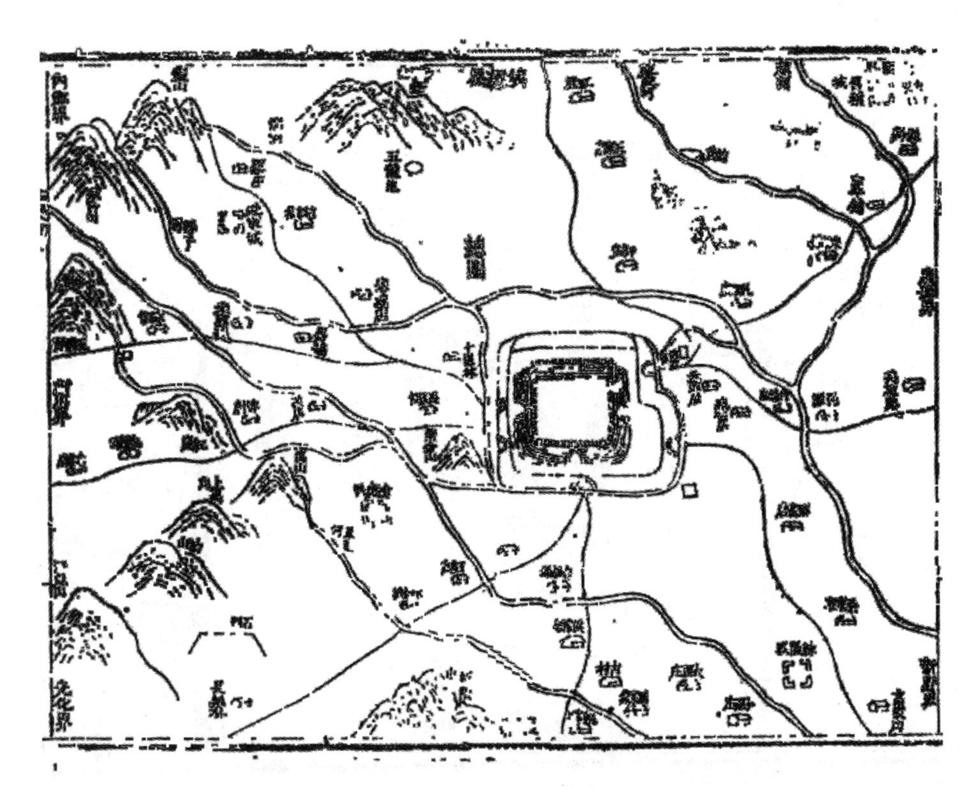

清乾隆二十年（1755年）《邓州志》的邓州疆域图

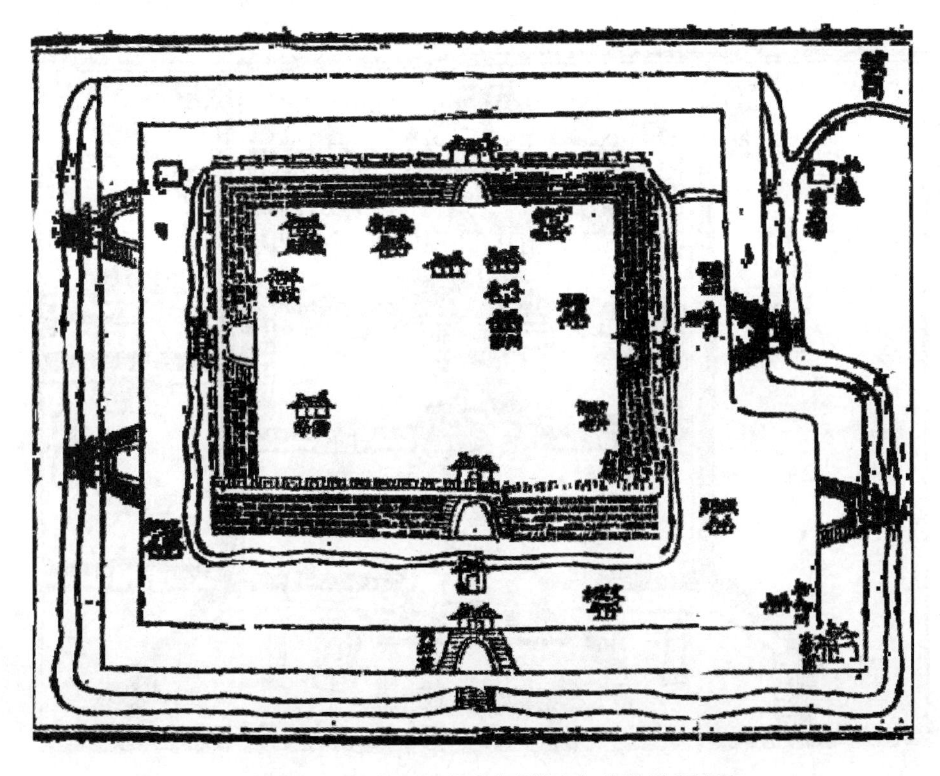

清乾隆二十年（1755年）《邓州志》的邓州州城图

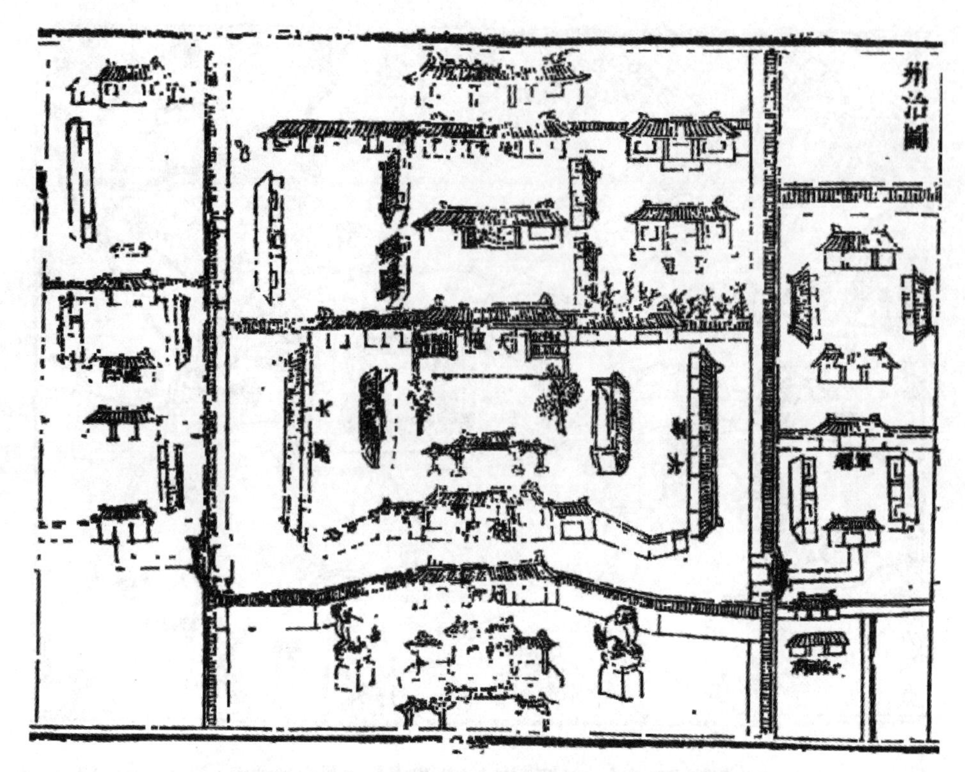

清乾隆二十年（1755 年）《邓州志》的邓州州治图

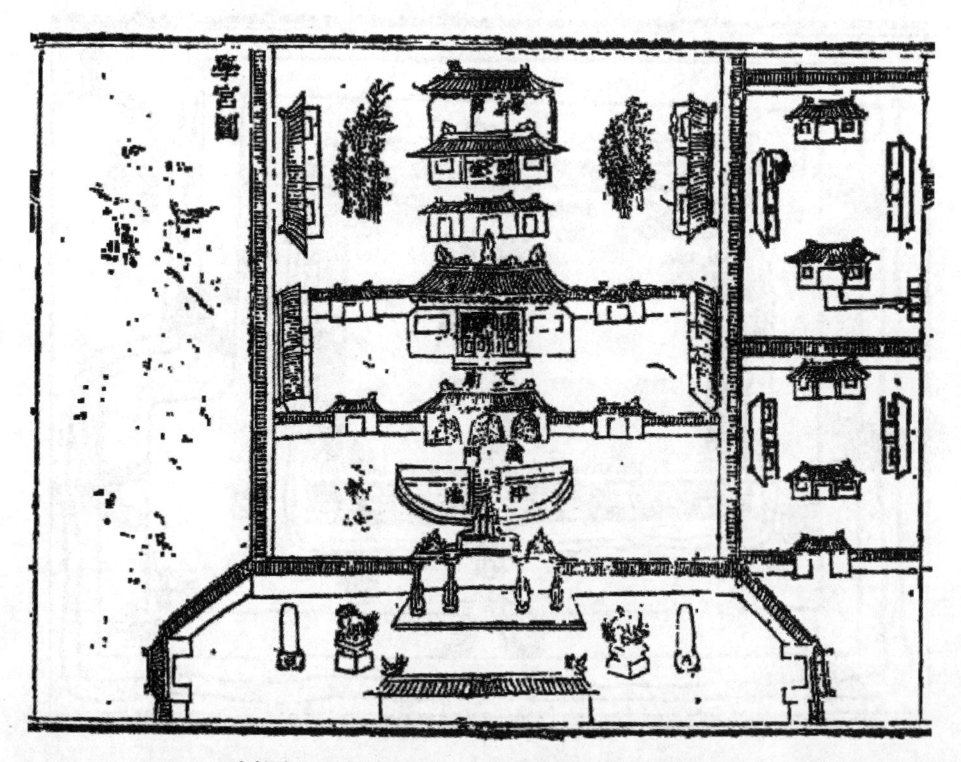

清乾隆二十年（1755 年）《邓州志》的邓州学宫图

B5 光化

光化志卷之二

城池

光化歷代設城之地不一名亦各異在古為陰城漢為酇城蜀漢為南鄉城晉為順陽城隋復古為陰城宋為乾德城俱詳勝蹟條元董文蔚築光化城地今失考明洪武間築土城於漢東岸上因元名正德中知縣黄金甃以磚又於臨漢一面築護城隄後水溢隄崩知縣魏傑徙築內地又圮今城址係明隆慶六年署縣事通判馬昌請於上卜築舊城東三里橋依陰城鎮名新城周圍八百丈雉堞一千一百有奇門四曰迎輝登雲望江拱辰上皆有樓四隅又為小樓曰攬翠曲賢瞻光抱漢侍郎胡價有碑記天啟初知縣黄昌加高三尺又於各門創月城舊南門與鼇宮相對依形家言改易偏左廿餘武

國朝順治二年 王師南下賊掘壞城垣並燬門樓警鋪遹走知縣梁時啟修東南垛口七百有奇西北六百餘繼任王良弼復增修之四年知縣扈中忠又設警鋪炮台數處乾隆二十三年知縣章夫垣領帑增修自是後皆隨

池接任鍾桐小修西城門樓工告成知縣葉樹南覲賢修城垣及東南北三門樓

城濠東西各長四百五十步闊二十五步南北稱是明邊城時鑿甚廣鹽運使韓應龍有碑崇禎間知縣王棣為防患計掘之甚深歷年久迭經山水灌濠已多淤平處所當速行挑濬永為金湯之固

堡

左旗營堡縣西北三十里明成化時撫治都御史項忠建今傾圮

明正德年间《光化县志》城池部分文字

光化志卷之二

城池

光化歷代設城之地不一名亦各異在古為陰城漢為酇城蜀漢為南鄉城晉為順陽城隋復古為陰城宋為乾德城俱詳勝蹟條元董文蔚築光化城地今失考明洪武間築土城於漢東岸上因元名正德中知縣黄金甃以磚又於臨漢一面築護城隄後水溢隄崩知縣魏傑徙築內地又圮今城址係明隆慶六年署縣事通判馬昌請於上卜築舊城東三里橋依陰城鎮名新城周圍八百丈雉堞一千一百有奇門四曰迎輝登雲望江拱辰上皆有樓四隅又為小樓曰攬翠曲賢瞻光抱漢侍郎胡價有碑記天啟初知縣黄昌加高三尺又於各門創月城舊南門與鼇宮相對依形家言改易偏左廿餘武

國朝順治二年 王師南下賊掘壞城垣並燬門樓警鋪遹走知縣梁時啟修東南垛口七百有奇西北六百餘繼任王良弼復增修之四年知縣扈中忠又設警鋪炮台數處乾隆二十三年知縣章夫垣領帑增修自是後皆隨缺隨補未嘗動大役光緒七年縣令李鏡心禀請修治城池接任鍾桐小修西城門樓工告成知縣葉樹南覲賢修城垣及東南北三門樓

城濠東西各長四百五十步闊二十五步南北稱是明邊城時鑿甚廣鹽運使韓應龍有碑崇禎間知縣王棣為防患計掘之甚深歷年久迭經山水灌濠已多淤平處所當速行挑濬永為金湯之固

171 170 169

清光绪九年（1883年）《光化县志》城池部分文字

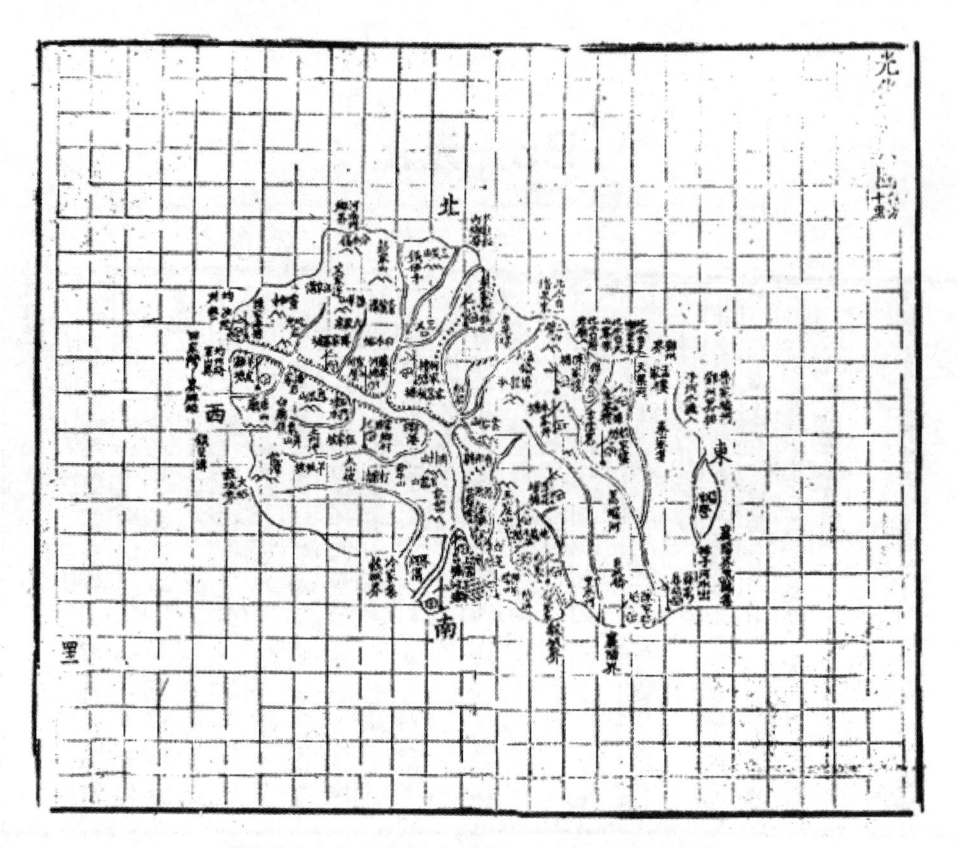

清光绪十二年（1886 年）《襄阳府志》光化县舆图

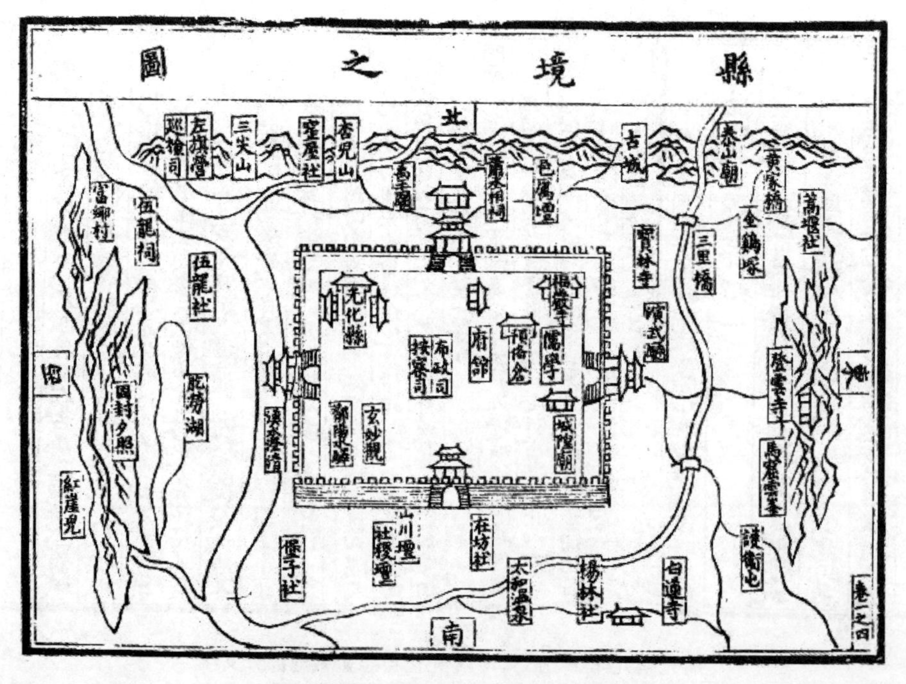

明正德年间《光化县志》的光化县境图

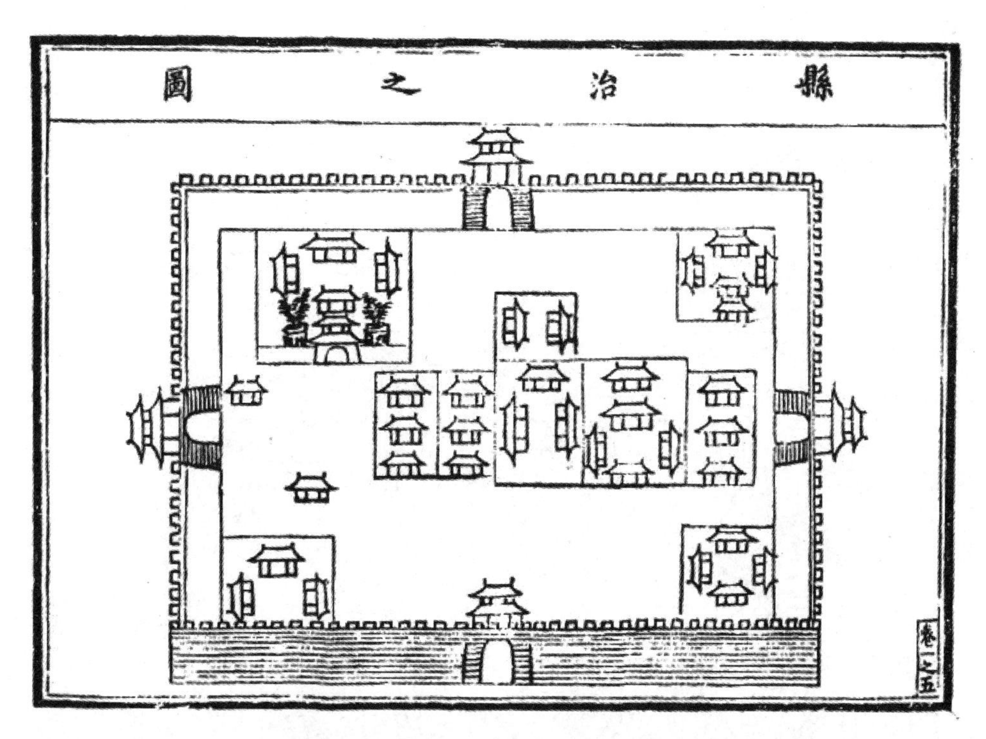

明正德年间《光化县志》的光化县治图

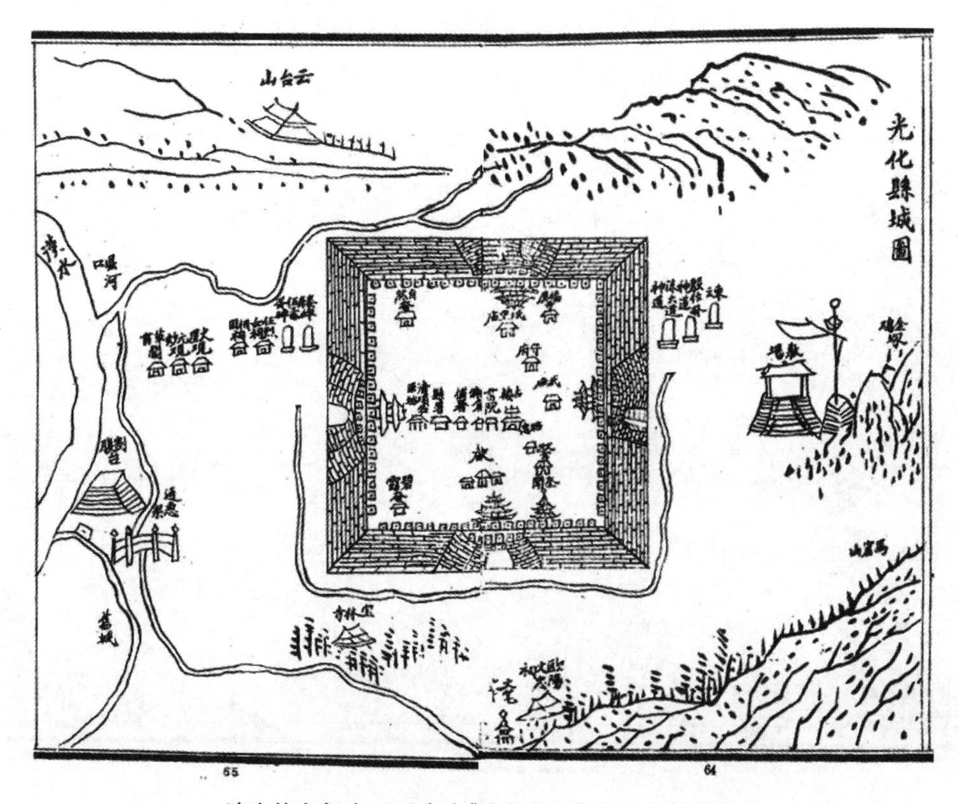

清光绪九年（1883 年）《光化县志》的光化县城图

清光绪九年（1883 年）《光化县志》的老河口镇城图

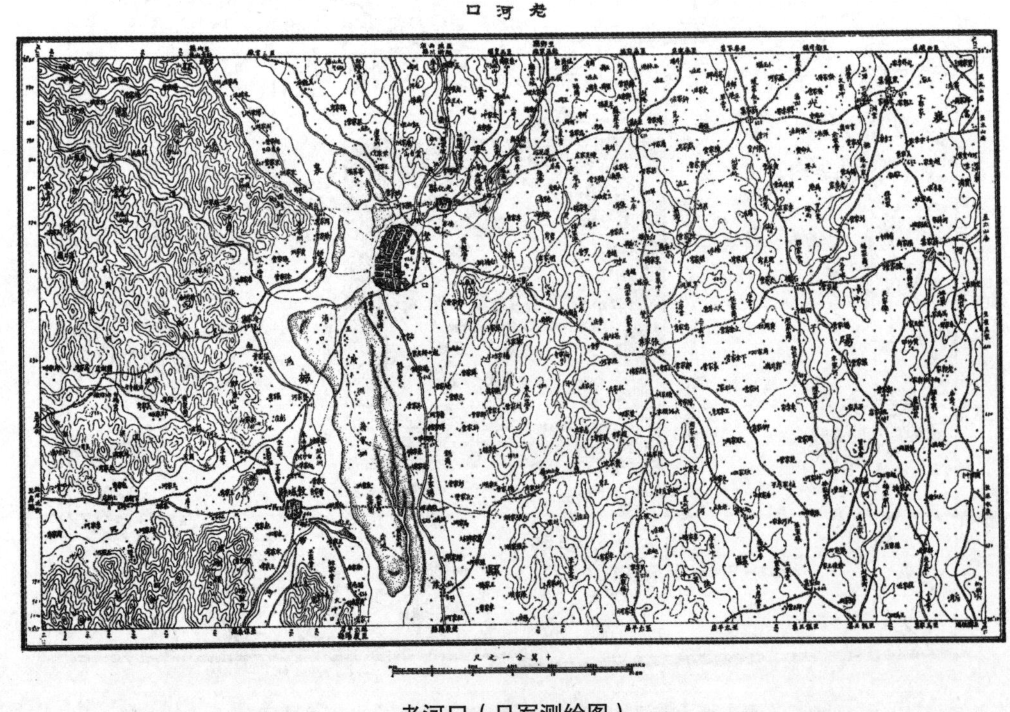

老河口（日军测绘图）

B6　谷城

穀城縣志卷之二

城池

固國首重金湯遠侮必先戸牖地利所恃豈容忽諸穀
襄郡岩邑西通巴蜀北走宛豫自昔爲戎馬蹂躪之
埸元以前荒遠無稽明定鼎初城郭荆棘池亦湮塞
洪武二年知縣方文俊創土城成化初知縣王溥增
築周廻六百八十四丈高一丈二尺厚五尺成化十
六年知縣叚錦復修創三門東曰迎曦南曰觀瀾西
曰通仙無北門正德十年知縣康琮始甃以磚高一

穀城縣志　卷二　城池　一

丈五尺厚一丈鑿池深一丈濶如之後水洮城圮知
縣楊文煥蕭繼文相繼修理萬歷六年知縣王執中
增高三尺建西郭門濬濠崇禎十二年賊獻忠叛於
穀撫平知縣阮之鈿死之熊撫宋一鶴撫治袁繼咸
委保康知縣陶懋中署穀城造磚修砌知縣周建中
始告成焉
國朝雍正二年夏六月大水東南水溢城崩三缺知縣
楊大中補修乾隆元年郭門頹壞知縣舒成龍[illegible]修
今制同治六年知縣承印補修

清同治六年（1867 年）《谷城县志》城池部分文字

穀城縣志卷之二

城池

固國首重金湯遠侮必先戸牖地利所恃豈容忽諸穀
襄郡岩邑西通巴蜀北走宛豫自昔爲戎馬蹂躪之
埸元以前荒遠無稽明定鼎初城郭荆棘池亦湮塞
洪武二年知縣方文俊創土城成化初知縣王溥增
築周廻六百八十四丈高一丈二尺厚五尺成化十
六年知縣叚錦復修創三門東曰迎曦南曰觀瀾西
曰通仙無北門正德十年知縣康琮始甃以磚高一

穀城縣志　卷二　城池　一

丈五尺厚一丈鑿池深一丈濶如之後水洮城圮知
縣楊文煥蕭繼文相繼修理萬歷六年知縣王執中
增高三尺建西郭門濬濠崇禎十二年賊獻忠叛於
穀撫平知縣阮之鈿死之熊撫宋一鶴撫治袁繼咸
委保康知縣陶懋中署穀城造磚修砌知縣周建中
始告成焉
國朝雍正二年夏六月大水東南水溢城崩三缺知縣
楊大中補修乾隆元年郭門頹壞知縣舒成龍[illegible]修
今制同治六年知縣承印補修

清光绪十一年（1885 年）《襄阳县志》谷城城池部分文字

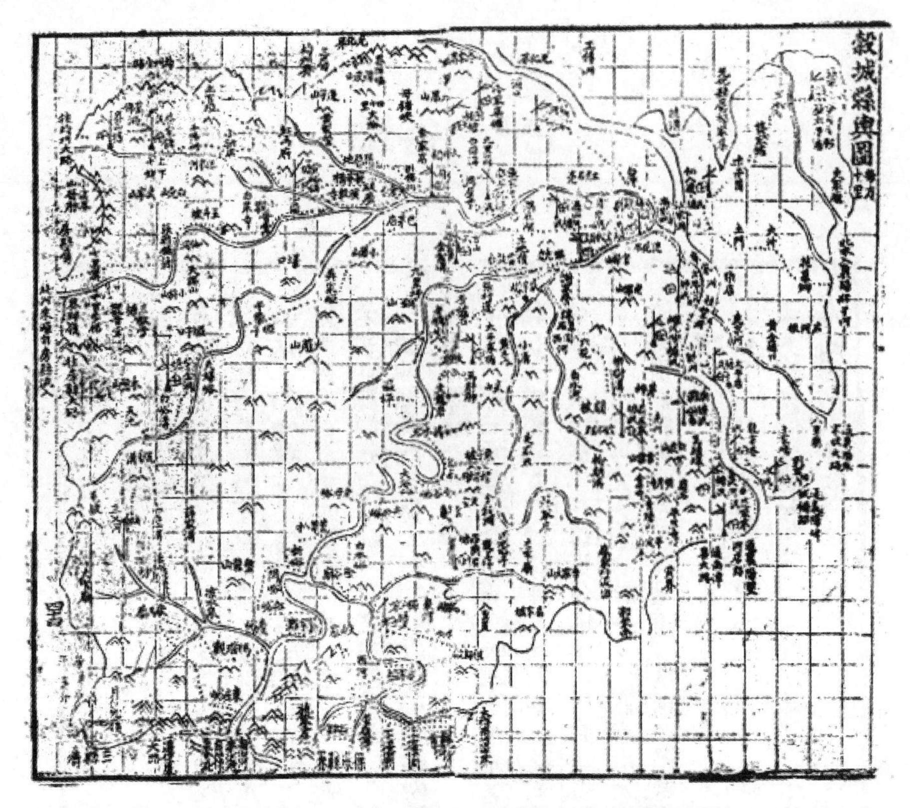

清光绪十一年（1885 年）《襄阳县志》谷城县舆图

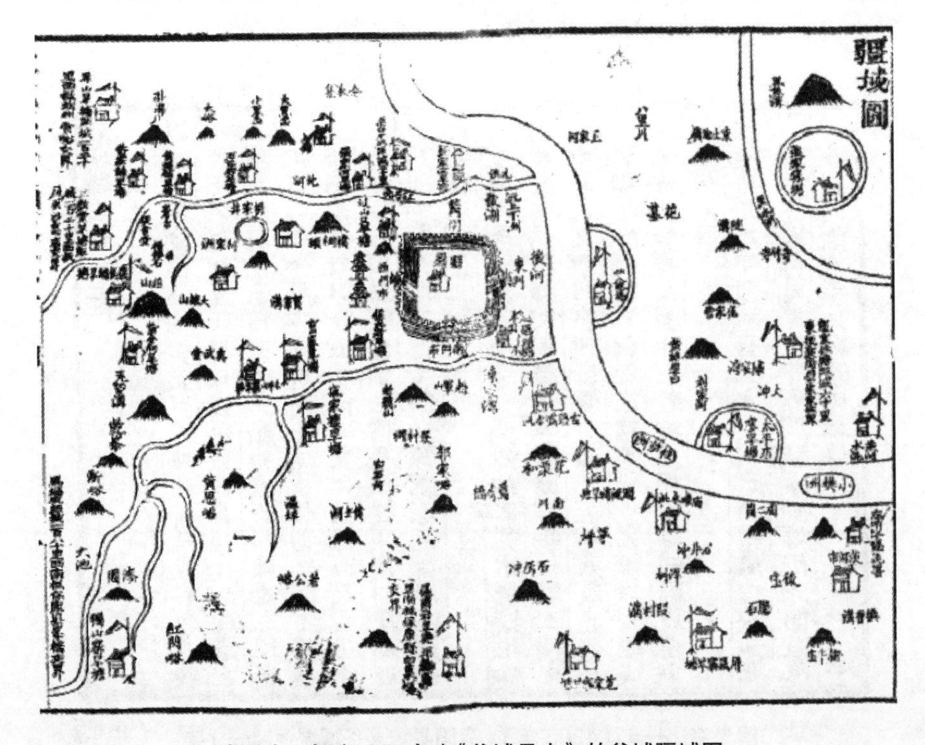

清同治六年（1867 年）《谷城县志》的谷城疆域图

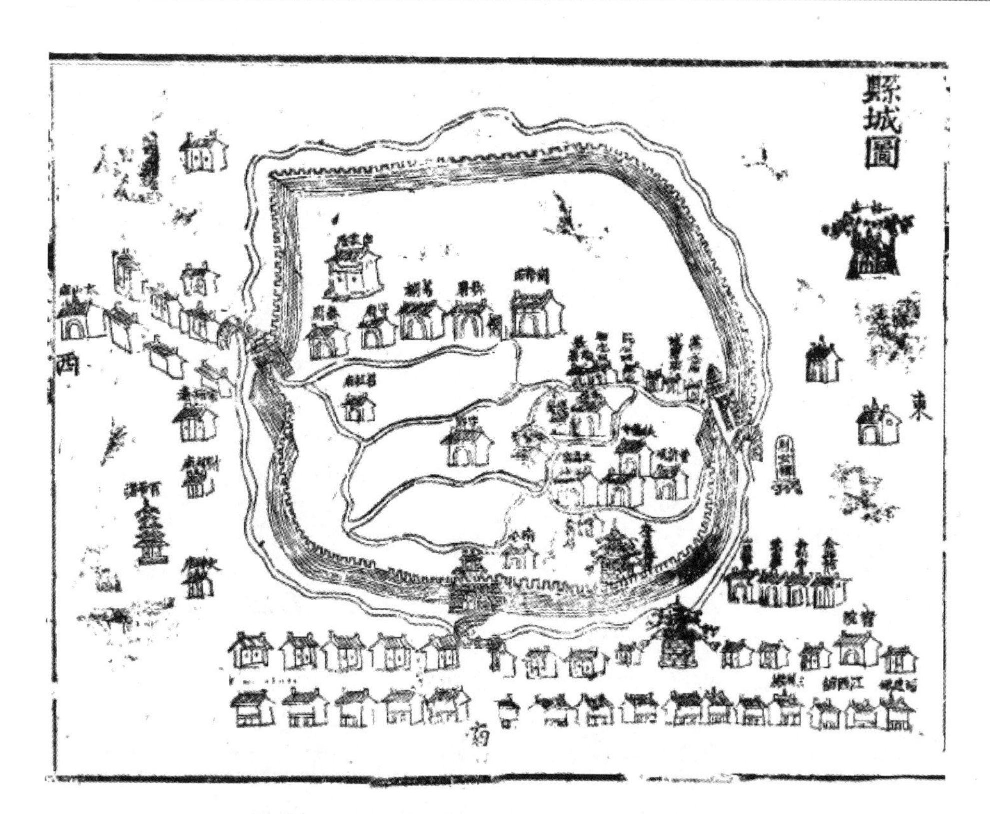

清同治六年（1867 年）《谷城县志》的谷城县城图

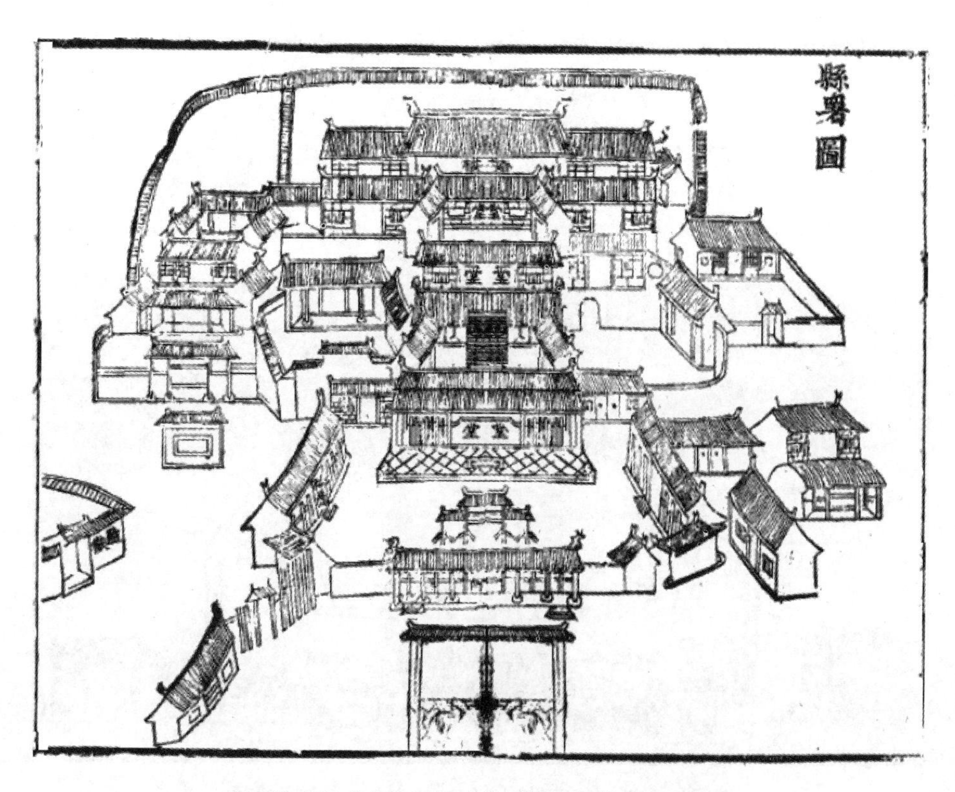

清同治六年（1867 年）《谷城县志》的谷城县署图

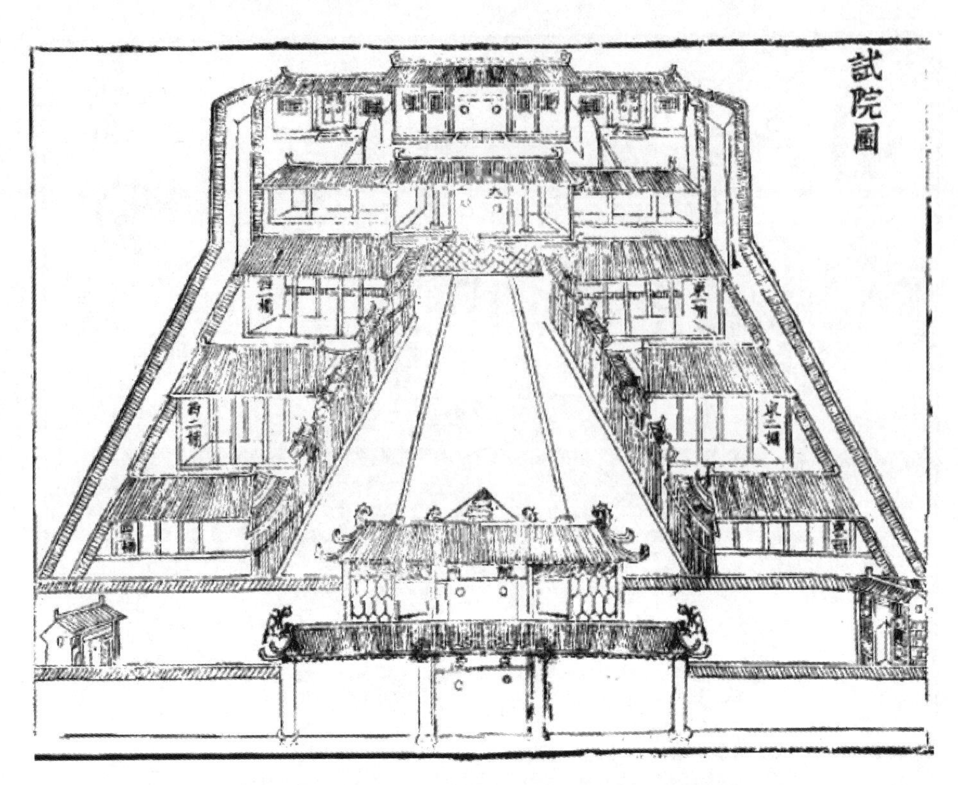

清同治六年（1867 年）《谷城县志》的谷城试院图

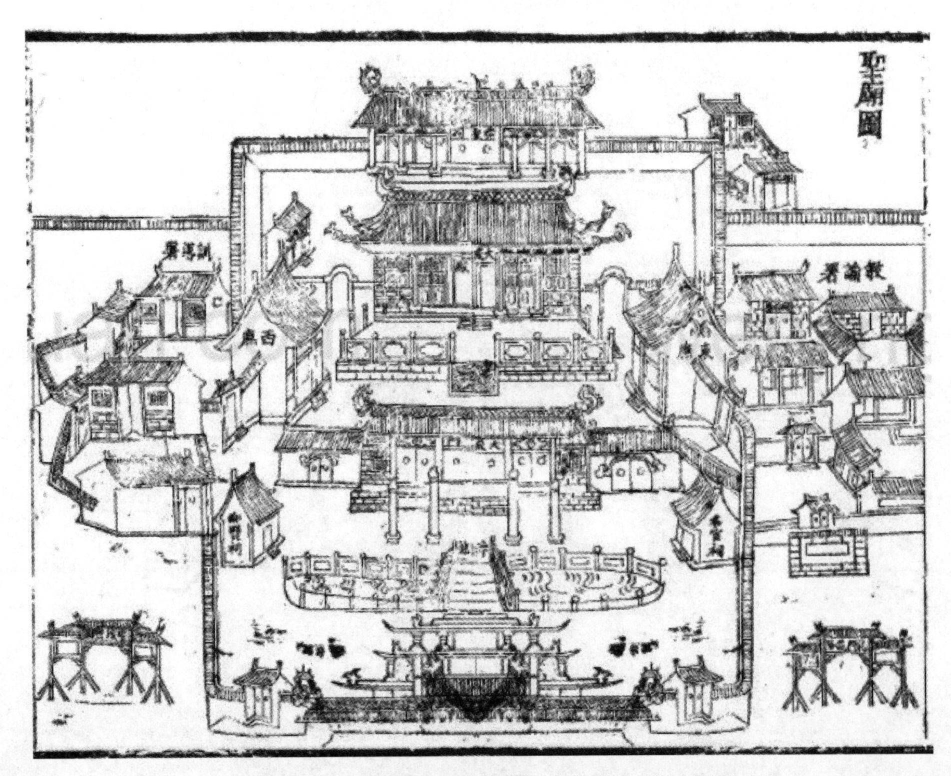

清同治六年（1867 年）《谷城县志》的谷城圣庙图

B7 宜城

城池

同治六年縣令謝蘭勸諭城內士民捐修坡西南隅兩
段各十餘丈又修西北隅炮台又諭附郭居民築
東南隅城腳培厚加高計三十餘丈濬西北城濠
五年除日捻賊由下流而上盤踞縣東六年正月
三日始退後於京邑永隆河爲官兵所敗援復上
竄正月十七八日過境未及避者多被殺虜自是
風鶴虛驚聞輒皆走鄉民各就附近寨堡制器械
儲糧食爲固圉計城中士民亦未雨綢繆踴躍輸
將修理城垣制火藥軍械鑄大炮二十五尊附郭
之民見其足恃咸來助工於是城腳城濠益修因
濬深是役也人樂趨公費無濫用是以工雖鉅而
民不擾
十年縣令陸祐勤重修東門南門小東門敵樓
光緒五年縣令傅維祜重修西門敵樓
七年縣令齊維昌補修城東門營房
八年縣令李連騎重修西北西南隅城垣十有餘丈

清同治五年（1866年）《宜城县志》城池部分文字

宜城縣

城周五里三分凡八百五十九丈四尺高二丈厚五尺四
寸上濶丈餘下廣三丈門六東門小東門南門小南門西
門北門舊門四曰望江曰凌霄曰來遠曰拱辰門各有樓堞九百三十有七池東
爲漢水衝激濶五六丈許深一丈南北隅深一丈濶丈許
西深三五尺許濶一丈許周九百丈案唐天寶中改率
道縣曰宜城古率道縣地非今宜城貞元中于頔帥襄陽遷宜城
縣卽今治明成化元年知縣郭泰因劉千斤亂築土城宏
治二年海澄增築甃以瓦十年王鍇建四門城樓十六年
林典闢馬道以拓城址正德六年朱崇學因劉六等賊逼
境創甃城嘉靖三十年漢水壞城東南北三面巡道陳紹
儒守道雷賀從士民請檄知縣郝廷璽拓城跨西岡增設
小南門隆慶六年雷嘉祥盡撤朽蝕甃以新瓴實背敬其
中始爲六門建樓銷略如今制萬歷二年巡撫趙賢撫治
孫應鼇檄加崇五尺舊址一丈七尺三十年南陝城知縣胡明佐
主簿明倫補築崇禎十五年闖賊陷城盡燬
國朝順治二年撫治徐起元檄知縣于文楨修濬五年賊高
必正等復燬六年撫治趙兆麟檄知縣涂廷榴葺建樓堞
十三年劉祚長重修東南城樓餘門自崇禎十五年閉塞
至康熙十二年吳逆不靖始啟西門以便驛道乾隆四十
七年城門斗額田育龍興修五十一年告成嘉慶元年邪
匪焚掠城傾西南邑人姚廷宣捐葺二年賊復擾城傾西

清光绪十一年（1885年）《襄阳府志》宜城城池部分文字

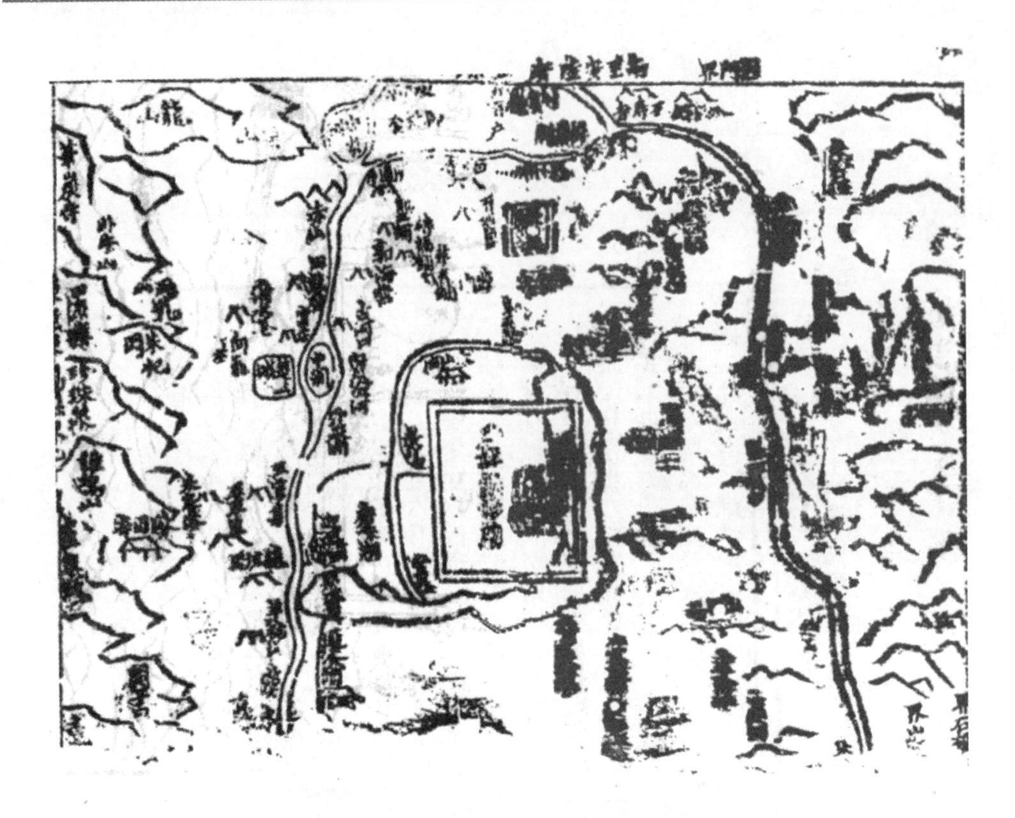

清康熙年间《宜城县志》中宜城县境图

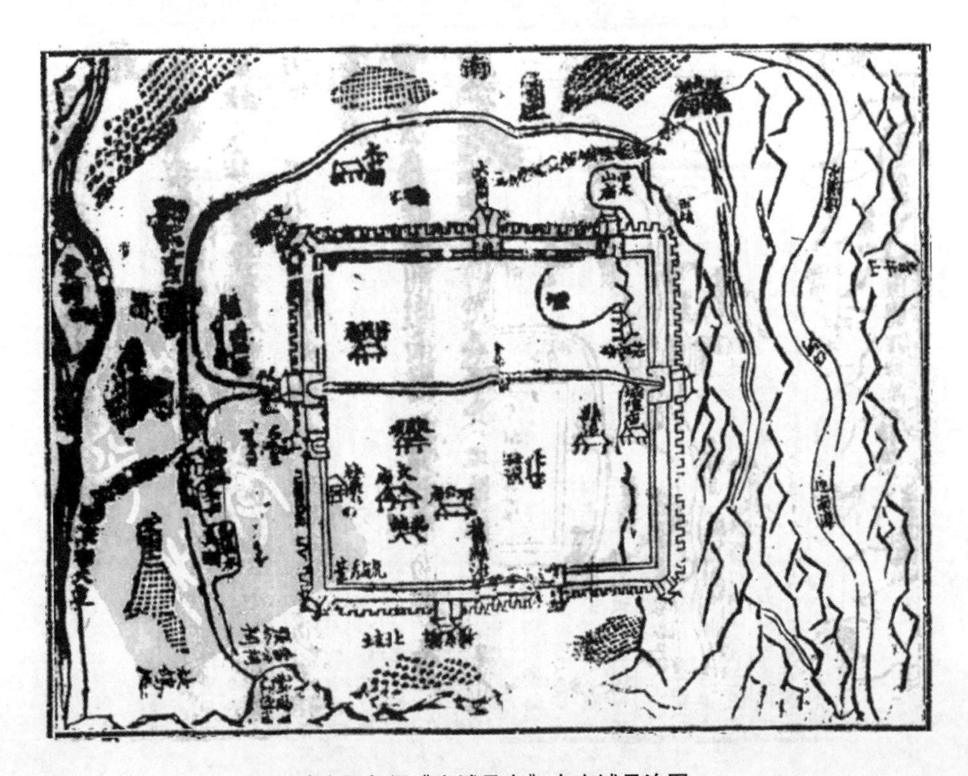

清康熙年间《宜城县志》中宜城县治图

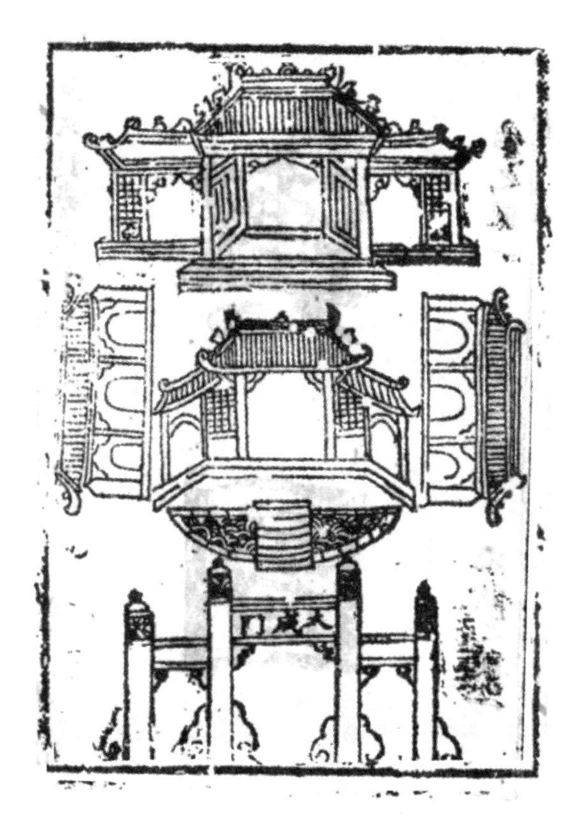

清康熙年间《宜城县志》中宜城文庙图

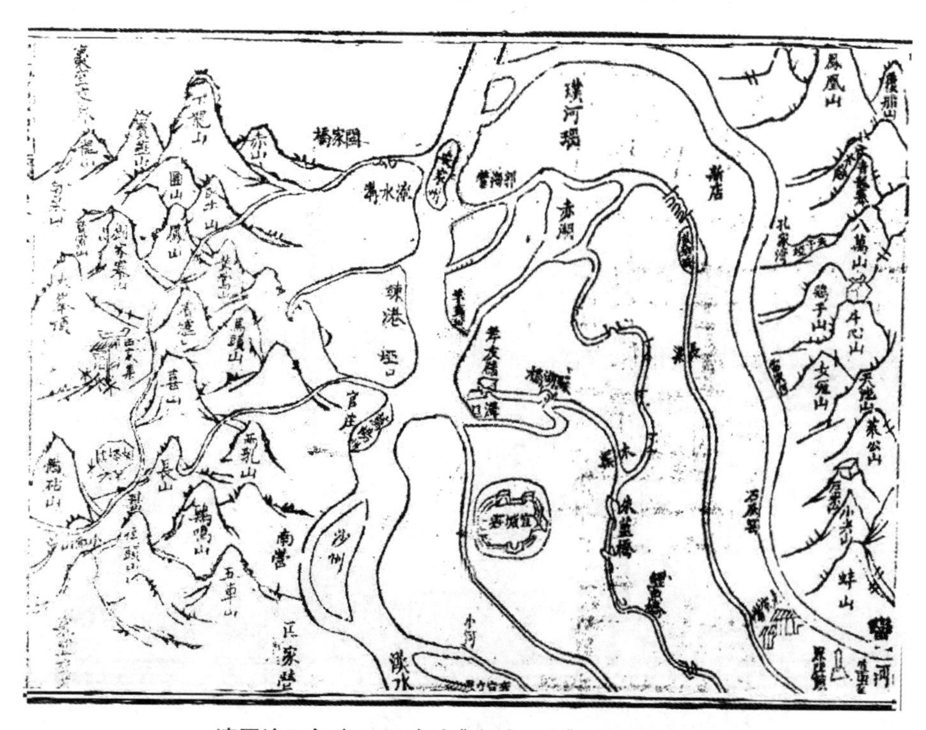

清同治五年（1866 年）《宜城县志》宜城疆域图

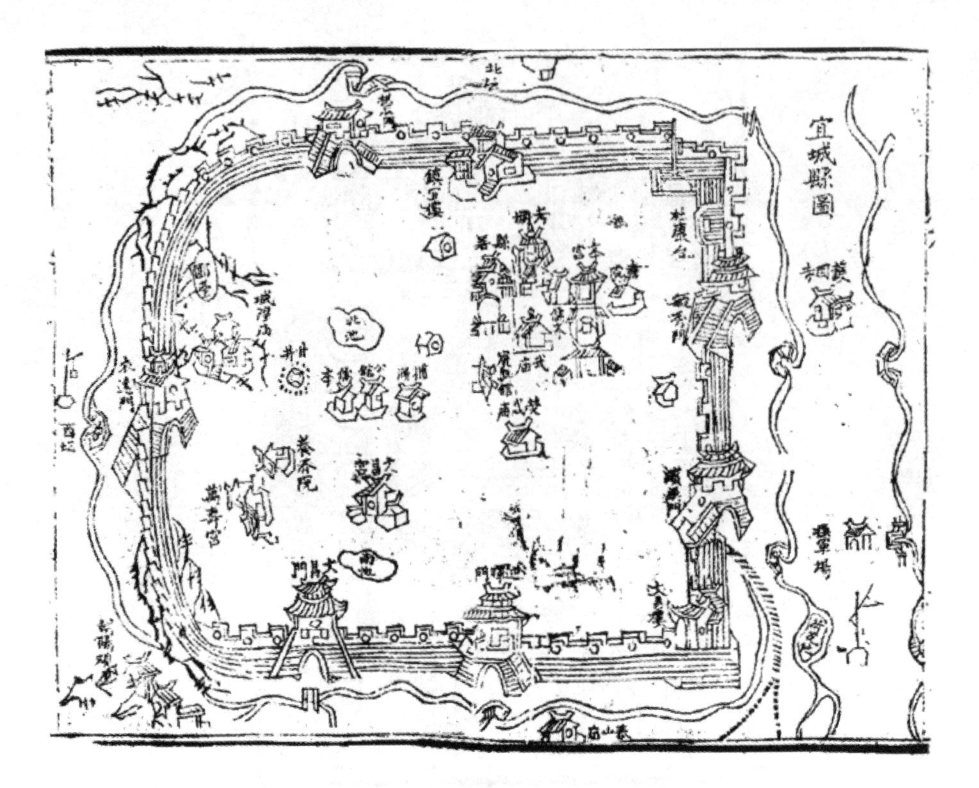

清康熙年间《宜城县志》中宜城县治图

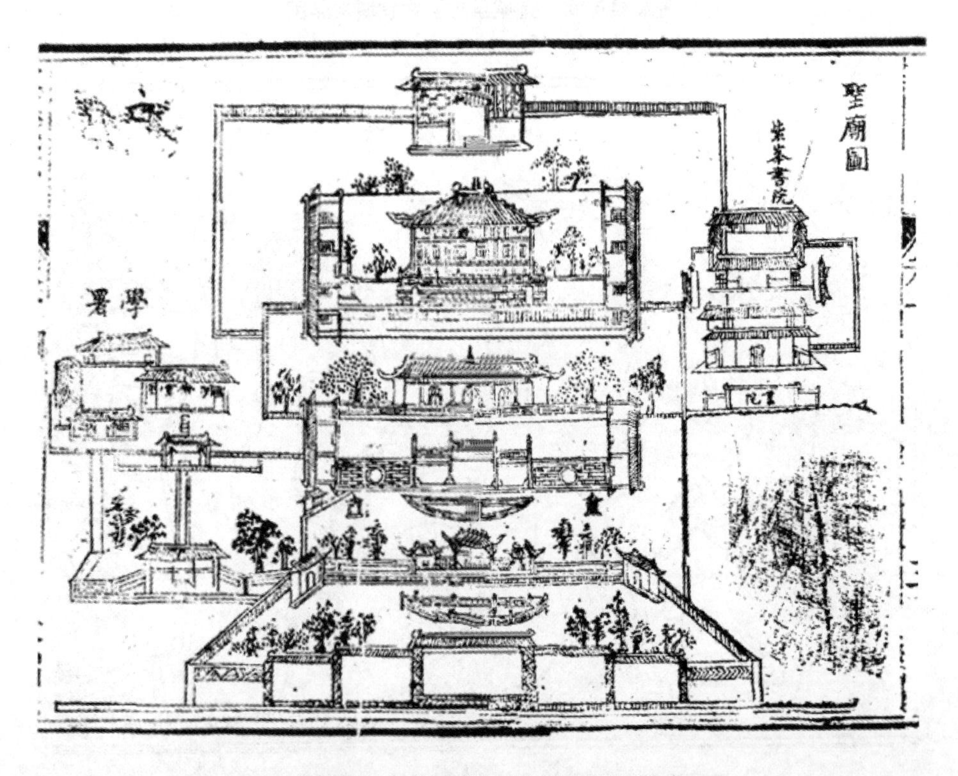

清康熙年间《宜城县志》中宜城圣庙图

B8　南漳

南漳縣
城周四里高二丈厚一丈五尺門六舊門三 東通泰又名迎恩 小
東南對薰西望蜀小西北北拱池深丈餘濶二丈 案隋
改思安縣曰南漳唐初省入義清開元十八年復移荆山
縣於南漳故城仍更名南漳即今治舊爲土城明成化中
因劉石亂吏築宏治中趙泰新之高一丈六尺厚一丈五
尺爲門三正德十一年蕭浩始甃以甎增門爲四嘉靖六
年宋昇以城逼近西山拓其北廣一里袤二十五丈高厚
如舊制舊址三里增小東小西二門今北門閉
國朝乾隆二十四年劉有洪請帑增修嘉慶十九年吉鍾穎
補修葉梅續修咸豐二年周汝驥建小東小西二門樓八
年鄭慶華重修建礮臺於東南門同治元年楊宗時續修
二年洗兆元補修城垣濬濠

清光绪十一年（1885 年）《襄阳县志》南漳城池部分文字

南漳縣志卷五
建置志一 城池 公署 祠祀 學校 自治 郵局
城池
城周四里高二丈厚一丈五尺門六東曰通泰又名迎恩 小東南
曰對薰西曰望蜀小西北曰北拱今閉上五門 池闊二丈深一丈
舊爲土城明成化時因劉石亂重築弘治時知縣趙泰新
之周三里高一丈六尺厚一丈五尺門三正德十一年知縣
蕭浩始甃以磚增門爲四嘉靖六年知縣宋昇職官志作宋姓以城
逼近西山乃拓其北廣一里袤二十五丈高厚如舊制增小
東小西二門清乾隆二十四年知縣劉有洪請帑增修嘉慶
十九年知縣吉鍾穎知縣葉梅二十四年知縣范正祥復修
咸豐二年知縣周汝驥建小東小西二門樓八年知縣鄭慶
華重修增建東南二礮臺同治元年知縣楊宗時二年知縣
洗兆元續修並濬濠十年知縣多祺光緒十四年知縣胡闓
元二十年知縣虞煊二十四年知縣姚濟昌二十九年知縣
慶福宣統元年知縣趙傳鎏均經補修以完其舊

民国 11 年（1922 年）《南漳县志》城池部分文字

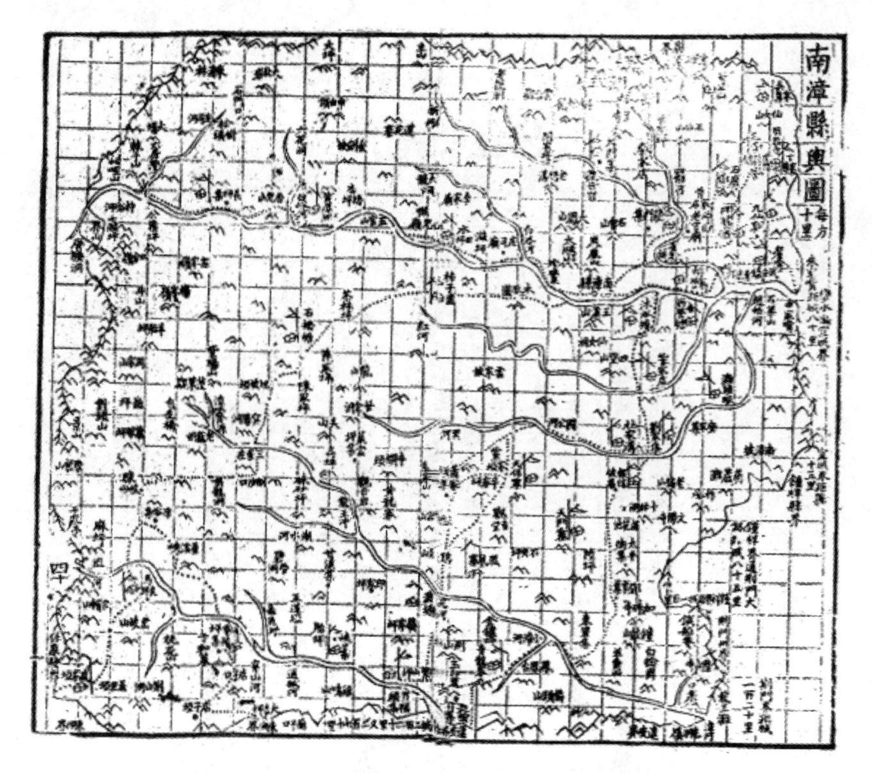

清光绪十一年（1885 年）《襄阳县志》南漳县舆图

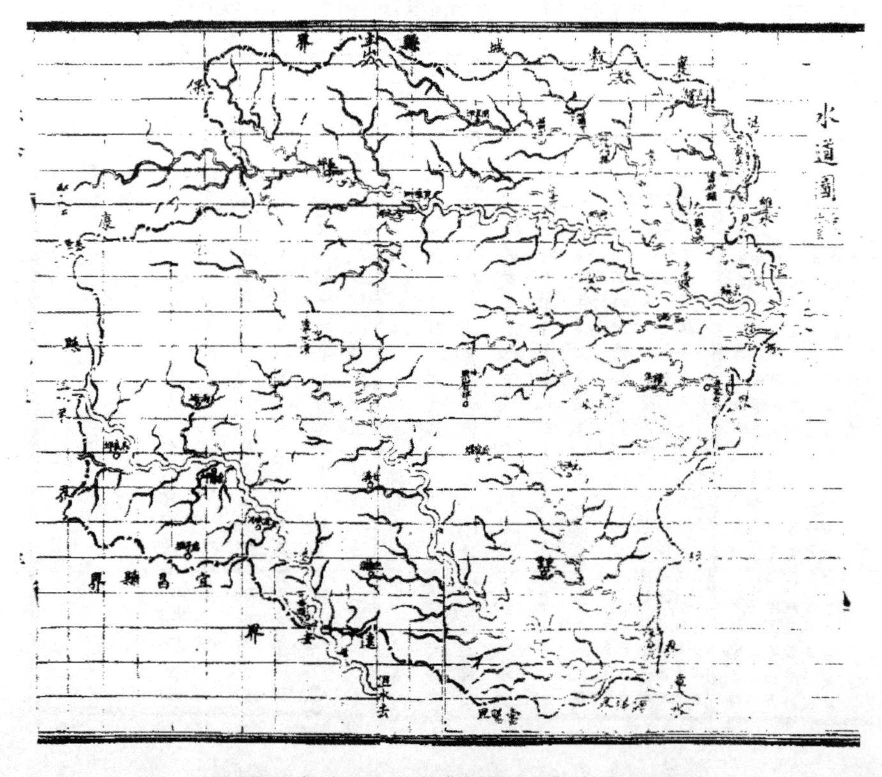

民国 11 年（1922 年）《南漳县志》南漳水道图

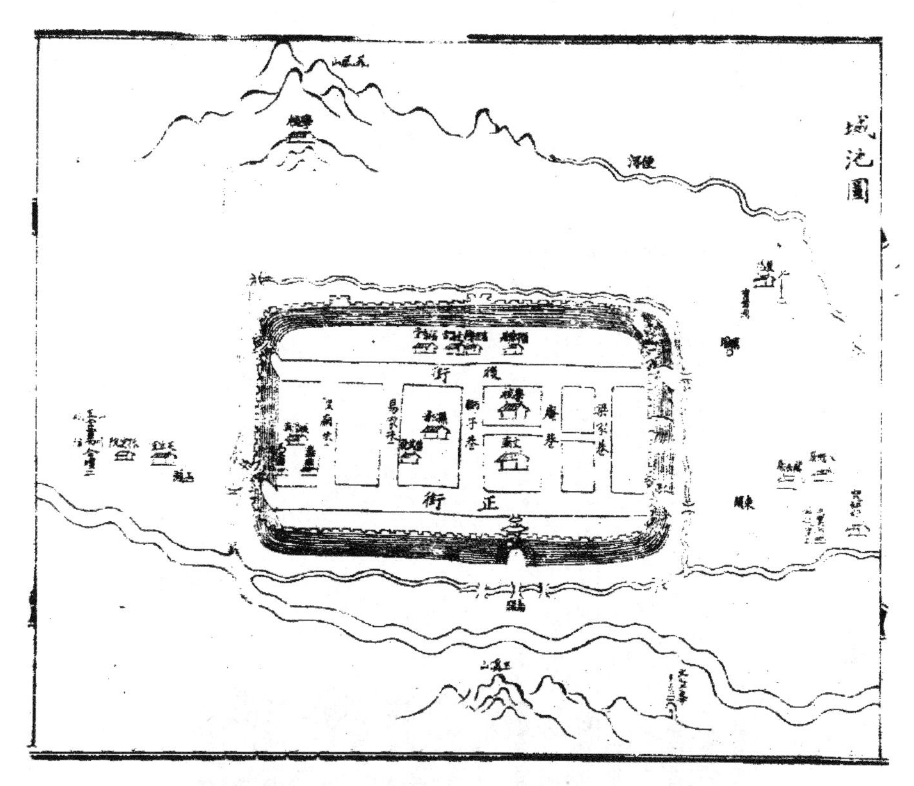
清康熙三十三年（1694年）《南阳府志》南漳城池图

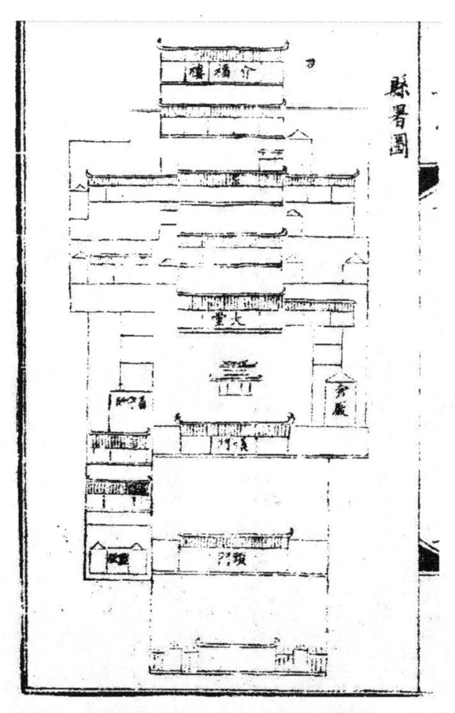
清康熙三十三年（1694年）
《南阳府志》的南漳县署图

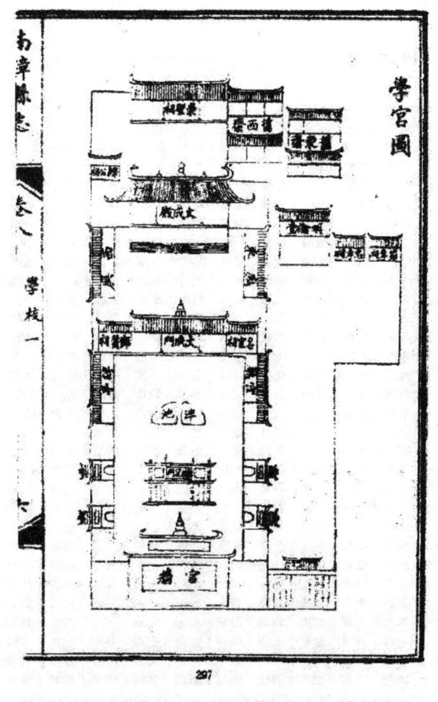
清康熙三十三年（1694年）
《南阳府志》南漳县学宫图

B9 枣阳

棗陽縣
城周圍里二分高二丈一尺厚二丈八尺許門五東寅賓
阜成俗呼小東門南向明西西成北觀光門各有樓堞一千六
百五十有五池廣十丈深六尺 宋隋初改廣昌縣曰棗
陽卽今治宋知隨州吳柔勝始築土城嘉定十一年孟宗
政增築明景泰中知縣夏亨重修成化中楊瑛甃五門宏
治十五年王顯高建門樓正德七年流賊攻城幾陷知縣
安邦始創甎城萬曆二十二年李一龍葺萬曆元年王應
辰移南門去文朗使稍前題曰崇文建樓其上增垛各高
五尺濬池尺許得泉崇禎五年金九陛復增五尺舊址高一丈一尺
濬池如之
國朝雍正五年邱彥升補修乾隆十一年夏沙河水暴發隤
東南城一百一十二丈有奇二十年張載逵建議葺護城
土隄二十二年黃文瑗始成五十八年均州知州周培攝
縣事盡易以石道光十八年鹿巖烈補葺未竣二十三年
熊文鳳重修咸豐三年夏秋霖雨壞城西北及小東門南
門陳子飭補修十一年王璐議修未竟去同治間應變階
吳鳳笙相繼挑濬以培城基加厚丈餘舊城一丈八尺修窩鋪六
城外周築牛馬牆東南門外順城關各築土城三年張聲

495

清光绪九年（1883 年）《襄阳府志》城池部分文字

棗陽縣志卷九

建置志

城池 縣城關附

隋初置舂陵郡領縣六其一曰棗陽即今治南宋知隨州吳柔勝始築土城嘉定十
一年孟宗政增築明景泰間知縣夏亨重修
成化間知縣楊瑛甃五門東曰寅賓曰阜成俗呼小東門 南曰向明西曰西成北曰觀光
宏治十五年知縣王顯高建門樓
正德七年流賊攻城幾陷知縣安邦始創磚城周四里二分高二丈一尺厚一丈八
尺垛四十二堞一千六百五十門樓五設有窩鋪池廣十丈深六尺參議李源有記

棗陽縣志卷之九 建置志 城池 一

武昌正信印務館代印

民国 12 年（1923 年）9 月《枣阳府志》城池部分文字

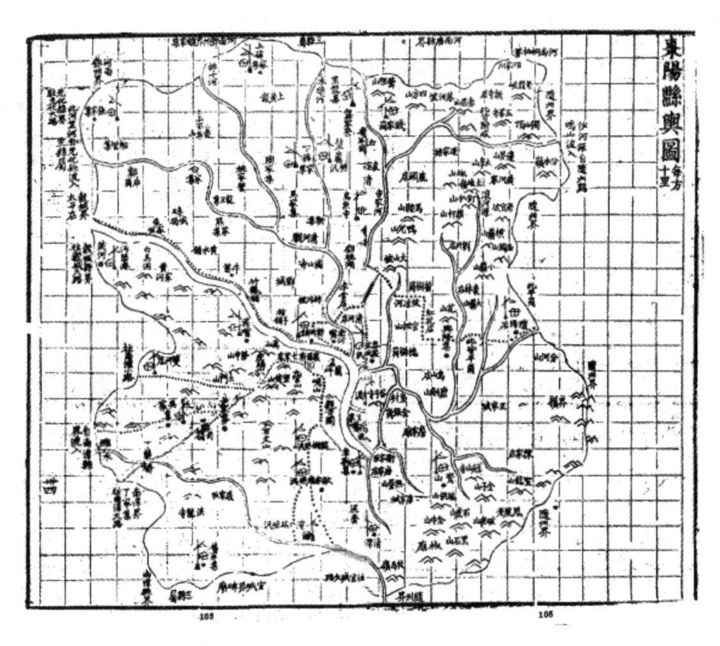

清光绪九年（1883 年）《襄阳府志》中枣阳县舆图

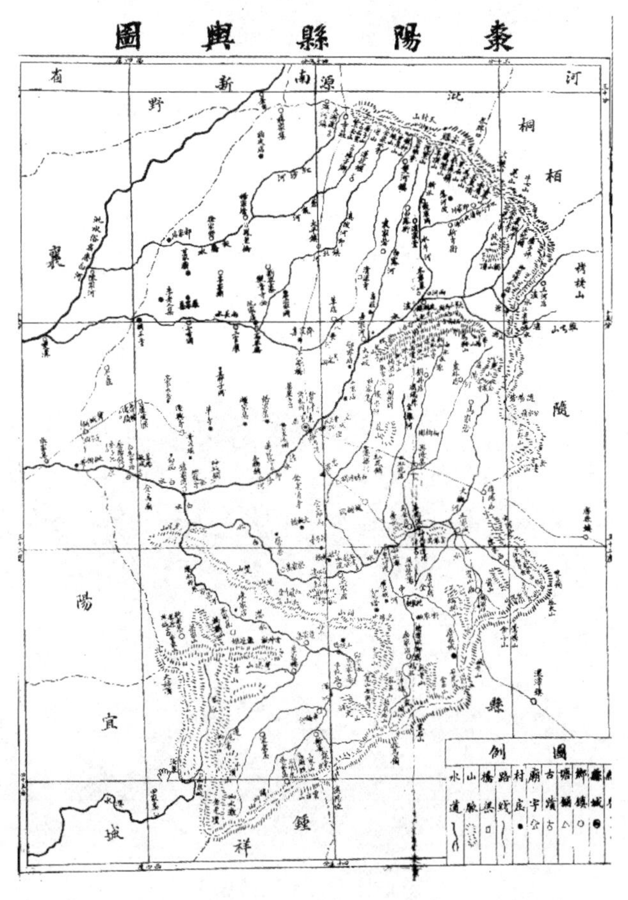

民国 12 年（1923 年）9 月《枣阳府志》中枣阳县舆图

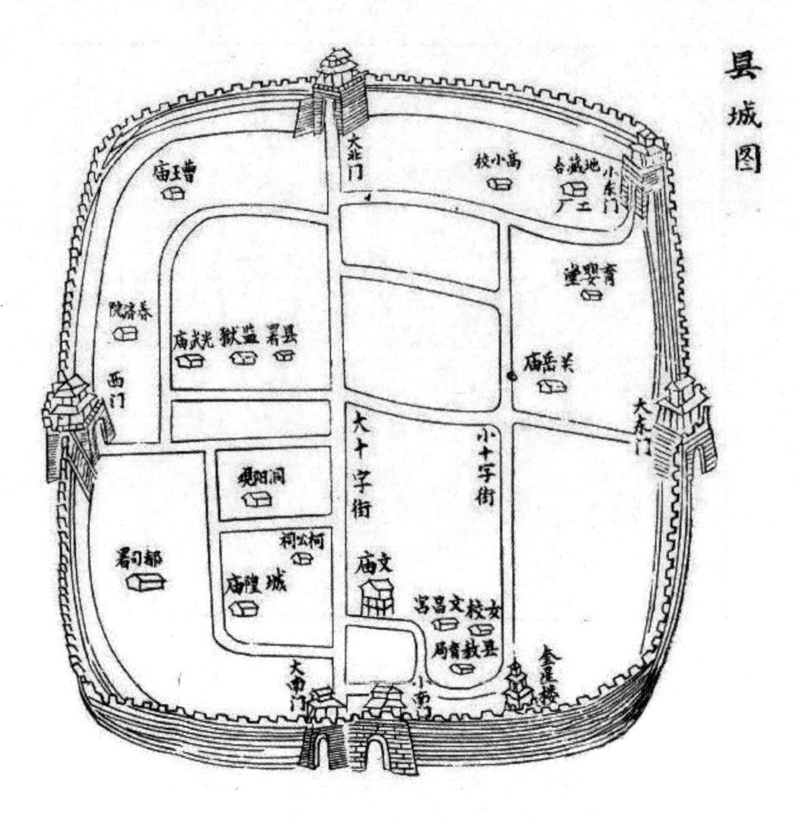

清康熙年间《宜城县志》中枣阳县城图

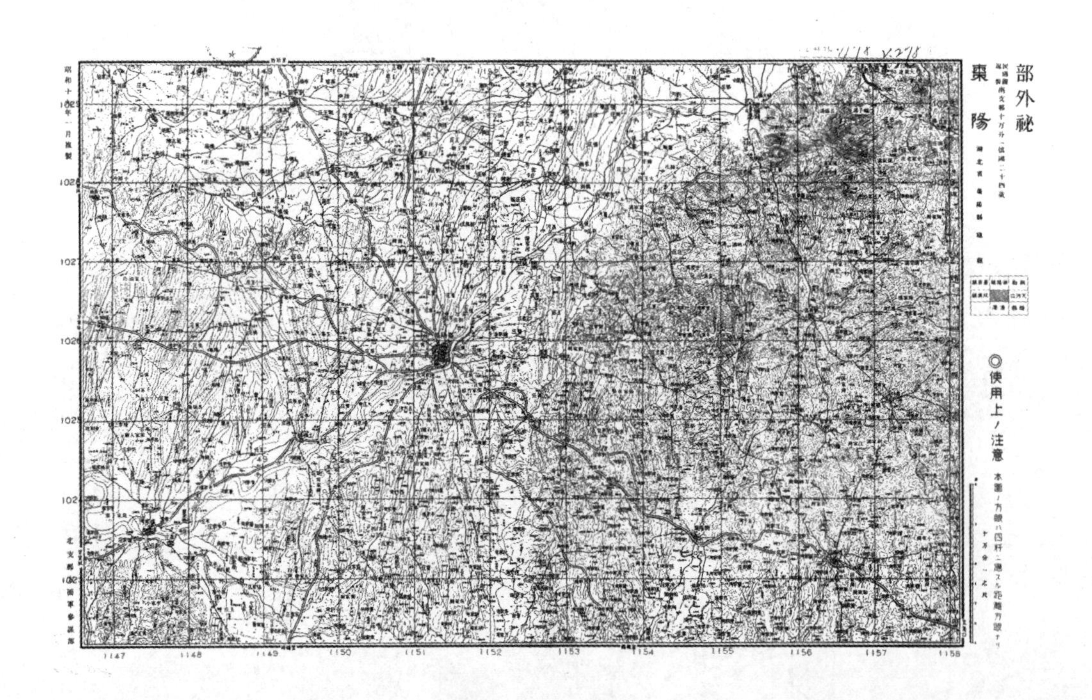

枣阳县（日军测绘图）

B10 新野

新野縣
漢昭烈始築土城週二里南齊劉思忌爲新野郡守
增築外城因名舊城爲子城明天順五年知縣趙濮
卽舊基重修週四里高一丈三尺廣一丈五尺池深
五尺濶一丈五尺門四東曰朝陽西曰迎德南曰望
遠北曰迎恩上各建樓正德六年知縣高廷祿增修
外甃以磚列樓櫓高增一丈二尺得二丈五尺嘉靖
四年知縣江東復內甃磚浚池深增五尺得一丈濶
增一丈得二丈五尺明末寇亂頹敝
國朝順治十六年知縣汪永瑞重修南城樓十五年知縣
崔誼之重修東西北城樓城垣歲久圮壞康熙二十
五年知縣顏光是重修城內舊爲中關外爲東西南
南陽府志 卷之二 建置 七
北四關南關外正德十年增築新城週二里外爲濠
關東西南三門歲久悉廢順治十三年知縣崔誼之
改建武侯閣于南門舊址設扃鍵時啟閉焉

清康熙三十三年（1694 年）《南阳县志》新野城池部分文字

新野縣志卷之二
新野縣知縣常山徐金位纂修
建置志
昔先王建邦設都幅員廣狹不無異制而建置之典
附庸亦等於侯伯自秦置郡縣設守令雖縣隸於郡
令統於守而一邑規模不異郡省也新雖彈丸乎其
間城池以固牧圉公署以布政教典賢育才則有黌
序祈福報功則有壇壝郵當南北之衝倉庾裕三
九之計兵防必飭里甲有編溝洫遠懷夏王陂堰猶
思召杜旌揚懿美坊表斯存廣濟行人津梁不廢覽
新野縣志 卷之二 建置
厥規制亦云備矣爰作建置志後之君子隨時修葺
踵事增華亦將有考於斯編歟
城池
新野自漢置縣初無城池東漢劉備屯兵始築土城
週圍二里晉置郡治南齊劉思忌爲太守增築外城
而舊土城因名子城歷代修濬莫詳明天順五年知
縣趙濮重修週圍四里高一丈三尺厚一丈五尺城
外爲池深五尺濶一丈五尺環爲四門東曰朝陽

清嘉庆十二年（1807 年）《新野县志》城池部分文字

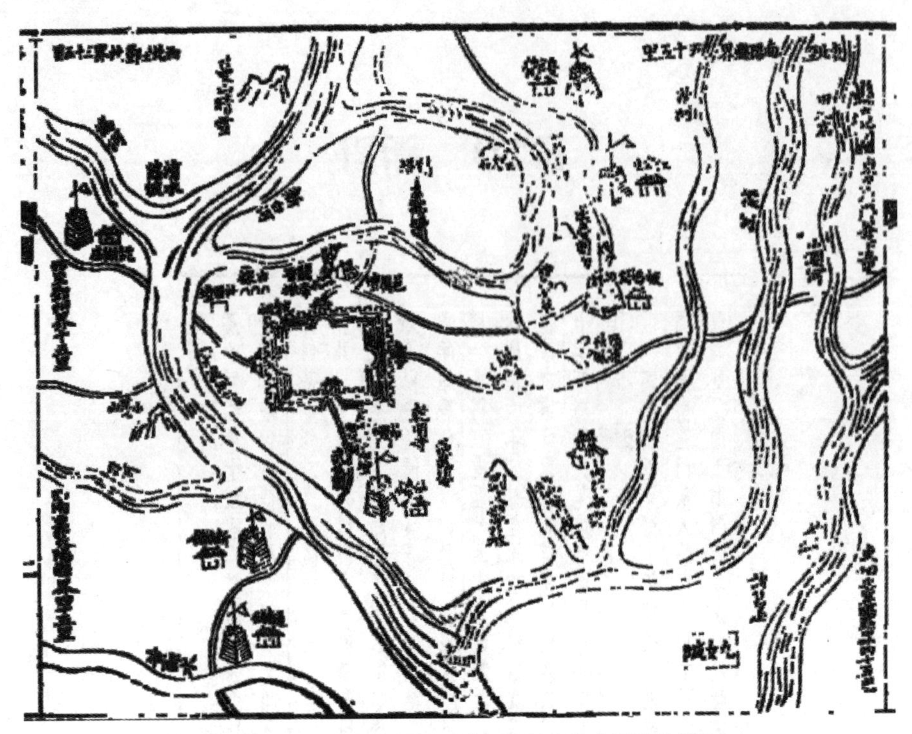

清嘉庆十二年（1807 年）《新野县志》新野疆域图

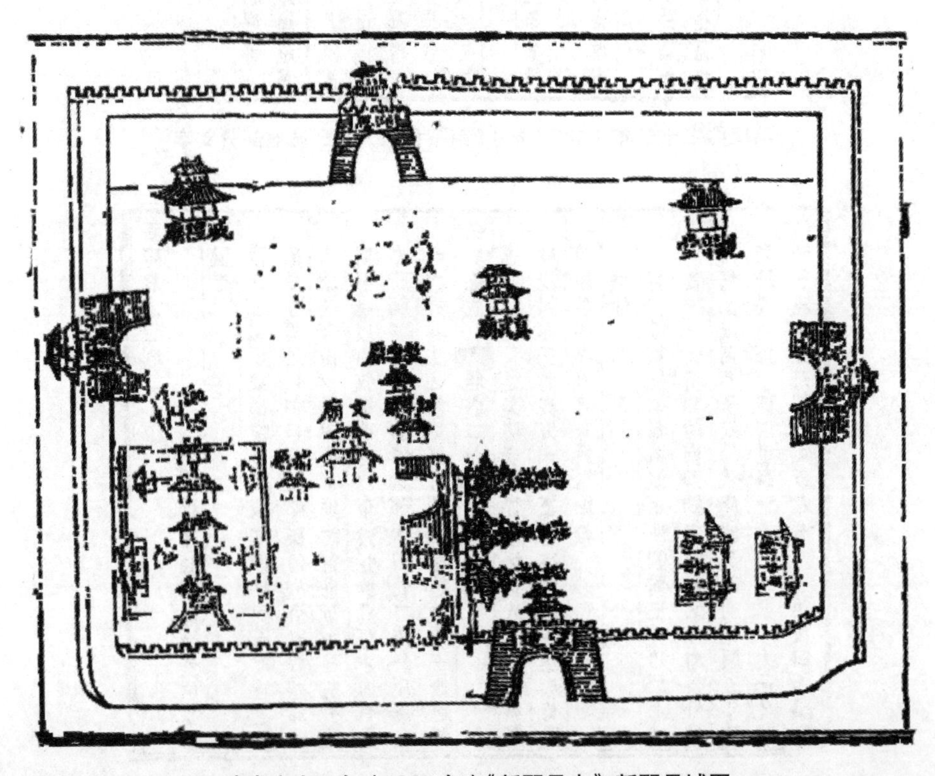

清嘉庆十二年（1807 年）《新野县志》新野县城图

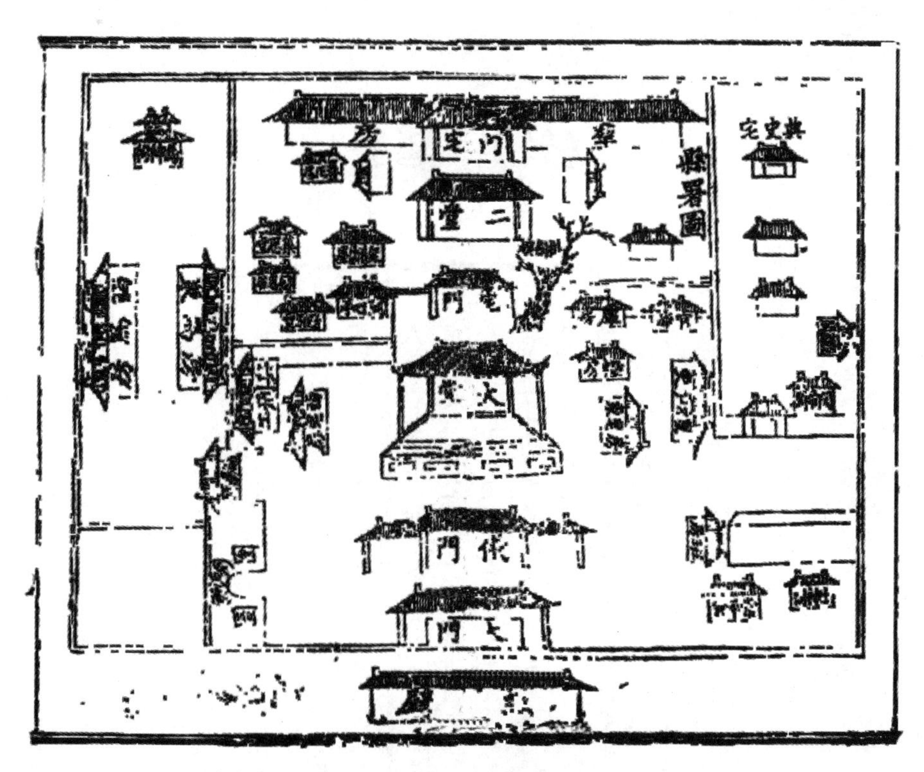

清嘉庆十二年（1807年）《新野县志》新野县署图

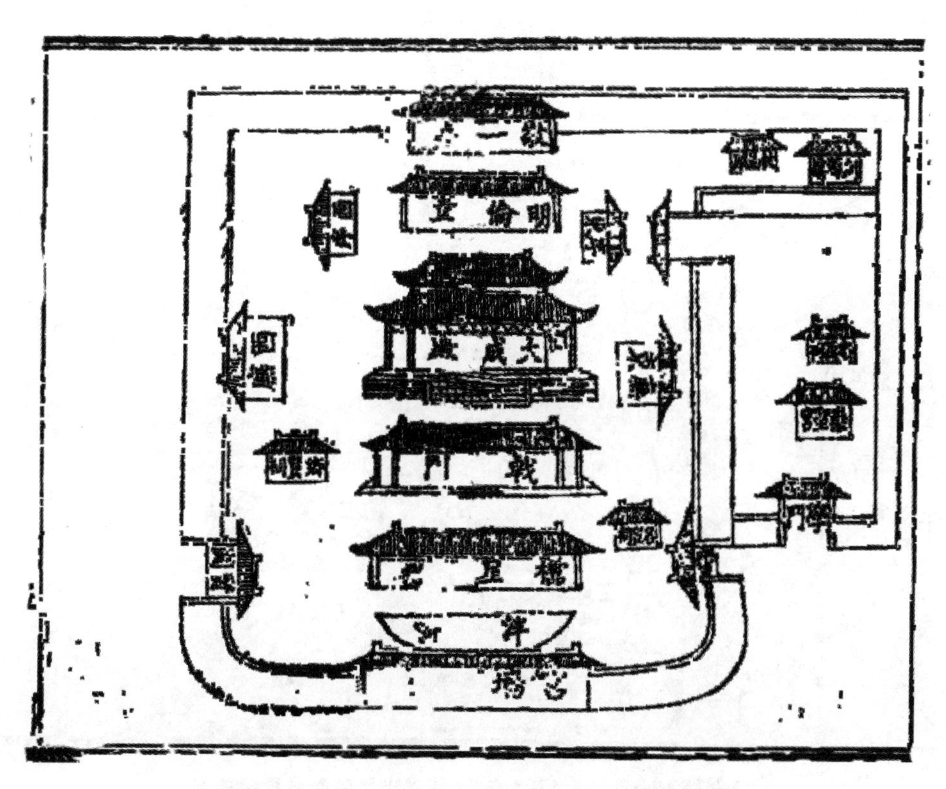

清嘉庆十二年（1807年）《新野县志》新野文庙图

B11 唐县

唐縣

元至正間建城明洪武三年金吾右軍千戶程飛郎
薦基修築天順間千戶齊政重修週圍六里三百八
十八步高二丈五尺廣一丈一尺池深一丈六尺濶
二丈門四角樓四敵臺警舖三十四正德十二年知
縣李鐸千戶王拱重修城池高深各增數尺崇禎十
五年署縣事王澤深於闖寇毀壞之餘塡塞補葺爲
一時守衛尋多崩闕
國朝順治九年知縣李芝英重修至康熙四年知縣田
介更爲修築城郭乃完

清康熙三十三年（1694 年）《南阳府志》城池部分文字

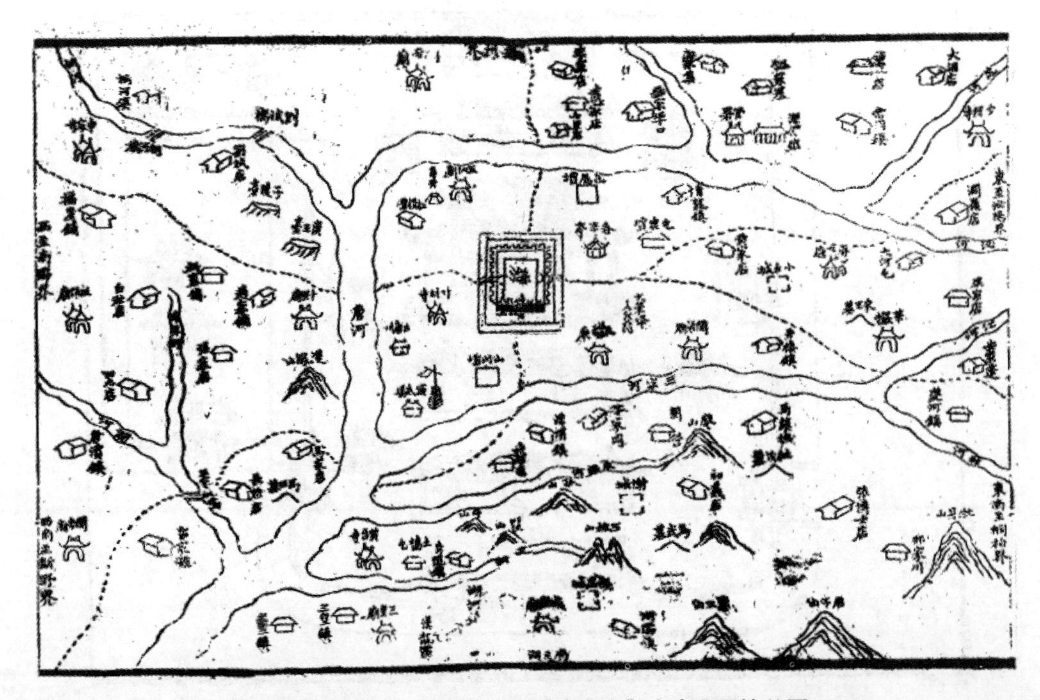

清乾隆五十二年（1787 年）《唐县志》中唐县县境总图

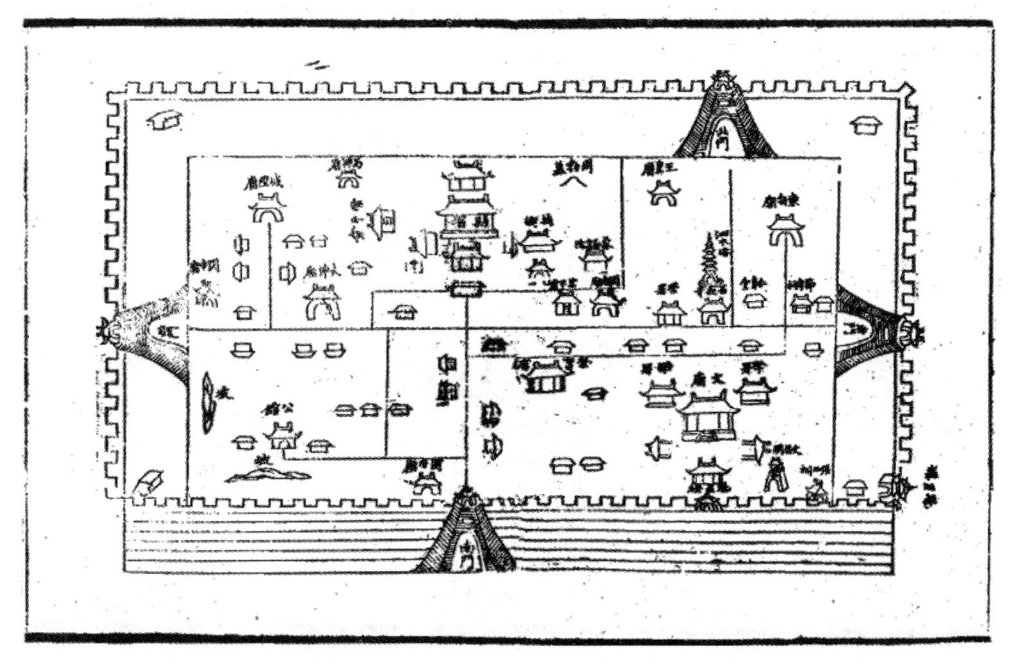

清乾隆五十二年（1787年）《唐县志》中唐县县城图

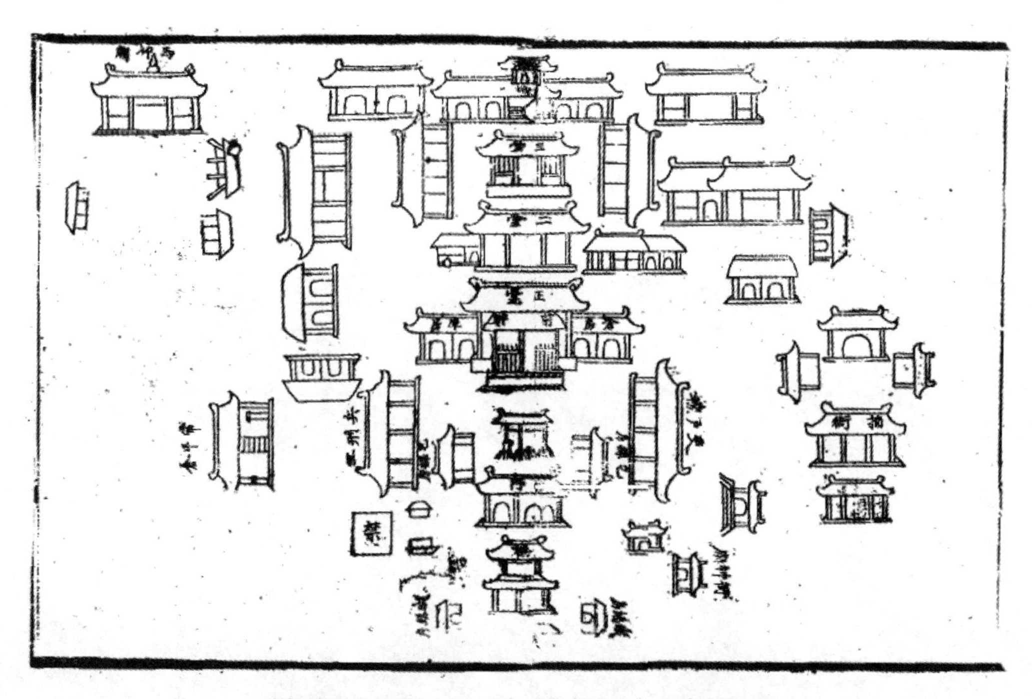

清乾隆五十二年（1787年）《唐县志》中唐县县治图

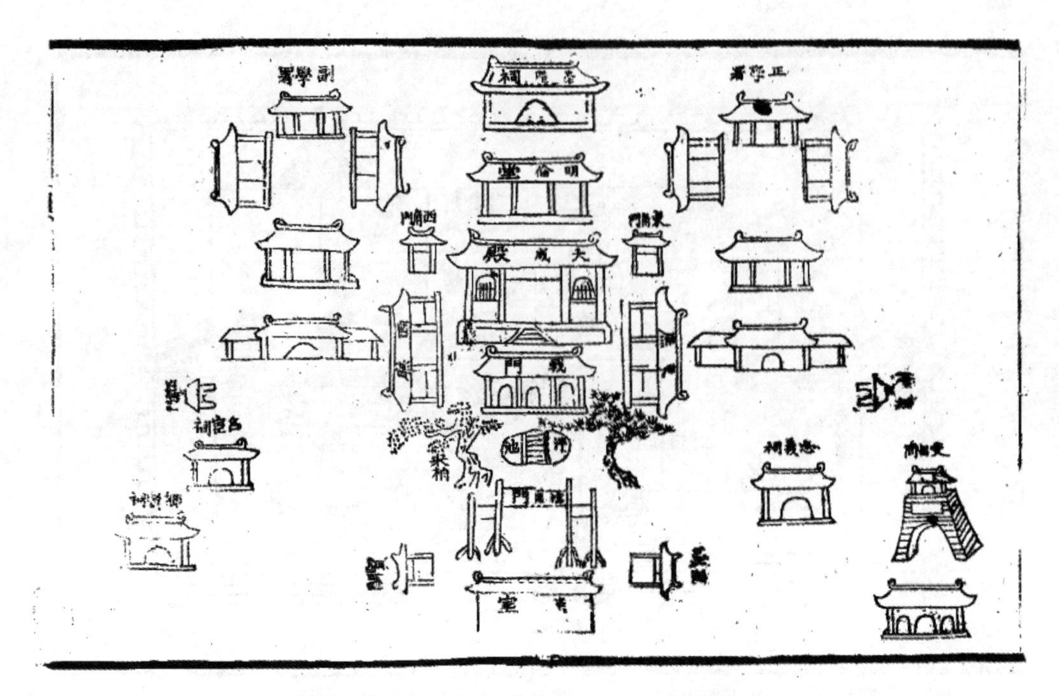

清乾隆五十二年（1787年）《唐县志》中唐县儒学图

参考文献

[1] 曹璘纂修．光化县志（卷二）[M]．影印本．

[2] 陈愕，襄阳府志 [M]．刻本．1760（乾隆二十五年）．

[3] 陈锷纂修．王万芳总纂．襄阳府志 [M]. 刻本 .1760（清乾隆二十五年）．

[4] 陈纕等修 . 倪师孟等纂 . 吴江县志 [M].1747（清乾隆十二年）．

[5] 陈子饬．枣阳县志 [M]．刻本．1854（清咸丰四年）.

[6] 承天府志 [M]．1597（明万历二十五年）.

[7] 承印修．谷城县志 [M]．刻本．1867（清同治六年）.

[8] 程启安修，张炳钟纂，宜城县志 [M]. 刻版影印 .1866（清同治五年）．

[9] 崔淦，李士彬．襄阳县志 [M]．1874（清同治十三年）．

[10] 邓州志 [M].1807（清嘉庆十二年）．

[11] 杜养性修，邹毓祚纂 . 襄阳府志 [M]. 清康熙年间 .

[12] 恩聊等修，王万芳等纂，襄阳府志 [M]. 刊本雕版 .1885（清光绪十一年）．

[13] 郝廷玺，宜城县志 [M]．刻本．1563（明嘉靖四十二年）.

[14] 何东序，汪尚宁纂修 . 徽州府志 [M]. 刻本 .1566（明嘉靖四十五年）．

[15] 黄文莲纂，吴泰来修 . 唐县志 [M]. 刊本 .1787（清乾隆五十二年）．

[16] 蒋光祖修，姚之琅纂 . 邓州志 [M]. 刻本 .1755（清乾隆二十年）．

[17] 靖道漠．湖北下荆南道志 [M]．刻本．1740（乾隆五年）．

[18] 孔传金等纂修 南阳府志 [M]．刻本．1807（清嘉庆十二年）.

[19] 李焕珍．南漳县志 [M]．影印版．襄阳：襄阳宝彙堂石印，1922（民国 11 年）.

[20] 李连骑，舒善庆修．姚德华纂．宜城县续志 [M]．刻本．1882（清光绪八年）

[21] 梁汝泽，邹秉乾，吴勤修版 . 王荣先编 . 枣阳县志 [M].1923（民国 12 年）．

[22] 林有席等修 . 严思睿等纂．东湖县志 [M]．刻本．1763（清乾隆二十八年）

[23] 马云龙主修．贾洪昭主纂．均州志 [M]．刻本．1884（清光绪十年）.

[24] 莫旦纂 . 吴江志 [M].1488（明弘治元年）．

[25] 潘守廉修．张嘉谋等纂．南阳县志 [M]．刻本．1904（清光绪三十年）.

[26] 潘庭楠纂修．（嘉靖）邓州志 [M]．刻本．上海：上海古籍书店，1963.

[27] 沈兆元修 南漳县志 [M]．刻本．1815（清嘉庆二十年）．

[28] 宋濂，王祎 . 元史：地理志第十一 [M]// 二十五史．上海：上海古籍出版社，1995：7400.

[29] 谈钥．嘉泰吴兴志 [M]．1201（南宋嘉泰元年）.

[30] 王恪修．唐县志 [M]．刻本．1787（清乾隆五十二年）．

[31] 吴道迩 . 襄阳府志 [M]. 刻本． 1575（万历十二年）.

[32] 熊道琛 . 钟祥县志 [M].1937（民国 26 年）.

[33] 徐金位．新野县志 [M]．刻本．1754（清乾隆十九年）.

[34] 徐学漠．湖广总志 [M]．刻本．1591（万历十九年）.

[35] 薛刚纂修 .（明嘉靖）湖广图经志书 [M]. 影印本 . 北京：书目文献出版社，1991.

[36] 杨应奎修．南阳府志 [M]．1528（明嘉靖七年）.

[37] 杨宗时，崔淦，吴耀斗，等．襄阳县志 [M].1874（清同治十三年）.

[38] 永瑢，纪昀等编纂 . 钦定四库全书·湖广通志 [M].1781（乾隆四十六年）.

[39] 张铎．湖州府志 [M]．1542（明嘉靖二十一年）.

[40] 张恒．襄阳郡志 [M]．1460（明天顺三年）.

[41] 张嘉谋校注．明嘉靖南阳府志校注 [M]．铅印本．1942（民国 31 年）

[42] 张琴修 . 李元辅，杜光德等纂 . 钟祥县志 [M].1795（乾隆六十年）

[43] 张声正，史册先．枣阳县志 [M]．1865（清同治四年）.

[44] 张仲忻，杨承禧．湖北通志 [M]．刻本．1920（民国十年）.

[45] 张尊德，王吉人，谭纂．安陆府志 [M]． 刻本．1669（康熙八年）.

[46] 赵德，万素修 . 彭始超纂 . 邓州志 [M]. 刻本 .1691（清康熙三十年）.

[47] 赵尔巽．清史稿：地理志九 [M]// 二十五史．上海：上海古籍出版社，1995：9090-9091.

[48] 赵世桢．随州志 [M]．刊刻本．1614（明万历四十二年）.

[49] 中国地方志丛书·华中地方志 第一二四号：湖北省光化县志 [M]. 台北：成文出版社，2007.

[50] 锺桐山等修，段印斗等纂．光化县志 [M]．影印本．1884（清光绪十年）．台北：成文出版社，1970.

[51] 周之贞修，周朝槐纂．顺德县续志 [M]．刊本．1929（民国 18 年）.

[52] 朱磷纂修．南阳府志 [M]．刊本．1694（清康熙三十三年）.

[53] 拜柱等纂修 . 大元圣政国朝典章 [M].1320（元延祐七年）

[54] 班固．汉书 [M]．北京：中华书局，2007.

[55] 陈广文，胡子修 . 襄堤成案 [M].1894（清光绪二十年）.

[56] 陈梦雷．古今图书集成 官常典一 [M]．1728（清雍正六年）.

[57] 陈子龙，徐孚远，宋徽璧．明经世文编 [M]．1638（明崇祯十一年）.

[58] 高承．事务纪原：卷七州郡方域部 [M]．北京：中华书局，1989.

[59] 顾祖禹．读史方舆纪要 [M]．1692（清康熙三十一年）.

[60] 管仲．管子·度地 [M]．前 475（春秋战国时期）.

[61] 贺长龄辑 . 魏源代编 . 皇朝经世文编 [M].

[62] 胡子明辑 . 大泽口成案 [M]. 铅印本 .1913（民国 2 年）.

[63] 黄汴等．天下水陆路程 天下路程图引 客商一览醒迷 [M]．太原：山西人民出版社，1992.

[64] 昆冈，李鸿章等．钦定大清会典事例 [M]．影印本．上海：商务印书馆，1908（清光绪三十四年）.

[65] 乐史．太平寰宇记 [M]．刻本．979（宋太宗太平兴国四年）.

[66] 李纲．梁溪集：卷五 [M]．影印本．台北：台湾商务印书馆股份有限公司，1970.
[67] 刘昫．旧唐书 [M]．945（后晋开运二年）.
[68] 娄性．皇明政要 [M]. 慎独斋刻本 .1507（正德二年）.
[69] 明实录：世宗萧皇帝实录 [M]．1577（万历五年）.
[70] 明实录：太祖高皇帝实录 [M]．1418（明永乐十六年）.
[71] 明实录：宪宗纯皇帝实录 [M]．1491（明弘治四年）.
[72] 明实录：孝宗敬皇帝实录 [M]．1509（明正德四年）.
[73] 明实录：英宗睿皇帝实录 [M]．1467（明成化三年）.
[74] 欧阳修，宋祁．新唐书·萧颖士传 [M]．北京：中华书局，1975.
[75] 彭湛然 . 襄河水利案牍汇抄 [M].1936（民国 25 年）.
[76] 司马迁．史记 [M]．北京：中华书局，2008.
[77] 司马贞．史记索隐 [M]．刻本．明末毛氏汲古阁．715（唐开元三年）.
[78] 太祖洪武实录（卷二一）[M].
[79] 田宗汉．湖北汉水图说 [M]．刊本．1901（光绪二十七年）.
[80] 脱脱，阿鲁图修撰．宋史 [M]．北京：中华书局，1985.
[81] 王概辑 . 湖北安襄郧道水利集案 [M]. 刊本 .1746（清乾隆十一年）.
[82] 魏源．圣武记 [M]．北京：中华书局，1984.
[83] 徐溥等撰．明会典 [M]．1497（明弘治十年）.
[84] 杨守敬，熊会贞．水经注疏 [M]．影印版．北京：中国科学出版社，1955.
[85] 尹桑阿，王熙．大清会典 [M]．1684（清康熙二十三年）.
[86] 张九龄．故襄州刺史靳公遗爱碑 [M]// 董浩编．全唐文．上海：上海古籍出版社，1990.
[87] 张廷玉．明史 [M]．北京：中华书局，1974.
[88] 周公旦．周礼·春官宗伯第三 [M]．1023（西周）.
[89] 朱元璋．皇明祖训 [M]．1373（明洪武六年）.
[90] 陈锋．明清以来长江流域社会发展史论 [M]．武汉：武汉大学出版社，2006.
[91] 陈宏谋．咨询民情土俗论 [M]// 贺长龄，等．清经世文编 . 影印本．北京：中华书局，1992.
[92] 陈晶．汉水流域的城镇历史街区空间形态及其保护策略研究——以襄樊地区典型历史街区为例 [D]．武汉：华中科技大学，2008.
[93] 陈泳．城市空间形态类型与意义：苏州古城结构形态演化研究 [M]．南京：东南大学出版社，2006.
[94] 陈正祥．中国文化地理 [M]．北京：生活·读书·新知三联书店，1981.
[95] 成一农．清代的城市规模与行政等级 [J]．扬州大学学报（人文社会科学版），2007，11（3）：124-128.
[96] 邓亦兵．清代前期的市镇 [J]．中国社会经济史研究，1997（3）.
[97] 邓祖涛，陆玉麒．汉水流域中心城市空间结构演变探讨 [J]．地域研究与开发，2007，26（1）
[98] 邓祖涛．长江流域城市空间结构演变规律及机理研究 [D]．南京：南京师范大学，2006.

[99] 段进．城市空间发展论 [M]．南京：江苏科学技术出版社，1999．
[100] 段进．城市形态研究与空间战略规划 [J]．城市规划，2003（2）：45-48．
[101] 樊树志．明代荆襄流民与棚民 [J]. 中国史研究，1980（3）
[102] 冯岁平．汉中历史交通地理论纲 [J]．陕西理工学院学报（社会科学版），1998（4）．
[103] 付敏．襄阳古城北街历史风貌保护研究 [D]．西安：西安建筑科技大学，2008．
[104] 付晓渝．中国古城墙保护探索 [D]．广州：华南理工大学，2007．
[105] 富曾慈主编．中国水利百科全书：防洪分册 [M]．北京：中国水利水电出版社，2004．
[106] 龚胜生．清代两湖农业地理 [M]．武汉：华中师范大学出版社，1996．
[107] 谷凯．城市形态的理论与方法 [J]．城市规划，2001（12）：36．
[108] 故宫博物院明清档案部．清末筹备立宪档案史料（下）[M]．北京：中华书局，1979．
[109] 顾朝林．中国城镇体系等级规模分布模型及其结构预测 [J]．经济地理，1990（3）．
[110] 管光明，陈士金，饶光辉．汉江流域规划 [J]．湖北水力发电，2006（3）．
[111] 郭正忠．中国古代城市经济史研究的几个问题 [N]．光明日报．1985-07-24．
[112] 韩大成．明代城市研究 [M]．北京：中华书局，2006．
[113] 胡俊．中国城市：模式与演进 [M]．北京：中国建筑工业出版社，1995．
[114] 湖北省老河口市地方志编撰委员会．老河口市志 [M]．北京：新华出版社，1992．
[115] 湖北省襄樊市地方志编纂委员会编．襄樊市志 [M]．北京：中国城市出版社，1994．
[116] 黄盛璋．川陕交通的历史发展 [J]．地理学报，1957（4）．
[117] 江斌，黄波，陆锋．GIS 环境下的空间分析和地学视觉化 [M]．北京：高等教育出版社，2002．
[118] 李进．湖北谷城老街历史地段研究 [D]．武汉：武汉理工大学，2008．
[119] 李孝聪，中国区域历史地理——地缘政治、区域经济开发和文化景观 [M]．北京：北京大学出版社，2004．
[120] 李孝聪 . 中国文化中心文化讲座：古地图和中国城市形态变迁史 [Z].2000．
[121] 李孝聪 . 历史城市地理 [M]. 济南：山东教育出版社，2007．
[122] 李雄飞．城市规划和古建保护 [M]．天津：天津科技出版社，1986．
[123] 李炎．明代南阳城与唐王府初探 [J]．华中建筑，2010（5）．
[124] 李长之． 司马迁的人格与风格 [M]． 北京：生活·新知·读书三联书店，198．
[125] 李之亮，北宋京师及东西路大郡守臣考 [M]．成都：巴蜀书社，2001．
[126] 李之勤．历史上的子午道 [J]．西北大学学报（哲学社会科学版），1981（2）：38-41．
[127] 李志刚．谷城历史街区保护规划研究 [J]．城市规划，2001，25（10）．
[128] 梁启超．饮冰室合集·中国古代思潮 [M]．北京：中华书局，1987．
[129] 林哲．明代王府形制与桂林靖江王府研究 [D]．广州：华南理工大学，2005．
[130] 刘宏友，徐诚．湖北航运史 [M]．北京：人民交通出版社，1995．
[131] 刘凯．晚晴汉口城市发展与空间形态研究 [D]．广东．华南理工大学．2007．
[132] 刘石吉．明清时代江南地区的专业市镇（上）[J]．食货，1978，8（6）．

[133] 刘石吉．明清时代江南市镇研究 [M]．北京：中国社会科学院出版社，1987.
[134] 刘石吉．明清时代江南市镇之数量分析 [J]．思与言，1978，16（12）.
[135] 刘炜．湖北古镇的历史、形态与保护研究 [D]．武汉：武汉理工大学，2006.
[136] 刘先春．汉江航运历史，现状与未来 [J]．中国水运，1996（11）.
[137] 刘兴唐．南阳的史前遗迹 [J]．东方杂志，1946（12）.
[138] 鲁西奇，蔡述明．汉江流域开发史上的环境问题 [J]．长江流域资源与环境，1997（3）.
[139] 鲁西奇，马剑．空间与权力：中国古代城市形态与空间结构的政治文化内涵 [J]．江汉论坛，2009（4）.
[140] 鲁西奇，潘晟．汉水中下游河道变迁与堤防 [M]．武汉：武汉大学出版社，2004.
[141] 鲁西奇．城墙内外：古代汉水流域城市形态与空间结构 [M]．北京：中华书局，2011.
[142] 鲁西奇．多元、统一的中华帝国是如何可能的 [M]// 周宁，盛嘉主编．人文国际（第 2 辑）．厦门：厦门大学出版社，2010.
[143] 鲁西奇．汉口：一个中国城市的冲突与社区 [M]．北京：中国人民大学出版社，2008.
[144] 鲁西奇．汉魏时期长江中游地区地名移位之探究 [D]．武汉：武汉大学，1993.
[145] 鲁西奇．论地区经济发展不平衡——以汉江流域开发史为例 [J]．中国社会经济史研究,1997（1）.
[146] 鲁西奇．区域历史地理研究：对象与方法——汉水流域的个案考察 [M]．南宁：广西人民出版社，2000.
[147] 鲁西奇．台、垸、大堤：江汉平原社会经济区域的形成、扩展与组合 [J]．史学月刊，2004（4）.
[148] 鲁西奇．唐代长江中游地区政治经济地域结构的演变——以襄阳为中心的讨论 [M]// 李孝聪主编．唐代地域结构与运作空间．上海：上海辞书出版社，2003.
[149] 鲁西奇．中国传统社会中国家对社会的控制：手段与途径 [J]．历史教学问题，2004（2）.
[150] 鲁西奇．中国历代王朝的“核心区”及其变动 [M]// 王日根，张侃，毛蕾主编．厦大史学（第 3 辑）．厦门：厦门大学出版社，2010.
[151] 陆大道．论区域的最佳结构与最佳发展——提出“点—轴系统”和“T”型结构以来的回顾与分析 [J]．地理学报，2001，56（2）.
[152] 陆玉麒．汉水流域中心城市空间结构演变探讨 [J]．地域研究与开发，2007（1）.
[153] 马强．论历史时期汉水流域的文化政治地位 [J]．汉中师范学院学报（社会科学版），2002，20（2）.
[154] 倪伟，廖增湖．我们这个时代的文学“记忆力”[J]．读书，2002（08）.
[155] 宁越敏．中国城市研究 [M]．北京：商务印书馆，2009.
[156] 彭雨欣，江溶．十九世纪汉口商业行会的发展及其积极意义——《汉口——一个中国城市的商业和社会（1796—1889）》简介 [J]．中国经济史研究，1994（4）.
[157] 阮治川，黄国光，刘玉川，等．襄樊港史 [M]．北京：人民交通出版社，1991.
[158] 沈克宁．建筑类型学与城市形态学 [M]．北京：中国建筑工业出版社，2010.
[159] 沈亚虹．潮州古城规划研究 [D]．广州：华南理工大学，1978.

[160] 施松新，大规模流域三维可视化研究 [D]. 杭州：浙江大学，2007.

[161] 石泉. 古代荆楚地理新探 [M]. 武汉：武汉大学出版社，2004.

[162] 史念海. 秦岭巴山间在历史上的军事活动及其战地 [M]// 河山集（第 4 集）. 西安：陕西师范大学出版社，1991.

[163] 孙承烈 . 汉江流域的自然地理 [J]. 地理知识，1955（8）.

[164] 孙启祥. 司马迁笔下的汉水流域及其汉中行踪，陕西理工大学学报（社会科学版），2008，26（1）.

[165] 孙施文. 城市规划析学 [M]. 北京：中国建筑工业出版社，1997.

[166] 谭其骧主编. 中国历史地图集（第四册）[M]. 北京：中国地图出版社. 1982.

[167] 谭其骧主编. 中国历史地图集（第六册）[M]. 北京：中国地图出版社. 1982.

[168] 谭其骧主编. 中国历史地图集（第七册）[M]. 北京：中国地图出版社. 1996.

[169] 谭其骧主编. 中国历史地图集（第八册）[M]. 北京：中国地图出版社. 1996.

[170] 陶卫宁，历史时期陕南汉江走廊人地关系地域系统研究 [D]. 西安：陕西师范大学，2000.

[171] 宛素春. 城市空间形态解析 [M]. 北京：科学出版社，2003.

[172] 王富臣. 城市形态的维度：空间和时间 [J]. 同济大学学报（社会科学版），2002（1）：28-33.

[173] 王贵祥，明代城池的规模与等级制度探讨 [C]// 杨鸿勋主编. 历史城市和历史建筑保护国际学术讨论会论文集. 长沙：湖南大学出版社，2006.

[174] 王贵祥等. 中国古代城市与建筑基址规模研究 [M]. 北京：中国建筑工业出版社，2008.

[175] 王家范. 明清江南市镇结构及历史价值初探 [J]. 华东师范大学学报（哲学社会科学版），1984（1）.

[176] 王建国. 城市空间形态的分析方法 [J]. 新建筑，1994（1）：29-34.

[177] 王松仪. 历史街区保护性城市设计研究 [D]. 杭州浙江大学建筑工程学院，2005.

[178] 王象之. 舆地纪胜 [M]. 北京：中华书局，2012.

[179] 吴庆洲. 中国古城防洪研究 [M]. 北京：中国建筑工业出版社，2009.

[180] 吴庆洲. 中国古代哲学与古城规划 [J]. 建筑学报，1995（8）.

[181] 吴庆洲. 中国军事建筑艺术（下）[M]. 武汉：湖北教育出版社，2006.

[182] 吴郁文，黄建固. 海南城镇体系特征与发展思路 [J]. 华南师范大学学报（自然科学版），1993，25（1）.

[183] 武进. 中国城市形态：结构、特征及其演变 [M]. 南京：江苏科学技术出版社，1990.

[184] 武进. 中国城市形态：类型、特征及其演变规律的研究 [D]. 南京：南京大学，1988.

[185] 席成孝. 汉水流域行政区划在宋元时期的变化及其原因 [J]. 安康学院学报，2010，22（3）.

[186] 肖启荣. 明清时期汉水中下游的水利与社会 [D]. 上海：复旦大学，2008.

[187] 谢贵安编 . 明实录类纂 · 湖北史料卷 [M]. 武汉：武汉出版社，1991.

[188] 辛德勇. 汉《杨孟文 · 石门颂》堂光道新解——兼析滗骆道的开通时间 [J]. 中国历史地理论丛，1990（01）：107-113

[189] 徐礼山. 清代汉江上游的商品流通与市场体系 [D]. 西安：西北大学，2004.

[190] 徐少华，江凌. 明清时期南阳盆地的交通与城镇经济发展 [J]. 长江流域资源与环境，2001，10（3）.

[191] 徐秀丽编. 中国近代乡村自治法规选编 [M]. 北京：中华书局，2004.

[192] 许学强，周一星，宁越敏. 城市地理学 [M]. 北京：高等教育出版社，2009.

[193] 许学强. 城市化空间过程与空间组织和空间结合 [J]. 城市问题，1986（3）.

[194] 严耕望. 荆襄驿道与大堤艳曲 [M]// 唐代交通图考：第 4 卷. 上海：上海古籍出版社，2007.

[195] 严铮. 对城市更新中历史街区保护问题的几点思考——多元化的历史街区保护方法初探 [J]. 城市，2003（4）.

[196] 阎平，孙果清等. 中华古地图集珍 [M]. 西安：西安地图出版社，1995.

[197] 晏昌贵. 丹江口水库区域历史地理研究 [M]. 北京：科学出版社，2007.

[198] 叶植主编. 襄樊市文物史迹普查实录 [M]. 北京：今日中国出版社，1995.

[199] 于英. 城市空间形态维度的复杂循环研究 [D]. 哈尔滨. 哈尔滨工业大学，2009.

[200] 俞勇军. 赣江流域空间结构模式研究 [D]. 南京：南京师范大学，2004

[201] 曾群. 汉水中下游水环境与可持续发展研究 [D]. 上海. 华东师范大学，2005.

[202] 张含英. 历代治河方略探讨 [M]. 郑州：黄河水利出版社，1982.

[203] 张慧芝. 明清时期汾河流域经济发展与环境变迁研究 [D]. 西安：陕西师范大学，2005.

[204] 张京祥. 全球化世纪的城市密集地区发展与规划 [M]. 北京：中国建筑工业出版社，2008.

[205] 张平乐. 襄樊地区历史建筑特征研究 [D]. 广州：华南理工大学，2005.

[206] 长江流域规划办公室水文局编. 长江中游河道基本特征 [M]. 武汉：长江出版社，1983.

[207] 赵明. 历史街区复兴中的社会问题初探——以法国里昂红十字坡地为例 [D]. 上海：同济大学，2007.

[208] 郑力鹏，福州城市发展史研究 [D]. 福州：福建师范大学，2008.

[209] 中国地图出版社 . 中国地貌图 [M]. 北京：中国地图出版社，2007.

[210] 中国科学院书名委员会. 中国自然地理：历史自然地理 [M]. 北京：科学出版社，1982.

[211] 周俭，陈亚斌. 类型学思路在历史街区保护与更新中的运用——以上海老城厢方浜中路街区城市设计为例 [J]. 城市规划学刊，2007（1）.

[212] 周凯. 晚清汉口城市发展研究 [D]. 北京：北京林业大学，2007.

[213] 周尚兵，生产方式的变迁与历史时期鄂西北的移民缘由——以十堰市所辖地域为例 [J]. 郧阳师范高等专科学校学报，2004，24（1）.

[214] 周毅刚. 明清时期珠江三角洲的城镇发展及其形态研究 [D]. 广州：华南理工大学，2004.

[215] 朱大仁 . 中华人民共和国分省地图集 [M]. 北京：中国地图出版社，2005.

[216] 朱易安，傅璇琮，周常林，等主编. 全宋笔记 [M]. 郑州：大象出版社，2003.

[217] 竺可桢. 中国近五千年来气候变迁的初步研究 [J]. 考古学报，1972（1）.

[218] 邹德慈. 城市规划导论 [M]. 北京：中国建筑工业出版社，2002.

[219] 加藤繁. 中国经济史考证（第一卷）[M]. 吴杰译. 北京：商务印书馆，1959.

[220] 凯文·林奇．城市形态 [M]．林庆怡，黄朝晖，邓华，译．北京：华夏出版社，2001．

[221] 凯文·林奇．城市意象 [M]．方益萍，何晓军，译．北京：华夏出版社，2001．

[222] 联合国教科文组织．国际古迹遗址理事会文化线路宪章 [R]．2008．

[223] 罗威廉．汉口：一个中国城市的商业与社会（1796—1889）[M]．江溶，鲁西奇，译．北京：中国人民大学出版社，2005．

[224] 米仓二郎．印度河与黄河流域城市——方格网城市道路网的起源 [J]．赵中枢译．城市发展研究，1995（3）．

[225] 培根．城市设计 [M]．北京：中国建筑工业出版社，2003．

[226] 施坚雅．中国农村的市场和社会结构 [M]．史建云，徐秀丽，译，中国社会科学出版社，1998．

[227] 施坚雅主编．中华帝国晚期的城市 [M]．王旭等，译．北京：中华书局，2000．

[228] 斯皮罗·科斯托夫 [美]．城市的形成：历史进程中的城市模式和城市意义 [M]．单皓，译．北京：中国建筑工业出版社，2005．

[229] 万斯．延伸的城市：西方文明中的城市形态学 [M]．凌霓，潘荣等，译．北京：中国建筑工业出版社，2007．

[230] 五井直弘．中国古代の城郭都市と地域支配 [M]．日本：名著刊行会，2002．

[231] 詹克斯．紧缩城市：一种可持续发展的城市形态 [M]，周玉鹏等，译．北京：中国建筑工业出版社，2004．

[232] Aldo Rossi.The Architecture of the City[M].The MIT Press，1984.

[233] Jane Jacobs.The Death and Life of Great American Cities[M]. Vintage，1992.

[234] Lewis Murnford.The City in History[M].Harcourt，1968.

[235] 美国陆军制图局发布 .1 比 250000 中国基本地形图（U.S.Army Map Service China Topographic Maps）. 1945.

[236] 日本参谋本部陆地测量总局发布 .1 比 100000 中国地形疆域图 .1927（民国 16 年）.

[237] 襄阳市襄城区档案局，http://www.xfxc.org/.

[238] 谷城县档案信息网，http://www.xfgcda.org.

[239] 老河口档案信息网，http://www.xflhk.org.

[240] 襄州档案信息网，http://www.xyda.org.

[241] 襄阳市樊城区档案局，http://www.fcqda.org.

致 谢

搁笔之际，不禁掩卷而叹——原来我们曾经拥有这么多美丽的城市，而今已荡然无存，仅仅间隔一两百年的时间，这些城市却显得如此遥远而陌生，以至于不得不用零碎的文字、遗留的名称去臆测它们的存在。直至全书完成，我仍然没有太多松口气的感觉，遥想当初选此研究方向之时，颇多理想色彩，一旦执笔，才发现困难甚多，史海钩沉、文山辟径，几乎是举步维艰。然早已过而立之年，学习、工作、家庭与不敢懈怠的事业，诸多压力郁结于心，困难可想而知。在本书付印之际，怀着感恩的心，向多年来帮助和关心我的领导、老师、同学和朋友们表示衷心的感谢。

深深感谢我的导师李晓峰教授，李老师在传统聚落与乡土建筑研究领域所作出的贡献令我十分景仰。学术上的李老师认真严谨、刻苦治学、经世致用，而生活中李老师质朴儒雅、谈吐隽逸、提携后进，这些都深深地影响着我。感谢李老师对我的教诲与帮助，本书从选题到定稿都凝聚着李老师的心血，我将铭记于心，永久珍藏。李老师传授的治学经验与做人道理，也必将成为我终身受用的宝贵财富。

感谢华中科技大学建筑与城市规划学院提供的良好条件和科研氛围！感谢建规学院的李保峰老师、谭刚毅老师、何依老师、周卫老师、雷祖康老师，以及武汉大学的王炎松老师在全书起稿以及初稿完成给予的帮助与指导。在全书的编写过程中还得到了万谦老师、李纯老师、郝少波老师、赵逵老师等各位老师的热情帮助。

在这里，还要特别向厦门大学的鲁西奇教授和武汉大学的历史地理研究团队表达由衷的敬意,虽然我无缘见到鲁老师本人,鲁老师的专著却是案头阅读最多的珍贵资料,也给了我很多启发。这些专著也是目前可资借鉴的唯一系统研究汉水流域历史文化的资料，阅读这些专著，能够感受到一位学者在专业道路上的勤勉与不易，以及渗透其中的辨析史料的艰辛与通览古今的思辨，令人钦佩。

感谢武汉理工大学艺术与设计学院在我编写本书期间给予的支持，感谢潘长学老师、彭自力老师、武星宽老师对我的信任与鼓励、理解与宽容。

历史资料收集与现场考察期间，感谢老河口市市委的孔祥成先生与钟先生。河口考察之际正值盛夏，两位老先生相伴数日，带着对家乡的极大热情，在现场尽所能地向我描述古城风貌，并提供了很多宝贵的资料。感谢华中师范大学人文地理系的研究生段德忠同学，在本书“城市群组发展”章节给予的专业帮助，还有华中科技大学民族建筑研究中心的向风路同学，在“典型街区形态”章节帮助我整理了很多原有的测绘资料。感谢我的学生汪龙玥、李瀚林、刘润昌、刘禹晏、卓丽敏、屠义夫帮助我在现场考察测绘，并协助整理史料，相处在一起的日子非常愉快。

还有华中科技大学建筑与城市规划研究中心的同门张乾博士、周彝馨博士、方盈博士、陈刚博士、郑景文博士、邬胜兰博士、陈茹博士、陈楠博士、谢超博士以及陈海波、唐亮、钟翠等硕士，在本书编写过程中的专业学术交流与讨论让我受益匪浅，之间也建立了深厚的感情，感谢你们。

最后还要深深感谢我的家人，感谢父母、姑妈的养育之恩。父亲是光化县人，母亲是均州人，他们历经城市的风云变迁，是有力的见证者，尤其是母亲童年生活过的均州城因修建丹江口水库而淹于水中，举城背井离乡，遭受迁徙之苦。老人至今时常怀恋故城巷院，其中情怀令人唏嘘，想到他们将要捧读此书，不免紧张，但愿拙作能让二位高堂感到些许宽慰。感谢我的岳父岳母大人，他们经常牵挂我的事业和生活，给予了我很多的鼓励和祝愿。感谢我的爱人孙悦女士，夫人是动画学博士，生性恬静，酷爱阅读，终日手不释卷，不仅是我生活的伴侣，也是我工作中的益友。夫人在历史城市的保护和创意研发方面，时常以她专业的视角给予我很多富有启发的建议，也为这项艰苦的研究工作增加了很多乐趣。